KB084137

2024

최신출제경향에 맞춘
최고의 수험서

INDUSTRIAL ENGINEER
CONSTRUCTION SAFETY

건설안전
산업기사 실기

필답형+작업형

신우균 · 김재권 · 김용원 · 서기수 지음

예문사

머리말

Industrial Engineer Construction Safety

지금 우리사회는 모든 분야에서 선진사회로 도약을 하고 있습니다. 그러나 산업현장에서는 아직도 끼임(협착)·떨어짐(추락)·넘어짐(전도) 등 반복형 재해와 화재·폭발 등 중대산업사고, 유해화학물질로 인한 직업병 문제 등으로 하루에 약 6명, 일 년에 2,200여 명의 근로자가 귀중한 목숨을 잃고 있으며 연간 약 9만여 명의 산업재해자와 연간 17조원의 경제적 손실이 발생하고 있습니다.

그중에서 건설공사로 인한 재해자는 전체 산업재해자의 약 25%를 차지하고, 특히 건설공사로 인한 산재사망자는 사고성 사망자의 40%에 달하는 등 매년 지속적으로 높은 산업재해 발생률을 보이고 있습니다.

건설업 재해는 근로자 본인과 가족에게 상처를 가져다 줄 뿐 아니라 기업 이미지에도 부정적인 영향을 미쳐 경영상의 큰 손실을 초래하고 있습니다. 그러므로 각 건설업체에서 안전관리자의 역할은 커질 수밖에 없는 상황이고 안전의 중요성은 더욱 강조되고 있습니다.

현재, 저자들은 안전 관련 업무를 담당하는 전문가로서, 이 책으로 인해 재해 감소와 앞으로의 안전 관련 업무에 조금이나마 보탬이 되기를 희망하는 마음으로 집필하였습니다.

건설안전산업기사 실기시험은 안전관리, 건설공사 안전, 안전기준 3파트로 구성되어 있습니다.

건설안전산업기사 실기시험의 평균합격률은 약 30% 정도로, 최근에는 합격률이 점점 낮아지고 있습니다. 실기시험도 필기시험과 같이 기출문제에서 80% 이상 출제되고 있습니다. 실기시험은 필기시험에서 공부한 것을 서술형으로 적는 것이기 때문에 정확한 이해와 암기가 필요합니다.

건설안전산업기사 자격시험을 준비하기 위한 **수험서로서 본서의 특징**은 다음과 같습니다.

1. 2002년도부터 출제된 **필답형 문제와 최근에 실시된 작업형 문제를 현재 개정된 법에 따라 정리**하였습니다.
2. 전면개정된 **산업안전보건기준에 관한 규칙을 이론과 문제풀이에 모두 반영**하였습니다.
3. **출제기준에 따라 실기시험 이론을 정리**하여 시험준비하는 수험생들이 보다 쉽게 실기시험을 준비하도록 하였습니다.
4. **기출문제 풀이에 설명을 상세히** 하여 수험생들이 이해하기 쉽게 하였습니다.
5. 반복해서 출제되는 문제라도 풀이를 또 한 번 봄으로써 익숙해지도록 하였습니다.
6. 수험생들의 이해도를 높이기 위하여 최대한 많은 **그림과 삽화**를 넣었습니다.
7. 안전분야의 오랜 현장경험을 가지고 있는 **최고의 전문가가 집필**하여 책의 완성도를 높였습니다.
8. **필답형과 작업형을 한 권의 책**으로 묶어 수험생들의 편의를 도모하였습니다.

오랫동안 정리한 자료를 다듬어 출간하였지만, 그럼에도 미흡한 부분이 많을 것입니다. 이에 대해서는 독자 여러분의 애정 어린 충고를 겸허히 수용해 계속 보완해 나갈 것을 약속드립니다.

끝으로 본서가 완성되는 데 많은 도움을 준 우리나라 최고의 실력을 가진 예문사 편집부, 컬러로 인쇄되어 많은 비용이 소요되는 데도 아낌없는 투자를 해 주신 예문사, 이 책의 완성도를 높이기 위해 마지막까지 검토해주신 많은 분께 감사의 뜻을 전합니다.

저　자 일동

건설안전산업기사 실기시험에서 각 과목별 특징

◉ **안전관리**

산업안전 분야에 입문하는 수험생이 기초적으로 알아야 할 부분이지만 가장 어렵고 점수를 획득하기 힘든 분야이므로 쉽게 접근하고 이해하도록 기출된 문제의 이론을 바탕으로 정리하였으며, 내용이 어려운 경우에는 그림을 넣어서 이해하기 쉽게 설명하였습니다.

제1장 안전관리조직, 제2장 안전관리계획 수립 및 운용, 제3장 산업재해 발생 및 재해조사 분석, 제4장 보호구 및 안전보건표지, 제5장 안전보건교육의 총 5장으로 구성하였습니다.

이론시험에 출제된 부분은 빨간색으로 표시하였고, 기출문제풀이는 최근 개정된 산업안전보건법과 산업안전보건기준에 관한 규칙을 적용하여 문제풀이를 하였습니다.

◉ **건설공사 안전**

최근 빈번하게 출제되고 있는 기출문제를 기본 바탕으로 이론을 구성하여 수험생이 실제 시험에서도 문제를 쉽게 이해하고 익숙해질 수 있도록 하였습니다. 또한 건설공사 중 발생할 수 있는 재해 위험요인과 안전대책을 공사 종류별, 재해 유형별로 정리하여 실무에서도 널리 활용할 수 있도록 하였습니다.

시험에 자주 출제된 내용은 필답형 해당 이론의 내용 바로 뒤에 Key Point 문제를 삽입하여 답안을 정리하였으며, 작업형 예상문제와 기출문제도 필답형 이론과 연계하여 참고할 수 있도록 하였습니다.

◉ **안전기준**

전면 개정된 산업안전보건기준에 관한 규칙을 바탕으로 이론을 구성하여 개정된 내용으로 새롭게 출제되는 신경향의 시험문제에 쉽게 적응할 수 있도록 하였습니다. 특히 타워크레인 작업, 외부비계 조립, 거푸집 동바리 설치 등 시험에 자주 출제되는 문제를 위주로 안전기준을 명확하게 정리하여 수험자가 집중해서 공부할 수 있도록 책을 구성하였으므로 이론과 기출문제를 중심으로 학습한다면 충분히 고득점을 얻을 수 있으리라 확신합니다.

효과적으로 건설안전산업기사 실기를 공부하는 방법

◎ 먼저 머리말과 효과적으로 공부하는 방법을 잘 읽어 봅니다. 보통 수험생들이 이 부분을 잘 읽어보지 않는데, 책이 어떤 내용으로 구성되어 있는지, 어떤 부분을 집중해서 보아야 되는지 요약적으로 설명해 놓았기 때문에 반드시 읽어보아야 합니다.

◎ 출제기준을 전체적으로 한 번 살펴봅니다. 자격증 시험은 출제기준을 벗어나지 못합니다. 출제기준을 보면 어떻게 공부해야 되는지 전체적인 윤곽을 잡을 수 있습니다.

◎ 제1과목 안전관리부터 제3과목 안전기준까지 차례대로 책을 보시면 됩니다. 이때 처음 책을 보실 때는 **최대한 빨리 한번에 훑어보는 것이 중요합니다.** 이해가 잘 되지 않는 부분이 있어도 그냥 넘어가면 됩니다.

◎ 이론 내용을 볼 때 Key Point 문제를 집중해서 봅니다. 시험에 출제된 문제는 Key Point 문제로 표시를 해 두었습니다. 이론을 보고 Key Point 문제를 보면 효과적으로 이해가 될 것입니다.

◎ 각 과목 뒤쪽에 기출문제를 배치해 놓았습니다. **가장 중요한 부분입니다.** 과거에 출제된 문제는 현재의 법 또는 기준으로 풀이해놓았습니다.

◎ 빠르게 한 번 보고 그 **다음 보실 때는 정독**하여 보면 됩니다.

◎ 어느 정도 책을 보았거나 시험일자가 임박해 오면 마지막으로 뒤쪽에 있는 **기출문제**를 실제 시험을 치르듯 풀어보면 됩니다.

건설안전산업기사 실기시험은 필답형(60점), 작업형(40점)을 합쳐서 **60점 이상이면 합격**입니다. 따라서 자격증 시험을 준비할 때 70점 정도를 목표로 해서 공부하시면 무난히 합격하리라 생각됩니다.

이 책으로 공부하시는 모든 분이 합격하기를 기원합니다.

저 자 일동

Preface

시험정보
Industrial Engineer Construction Safety

출제기준(실기)

직무 분야	안전 관리	중직무 분야	안전 관리	자격 종목	건설안전산업기사	적용 기간	2021.1.1. ~ 2025.12.31.
직무 내용	건설현장의 생산성 향상과 인적·물적 손실을 최소화하기 위한 안전계획을 수립하고, 그에 따른 작업환경의 점검 및 개선, 현장 근로자의 교육계획 수립 및 실시, 작업환경 순회감독 등 안전관리 업무를 통해 인명과 재산을 보호하고, 사고 발생 시 효과적이며 신속한 처리 및 재발 방지를 위한 대책안을 수립, 이행하는 등 안전에 관한 기술적인 관리 업무를 수행하는 직무이다.						
수행 준거	1. 안전관리에 관한 이론적 지식을 바탕으로 안전관리 계획을 수립하고, 재해조사 분석을 하며 안전교육을 실시할 수 있다. 2. 각종 건설공사 현장에서 발생할 수 있는 유해·위험요소를 인지하고 이를 예방 조치를 할 수 있다. 3. 안전에 관련한 규정사항을 인지하고 이를 현장에 적용할 수 있다.						
실기 검정방법	복합형		시험시간		1시간 50분 정도 (필답형 : 1시간, 작업형 : 50분 정도)		

실기 과목명	주요항목	세부항목	세세항목
건설안전 실무	1. 안전관리	1. 안전관리 조직 이해하기	1. 안전보건관리조직의 유형을 이해할 수 있다. 2. 안전책임과 직무 및 안전보건관리 규정을 알고 적용할 수 있다.
		2. 안전관리계획 수립하기	1. 공사에 필요한 안전관리 계획을 수립하기 위하여 건설안전 관련법령에서 정하는 사항을 확인할 수 있다. 2. 공종별 안전 시공계획, 안전 시공절차, 주의사항에 대하여 구체적으로 제시할 수 있다. 3. 안전점검계획은 재해예방지도기관, 안전진단기관과 계약을 체결하여 공사기간 중 안전점검이 이루어지도록 계획할 수 있다. 4. 각종 관련서식, 안전점검표를 건설안전 관련법령을 참조하여 작성하고, 현장의 특수성을 검토하여 계획 확인 단계까지 보완할 수 있다. 5. 건설안전 관련법령 외의 안전관리사항을 안전관리계획서에 반영할 수 있다. 6. 안전관리계획 수립에 있어서 중대사고 예방에 관한 사항을 우선으로 고려하여 계획에 반영할 수 있다.

실기 과목명	주요항목	세부항목	세세항목
		3. 산업재해발생 및 재해 조사 분석하기	1. 재해발생모델을 알고 이해할 수 있다. 2. 사고예방원리를 이해할 수 있어야 한다. 3. 재해조사를 실시할 수 있다. 4. 재해발생의 구조를 이해할 수 있다. 5. 재해분석을 실시할 수 있다. 6. 재해율을 분석할 수 있다.
		4. 재해 예방대책 수립하기	1. 사고장소에 대한 증거물과 관련자와의 면담 등을 통하여 사고와 관련된 기인물과 가해물을 규명할 수 있다. 2. 사고조사를 통해 근본적인 사고원인을 규명하여 개선대책을 제시할 수 있다.
		5. 개인보호구 선정하기	1. 산업안전보건법령에 의해 안전인증 받은 보호구를 선정하고, 성능 시험의 적합 여부를 확인할 수 있다. 2. 개인보호구를 근로자가 적정하게 착용하고 있는지를 확인할 수 있다.
		6. 안전 시설물 설치하기	1. 건설공사의 기획, 설계, 구매, 시공, 유지관리 등 모든 단계에서 건설안전 관련자료를 수집하고, 세부공정에 맞게 위험요인에 따른 안전 시설물 설치계획을 수립할 수 있다. 2. 산업안전보건법령에 기준하여 안전인증을 취득한 자재를 사용할 수 있다.
		7. 안전보건교육 계획하기	1. 안전교육에 관련한 법령을 검토할 수 있다. 2. 교육종류에 따른 교육 대상자를 선정할 수 있다.
		8. 안전보건교육 실시하기	1. 안전보건교육의 연간 일정계획에 따라 교육을 실시할 수 있다. 2. 작업 상황사진, 동영상을 참고하여 불안전한 행동, 상태를 예방하기 위한 안전기술과 시공을 교육프로그램에 반영할 수 있다. 3. 건설안전 관련법령에 따라 교육일지를 작성하고 피교육자의 서명과 사진을 부착하여 교육 실시 여부를 기록할 수 있다. 4. 법적자료를 고려하여 교육대상자, 적정 시간과 횟수를 제대로 준수하고 있는지를 확인할 수 있다. 5. 작업공종을 기준으로 해당 안전담당자를 지정하고, 교육대상자가 의식과 행동의 변화를 가져올 때까지 교육을 실시할 수 있다.

실기 과목명	주요항목	세부항목	세세항목
2. 건설공사 안전	1. 건설공사 특수성 분석하기	1. 설계도서에서 요구하는 특수성을 확인하여 안전관리 계획 시 반영할 수 있다. 2. 공정관리계획 수립 시 해당 공사의 특수성에 따라 세 부적인 안전지침을 검토할 수 있다. 3. 공사장 주변 작업환경이나 공법에 따라 안전관리에 적 용해야 하는 특수성을 도출할 수 있다. 4. 공사의 계약조건, 발주처 요청 등에 따라 안전관리상 의 특수성을 도출할 수 있다.
	2. 가설공사 안전을 이해하기	1. 가설공사 안전에 관한 일반을 이해할 수 있다. 2. 통로의 안전에 관한 사항을 이해할 수 있다. 3. 비계공사의 안전에 관한 사항을 이해할 수 있다.
	3. 토공사 안전을 이해하기	1. 사전점검 사항을 알고 적용할 수 있다. 2. 굴착작업의 안전조치 사항을 적용할 수 있다. 3. 붕괴재해 예방대책을 수립할 수 있다.
	4. 구조물공사 안전을 이해하기	1. 철근공사의 안전에 관한 사항을 이해할 수 있어야 한다. 2. 거푸집공사의 안전에 관한 사항을 이해할 수 있어야 한다. 3. 콘크리트공사의 안전에 관한 사항을 이해할 수 있어 야 한다. 4. 철골공사의 안전에 관한 사항을 이해할 수 있어야 한다.
	5. 마감공사 안전을 이해하기	1. 마감공사의 안전에 관한 사항을 이해할 수 있어야 한다.
	6. 건설기계, 기구 안전 을 이해하기	1. 차량계 건설기계에 관한 안전을 이해할 수 있어야 한다. 2. 토공기계에 관한 안전을 이해할 수 있어야 한다. 3. 차량계 하역운반기계에 관한 안전을 이해할 수 있어 야 한다. 4. 양중기에 관한 안전을 이해할 수 있어야 한다.
	7. 사고형태별 안전을 이해하기	1. 떨어짐(추락)재해에 관한 안전을 이해할 수 있어야 한다. 2. 낙하물 재해에 관한 안전을 이해할 수 있다. 3. 토사 및 토석 붕괴 재해에 관한 안전을 이해할 수 있다. 4. 감전재해에 관한 안전을 이해할 수 있다. 5. 건설 기타 재해에 관한 안전을 이해할 수 있다. 6. 사고조사 후 도출된 각각의 사고원인들에 대하여 사 고 가능성 및 예상 피해를 감소시키기 위해 필요한 사 항들을 검토할 수 있다. 7. 사고조사를 통해 근본적인 사고원인을 규명하여 개선 대책을 제시할 수 있다.

실기 과목명	주요항목	세부항목	세세항목
3. 안전기준	1. 건설안전 관련법규 적용하기	1. 산업안전보건법을 적용할 수 있다. 2. 산업안전보건법 시행령을 적용할 수 있다. 3. 산업안전보건법 시행규칙을 적용할 수 있다.	
	2. 안전기준에 관한 규칙 및 기술지침 적용하기	1. 작업장의 안전기준을 적용할 수 있다. 2. 기계기구 설비에 의한 위험예방에 관한 안전기준 및 기술지침을 적용할 수 있다. 3. 양중기에 관한 안전기준 및 기술지침을 적용할 수 있다. 4. 차량계 하역운반 기계에 관한 안전기준 및 기술 지침 을 적용할 수 있다. 5. 콘베이어에 관한 안전기준 및 기술지침을 적용할 수 있다. 6. 차량계 건설기계 등에 관한 안전기준 및 기술지침을 적용할 수 있다. 7. 전기로 인한 위험 방지에 관한 안전기준 및 기술 지침 을 적용할 수 있다. 8. 건설작업에 의한 위험예방에 관한 안전기준 및 기술 지침을 적용할 수 있다. 9. 중량물 취급 시 위험방지에 관한 안전기준 및 기술 지 침을 적용할 수 있다. 10. 하역작업 등에 의한 위험방지에 관한 안전기준 및 기술 지침을 적용할 수 있다. 11. 기타 기술 지침을 적용할 수 있다.	

자격검정절차 안내

1	필기원서접수	Q-net을 통한 인터넷 원서접수
		필기접수 기간 내 수험원서 인터넷 제출
		사진(6개월 이내에 촬영한 3.5cm*4.5cm, 120*160픽셀 사진파일 JPG), 수수료 전자결제
		시험장소 본인 선택(선착순)
2	필기시험	수험표, 신분증, 필기구(흑색 싸인펜 등) 지참
3	합격자 발표	Q-net을 통한 합격확인(마이페이지 등)
		응시자격 제한종목(기술사, 기능장, 기사, 산업기사, 서비스 분야 일부종목)은 사전에 공지한 시행계획 내 응시자격 서류제출 기간 이내에 반드시 응시자격 서류를 제출하여야 함
4	실기원서접수	실기접수 기간 내 수험원서 인터넷(www.Q-net.or.kr) 제출
		사진(6개월 이내에 촬영한 3.5cm*4.5cm픽셀 사진파일 JPG), 수수료(정액)
		시험일시, 장소 본인 선택(선착순)
5	실기시험	수험표, 신분증, 필기구 지참
6	최종합격자발표	Q-net을 통한 합격확인(마이페이지 등)
7	자격증 발급	(인터넷)공인인증 등을 통한 발급, 택배가능 (방문수령)사진(6개월 이내에 촬영한 3.5cm*4.5cm 사진) 및 신분확인서류

응시자격 조건체계

기술사

- 기사 취득 후+실무능력 4년
- 산업기사 취득 후+실무능력 5년
- 4년제 대졸(관력학과)후+실무경력 6년
- 동일 및 유사직무분야의 다른 종목 기술사 등급 취득자

기능장

- 산업기사(기능사)취득 후+기능대
- 기능장 과정 이수
- 산업기사등급이상 취득 후+실무능력 5년
- 기능사 취득 후+실무능력 7년
- 실무능력 9년 등
- 동일 및 유사직무분야의 다른 종목 기능장 등급 취득자

기사

- 산업기사 취득 후+실무능력 1년
- 기능사 취득 후+실무경력 3년
- 대졸(관련학과)
- 2년제 전문대졸(관련학과)후+실무경력 2년
- 3년제 전문대졸(관련학과)+실무경력 1년
- 실무경력 4년 등
- 동일 및 유사직무분야의 다른 종목 기사 등급 이상 취득자

산업기사

- 기능사 취득 후+실무능력 1년
- 대졸(관련학과)
- 전문대졸(관련학과)
- 실무능력 2년 등
- 동일 및 유사직무분야의 다른 종목 산업기사 등급 이상 취득자

기능사

- 자격제한 없음

검정기준 및 방법

(1) 검정기준

자격등급	검정기준
기술사	응시하고자 하는 종목에 관한 고도의 전문지식과 실무경험에 입각한 계획, 연구, 설계, 분석, 조사, 시험, 시공, 감리, 평가, 진단, 사업관리, 기술관리 등의 기술업무를 수행할 수 있는 능력의 유무
기능장	응시하고자 하는 종목에 관한 최상급 숙련기능을 가지고 산업현장에서 작업 관리, 소속기능인력의 지도 및 감독, 현장훈련, 경영계층과 생산계층을 유기적으로 연계시켜 주는 현장관리 등의 업무를 수행할 수 있는 능력의 유무
기사	응시하고자 하는 종목에 관한 공학적 기술이론 지식을 가지고 설계, 시공, 분석 등의 기술업무를 수행할 수 있는 능력의 유무
산업기사	응시하고자 하는 종목에 관한 기술기초이론지식 또는 숙련기능을 바탕으로 복합적인 기능업무를 수행할 수 있는 능력의 유무
기능사	응시하고자 하는 종목에 관한 숙련기능을 가지고 제작, 제조, 조작, 운전, 보수, 정비, 채취, 검사 또는 직업관리 및 이에 관련되는 업무를 수행할 수 있는 능력의 유무

(2) 검정방법

자격등급	검정방법	
	필기시험	면접시험 또는 실기시험
기술사	단답형 또는 주관식 논문형 (100점 만점에 60점 이상)	구술형 면접시험 (100점 만점에 60점 이상)
기능장	객관식 4지 택일형(60문항) (100점 만점에 60점 이상)	주관식 필기시험 또는 작업형 (100점 만점에 60점 이상)
기사	객관식 4지 택일형 • 과목당 20문항(100점 만점에 60점 이상) • 과목당 40점 이상(전과목 평균 60점 이상)	주관식 필기시험 또는 작업형 (100점 만점에 60점 이상)
산업기사	객관식 4지 택일형 • 과목당 20문항(100점 만점에 60점 이상) • 과목당 40점 이상(전과목 평균 60점 이상)	주관식 필기시험 또는 작업형 (100점 만점에 60점 이상)
기능사	객관식 4지 택일형(60문항) (100점 만점에 60점 이상)	주관식 필기시험 또는 작업형 (100점 만점에 60점 이상)

국가자격 종목별 상세정보

(1) 진로 및 전망

- 기계, 금속, 전기, 화학, 목재 등 모든 제조업체, 안전관리 대행업체, 산업안전관리 정부기관, 한국산업안전공단 등이 진출할 수 있다.
- 선진국의 척도는 안전수준으로 우리나라의 경우 재해율이 아직 후진국 수준에 머물러 있어 이에 대한 계속적 투자의 사회적 인식이 높아가고, 안전인증 대상을 확대하여 프레스, 용접기 등 기계·기구에서 이러한 기계·기구의 각종 방호장치까지 안전인증을 취득하도록 산업안전보건법 시행규칙의 개정에 따른 고용창출 효과가 기대되고 있다. 또한 경제회복국면과 안전보건조직 축소가 맞물림에 따라 산업 재해의 증가가 우려되고 있다. 특히 제조업의 경우 이미 올해 초부터 전년도의 재해율을 상회하고 있어 정부는 적극적인 재해예방정책 등으로 이 자격증 취득자에 대한 인력수요는 증가할 것이다.

(2) 종목별 검정현황

종목명	연도	필기			실기		
		응시	합격	합격률(%)	응시	합격	합격률(%)
건설 안전 산업 기사	2022	9,134	3,298	36.1%	4,016	2,299	57.2%
	2021	6,473	2,316	35.8%	2,751	1,514	55%
	2020	4,142	1,307	31.6%	1,605	992	57.4%
	2019	5,179	1,659	32%	1,914	1,194	62.4%
	2018	4,502	941	20.9%	1,425	704	49.4%
	2017	4,142	1,307	31.6%	1,605	922	57.4%
	2016	3,966	1,008	25.4%	1,167	575	49.3%
	2015	3,708	813	21.9%	1,120	561	50.1%
	2014	4,241	813	19.2%	1,191	694	58.3%
	2013	4,801	783	16.3%	1,719	637	37.1%
	2012	6,023	1,131	18.8%	1,958	512	26.1%
	2011	6,373	1,242	19.5%	2,227	586	26.3%
	2010	7,299	1,365	18.7%	2,182	910	41.7%
	2009	7,955	1,160	14.6%	2,363	549	23.2%
	2008	8,290	1,527	18.4%	3,292	802	24.4%
	2007	8,307	2,399	28.9%	3,868	884	22.9%
	2006	9,643	3,032	31.4%	3,409	1,939	56.9%
	2005	6,130	1,983	32.3%	2,262	1,318	58.3%
	2004	5,430	991	18.3%	1,416	782	55.2%
	2003	4,421	970	21.9%	1,319	321	24.3%
	2002	3,917	641	16.4%	947	368	38.9%
	2001	2,917	802	27.5%	831	327	39.4%
	1977~2000	46,963	13,589	28.9%	13,725	5,990	43.6%
소계		174,349	45,466	26.1%	58,605	25,492	43.5%

수험자 유의사항

1. 시험문제지를 받는 즉시 응시하고자 하는 **종목의 문제지가 맞는지 여부를 확인**하여야 합니다.

2. 시험문제지 **총 면수/문제번호 순서/인쇄상태 등을 확인**하고, 수험번호 및 성명은 답안지 매장마다 기재하여야 합니다.

3. 부정행위 방지를 위하여 답안작성(계산식 포함)은 흑색 또는 **청색 필기구만 사용**하되, 동일한 한 가지 **색의 필기구만 사용**하여야 하며 흑색, 청색을 제외한 **유색 필기구 또는 연필류를 사용**하거나 2가지 이상의 색을 혼합 사용하였을 경우 그 문항은 0점 처리됩니다.

4. 답란에는 문제와 관련 없는 불필요한 낙서나 특이한 기록사항 등을 기재하여서는 안 되며 부정의 목적으로 특이한 표식을 하였다고 판단될 경우에는 모든 득점이 0점 처리됩니다.

5. **답안을 정정할 때에는 반드시 정정부분을 두 줄로 그어 표시**하여야 하며, 두 줄로 긋지 않은 답안은 정정하지 않은 것으로 간주합니다.

6. 계산문제는 반드시 「계산과정」과 「답」란에 계산과정과 답을 정확히 기재하여야 하며 계산과정이 틀리거나 없는 경우 0점 처리됩니다.(단, 계산연습이 필요한 경우는 연습란을 이용하여야 하며, 연습란은 채점대상이 아닙니다.

7. 계산문제는 최종결과 값(답)에서 소수 셋째 자리에서 반올림하여 둘째 자리까지 구하여야 하나 개별문제에서 소수처리에 대한 요구사항이 있을 경우 그 요구사항에 따라야 합니다.(단, 문제의 특수한 성격에 따라 정수로 표기하는 문제도 있으며, 반올림한 값이 0이 되는 경우는 첫 유효숫자까지 기재하되 반올림하여 기재하여야 합니다.

8. 답에 단위가 없으면 오답으로 처리됩니다.(단, 문제의 요구사항에 단위가 주어졌을 경우는 생략되어도 무방합니다.)

9. 문제에서 요구한 가짓수(항수) 이상을 답란에 표기한 경우에는 답란기재 순으로 요구한 가짓수(항수)만 채점하여 한 항에 여러 가지를 기재하더라도 한 가지로 보며 그 중 정답과 오답이 함께 기재되어 있을 경우 오답으로 처리됩니다.

10. 한 문제에서 소문제로 파생되는 문제나, 가짓수를 요구하는 문제는 대부분의 경우 부분배점을 적용합니다.

11. 부정 또는 불공정한 방법으로 시험을 치른 자는 부정행위자로 처리되어 당해 검정을 중지 또는 무효로 하고, 3년간 국가기술 자격검정의 응시자격이 정지됩니다.

12. 복합형 시험의 경우 시험의 전 과정(필답형, 작업형)을 응시하지 않은 경우 채점대상에서 제외합니다.

13. 저장용량이 큰 전자계산기 및 유사 전자제품 사용 시에는 저장된 메모리를 초기화한 후 사용하여야 하며, 시험위원이 초기화 여부를 확인할 시 협조하여야 합니다. 초기화되지 않은 전자계산기 및 유사 전자제품을 사용하여 적발 시에는 부정행위로 간주합니다.

14. 시험위원이 시험 중 신분확인을 위하여 신분증과 수험표를 요구할 경우 반드시 제시하여야 합니다.

15. **문제 및 답안(지), 채점기준은 일체 공개하지 않습니다.**

차 례

Industrial Engineer Construction Safety

1권 건설안전산업기사 실기[필답형]

2권 건설안전산업기사 실기[작업형]

Contents

Subject 01 안전관리

Subject 02 건설공사 안전

Contents

Subject 03 안전기준

Subject 04 부록

Subject 01

안전관리

실기 2차 필답형

Industrial Engineer Construction Safety

Contents

제1장   안전관리조직

① 안전조직의 목적

1. 목적

기업 내에서 안전관리조직을 구성하는 목적은 근로자의 안전과 설비의 안전을 확보하여 생산 합리화를 기하는 데 있다.

2. 안전관리조직의 역할

1) 산업재해예방

① 모든 위험요소의 제거
② 위험 제거 기술의 수준 향상
③ 재해 예방률의 향상
④ 단위 예방비용 절감

2) 설비재해예방

① 설비, 기계, 공구 등의 보수관리제도의 확립
② 설비, 기계 등의 유지관리기준 작성
③ 설비, 기계 등의 상시 점검, 정비

② 안전조직의 종류 및 장단점

1. 라인(LINE)형 조직(직계식 조직)

소규모기업에 적합한 조직으로서 안전관리에 관한 계획에서부터 실시에 이르기까지 모든 안전업무를 생산라인을 통하여 직선적으로 이루어지도록 편성된 조직이다.

1) 규모

소규모(100명 이하)

2) 장점

① 안전에 관한 지시 및 명령계통이 철저
② 안전대책의 실시가 신속
③ 명령과 보고가 상하관계뿐으로 간단 명료

3) 단점

① 안전에 대한 지식 및 기술축적이 어려움
② 안전에 대한 정보수집 및 신기술 개발이 미흡
③ 라인에 과중한 책임을 지우기 쉬움

4) 구성도

2. 스태프(STAFF)형 조직(참모식 조직)

중소규모사업장에 적합한 조직으로서 안전업무를 관장하는 참모(Staff)를 두고 안전관리에 관한 계획 조정·조사·검토·보고 등의 업무와 현장에 대한 기술지원을 담당하도록 편성된 조직

1) 규모

중규모(100~1,000명 미만)

2) 장점

① 사업장 특성에 맞는 전문적인 기술연구가 가능함
② 경영자에게 조언과 자문역할을 할 수 있음
③ 안전정보 수집이 빠름

3) 단점

① 안전지시나 명령이 작업자에게까지 신속 정확하게 전달되지 못함
② 생산부분은 안전에 대한 책임과 권한이 없음
③ 권한 다툼이나 조정 때문에 시간과 노력이 소모됨

4) 구성도

3. 라인 · 스태프(LINE – STAFF)형 조직(직계참모조직)

대규모사업장에 적합한 조직으로서 라인형과 스태프형의 장점만을 채택한 형태이다. 안전업무를 전담하는 스태프를 두고 생산라인의 각 계층에서도 각 부서장으로 하여금 안전업무를 수행하도록 하여 스태프에서 안전에 관한 사항이 결정되면 라인을 통하여 실천하도록 편성된 조직이다.

1) 규모

대규모(1,000명 이상)

2) 장점

① 안전에 대한 기술 및 경험축적이 용이
② 사업장에 맞는 독자적인 안전개선책 강구
③ 안전지시나 안전대책이 신속정확하게 하달

3) 단점

① 명령계통과 조언 권고적 참여가 혼동되기 쉬움
② 스태프의 월권 행위가 있을 수 있음

4) 구성도

라인–스태프형은 라인과 스태프형의 이점을 절충 조정한 유형으로 라인과 스태프가 협조를 이루어 나갈 수 있고 라인에게는 생산과 안전보건에 관한 책임을 동시에 지우므로 안전보건업무와 생산업무가 균형을 유지할 수 있는 이상적인 조직이다.

> 🔶 **Key Point**
>
> 안전관리조직 3가지를 쓰시오.
>
> ① 라인형 ② 스태프형 ③ 라인 · 스태프형

③ 안전보건관리책임자의 업무

사업주는 다음의 업무를 총괄·관리하게 하기 위하여 안전보건관리책임자를 두어야 하며, 안전보건관리책임자는 안전관리자와 보건관리자를 지휘·감독한다.
1. 산업재해예방계획의 수립에 관한 사항
2. 안전보건관리규정의 작성 및 그 변경에 관한 사항
3. 안전보건교육에 관한 사항
4. 작업환경의 측정 등 작업환경의 점검 및 개선에 관한 사항
5. 근로자의 건강진단 등 건강관리에 관한 사항
6. 산업재해의 원인조사 및 재발 방지대책의 수립에 관한 사항
7. 산업재해에 관한 통계의 기록 및 유지에 관한 사항
8. 안전장치 및 보호구 구입 시 적격품 여부 확인에 관한 사항
9. 근로자의 유해·위험예방조치에 관한 사항으로서 안전보건규칙에서 정하는 근로자의 위험 또는 건강장해의 방지에 관한 사항

안전보건관리책임자를 두어야 할 사업의 종류 및 규모는 상시 근로자 100명 이상을 사용하는 사업과 상시 근로자 100명 미만을 사용하는 사업 중 고용노동부령이 정하는 사업(총 공사금액이 20억원 이상인 공사를 시행하는 건설업, 영 별표3 제1호부터 20호까지의 규정된 사업으로서 상시 근로자 50명 이상 100명 미만을 사용하는 사업)으로 한다.

④ 안전관리자의 업무

사업주는 사업장에 안전관리자를 두어 안전에 관한 기술적인 사항에 관하여 사업주 또는 관리책임자를 보좌하고 관리감독자에게 조언·지도하는 업무를 수행하게 하여야 한다. 안전관리자를 두어야 할 사업의 종류·규모, 안전관리자의 수·자격·업무·권한·선임방법, 그 밖에 필요한 사항은 대통령령으로 정한다.

> 안전관리자 등의 증원·교체임명 명령(「산업안전보건법 시행규칙」 제12조)
> 지방고용노동관서의 장은 다음 각 호의 어느 하나에 해당하는 사유가 발생한 경우에는 법 제17조제4항·제18조제4항 또는 제19조제3항에 따라 사업주에게 안전관리자·보건관리자 또는 안전보건관리담당자를 정수 이상으로 증원하게 하거나 교체하여 임명할 것을 명할 수 있다. 다만, 제4호에 해당하는 경우로서 직업성 질병자 발생 당시 사업장에서 해당 화학적 인자(因子)를 사용하지 않은 경우에는 그렇지 않다.
> 1. 해당 사업장의 연간재해율이 같은 업종의 평균재해율의 2배 이상인 경우
> 2. 중대재해가 연간 2건 이상 발생한 경우. 다만, 해당 사업장의 전년도 사망만인율이 같은 업종의 평균 사망만인율 이하인 경우는 제외한다.

3. 관리자가 질병이나 그 밖의 사유로 3개월 이상 직무를 수행할 수 없게 된 경우
4. 시행규칙 별표 22 제1호에 따른 화학적 인자로 인한 직업성 질병자가 연간 3명 이상 발생한 경우. 이 경우 직업성 질병자의 발생일은 「산업재해보상보험법 시행규칙」 제21조제1항에 따른 요양급여의 결정일로 한다.

◆ Key Point

안전관리자를 정수 이상으로 하거나 교체할 수 있는 사유를 3가지 쓰시오.

사업주는 고용노동부장관이 지정하는 안전관리 업무를 전문적으로 수행하는 기관에 안전관리자의 업무를 위탁할 수 있다. 안전관리자의 업무를 안전관리대행기관에 위탁할 수 있는 사업의 종류 및 규모는 건설업을 제외한 사업으로서 상시 근로자 300인 미만을 사용하는 사업으로 한다.

기업활동 규제완화에 관한 특별조치법(이하 '규제완화 특조법'이라 한다)의 안전관리자의 겸직 허용(제29조)에 따라 고압가스안전관리법 등의 유사한 안전관련법에 의해 안전관리자를 2인 이상 채용해야 하는 자가 그중 1인을 채용한 경우에는 나머지 자와 산업안전보건법에 의한 안전관리자 1인도 채용한 것으로 본다. 또한 유사한 안전관련법에 의해 그 주된 영업분야 등에서 안전관리자 1인을 채용한 경우에도 산업안전보건법에 의한 안전관리자 1인을 채용한 것으로 본다.

안전관리자가 수행하여야 할 업무는 다음과 같다.
1. 산업안전보건위원회 또는 안전·보건에 관한 노사협의체에서 심의·의결한 업무와 해당 사업장의 안전보건관리규정 및 취업규칙에서 정한 업무
2. 위험성평가에 관한 보좌 및 지도·조언
3. 안전인증대상기계등과 자율안전확인대상기계등 구입 시 적격품의 선정에 관한 보좌 및 지도·조언
4. 해당 사업장 안전교육계획의 수립 및 안전교육 실시에 관한 보좌 및 조언·지도
5. 사업장 순회점검, 지도 및 조치 건의
6. 산업재해 발생의 원인 조사·분석 및 재발 방지를 위한 기술적 보좌 및 지도·조언
7. 산업재해에 관한 통계의 유지·관리·분석을 위한 보좌 및 지도·조언
8. 법 또는 법에 따른 명령으로 정한 안전에 관한 사항의 이행에 관한 보좌 및 지도·조언
9. 업무수행 내용의 기록·유지
10. 그 밖에 안전에 관한 사항으로서 고용노동부장관이 정하는 사항

안전관리자를 두어야 할 수급인인 사업주는 영 제12조제5항에 따라 도급인인 사업주가 다음 각 호의 요건을 갖춘 경우에는 안전관리자를 선임하지 아니할 수 있다.(산업안전보건법 시행규칙 제15조의2)

1. 도급인인 사업주 자신이 선임하여야 할 안전관리자를 둔 경우
2. 안전관리자를 두어야 할 수급인인 사업주의 업종별로 상시 근로자 수(건설업의 경우 상시 근로자 수 또는 공사금액)를 합계하여 그 근로자 수 또는 공사금액에 해당하는 안전관리자를 추가로 선임한 경우

> **Key Point**
>
> 안전관리자의 업무 4가지를 쓰시오.

■ 안전관리자를 두어야 하는 사업의 종류, 사업장의 상시근로자 수, 안전관리자의 수 및 선임방법(제16조제1항 관련)

사업의 종류	사업장의 상시근로자 수	안전관리자의 수	안전관리자의 선임방법
1. 토사석 광업 2. 식료품 제조업, 음료 제조업 3. 섬유제품 제조업 ; 의복 제외 4. 목재 및 나무제품 제조업 ; 가구 제외 5. 펄프, 종이 및 종이제품 제조업 6. 코크스, 연탄 및 석유정제품 제조업	상시근로자 50명 이상 500명 미만	1명 이상	별표 4 각 호의 어느 하나에 해당하는 사람(같은 표 제3호·제7호 및 제9호부터 제12호까지에 해당하는 사람은 제외한다)을 선임해야 한다.
7. 화학물질 및 화학제품 제조업 ; 의약품 제외 8. 의료용 물질 및 의약품 제조업 9. 고무 및 플라스틱제품 제조업 10. 비금속 광물제품 제조업 11. 1차 금속 제조업	상시근로자 500명 이상	2명 이상	별표 4 각 호의 어느 하나에 해당하는 사람(같은 표 제7호 및 제9호부터 제12호까지에 해당하는 사람은 제외한다)을 선임하되, 같은 표 제1호·제2호

12. 금속가공제품 제조업 ; 기계 및 가구 제외 13. 전자부품, 컴퓨터, 영상, 음향 및 통신장비 제조업 14. 의료, 정밀, 광학기기 및 시계 제조업 15. 전기장비 제조업 16. 기타 기계 및 장비 제조업 17. 자동차 및 트레일러 제조업 18. 기타 운송장비 제조업 19. 가구 제조업 20. 기타 제품 제조업 21. 산업용 기계 및 장비 수리업 22. 서적, 잡지 및 기타 인쇄물 출판업 23. 폐기물 수집, 운반, 처리 및 원료 재생업 24. 환경 정화 및 복원업 25. 자동차 종합 수리업, 자동차 전문 수리업 26. 발전업 27. 운수 및 창고업			(「국가기술자격법」에 따른 산업안전산업기사의 자격을 취득한 사람은 제외한다) 또는 제4호에 해당하는 사람이 1명 이상 포함되어야 한다.
28. 농업, 임업 및 어업 29. 제2호부터 제21호까지의 사업을 제외한 제조업 30. 전기, 가스, 증기 및 공기조절 공급업(발전업은 제외한다) 31. 수도, 하수 및 폐기물 처리, 원료 재생업(제23호 및 제24호에 해당하는 사업은 제외한다) 32. 도매 및 소매업 33. 숙박 및 음식점업 34. 영상·오디오 기록물 제작 및 배급업 35. 방송업 36. 우편 및 통신업 37. 부동산업 38. 임대업 ; 부동산 제외 39. 연구개발업	상시근로자 50명 이상 1천명 미만. 다만, 제37호의 사업(부동산 관리업은 제외한다)과 제40호의 사업의 경우에는 상시근로자 100명 이상 1천 명 미만으로 한다.	1명 이상	별표 4 각 호의 어느 하나에 해당하는 사람(같은 표 제3호 및 제9호부터 제12호까지에 해당하는 사람은 제외한다. 다만, 제28호 및 제30호부터 제46호까지의 사업의 경우 별표 4 제3호에 해당하는 사람에 대해서는 그렇지 않다)을 선임해야 한다.

40. 사진처리업 41. 사업시설 관리 및 조경 서비스업 42. 청소년 수련시설 운영업 43. 보건업 44. 예술, 스포츠 및 여가 관련 서비스업 45. 개인 및 소비용품수리업(제25호에 해당하는 사업은 제외한다) 46. 기타 개인 서비스업 47. 공공행정(청소, 시설관리, 조리 등 현업업무에 종사하는 사람으로서 고용노동부장관이 정하여 고시하는 사람으로 한정한다) 48. 교육서비스업 중 초등·중등·고등 교육기관, 특수학교·외국인학교 및 대안학교(청소, 시설관리, 조리 등 현업업무에 종사하는 사람으로서 고용노동부장관이 정하여 고시하는 사람으로 한정한다)	상시근로자 1천 명 이상	2명 이상	별표 4 각 호의 어느 하나에 해당하는 사람(같은 표 제7호·제11호 및 제12호에 해당하는 사람은 제외한다)을 선임하되, 같은 표 제1호·제2호·제4호 또는 제5호에 해당하는 사람이 1명 이상 포함되어야 한다.
49. 건설업	공사금액 50억 원 이상(관계수급인은 100억 원 이상) 120억 원 미만(「건설산업기본법 시행령」 별표 1 제1호가목의 토목공사업의 경우에는 150억 원 미만)	1명 이상	별표 4 제1호부터 제7호까지 및 제10호부터 제12호까지의 어느 하나에 해당하는 사람을 선임해야 한다.
	공사금액 120억 원 이상(「건설산업기본법 시행령」 별표 1 제1호가목의 토목공사업의 경우에는 150억 원 이상) 800억 원 미만	1명 이상	별표 4 제1호부터 제7호까지 및 제10호의 어느 하나에 해당하는 사람을 선임해야 한다.

	공사금액 800억 원 이상 1,500억 원 미만	2명 이상. 다만, 전체 공사기간을 100으로 할 때 공사 시작에서 15에 해당하는 기간과 공사 종료 전의 15에 해당하는 기간(이하 "전체 공사기간 중 전·후 15에 해당하는 기간"이라 한다) 동안은 1명 이상으로 한다.	별표 4 제1호부터 제7호까지 및 제10호의 어느 하나에 해당하는 사람을 선임하되, 같은 표 제1호부터 제3호까지의 어느 하나에 해당하는 사람이 1명 이상 포함되어야 한다.
	공사금액 1,500억 원 이상 2,200억 원 미만	3명 이상. 다만, 전체 공사기간 중 전·후 15에 해당하는 기간은 2명 이상으로 한다.	별표 4 제1호부터 제7호까지 및 제12호의 어느 하나에 해당하는 사람을 선임하되, 같은 표 제12호에 해당하는 사람은 1명만 포함될 수 있고, 같은 표 제1호 또는 「국가기술자격법」에 따른 건설안전기술사(건설안전기사 또는 산업안전기사의 자격을 취득한 후 7년 이상 건설안전 업무를 수행한 사람이거나 건설안전산업기사 또는 산업안전산업기사의 자격을 취득한 후 10년 이상 건설안전 업무를 수행한 사람을 포함한다) 자격을 취득한 사람(이하 "산업안전지도사등"이라 한다)이 1명 이상 포함되어야 한다.
	공사금액 2,200억 원 이상 3천억 원 미만	4명 이상. 다만, 전체 공사기간 중 전·후 15에 해당하는 기간은 2명 이상으로 한다.	

공사금액 3천억 원 이상 3,900억 원 미만	5명 이상. 다만, 전체 공사기간 중 전·후 15에 해당하는 기간은 3명 이상으로 한다.	별표 4 제1호부터 제7호까지 및 제12호의 어느 하나에 해당하는 사람을 선임하되, 같은 표 제12호에 해당하는 사람이 1명만 포함될 수 있고, 산업안전지도사등이 2명 이상 포함되어야 한다. 다만, 전체 공사기간 중 전·후 15에 해당하는 기간에는 산업안전지도사등이 1명 이상 포함되어야 한다.
공사금액 3,900억 원 이상 4,900억 원 미만	6명 이상. 다만, 전체 공사기간 중 전·후 15에 해당하는 기간은 3명 이상으로 한다.	
공사금액 4,900억 원 이상 6천억 원 미만	7명 이상. 다만, 전체 공사기간 중 전·후 15에 해당하는 기간은 4명 이상으로 한다.	별표 4 제1호부터 제7호까지 및 제12호의 어느 하나에 해당하는 사람을 선임하되, 같은 표 제12호에 해당하는 사람은 2명까지만 포함될 수 있고, 산업안전지도사등이 2명 이상 포함되어야 한다. 다만, 전체 공사기간 중 전·후 15에 해당하는 기간에는 산업안전지도사등이 2명 이상 포함되어야 한다.
공사금액 6천억 원 이상 7,200억 원 미만	8명 이상. 다만, 전체 공사기간 중 전·후 15에 해당하는 기간은 4명 이상으로 한다.	
공사금액 7,200억 원 이상 8,500억 원 미만	9명 이상. 다만, 전체 공사기간 중 전·후 15에 해당하는 기간은 5명 이상으로 한다.	별표 4 제1호부터 제7호까지 및 제12호의 어느 하나에 해당하는 사람을 선임하되, 같은 표 제12호에 해당하는 사람은 2명까지만 포함될 수 있고, 산업안전지도사등이 3명 이상 포함되어야 한다. 다만, 전체 공사기간 중 전·후 15에 해당하는 기간에는 산업안전지도사등이 3명 이상 포함되어야 한다.
공사금액 8,500억 원 이상 1조 원 미만	10명 이상. 다만, 전체 공사기간 중 전·후 15에 해당하는 기간은 5명 이상으로 한다.	

	1조 원 이상	11명 이상[매 2천억원(2조 원 이상부터는 매 3천억원)마다 1명씩 추가한다]. 다만, 전체 공사기간 중 전·후 15에 해당하는 기간은 선임 대상 안전관리자 수의 2분의 1(소수점 이하는 올림한다) 이상으로 한다.

[비고]

1. 철거공사가 포함된 건설공사의 경우 철거공사만 이루어지는 기간은 전체 공사기간에는 산입되나 전체 공사기간 중 전·후 15에 해당하는 기간에는 산입되지 않는다. 이 경우 전체 공사기간 중 전·후 15에 해당하는 기간은 철거공사만 이루어지는 기간을 제외한 공사기간을 기준으로 산정한다.
2. 철거공사만 이루어지는 기간에는 공사금액별로 선임해야 하는 최소 안전관리자 수 이상으로 안전관리자를 선임해야 한다.

⑤ 관리감독자의 업무(산업안전보건법 시행령 제15조)

사업주는 사업장의 관리감독자(경영조직에서 생산과 관련되는 업무와 소속 직원을 직접 지휘·감독하는 부서의 장이나 그 직위를 담당하는 자)로 하여금 직무와 관련된 안전·보건에 관한 업무로서 안전·보건점검 등의 업무를 수행하도록 하여야 한다. 다만, 위험방지가 특히 필요한 작업은 특별교육 등 안전·보건에 관한 업무를 추가로 수행하도록 해야 한다.

관리감독자가 수행하여야 할 업무내용은 다음과 같다.

1. 사업장 내 관리감독자가 지휘·감독하는 작업과 관련된 기계·기구 또는 설비의 안전·보건 점검 및 이상 유무의 확인
2. 관리감독자에게 소속된 근로자의 작업복·보호구 및 방호장치의 점검과 그 착용·사용에 관한 교육·지도
3. 해당 작업에서 발생한 산업재해에 관한 보고 및 이에 대한 응급조치
4. 해당 작업의 작업장 정리·정돈 및 통로확보에 대한 확인·감독
5. 안전관리자, 보건관리자, 안전보건담당자 및 산업보건의의 지도·조언에 대한 협조

6. 위험성평가에 관한 유해·위험요인의 파악에 대한 참여 및 개선조치의 시행에 대한 참여

7. 그 밖에 해당 작업의 안전·보건에 관한 사항으로서 고용노동부령으로 정하는 사항

■ 관리감독자의 유해·위험 방지 직무수행 내용(산업안전보건기준에 관한 규칙 35조 관련)

작업의 종류	직무수행 내용
크레인을 사용하는 작업	• 작업방법과 근로자 배치를 결정하고 그 작업을 지휘하는 일 • 재료의 결함 유무 또는 기구 및 공구의 기능을 점검하고 불량품을 제거하는 일 • 작업 중 안전대 또는 안전모의 착용 상황을 감시하는 일
거푸집 동바리의 고정·조립 또는 해체 작업/지반의 굴착 작업/흙막이 지보공의 고정·조립 또는 해체 작업/터널의 굴착작업/건물 등의 해체작업	• **안전한 작업방법을 결정하고 작업을 지휘하는 일** • **재료·기구의 결함 유무를 점검하고 불량품을 제거하는 일** • **작업 중 안전대 및 안전모 등 보호구 착용 상황을 감시하는 일**
달비계 또는 높이 5미터 이상의 비계(飛階)를 조립·해체하거나 변경하는 작업(해체작업의 경우 재료의 결함 유무를 점검하고 불량품을 제거하는 일은 적용 제외)	• 재료의 결함 유무를 점검하고 불량품을 제거하는 일 • 기구·공구·안전대 및 안전모 등의 기능을 점검하고 불량품을 제거하는 일 • 작업방법 및 근로자 배치를 결정하고 작업 진행 상태를 감시하는 일 • 안전대와 안전모 등의 착용 상황을 감시하는 일
발파작업	• 점화 전에 점화작업에 종사하는 근로자가 아닌 사람에게 대피를 지시하는 일 • 점화작업에 종사하는 근로자에게 대피장소 및 경로를 지시하는 일 • 점화 전에 위험구역 내에서 근로자가 대피한 것을 확인하는 일 • 점화순서 및 방법에 대하여 지시하는 일 • 점화신호를 하는 일 • 점화작업에 종사하는 근로자에게 대피신호를 하는 일 • 발파 후 터지지 않은 장약이나 남은 장약의 유무, 용수(湧水)의 유무 및 암석·토사의 낙하 여부 등을 점검하는 일 • 점화하는 사람을 정하는 일 • 공기압축기의 안전밸브 작동 유무를 점검하는 일 • 안전모 등 보호구 착용 상황을 감시하는 일

화물취급작업	• 작업방법 및 순서를 결정하고 작업을 지휘하는 일 • 기구 및 공구를 점검하고 불량품을 제거하는 일 • 그 작업장소에는 관계 근로자가 아닌 사람의 출입을 금지하는 일 • 로프 등의 해체작업을 할 때에는 하대(荷臺) 위의 화물의 낙하 위험 유무를 확인하고 작업의 착수를 지시하는 일

● Key Point

거푸집 동바리 고정·해체 작업 시 관리감독자 직무사항 3가지를 쓰시오.

■ 작업지휘자의 업무수행내용

리프트의 설치·조립·수리·점검 또는 해체 작업 시 작업을 지휘하는 사람이 이행하여야 할 직무
(안전보건규칙 제156조)

(1) 작업방법과 근로자의 배치를 결정하고 해당 작업을 지휘하는 일

(2) 재료의 결함 유무 또는 기구 및 공구의 기능을 점검하고 불량품을 제거하는 일

(3) 작업 중 안전대 등 보호구의 착용 상황을 감시하는 일

6 명예산업안전감독관

고용노동부장관은 산업재해 예방활동에 대한 참여와 지원을 촉진하기 위하여 근로자, 근로자
단체, 사업주단체 및 산업재해 예방 관련 전문단체에 소속된 자 중에서 명예산업안전감독관을
위촉할 수 있다. 사업주는 명예산업안전감독관으로서 정당한 활동을 한 것을 이유로 그 명예
산업안전감독관에 대하여 불리한 처우를 하여서는 아니 된다.

1. 명예산업안전감독관 위촉(산업안전보건법 시행령 제32조)

고용노동부장관은 법 제61조의2제1항에 따라 다음의 어느 하나에 해당하는 사람 중에서 명예
감독관을 위촉할 수 있다.

① 산업안전보건위원회 또는 노사협의체 설치 대상 사업의 근로자 중에서 근로자대표가 사업
주의 의견을 들어 추천하는 사람

② 「노동조합 및 노동관계조정법」 제10조에 따른 연합단체인 노동조합 또는 그 지역 대표기구에 소속된 임직원 중에서 해당 연합단체인 노동조합 또는 그 지역대표기구가 추천하는 사람

③ 전국 규모의 사업주단체 또는 그 산하조직에 소속된 임직원 중에서 해당 단체 또는 그 산하조직이 추천하는 사람

④ 산업재해 예방 관련 업무를 하는 단체 또는 그 산하조직에 소속된 임직원 중에서 해당 단체 또는 그 산하조직이 추천하는 사람

2. 명예산업안전감독관 해촉(산업안전보건법 시행령 제33조)

고용노동부장관은 다음 각 호의 어느 하나에 해당하는 경우에는 명예산업안전감독관을 해촉할 수 있다.

① 근로자대표가 사업주의 의견을 들어 위촉된 명예산업안전감독관의 해촉을 요청한 경우
② 위촉된 명예산업안전감독관이 해당 단체 또는 그 산하조직으로부터 퇴직하거나 해임된 경우
③ 명예산업안전감독관의 업무와 관련하여 부정한 행위를 한 경우
④ 질병이나 부상 등의 사유로 명예산업안전감독관의 업무 수행이 곤란하게 된 경우

> **◆ Key Point**
>
> 산업안전보건법에 따라 명예산업안전감독관의 해촉사유 4가지를 쓰시오

---

7 산업안전보건위원회(산업안전보건법 시행령 제34조 산업안전보건위원회 구성 대상)

1. 설치대상

1) 상시 근로자 100명 이상을 사용하는 사업장. 다만, 건설업의 경우에는 공사금액이 120억원(「건설산업기본법 시행령」 별표 1에 따른 토목공사업에 해당하는 공사의 경우에는 150억원) 이상인 사업장

2) 상시 근로자 50명 이상 100명 미만을 사용하는 사업 중 다른 업종과 비교할 경우 근로자수 대비 산업재해 발생빈도가 현저히 높은 유해·위험 업종으로서 고용노동부령으로 정하는 사업장
① 토사석 광업
② 목재 및 나무제품 제조업(가구는 제외한다)

③ 화학물질 및 화학제품 제조업(의약품, 세제·화장품 및 광택제 제조업, 화학섬유 제조업은 제외한다)

④ 비금속 광물제품 제조업

⑤ 1차 금속 제조업

⑥ 금속가공제품 제조업(기계 및 가구는 제외한다)

⑦ 자동차 및 트레일러 제조업

⑧ 기타 기계 및 장비 제조업(사무용기기 및 장비 제조업은 제외한다), 가정용기기 제조업, 그 외 기타 전기장비 제조업

⑨ 기타 운송장비 제조업(전투용 차량 제조업은 제외한다)

2. 구성

1) 근로자 위원

① 근로자대표

② 명예산업안전감독관(이하 "명예감독관"이라 한다)이 위촉되어 있는 사업장의 경우 근로자대표가 지명하는 1명 이상의 명예감독관

③ 근로자대표가 지명하는 9명 이내의 해당 사업장의 근로자

2) 사용자 위원

① 해당 사업의 대표자

② 안전관리자 1명

③ 보건관리자 1명

④ 산업보건의(해당 사업장에 선임되어 있는 경우로 한정한다)

⑤ 사업의 대표자가 지명하는 9명 이내의 해당 사업장 부서의 장

3. 회의결과를 근로자에게 알리는 방법

① 사내방송

② 사내보

③ 게시 또는 자체 정례조회

④ 그 밖의 적절한 방법으로 근로자에게 신속히 알릴 수 있는 방법

4. 안전·보건에 관한 협의체의 구성·운영에 관한 특례

산업안전보건법 제29조제1항에 따른 사업으로서 대통령령으로 정하는 종류 및 규모에 해당하는 사업의 사업주는 근로자와 사용자가 같은 수로 구성되는 안전·보건에 관한 노사협의체를 대통령령으로 정하는 바에 따라 구성·운영할 수 있다.

1) 안전·보건에 관한 노사협의체의 근로자위원 구성
   ① 도급 또는 하도급 사업을 포함한 전체 사업의 근로자대표
   ② 근로자대표가 지명하는 명예감독관 1명. 다만, 명예감독관이 위촉되어 있지 아니한 경우에는 근로자대표가 지명하는 해당 사업장 근로자 1명
   ③ 공사금액이 20억원 이상인 도급 또는 하도급 사업의 근로자대표

2) 안전·보건에 관한 노사협의체의 사용자위원 구성
   ① 해당 사업의 대표자
   ② 안전관리자 1명
   ③ 공사금액이 20억원 이상인 도급 또는 하도급 사업의 사업주
   ※ 노사협의체의 근로자위원과 사용자위원은 합의를 통해 노사협의체에 공사금액이 20억원 미만인 도급 또는 하도급 사업의 사업주 및 근로자대표를 위원으로 위촉할 수 있다.

3) 노사협의체의 설치 대상
   법 제75조제1항에서 "대통령령으로 정하는 규모의 건설공사"란 공사금액이 120억원(「건설산업기본법 시행령」 별표 1의 종합공사를 시공하는 업종의 건설업종란 제1호에 따른 토목공사업은 150억원) 이상인 건설공사를 말한다.

---

8 안전보건총괄책임자

1. 안전보건총괄책임자 지정 대상 사업(산업안전보건법 시행령 제52조)

법 제62조제1항에 따른 안전보건총괄책임자(이하 "안전보건총괄책임자"라 한다)를 지정해야 하는 사업의 종류 및 사업장의 상시근로자 수는 관계수급인에게 고용된 근로자를 포함한 상시근로자가 100명(선박 및 보트 건조업, 1차 금속 제조업 및 토사석 광업의 경우에는 50명) 이상인 사업이나 관계수급인의 공사금액을 포함한 해당 공사의 총공사금액이 20억원 이상인 건설업으로 한다.

2. 안전보건총괄책임자의 직무(산업안전보건법 시행령 제53조)

① 위험성평가의 실시에 관한 사항
② 작업의 중지
③ 도급 시 산업재해 예방조치
④ 산업안전보건관리비의 관계수급인 간의 사용에 관한 협의·조정 및 그 집행의 감독
⑤ 안전인증대상기계등과 자율안전확인대상기계등의 사용 여부 확인

> **Key Point**
>
> 안전보건총괄책임자의 직무사항 3가지를 쓰시오.

3. 도급에 따른 산업재해 예방조치

도급인은 관계수급인 근로자가 도급인의 사업장에서 작업을 하는 경우 다음 각 호의 사항을 이행하여야 한다.

① 도급인과 수급인을 구성원으로 하는 안전 및 보건에 관한 협의체의 구성 및 운영
② 작업장 순회점검
③ 관계수급인이 근로자에게 하는 안전보건교육을 위한 장소 및 자료의 제공 등 지원
④ 관계수급인이 근로자에게 하는 안전보건교육의 실시 확인
⑤ 다음 각 목의 어느 하나의 경우에 대비한 경보체계 운영과 대피방법 등 훈련
　　가. 작업 장소에서 발파작업을 하는 경우
　　나. 작업 장소에서 화재·폭발, 토사·구축물 등의 붕괴 또는 지진 등이 발생한 경우
⑥ 위생시설 등 고용노동부령으로 정하는 시설의 설치 등을 위하여 필요한 장소의 제공 또는 도급인이 설치한 위생시설 이용의 협조
⑦ 같은 장소에서 이루어지는 도급인과 관계수급인 등의 작업에 있어서 관계수급인 등의 작업시기·내용, 안전조치 및 보건조치 등의 확인
⑧ 제7호에 따른 확인 결과 관계수급인 등의 작업 혼재로 인하여 화재·폭발 등 대통령령으로 정하는 위험이 발생할 우려가 있는 경우 관계수급인 등의 작업시기·내용 등의 조정
　　가. 화재·폭발이 발생할 우려가 있는 경우
　　나. 동력으로 작동하는 기계·설비 등에 끼일 우려가 있는 경우
　　다. 차량계 하역운반기계, 건설기계, 양중기(揚重機) 등 동력으로 작동하는 기계와 충돌할 우려가 있는 경우
　　라. 근로자가 추락할 우려가 있는 경우
　　마. 물체가 떨어지거나 날아올 우려가 있는 경우

바. 기계 · 기구 등이 넘어지거나 무너질 우려가 있는 경우

사. 토사 · 구축물 · 인공구조물 등이 붕괴될 우려가 있는 경우

아. 산소 결핍이나 유해가스로 질식이나 중독의 우려가 있는 경우

> **⚙ Key Point**
>
> 같은 장소에서 행하여지는 사업의 일부를 도급을 주어 하는 사업으로서 대통령령으로 정하는 사업의 사업주는 그가 사용하는 근로자와 그의 수급인이 사용하는 근로자가 같은 장소에서 작업을 할 때에 생기는 산업재해를 예방하기 위하여 취해야 하는 조치사항 3가지를 쓰시오.

4. 도급사업 시의 안전 · 보건조치 등(산업안전보건법 시행규칙 제80조)

도급인은 법 제64조제1항제2호에 따른 작업장 순회점검을 다음 각 호의 구분에 따라 실시해야 한다.

① 다음 각 목의 사업 : 2일에 1회 이상

　가. 건설업

　나. 제조업

　다. 토사석 광업

　라. 서적, 잡지 및 기타 인쇄물 출판업

　마. 음악 및 기타 오디오물 출판업

　바. 금속 및 비금속 원료 재생업

② 제1호 각 목의 사업을 제외한 사업 : 1주일에 1회 이상

---

⑨ 보건관리자의 업무(산업안전보건법 시행령 제22조)

보건관리자의 업무는 다음 각 호와 같다.

1. 산업안전보건위원회 또는 노사협의체에서 심의 · 의결한 업무와 안전보건관리규정 및 취업규칙에서 정한 업무

2. 안전인증대상기계등과 자율안전확인대상기계등 중 보건과 관련된 보호구(保護具) 구입 시 적격품 선정에 관한 보좌 및 지도 · 조언

3. 위험성평가에 관한 보좌 및 지도 · 조언

4. 물질안전보건자료의 게시 또는 비치에 관한 보좌 및 지도·조언

5. 산업보건의의 직무(보건관리자가 시행령 별표 6 제2호에 해당하는 사람인 경우로 한정)

6. 해당 사업장 보건교육계획의 수립 및 보건교육 실시에 관한 보좌 및 지도·조언

7. 해당 사업장의 근로자를 보호하기 위한 다음 각 목의 조치에 해당하는 의료행위(보건관리
   자가 시행령 별표 6 제2호 또는 제3호에 해당하는 경우로 한정)

   가. 자주 발생하는 가벼운 부상에 대한 치료

   나. 응급처치가 필요한 사람에 대한 처치

   다. 부상·질병의 악화를 방지하기 위한 처치

   라. 건강진단 결과 발견된 질병자의 요양 지도 및 관리

   마. 가목부터 라목까지의 의료행위에 따르는 의약품의 투여

8. 작업장 내에서 사용되는 전체 환기장치 및 국소 배기장치 등에 관한 설비의 점검과 작업방
   법의 공학적 개선에 관한 보좌 및 지도·조언

9. 사업장 순회점검, 지도 및 조치 건의

10. 산업재해 발생의 원인 조사·분석 및 재발 방지를 위한 기술적 보좌 및 지도·조언

11. 산업재해에 관한 통계의 유지·관리·분석을 위한 보좌 및 지도·조언

12. 법 또는 법에 따른 명령으로 정한 보건에 관한 사항의 이행에 관한 보좌 및 지도·조언

13. 업무 수행 내용의 기록·유지

14. 그 밖에 보건과 관련된 작업관리 및 작업환경관리에 관한 사항으로서 고용노동부장관이
    정하는 사항

제2장 안전관리계획 수립 및 운용

① 안전보건관리 규정

1. 작성내용

① 안전 및 보건에 관한 관리조직과 그 직무에 관한 사항
② 안전보건교육에 관한 사항
③ 작업장의 안전 및 보건 관리에 관한 사항
④ 사고 조사 및 대책 수립에 관한 사항
⑤ 그 밖에 안전 및 보건에 관한 사항

> **Key Point**
>
> 안전보건관리 규정에 포함되어야 할 세부사항 3가지를 쓰시오.

2. 작성 시의 유의사항

① 규정된 기준은 법정기준을 상회하도록 할 것
② 관리자층의 직무와 권한, 근로자에게 강제 또는 요청한 부분을 명확히 할 것
③ 관계법령의 제·개정에 따라 즉시 개정되도록 라인 활용이 쉬운 규정이 되도록 할 것
④ 작성하거나 개정 시에는 현장의 의견을 충분히 반영할 것
⑤ 규정의 내용은 정상 시는 물론 이상 시, 사고 시, 재해발생 시의 조치와 기준에 관해서도 규정할 것

3. 안전보건관리규정의 작성·변경 절차

사업주는 안전보건관리규정을 작성 또는 변경할 때에는 산업안전보건위원회의 심의·의결을 거쳐야 한다. 다만, 산업안전보건위원회가 설치되어 있지 아니한 사업장에 있어서는 근로자대표의 동의를 얻어야 한다.

4. 안전보건관리규정의 작성

① 안전보건관리규정을 작성하여야 할 사업은 상시 근로자 100명 이상을 사용하는 사업으로 한다.

② 사업주는 **안전보건관리규정을 작성하여야 할 사유가 발생한 날부터 30일 이내에 안전보건 관리규정을 작성**하여야 한다. 이를 변경할 사유가 발생한 경우에도 또한 같다.

③ 사업주가 안전보건관리규정을 작성하는 경우에는 소방·가스·전기·교통 분야 등의 다른 법령에서 정하는 안전관리에 관한 규정과 통합하여 작성할 수 있다.

> ✚ **Key Point**
>
> 다음은 안전보건관리규정의 작성 및 변경사항이다. 물음에 답하시오.
>
> ① 작성대상사업장은 상시 근로자 몇 명 이상의 사업장인가?
>   100명 이상
> ② 변경사항이 발생한 경우 며칠 이내에 관련 내용을 작성 및 변경하여야 하는가?
>   30일
> ③ 해당 안전보건관리규정의 심의, 의결을 행하는 기구는?
>   산업안전보건위원회
> ④ ③이 없을 시 해당 규정의 동의는 누구에게 얻어야 하는가?
>   근로자대표

② 안전관리계획

1. 계획수립 시 기본방향

① 사업장 실정에 맞도록 작성하되 실현가능성이 있을 것
② 직장 단위로 구체적으로 작성할 것
③ 계획의 목표는 점진적으로 점차 수준을 높여갈 것

2. 실시상의 유의사항

① 연간, 월간, 주간계획 등 주기적으로 계획을 나누어 실시한다.
② 실시결과는 안전보건위원회에서 검토한 후 실시한다.
③ 실시상황 확인을 위해 스태프와 라인관리자는 순찰활동을 한다.

3. 평가

① 재해율, 재해건수 등의 목표값과 안전활동을 자체 평가한다.
② 평가결과에 대한 개선방법을 도출한다.

4. PDCA 4단계(Plan – Do – Check – Action)

① 계획을 세운다.(Plan : P)
  ㉠ 목표를 정한다.
  ㉡ 목표를 달성하는 방법을 정한다.
② 계획대로 실시한다.(Do ; D)
  ㉠ 환경과 설비를 개선한다.
  ㉡ 점검한다.
  ㉢ 교육 훈련한다.
  ㉣ 기타의 계획을 실행에 옮긴다.
③ 결과를 검토한다.(Check ; C)
④ 검토결과에 의해 조치를 취한다.(Action : A)
  ㉠ 정해진 대로 행해지지 않았으면 수정한다.
  ㉡ 문제점이 발견되었을 때 개선한다.
  ㉢ 더욱 좋은 개선책을 고안하여 다음 계획에 들어간다.

[PDCA 사이클]

✦ Key Point

PDCA를 간단히 설명하시오.

③ 주요 평가척도

1. 평가의 종류

1) 평가방식에 의한 분류

① 체크리스트에 의한 방법
② 카운슬링에 의한 방법

2) 평가내용에 의한 분류

① 정성적 평가
② 정량적 평가

2. 주요 평가척도

① 절대척도(재해건수 등의 수치)
② 상대척도(도수율, 강도율 등)
③ 평정척도(양적으로 나타내는 것, 도식, 숫자 등)
④ 도수척도(중앙값, % 등)

④ 안전보건 개선계획서

1. 안전보건 개선계획서 수립 대상 사업장

① 산업재해율이 같은 업종의 규모별 평균 산업재해율보다 높은 사업장
② 사업주가 필요한 안전조치 또는 보건조치를 이행하지 아니하여 중대재해가 발생한 사업장
③ 직업성 질병자가 연간 2명 이상 발생한 사업장
④ 법 제106조에 따른 유해인자의 노출기준을 초과한 사업장

2. 작성 시 유의사항

① 사업장의 안전수준을 자체적으로 진단하고 그 수준에 적합한 계획 수립
② 재해율의 감소수준을 명확하게 설정
③ 수준 및 계획을 근로자에게 주지
④ 계획의 실시기간을 명시

3. 안전보건 개선계획서에 포함되어야 할 내용

① 시설
② 안전·보건관리 체제
③ 안전·보건교육
④ 산업재해예방을 위하여 필요한 사항
⑤ 작업환경의 개선을 위하여 필요한 사항

4. 안전·보건진단을 받아 안전보건개선계획을 수립·제출하도록 명할 수 있는 사업장
(산업안전보건법 시행규칙 제131조)

① 산업재해율이 같은 업종 평균 산업재해율의 2배 이상인 사업장
② 사업주가 필요한 안전조치 또는 보건조치를 이행하지 아니하여 중대재해가 발생한 사업장
③ 직업성 질병자가 연간 2명 이상(상시근로자 1천명 이상 사업장의 경우 3명 이상) 발생한 사업장
④ 그 밖에 작업환경 불량, 화재·폭발 또는 누출 사고 등으로 사업장 주변까지 피해가 확산된 사업장으로서 고용노동부령으로 정하는 사업장

5 건설재해예방 전문지도기관의 지도기준(산업안전보건법 시행령 [별표18])

1. 기술지도계약

1) 건설재해예방전문지도기관은 건설공사발주자로부터 기술지도계약서 사본을 받은 날부터 14일 이내에 이를 건설현장에 갖춰 두도록 건설공사도급인(건설공사발주자로부터 해당 건설공사를 최초로 도급받은 수급인만 해당한다)을 지도하고, 건설공사의 시공을 주도하여 총괄·관리하는 자에 대해서는 기술지도계약을 체결한 날부터 14일 이내에 기술지도계약서 사본을 건설현장에 갖춰 두도록 지도해야 한다.

2) 건설재해예방전문지도기관이 기술지도계약을 체결할 때에는 고용노동부장관이 정하는 전산시스템(이하 "전산시스템"이라 한다)을 통해 발급한 계약서를 사용해야 하며, 기술지도계약을 체결한 날부터 7일 이내에 전산시스템에 건설업체명, 공사명 등 기술지도계약의 내용을 입력해야 한다.

기술지도계약 체결 대상 건설공사 및 체결 시기(산업안전보건법 시행령 제59조)
건설재해예방 전문지도기관의 기술지도 제외대상 1. 공사기간이 1개월 미만인 공사 2. 육지와 연결되지 않은 섬 지역(제주특별자치도는 제외한다)에서 이루어지는 공사 3. 사업주가 시행령 별표 4에 따른 안전관리자의 자격을 가진 사람을 선임(같은 광역지방자치단체의 구역 내에서 같은 사업주가 시공하는 셋 이하의 공사에 대하여 공동으로 안전관리자의 자격을 가진 사람 1명을 선임한 경우를 포함한다)하여 제18조제1항 각 호에 따른 안전관리자의 업무만을 전담하도록 하는 공사 4. 유해위험방지계획서를 제출해야 하는 공사
건설재해예방 지도계약 체결 시기 건설공사의 건설공사발주자 또는 건설공사도급인(건설공사도급인은 건설공사발주자로부터 건설공사를 최초로 도급받은 수급인은 제외한다)은 건설 산업재해 예방을 위한 지도계약(이하 "기술지도계약"이라 한다)을 해당 건설공사 착공일의 전날까지 체결해야 한다.

2. 기술지도의 수행방법

1) 기술지도 횟수

① 기술지도는 특별한 사유가 없으면 다음의 계산식에 따른 횟수로 하고, 공사시작 후 15일 이내마다 1회 실시하되, 공사금액이 40억원 이상인 공사에 대해서는 별표 19 제1호 및 제2호의 구분에 따른 분야 중 그 공사에 해당하는 지도 분야의 같은 표 제1호나목 지도인력기준란 ① 및 같은 표 제2호나목 지도인력기준란 ①에 해당하는 사람이 8회마다 한 번 이상 방문하여 기술지도를 해야 한다.

$$기술지도 \ 횟수(회) = \frac{공사기간(일)}{15일}$$

※ 단, 소수점은 버린다.

② 공사가 조기에 준공된 경우, 기술지도계약이 지연되어 체결된 경우 및 공사기간이 현저히 짧은 경우 등의 사유로 기술지도 횟수기준을 지키기 어려운 경우에는 그 공사의 공사감독자(공사감독자가 없는 경우에는 감리자를 말한다)의 승인을 받아 기술지도 횟수를 조정할 수 있다.

2) 기술지도 한계 및 기술지도 지역

① 건설재해예방전문지도기관의 사업장 지도 담당 요원 1명당 기술지도 횟수는 1일당 최대 4회로 하고, 월 최대 80회로 한다.

② 건설재해예방전문지도기관의 기술지도 지역은 건설재해예방전문지도기관으로 지정을 받은 지방고용노동관서 관할지역으로 한다.

3. 기술지도 업무의 내용

1) 기술지도 범위 및 준수의무

① 건설재해예방전문지도기관은 기술지도를 할 때에는 공사의 종류, 공사 규모, 담당 사업장 수 등을 고려하여 건설재해예방전문지도기관의 직원 중에서 기술지도 담당자를 지정해야 한다.

② 건설재해예방전문지도기관은 기술지도 담당자에게 건설업에서 발생하는 최근 사망사고 사례, 사망사고의 유형과 그 유형별 예방 대책 등에 대하여 연 1회 이상 교육을 실시해야 한다.

③ 건설재해예방전문지도기관은 「산업안전보건법」 등 관계 법령에 따라 건설공사도급인이 산업재해 예방을 위해 준수해야 하는 사항을 기술지도해야 하며, 기술지도를 받은 건설공사도급인은 그에 따른 적절한 조치를 해야 한다.

④ 건설재해예방전문지도기관은 건설공사도급인이 기술지도에 따라 적절한 조치를 했는지 확인해야 하며, 건설공사도급인 중 건설공사발주자로부터 해당 건설공사를 최초로 도급받은 수급인이 해당 조치를 하지 않은 경우에는 건설공사발주자에게 그 사실을 알려야 한다.

2) 기술지도 결과의 관리

① 건설재해예방전문지도기관은 기술지도를 할 때마다 기술지도 결과보고서를 작성하여 지체 없이 다음의 구분에 따른 사람에게 알려야 한다.

　㉠ 관계수급인의 공사금액을 포함한 해당 공사의 총공사금액이 20억 원 이상인 경우 : 해당 사업장의 안전보건총괄책임자

　㉡ 관계수급인의 공사금액을 포함한 해당 공사의 총공사금액이 20억 원 미만인 경우 : 해당 사업장을 실질적으로 총괄하여 관리하는 사람

② 건설재해예방전문지도기관은 기술지도를 한 날부터 7일 이내에 기술지도 결과를 전산 시스템에 입력해야 한다.

③ 건설재해예방전문지도기관은 관계수급인의 공사금액을 포함한 해당 공사의 총공사금액이 50억 원 이상인 경우에는 건설공사도급인이 속하는 회사의 사업주와 「중대재해 처벌 등에 관한 법률」에 따른 경영책임자 등에게 매 분기 1회 이상 기술지도 결과보고서를 송부해야 한다.

④ 건설재해예방전문지도기관은 공사 종료 시 건설공사의 건설공사발주자 또는 건설공사도급인(건설공사도급인은 건설공사발주자로부터 건설공사를 최초로 도급받은 수급인은 제외한다)에게 고용노동부령으로 정하는 서식에 따른 기술지도 완료증명서를 발급해 주어야 한다.

4. 기술지도 관련 서류의 보존

건설재해예방전문지도기관은 기술지도계약서, 기술지도 결과보고서, 그 밖에 기술지도업무 수행에 관한 서류를 기술지도계약이 종료된 날부터 3년 동안 보존해야 한다.

6 유해 · 위험방지 사항에 관한 계획서

1. 대상 기계기구 및 설비(산업안전보건법 시행령 제42조)

① 금속이나 그 밖의 광물의 용해로
② 화학설비
③ 건조설비
④ 가스집합 용접장치
⑤ 근로자의 건강에 상당한 장해를 일으킬 우려가 있는 물질로서 고용노동부령으로 정하는 물질의 밀폐 · 환기 · 배기를 위한 설비

※ 제출서류

- 건축물 각 층의 평면도
- 기계 · 설비의 개요를 나타내는 서류
- 기계 · 설비의 배치도면
- 원재료 및 제품의 취급, 제조 등의 작업방법의 개요
- 그 밖에 고용노동부장관이 정하는 도면 및 서류

2. 대상 공사(산업안전보건법 시행령 제42조)

① 지상높이가 31미터 이상인 건축물 또는 인공구조물, 연면적 3만제곱미터 이상인 건축물 또는 연면적 5천제곱미터 이상의 문화 및 집회시설(전시장 및 동물원·식물원은 제외한다), 판매시설, 운수시설(고속철도의 역사 및 집배송시설은 제외한다), 종교시설, 의료시설 중 종합병원, 숙박시설 중 관광숙박시설, 지하도상가 또는 냉동·냉장창고시설의 건설·개조 또는 해체(이하 "건설 등"이라 한다)

② 연면적 5천제곱미터 이상의 냉동·냉장창고시설의 설비공사 및 단열공사

③ 최대 지간길이가 50미터 이상인 교량 건설 등 공사

④ 터널 건설 등의 공사

⑤ 다목적댐, 발전용댐 및 저수용량 2천만톤 이상의 용수 전용 댐, 지방상수도 전용 댐 건설 등의 공사

⑥ 깊이 10미터 이상인 굴착공사

※ 제출서류

- 설치장소의 개요를 나타내는 서류
- 설비의 도면
- 그 밖에 고용노동부장관이 정하는 도면 및 서류

7 공정안전보고서

대통령령으로 정하는 유해·위험설비를 보유한 사업장의 사업주는 그 설비로부터의 위험물질 누출, 화재, 폭발 등으로 인하여 사업장 내의 근로자에게 즉시 피해를 주거나 사업장 인근지역에 피해를 줄 수 있는 사고로서 대통령령으로 정하는 사고(중대산업사고)를 예방하기 위하여 공정안전보고서를 작성하여 고용노동부장관에게 제출하여 심사를 받아야 한다. 이 경우 공정안전보고서의 내용이 중대산업사고를 예방하기 위하여 적합하다고 통보받기 전에는 관련 설비를 가동하여서는 아니 된다.

1. 공정안전보고서 제출대상(시행령 제43조 공정안전보고서의 제출 대상)

① 원유 정제처리업

② 기타 석유정제물 재처리업

③ 석유화학계 기초화학물 제조업 또는 합성수지 및 기타 플라스틱물질 제조업. 다만, 합성수지 및 기타 플라스틱물질 제조업은 별표 10의 제1호 또는 제2호에 해당하는 경우로 한정한다.

④ 질소 화합물, 질소·인산 및 칼리질 화학비료 제조업 중 질소질 화학비료 제조업

⑤ 복합비료 및 기타 화학비료 제조업 중 복합비료 제조업(단순혼합 또는 배합에 의한 경우는 제외한다)

⑥ 화학 살균·살충제 및 농업용 약제 제조업(농약 원제 제조만 해당한다)

⑦ 화약 및 불꽃제품 제조업

2. 이행상태 평가의 실시 시기

① 신규평가 : 보고서의 심사완료 후 1년 이내 실시

② 정기평가 : 신규평가 후 4년마다 실시

③ 재평가 : 평가일로부터 1년이 경과 후 사업장에서 요청할 경우 6개월 이내 실시

3. 이행상태 평가의 방법

① 사업주 등 관계자 면담

② 보고서 및 이행 관련 문서확인

③ 현장확인

4. 공정안전보고서 구성

① 공정안전자료　　　　　　　② 공정위험성 평가서

③ 안전운전계획　　　　　　　④ 비상조치계획

8　건설업 산업안전보건관리비 계상 및 사용기준

제1장 총칙

제1조(목적) 이 고시는 「산업안전보건법」 제72조, 같은 법 시행령 제59조 및 제60조와 같은 법 시행규칙 제89조에 따라 건설업의 산업안전보건관리비 계상 및 사용기준을 정함을 목적으로 한다.

제2조(정의) ① 이 고시에서 사용하는 용어의 뜻은 다음과 같다.

1. "건설업 산업안전보건관리비"(이하 "안전보건관리비"라 한다)란 산업재해 예방을 위하여 건설공사 현장에서 직접 사용되거나 해당 건설업체의 본점 또는 주사무소(이하 "본사"라 한다)에 설치된 안전전담부서에서 법령에 규정된 사항을 이행하는 데 소요되는 비용을 말한다.

2. "안전보건관리비 대상액"(이하 "대상액"이라 한다)이란 「예정가격 작성기준」(기획재정부 계약예규) 및 「지방자치단체 입찰 및 계약집행기준」(행정안전부 예규) 등 관련 규정에서 정하는 공사원가계산서 구성항목 중 직접재료비, 간접재료비와 직접노무비를 합한 금액(발주자가 재료를 제공할 경우에는 해당 재료비를 포함한다)을 말한다.

3. "자기공사자"란 건설공사의 시공을 주도하여 총괄·관리하는 자(건설공사발주자로부터 건설공사를 최초로 도급받은 수급인은 제외한다)를 말한다.

4. "감리자"란 다음 각 목의 어느 하나에 해당하는 자를 말한다.

   가. 「건설기술진흥법」 제2조제5호에 따른 감리 업무를 수행하는 자

   나. 「건축법」 제2조제1항제15호의 공사감리자

   다. 「문화재수리 등에 관한 법률」 제2조제12호의 문화재감리원

   라. 「소방시설공사업법」 제2조제3호의 감리원

   마. 「전력기술관리법」 제2조제5호의 감리원

   바. 「정보통신공사업법」 제2조제10호의 감리원

   사. 그 밖에 관계 법률에 따라 감리 또는 공사감리 업무와 유사한 업무를 수행하는 자

② 그 밖에 이 고시에서 사용하는 용어의 정의는 이 고시에 특별한 규정이 없으면 「산업안전보건법」(이하 "법"이라 한다), 같은 법 시행령(이하 "영"이라 한다), 같은 법 시행규칙(이하 "규칙"이라 한다), 예산회계 및 건설관계법령에서 정하는 바에 따른다.

제3조(적용범위) 이 고시는 법 제2조제11호의 건설공사 중 총공사금액 2천만 원 이상인 공사에 적용한다. 다만, 다음 각 호의 어느 하나에 해당되는 공사 중 단가계약에 의하여 행하는 공사에 대하여는 총계약금액을 기준으로 적용한다.

1. 「전기공사업법」 제2조에 따른 전기공사로서 저압·고압 또는 특별고압 작업으로 이루어지는 공사

2. 「정보통신공사업법」 제2조에 따른 정보통신공사

제2장 안전보건관리비의 계상 및 사용

제4조(계상의무 및 기준) ① 건설공사발주자(이하 "발주자"라 한다)가 도급계약 체결을 위한 원가계산에 의한 예정가격을 작성하거나, 자기공사자가 건설공사 사업 계획을 수립할 때에는 다음 각 호와 같이 안전보건관리비를 계상하여야 한다. 다만, 발주자가 재료를 제공하거나 일부 물품이 완제품의 형태로 제작·납품되는 경우에는 해당 재료비 또는 완제품 가액을 대상액에 포함하여 산출한 안전보건관리비와 해당 재료비 또는 완제품 가액을 대상액에서 제외하고 산출한 안전보건관리비의 1.2배에 해당하는 값을 비교하여 그 중 작은 값 이상의 금액으로 계상한다.

  1. 대상액이 5억 원 미만 또는 50억 원 이상인 경우 : 대상액에 별표 1에서 정한 비율을 곱한 금액
  2. 대상액이 5억 원 이상 50억 원 미만인 경우 : 대상액에 별표 1에서 정한 비율을 곱한 금액에 기초액을 합한 금액
  3. 대상액이 명확하지 않은 경우 : 제4조제1항의 도급계약 또는 자체사업계획상 책정된 총 공사금액의 10분의 7에 해당하는 금액을 대상액으로 하고 제1호 및 제2호에서 정한 기준에 따라 계상

② 발주자는 제1항에 따라 계상한 안전보건관리비를 입찰공고 등을 통해 입찰에 참가하려는 자에게 알려야 한다.

③ 발주자와 법 제69조에 따른 건설공사도급인 중 자기공사자를 제외하고 발주자로부터 해당 건설공사를 최초로 도급받은 수급인(이하 "도급인"이라 한다)은 공사계약을 체결할 경우 제1항에 따라 계상된 안전보건관리비를 공사도급계약서에 별도로 표시하여야 한다.

④ 별표 1의 공사의 종류는 별표 5의 건설공사의 종류 예시표에 따른다. 다만, 하나의 사업장 내에 건설공사 종류가 둘 이상인 경우(분리발주한 경우를 제외한다)에는 공사금액이 가장 큰 공사종류를 적용한다.

⑤ 발주자 또는 자기공사자는 설계변경 등으로 대상액의 변동이 있는 경우 별표 1의3에 따라 지체 없이 안전보건관리비를 조정 계상하여야 한다. 다만, 설계변경으로 공사금액이 800억 원 이상으로 증액된 경우에는 증액된 대상액을 기준으로 제1항에 따라 재계상한다.

제5조(계상방법 및 계상시기 등) 〈삭제〉

제6조(수급인등의 의무) 〈삭제〉

제7조(사용기준) ① 도급인과 자기공사자는 안전보건관리비를 산업재해예방 목적으로 다음 각 호의 기준에 따라 사용하여야 한다.

1. 안전관리자·보건관리자의 임금 등

　　가. 법 제17조제3항 및 법 제18조제3항에 따라 안전관리 또는 보건관리 업무만을 전담하는 안전관리자 또는 보건관리자의 임금과 출장비 전액

　　나. 안전관리 또는 보건관리 업무를 전담하지 않는 안전관리자 또는 보건관리자의 임금과 출장비의 각각 2분의 1에 해당하는 비용

　　다. 안전관리자를 선임한 건설공사 현장에서 산업재해 예방 업무만을 수행하는 작업지휘자, 유도자, 신호자 등의 임금 전액

　　라. 별표 1의2에 해당하는 작업을 직접 지휘·감독하는 직·조·반장 등 관리감독자의 직위에 있는 자가 영 제15조제1항에서 정하는 업무를 수행하는 경우에 지급하는 업무수당(임금의 10분의 1 이내)

2. 안전시설비 등

　　가. 산업재해 예방을 위한 안전난간, 추락방호망, 안전대 부착설비, 방호장치(기계·기구와 방호장치가 일체로 제작된 경우, 방호장치 부분의 가액에 한함) 등 안전시설의 구입·임대 및 설치를 위해 소요되는 비용

　　나. 「건설기술진흥법」 제62조의3에 따른 스마트 안전장비 구입·임대 비용의 5분의 1에 해당하는 비용. 다만, 제4조에 따라 계상된 안전보건관리비 총액의 10분의 1을 초과할 수 없다.

　　다. 용접 작업 등 화재 위험작업 시 사용하는 소화기의 구입·임대비용

3. 보호구 등

　　가. 영 제74조제1항제3호에 따른 보호구의 구입·수리·관리 등에 소요되는 비용

　　나. 근로자가 가목에 따른 보호구를 직접 구매·사용하여 합리적인 범위 내에서 보전하는 비용

　　다. 제1호가목부터 다목까지의 규정에 따른 안전관리자 등의 업무용 피복, 기기 등을 구입하기 위한 비용

　　라. 제1호가목에 따른 안전관리자 및 보건관리자가 안전보건 점검 등을 목적으로 건설공사 현장에서 사용하는 차량의 유류비·수리비·보험료

4. 안전보건진단비 등

　　가. 법 제42조에 따른 유해위험방지계획서의 작성 등에 소요되는 비용

　　나. 법 제47조에 따른 안전보건진단에 소요되는 비용

　　다. 법 제125조에 따른 작업환경 측정에 소요되는 비용

라. 그 밖에 산업재해예방을 위해 법에서 지정한 전문기관 등에서 실시하는 진단, 검사, 지도 등에 소요되는 비용

5. 안전보건교육비 등

   가. 법 제29조부터 제31조까지의 규정에 따라 실시하는 의무교육이나 이에 준하여 실시하는 교육을 위해 건설공사 현장의 교육 장소 설치·운영 등에 소요되는 비용

   나. 가목 이외 산업재해 예방 목적을 가진 다른 법령상 의무교육을 실시하기 위해 소요되는 비용

   다. 안전보건관리책임자, 안전관리자, 보건관리자가 업무수행을 위해 필요한 정보를 취득하기 위한 목적으로 도서, 정기간행물을 구입하는 데 소요되는 비용

   라. 건설공사 현장에서 안전기원제 등 산업재해 예방을 기원하는 행사를 개최하기 위해 소요되는 비용. 다만, 행사의 방법, 소요된 비용 등을 고려하여 사회통념에 적합한 행사에 한한다.

   마. 건설공사 현장의 유해·위험요인을 제보하거나 개선방안을 제안한 근로자를 격려하기 위해 지급하는 비용

6. 근로자 건강장해예방비 등

   가. 법·영·규칙에서 규정하거나 그에 준하여 필요로 하는 각종 근로자의 건강장해 예방에 필요한 비용

   나. 중대재해 목격으로 발생한 정신질환을 치료하기 위해 소요되는 비용

   다. 「감염병의 예방 및 관리에 관한 법률」 제2조제1호에 따른 감염병의 확산 방지를 위한 마스크, 손소독제, 체온계 구입비용 및 감염병병원체 검사를 위해 소요되는 비용

   라. 법 제128조의2 등에 따른 휴게시설을 갖춘 경우 온도, 조명 설치·관리기준을 준수하기 위해 소요되는 비용

7. 법 제73조 및 제74조에 따른 건설재해예방전문지도기관의 지도에 대한 대가로 지급하는 비용

8. 「중대재해 처벌 등에 관한 법률」 시행령 제4조제2호나목에 해당하는 건설사업자가 아닌 자가 운영하는 사업에서 안전보건 업무를 총괄·관리하는 3명 이상으로 구성된 본사 전담조직에 소속된 근로자의 임금 및 업무수행 출장비 전액. 다만, 제4조에 따라 계상된 안전보건관리비 총액의 20분의 1을 초과할 수 없다.

9. 법 제36조에 따른 위험성평가 또는 「중대재해 처벌 등에 관한 법률 시행령」 제4조제3호에 따라 유해·위험요인 개선을 위해 필요하다고 판단하여 법 제24조의 산업안전보건위원회 또는 법 제75조의 노사협의체에서 사용하기로 결정한 사항을 이행하기 위한 비용. 다만, 제4조에 따라 계상된 안전보건관리비 총액의 10분의 1을 초과할 수 없다.

② 제1항에도 불구하고 도급인 및 자기공사자는 다음 각 호의 어느 하나에 해당하는 경우에는 안전보건관리비를 사용할 수 없다. 다만, 제1항제2호나목 및 다목, 제1항제6호나목부터 라목, 제1항제9호의 경우에는 그러하지 아니하다.

  1. 「(계약예규)예정가격작성기준」 제19조제3항 중 각 호(단, 제14호는 제외한다)에 해당되는 비용

  2. 다른 법령에서 의무사항으로 규정한 사항을 이행하는 데 필요한 비용

  3. 근로자 재해예방 외의 목적이 있는 시설·장비나 물건 등을 사용하기 위해 소요되는 비용

  4. 환경관리, 민원 또는 수방대비 등 다른 목적이 포함된 경우

③ 도급인 및 자기공사자는 별표 3에서 정한 공사진척에 따른 안전보건관리비 사용기준을 준수하여야 한다. 다만, 건설공사발주자는 건설공사의 특성 등을 고려하여 사용기준을 달리 정할 수 있다.

④ 〈삭제〉

⑤ 도급인 및 자기공사자는 도급금액 또는 사업비에 계상된 안전보건관리비의 범위에서 그의 관계수급인에게 해당 사업의 위험도를 고려하여 적정하게 안전보건관리비를 지급하여 사용하게 할 수 있다.

제8조(사용금액의 감액·반환 등) 발주자는 도급인이 법 제72조제2항에 위반하여 다른 목적으로 사용하거나 사용하지 않은 안전보건관리비에 대하여 이를 계약금액에서 감액조정하거나 반환을 요구할 수 있다.

제9조(사용내역의 확인) ① 도급인은 안전보건관리비 사용내역에 대하여 공사 시작 후 6개월마다 1회 이상 발주자 또는 감리자의 확인을 받아야 한다. 다만, 6개월 이내에 공사가 종료되는 경우에는 종료 시 확인을 받아야 한다.

② 제1항에도 불구하고 발주자, 감리자 및 「근로기준법」 제101조에 따른 관계 근로감독관은 안전보건관리비 사용내역을 수시 확인할 수 있으며, 도급인 또는 자기공사자는 이에 따라야 한다.

③ 발주자 또는 감리자는 제1항 및 제2항에 따른 안전보건관리비 사용내역 확인 시 기술지도 계약 체결, 기술지도 실시 및 개선 여부 등을 확인하여야 한다.

제10조(실행예산의 작성 및 집행 등) ① 공사금액 4천만 원 이상의 도급인 및 자기공사자는 공사실행예산을 작성하는 경우에 해당 공사에 사용하여야 할 안전보건관리비의 실행예산을 계상된 안전보건관리비 총액 이상으로 별도 편성해야 하며, 이에 따라 안전보건관리비를 사용하고 별지 제1호서식의 안전보건관리비 사용내역서를 작성하여 해당 공사현장에 갖추어 두어야 한다.

② 도급인 및 자기공사자는 제1항에 따른 안전보건관리비 실행예산을 작성하고 집행하는 경우에 법 제17조와 영 제16조에 따라 선임된 해당 사업장의 안전관리자가 참여하도록 하여야 한다.

■ 건설업 산업안전보건관리비 계상 및 사용기준(고용노동부고시)

[별표 1] 공사종류 및 규모별 산업안전보건관리비 계상기준표

구분 공사종류	대상액 5억 원 미만인 경우 적용 비율(%)	대상액 5억 원 이상 50억 원 미만인 경우		대상액 50억 원 이상인 경우 적용 비율(%)	영 별표5에 따른 보건관리자 선임대상 건설공사의 적용비율(%)
		적용비율 (%)	기초액		
건축공사	2.93%	1.86%	5,349,000원	1.97%	2.15%
토목공사	3.09%	1.99%	5,499,000원	2.10%	2.29%
중건설공사	3.43%	2.35%	5,400,000원	2.44%	2.66%
특수건설공사	1.85%	1.20%	3,250,000원	1.27%	1.38%

[별표 1의2] 관리감독자 안전보건업무 수행 시 수당지급 작업

1. 건설용 리프트·곤돌라를 이용한 작업
2. 콘크리트 파쇄기를 사용하여 행하는 파쇄작업(2미터 이상인 구축물 파쇄에 한정한다)
3. 굴착 깊이가 2미터 이상인 지반의 굴착작업
4. 흙막이지보공의 보강, 동바리 설치 또는 해체작업
5. 터널 안에서의 굴착작업, 터널거푸집의 조립 또는 콘크리트 작업
6. 굴착면의 깊이가 2미터 이상인 암석 굴착 작업
7. 거푸집지보공의 조립 또는 해체작업
8. 비계의 조립, 해체 또는 변경작업
9. 건축물의 골조, 교량의 상부구조 또는 탑의 금속제의 부재에 의하여 구성되는 것(5미터 이상에 한정한다)의 조립, 해체 또는 변경작업
10. 콘크리트 공작물(높이 2미터 이상에 한정한다)의 해체 또는 파괴 작업
11. 전압이 75볼트 이상인 정전 및 활선작업
12. 맨홀작업, 산소결핍장소에서의 작업
13. 도로에 인접하여 관로, 케이블 등을 매설하거나 철거하는 작업

14. 전주 또는 통신주에서의 케이블 공중가설작업
15. 영 별표 2의 위험방지가 특히 필요한 작업

[별표 1의3] 설계변경 시 안전관리비 조정·계상 방법

1. 설계변경에 따른 안전관리비는 다음 계산식에 따라 산정한다.

> 설계변경에 따른 안전관리비＝설계변경 전의 안전관리비＋설계변경으로 인한 안전관리비 증감액

2. 제1호의 계산식에서 설계변경으로 인한 안전관리비 증감액은 다음 계산식에 따라 산정한다.

> 설계변경으로 인한 안전관리비 증감액＝설계변경 전의 안전관리비×대상액의 증감비율

3. 제2호의 계산식에서 대상액의 증감 비율은 다음 계산식에 따라 산정한다. 이 경우, 대상액은 예정가격 작성 시의 대상액이 아닌 설계변경 전·후의 도급계약서상의 대상액을 말한다.

> 대상액의 증감 비율＝[(설계변경 후 대상액－설계변경 전 대상액)/설계변경 전 대상액]×100％

[별표 3] 공사진척에 따른 안전관리비 사용기준

공정률	50퍼센트 이상 70퍼센트 미만	70퍼센트 이상 90퍼센트 미만	90퍼센트 이상
사용기준	50퍼센트 이상	70퍼센트 이상	90퍼센트 이상

※ 공정률은 기성공정률을 기준으로 한다.

제3장 산업재해발생 및 재해조사 분석

1 재해조사

1. 재해조사의 목적

1) 목적

① 동종재해의 재발 방지

② 유사재해의 재발 방지

③ 재해원인의 규명 및 예방자료 수집

2) 재해조사에서 방지대책까지의 순서(재해사례연구)

① 전제조건 : 재해상황의 파악(재해발생 일시 및 장소, 상해의 정도, 사고의 형태, 기인물, 가해물, 물적 피해상황 등)

② 1단계 : 사실의 확인(㉠ 사람, ㉡ 물건, ㉢ 관리, ㉣ 재해발생까지의 경과)

③ 2단계 : 직접원인과 문제점의 확인

④ 3단계 : 근본 문제점의 결정

⑤ 4단계 : 대책의 수립

㉠ 동종재해의 재발 방지

㉡ 유사재해의 재발 방지

㉢ 재해원인의 규명 및 예방자료 수집

3) 사례연구 시 파악하여야 할 상해의 종류

① 상해의 부위

② 상해의 종류

③ 상해의 성질

2. 재해조사 시 유의사항

1) 사실을 수집한다.
2) 객관적인 입장에서 공정하게 조사하며 조사는 2인 이상이 한다.
3) 책임추궁보다는 재발 방지를 우선으로 한다.
4) 조사는 신속하게 행하고 긴급 조치하여 2차 재해의 방지를 도모한다.
5) 피해자에 대한 구급조치를 우선한다.
6) 사람, 기계 설비 등의 재해요인을 모두 도출한다.

3. 재해발생 시의 조치사항

1) 긴급처리

① 1단계 : 피재 기계의 정지 및 피해확산 방지조치
② 2단계 : 피재자의 구조 및 응급조치
③ 3단계 : 관계자에게 통보
④ 4단계 : 2차 재해 방지
⑤ 5단계 : 현장보존

> **Key Point**
>
> 산업재해 발생 시 긴급처리 내용 5가지를 단계별로 쓰시오.

2) 재해조사

누가, 언제, 어디서, 어떤 작업을 하고 있을 때, 어떤 환경에서, 불안전 행동이나 상태는 없었는지 등에 대한 조사 실시

3) 원인강구

인간(Man), 기계(Machine), 작업매체(Media), 관리(Management) 측면에서의 원인분석

4) 대책수립

유사한 재해를 예방하기 위한 3E 대책수립
–3E : 기술적(Engineering) 대책, 교육적(Education) 대책, 관리적(Enforcement) 대책

5) 대책실시계획

6) 실시

7) 평가

4. 재해발생의 메커니즘

1) 사고발생의 연쇄성(하인리히의 도미노 이론)

① 사회적 환경 및 유전적 요소 : 기초원인
② 개인의 결함 : 간접원인
③ 불안전한 행동 및 불안전한 상태 : 직접원인 ⇒ 제거(효과적임)
④ 사고
⑤ 재해

● Key Point

하인리히의 사고예방 기본원리 5단계를 단계별로 쓰시오.

2) 최신 도미노 이론(버드의 관리모델)

① 통제의 부족(관리) : 관리의 소홀, 전문기능 결함
② 기본원인(기원) : 개인적 또는 과업과 관련된 요인

③ 직접원인(징후) : 불안전한 행동 및 불안전한 상태
④ 사고(접촉)
⑤ 상해(손해, 손실)

Key Point

버드의 최신의 도미노(연쇄성)이론을 순서대로 쓰시오.

4. 재해구성비율

1) **하인리히의 법칙**

1 : 29 : 300
330회의 사고 가운데 중상 또는 사망 1회, 경상 29
회, 무상해사고 300회의 비율로 사고가 발생

2) **버드의 법칙**

1 : 10 : 30 : 600
① 1 : **중상 또는 폐질**
② 10 : **경상(인적 · 물적 상해)**
③ 30 : **무상해사고(물적 손실 발생)**
④ 600 : **무상해, 무사고 고장(위험순간)**

3) 아담스의 이론

① 관리구조
② 작전적 에러
③ 전술적 에러
④ 사고
⑤ 상해

4) 웨버의 이론

① 유전과 환경
② 인간의 결함

③ 불안전한 행동＋불안전한 상태
④ 사고
⑤ 상해

5) 자베타키스의 이론

① 개인과 환경
② 불안전한 행동＋불안전한 상태
③ 물질에너지의 기준 이탈
④ 사고
⑤ 구호

6. 산업재해 발생과정

7. 산업재해 용어(KOSHA GUIDE)

추락(떨어짐)	사람이 인력(중력)에 의하여 건축물, 구조물, 가설물, 수목, 사다리 등의 높은 장소에서 떨어지는 것
전도(넘어짐)·전복	**사람이 거의 평면 또는 경사면, 층계 등에서 구르거나 넘어짐 또는 미끄러진 경우**와 물체가 전도·전복된 경우
붕괴·무너짐	토사, 적재물, 구조물, 건축물, 가설물 등이 전체적으로 허물어져 내리거나 또는 주요 부분이 꺾여 무너지는 경우
충돌(부딪힘)·접촉	재해자 자신의 움직임·동작으로 인하여 기인물에 접촉 또는 부딪히거나, 물체가 고정부에서 이탈하지 않은 상태로 움직임(규칙, 불규칙) 등에 의하여 접촉·충돌한 경우

낙하(떨어짐)·비래	구조물, 기계 등에 고정되어 있던 **물체가** 중력, 원심력, 관성력 등에 의하여 **고정부에서 이탈하거나 또는 설비 등으로부터 물질이 분출되어 사람을 가해하는 경우**
협착(끼임)·감김	두 물체 사이의 움직임에 의하여 일어난 것으로 직선 운동하는 물체 사이의 협착, 회전부와 고정체 사이의 끼임, 롤러 등 회전체 사이에 물리거나 또는 회전체·돌기부 등에 감긴 경우
압박·진동	재해자가 물체의 취급과정에서 신체 특정부위에 과도한 힘이 편중·집중·눌려진 경우나 마찰접촉 또는 진동 등으로 신체에 부담을 주는 경우
신체 반작용	물체의 취급과 관련 없이 일시적이고 급격한 행위·동작, 균형 상실에 따른 반사적 행위 또는 놀람, 정신적 충격, 스트레스 등
부자연스러운 자세	물체의 취급과 관련 없이 작업환경 또는 설비의 부적절한 설계 또는 배치로 작업자가 특정한 자세·동작을 장시간 취하여 신체의 일부에 부담을 주는 경우
과도한 힘·동작	물체의 취급과 관련하여 근육의 힘을 많이 사용하는 경우로서 밀기, 당기기, 지탱하기, 들어올리기, 돌리기, 잡기, 운반하기 등과 같은 행위·동작
반복적 동작	물체의 취급과 관련하여 근육의 힘을 많이 사용하지 않는 경우로서 지속적 또는 반복적인 업무 수행으로 신체의 일부에 부담을 주는 행위·동작
이상온도 노출·접촉	고·저온 환경 또는 물체에 노출·접촉된 경우
이상기압 노출	고·저기압 등의 환경에 노출된 경우
소음 노출	폭발음을 제외한 일시적·장기적인 소음에 노출된 경우
유해·위험물질 노출·접촉	유해·위험물질에 노출·접촉 또는 흡입하였거나 독성 동물에 쏘이거나 물린 경우
유해광선 노출	전리 또는 비전리 방사선에 노출된 경우
산소결핍·질식	유해물질과 관련 없이 산소가 부족한 상태·환경에 노출되었거나 이물질 등에 의하여 기도가 막혀 호흡기능이 불충분한 경우
화재	가연물에 점화원이 가해져 의도적으로 불이 일어난 경우(방화 포함)
폭발	건축물, 용기 내 또는 대기 중에서 물질의 화학적·물리적 변화가 급격히 진행되어 열, 폭음, 폭발압이 동반하여 발생하는 경우
전류 접촉	전기 설비의 충전부 등에 신체의 일부가 직접 접촉하거나 유도 전류의 통전으로 근육의 수축, 호흡곤란, 심실세동 등이 발생한 경우 또는 특별고압 등에 접근함에 따라 발생한 섬락 접촉, 합선·혼촉 등으로 인하여 발생한 아크에 접촉된 경우
폭력 행위	의도적인 또는 의도가 불분명한 위험행위(마약, 정신질환 등)로 자신 또는 타인에게 상해를 입힌 폭력·폭행을 말하며, 협박·언어·성폭력 및 동물에 의한 상해 등도 포함

산재분류 및 통계분석

1. 노동불능재해

1) 상해정도별 구분

① 사망

② 영구 전노동 불능 상해(신체장애 등급 1~3등급)

③ 영구 일부노동 불능 상해(신체장애 등급 4~14등급)

④ 일시 전노동 불능 상해 : 장해가 남지 않는 휴업상해

⑤ 일시 일부노동 불능 상해 : 일시 근무 중에 업무를 떠나 치료를 받는 정도의 상해

⑥ 구급처치상해 : 응급처치 후 정상작업을 할 수 있는 정도의 상해

2) 통계적 분류

ILO 지침(code of practice ; ILO, 1996, paragraph 1.3)에 의한 정의

① 업무상 재해(Occupational injury) : 업무상 사고로 인한 사망, 부상 또는 질병

② 업무상 질병(Occupational disease) : 작업활동으로 인한 위험요인에 노출되어 발생하는 질병

③ 치명적인 업무상 재해(Fatal Occupational Injury) : 사망에 이르는 업무상 재해 (Occupational injury leading to death)

2. 중대재해

1) 규모

① 사망자가 1명 이상 발생한 재해

② 3개월 이상의 요양이 필요한 부상자가 동시에 2명 이상 발생한 재해

③ 부상자 또는 직업성 질병자가 동시에 10명 이상 발생한 재해

> ◆ Key Point
>
> 사업장에서 재해발생 시 관할 지방고용노동관서장에게 보고해야 할 중대재해 3가지를 쓰시오.

2) 발생 시 보고사항(보고기간 : 발생 즉시 보고)

① 발생개요 및 피해상황
② 조치 및 전망
③ 그 밖의 중요한 사항

⊕ Key Point

중대재해 발생 시 관할 지방 고용노동 관서장에게 전화 모사전송 등으로 해야 할 (1) 보고 기간과 (2) 보고사항 3가지를 쓰시오.

3) 보고처 및 방법

지방고용노동관서의 장에게 전화·팩스, 또는 그 밖에 적절한 방법으로 보고한다.

4) 조사보고서 제출

1월 이내에 산업재해조사표(서식)를 작성하여 지방고용노동관서의 장에게 제출한다.

3. 산업재해

1) 정의

노무를 제공하는 자가 업무에 관계되는 건설물·설비·원재료·가스·증기·분진 등에 의하거나 작업 또는 그 밖의 업무로 인하여 사망 또는 부상하거나 질병에 걸리는 것을 말한다.

2) 조사보고서 제출

사업주는 산업재해로 사망자가 발생하거나 3일 이상의 휴업이 필요한 부상을 입거나 질병에 걸린 사람이 발생한 경우에는 해당 산업재해가 발생한 날부터 1개월 이내에 산업재해 조사표를 작성하여 관할 지방고용노동청장 또는 지청장에게 제출해야 함

3) 조사보고서 기록·보존

사업주는 산업재해가 발생한 때에는 고용노동부령이 정하는 바에 따라 재해발생원인 등을 기록하여야 하며, 이를 **3년간 보존**하여야 한다.

4) 산업재해 발생 시 기록 · 보존해야 할 사항(산업안전보건법 시행규칙 제72조)

① 사업장의 개요 및 근로자의 인적사항
② 재해발생의 일시 및 장소
③ 재해발생의 원인 및 과정
④ 재해재발 방지 계획

◆ Key Point

산업재해 발생 시 산업재해 기록 등 3년간 기록 보존해야 하는 항목 3가지를 쓰시오.

4. 직접원인

1) 불안전한 행동(인적 원인)

사고를 가져오게 한 작업자 자신의 행동에 대한 불안전한 요소

(1) 불안전한 행동의 예

① 위험장소 접근
② 안전장치의 기능 제거
③ 복장 · 보호구의 잘못된 사용
④ 기계기구의 잘못된 사용
⑤ 운전 중인 기계장치의 손질
⑥ 불안전한 속도 조작
⑦ 위험물 취급 부주의
⑧ 불안전한 상태 방치
⑨ 불안전한 자세 동작
⑩ 감독 및 연락 불충분

(2) 불안전한 행동을 일으키는 내적 요인과 외적 요인의 발생형태 및 대책

① 내적 요인
  ㉠ 소질적 조건 : 적성배치
  ㉡ 의식의 우회 : 상담
  ㉢ 경험 및 미경험 : 교육
② 외적 요인
  ㉠ 작업 및 환경조건 불량 : 환경 정비
  ㉡ 작업순서의 부적당 : 작업순서 정비

③ 적성 배치에 있어서 고려되어야 할 기본사항

  ㉠ 적성 검사를 실시하여 개인의 능력을 파악한다.

  ㉡ 직무 평가를 통하여 자격수준을 정한다.

  ㉢ 인사관리의 기준 원칙을 고수한다.

2) 불안전한 상태(물적 원인)

직접 상해를 가져오게 한 사고에 직접 관계가 있는 위험한 물리적 조건 또는 환경

(1) 불안전한 상태의 예

 ① 물 자체 결함

 ② 안전방호장치의 결함

 ③ 복장·보호구의 결함

 ④ 물의 배치 및 작업장소 결함

 ⑤ 작업환경의 결함

5. 관리적 원인

1) 기술적 원인

 ① 건물, 기계장치의 설계불량

 ② 구조, 재료의 부적합

 ③ 생산방법의 부적합

 ④ 점검, 정비, 보존불량

2) 교육적 원인

 ① 안전지식의 부족

 ② 안전수칙의 오해

 ③ 경험, 훈련의 미숙

 ④ 작업방법의 교육 불충분

 ⑤ 유해·위험작업의 교육 불충분

3) 관리적 원인

 ① 안전관리조직의 결함

 ② 안전수칙 미제정

    ③ 작업준비 불충분

    ④ 인원배치 부적당

    ⑤ 작업지시 부적당

4) 정신적 원인

    ① 안전의식의 부족

    ② 주의력의 부족

    ③ 방심 및 공상

    ④ 개성적 결함 요소 : 도전적인 마음, 과도한 집착력, 다혈질 및 인내심 부족

    ⑤ 판단력 부족 또는 그릇된 판단

5) 신체적 원인

    ① 피로

    ② 시력 및 청각기능의 이상

    ③ 근육운동의 부적합

    ④ 육체적 능력 초과

6. 상해의 종류

1) 골절 : 뼈에 금이 가거나 부러진 상해
2) 동상 : 저온물 접촉으로 생긴 동상상해
3) 부종 : 국부의 혈액순환 이상으로 몸이 퉁퉁 부어오르는 상해
4) 중독, 질식 : 음식 약물, 가스 등에 의해 중독이나 질식된 상태
5) 찰과상 : 스치거나 문질러서 벗겨진 상태
6) 창상 : 창, 칼 등에 베인 상처
7) 청력장해 : 청력이 감퇴 또는 난청이 된 상태
8) 시력장해 : 시력이 감퇴 또는 실명이 된 상태
9) 화상 : 화재 또는 고온물 접촉으로 인한 상해

7. 재해예방의 4원칙

1) 손실우연의 원칙

    재해손실은 사고발생 시 사고대상의 조건에 따라 달라지므로 한 사고의 결과로서 생긴 재해손실은 우연성에 의해서 결정된다.

2) 원인계기의 원칙

재해발생은 반드시 원인이 있다.

3) 예방가능의 원칙

재해는 원칙적으로 원인만 제거하면 예방이 가능하다.

4) 대책선정의 원칙

재해예방을 위한 가능한 안전대책은 반드시 존재한다.

> **Key Point**
>
> 재해예방 기본원칙 4가지를 쓰시오.

8. 사고예방대책의 기본원리 5단계(사고예방원리 : 하인리히)

1) 1단계 : 조직(안전관리조직)

① 경영층의 안전목표 설정
② 안전관리 조직(안전관리자 선임 등)
③ 안전활동 및 계획수립

2) 2단계 : 사실의 발견

① 사고 및 안전활동의 기록 검토
② 작업분석
③ 안전점검, 안전진단
④ 사고조사
⑤ 안전평가
⑥ 각종 안전회의 및 토의
⑦ 근로자의 건의 및 애로 조사

3) 3단계 : 분석·평가(원인 규명)

① 사고조사 결과의 분석
② 불안전상태, 불안전행동 분석
③ 작업공정, 작업형태 분석

④ 교육 및 훈련의 분석

⑤ 안전수칙 및 안전기준 분석

4) 4단계 : 시정책의 선정

① 기술의 개선

② 인사조정

③ 교육 및 훈련 개선

④ 안전규정 및 수칙의 개선

⑤ 이행의 감독과 제재강화

5) 5단계 : 시정책의 적용

① 목표 설정

② 3E(기술, 교육, 관리)의 적용

> **◆ Key Point**
>
> 하인리히 재해예방 5단계를 쓰시오.

9. 재해율

1) 연천인율(年千人率)

근로자 1,000인당 1년간 발생하는 재해 발생자 수를 말함

① 연천인율 $= \dfrac{\text{재해자 수}}{\text{연평균 근로자 수}} \times 1,000$

② 연천인율 $=$ 도수율(빈도율) $\times 2.4$

> **◆ Key Point**
>
> H사업장의 평균 근로자 수가 500명, 작업 시 연간재해자가 6명 발생했다. 연천인율 및 도수율을 계산하시오.
>
> 연천인율 $= \dfrac{\text{재해자 수}}{\text{상시 근로자 수}} \times 1,000 = \dfrac{6}{500} \times 1,000 = 12$
>
> 도수율 $= \dfrac{\text{연천인율}}{2.4} = \dfrac{12}{2.4} = 5$

2) 도수율(빈도율, FR : Frequency Rate of Injury)

연근로시간수＝실근로자수×근로자 1인당 연간 근로시간수를 말함

$$도수율 = \frac{재해발생건수}{연근로시간수} \times 1,000,000$$

(1년 : 300일, 2,400시간, 1월 : 25일, 200시간, 1일 : 8시간)

3) 강도율(SR : Severity Rate of Injury)

연근로시간 1,000시간당 재해로 인해서 잃어버린 근로손실일수를 말함

$$강도율 = \frac{근로손실일수}{연근로시간수} \times 1,000$$

Key Point

연 근로자가 400명인 사업장에서 재해손실일수가 1,030일이고 의사의 진단으로 250일의 근로 손실이 발생하였다. 강도율을 구하시오.

$$강도율 = \frac{근로손실일수}{연근로시간수} \times 1,000 = \frac{1,235.48}{400 \times 8 \times 300} \times 1,000 = 1.29$$

① 근로손실일수 = 의사진단일수 $\times \frac{300}{365} = 250 \times \frac{300}{365} = 205.48(일)$

② 재해손실일수 = 1,030

총 근로손실일수 = ① + ② = 205.48 + 1,030 = 1,235.48(일)

- 근로손실일수
  ① 사망 및 영구전노동불능(장애등급 1~3급) : 7,500일
  ② 영구일부노동불능(4~14등급)

등급	4	5	6	7	8	9	10	11	12	13	14
일수	5,500	4,000	3,000	2,200	1,500	1,000	600	400	200	100	50

  ③ 일시전노동불능(의사의 진단에 따라 일정기간 노동에 종사할 수 없는 상해)
  $$휴직일수 \times \frac{300}{365}$$
  ④ 영구전노동불능 상해 : 부상결과 근로자로서의 근로기능을 완전히 잃은 경우(신체 장애등급 1~3급)
  ⑤ 영구일부노동불능 상해 : 부상결과 신체의 일부, 즉 근로기능의 일부를 상실한 경우 (신체장애등급 4~14급)

⑥ 일시전노동불능 상해 : 의사의 진단에 따라 일정기간 근로를 할 수 없는 경우(신체 장애가 남지 않는 일반적 휴업재해)

⑦ 일시일부노동불능 상해 : 의사의 진단에 따라 부상 다음 날 혹은 그 이후에 정규근로에 종사할 수 없는 휴업재해 이외의 경우(일시적으로 작업시간 중에 업무를 떠나 치료를 받는 정도의 상해)

4) 평균강도율

재해 1건당 평균 근로손실일수를 말함

$$평균강도율 = \frac{강도율}{도수율} \times 1,000 (재해 \ 1건당 \ 평균 \ 근로손실일수)$$

5) 환산강도율

근로자가 입사하여 퇴직할 때까지 잃을 수 있는 근로손실일수를 말한다.

$$환산강도율 = 강도율 \times 100$$

6) 환산도수율

근로자가 입사하여 퇴직할 때까지(40년=10만 시간) 당할 수 있는 재해건수를 말한다.

$$환산도수율 = \frac{도수율}{10}$$

7) **종합재해지수(FSI)**

재해 빈도의 다수와 상해 정도의 강약을 종합을 말함

$$종합재해지수(FSI) = \sqrt{도수율(F.R) \times 강도율(S.R)}$$

◆ Key Point

근로자 500명, 하루평균작업시간 8시간, 연간근무일수 280일, 재해건수 10건, 휴업일수 159일 때 종합재해지수를 구하시오.

$$도수율 = \frac{재해발생건수}{연근로시간수} \times 1,000,000 = \frac{10}{500 \times 8 \times 280} \times 1,000,000 = 8.93$$

$$강도율 = \frac{근로손실일수}{연근로시간수} \times 1,000 = \frac{159 \times \frac{280}{365}}{500 \times 8 \times 280} \times 1,000 = 0.11$$

$$종합재해지수(FSI) = \sqrt{도수율(F.R) \times 강도율(S.R)} = \sqrt{8.93 \times 0.12} = 0.99$$

8) 세이프티스코어(Safe T. Score)

(1) 의미

과거와 현재의 안전성적을 비교·평가하는 방법으로 단위가 없다. 계산결과가 (+)이면 나쁜 기록으로, (−)이면 과거에 비해 좋은 기록으로 본다.

(2) 공식

$$\text{Safe T. Score} = \frac{\text{빈도율(현재)} - \text{빈도율(과거)}}{\sqrt{\dfrac{\text{빈도율(과거)}}{\text{총 근로시간수}} \times 1,000,000}}$$

(3) 평가방법

① +2.00 이상인 경우 : 과거보다 심각하게 나쁘다.

② +2~−2인 경우 : 심각한 차이가 없다.

③ −2 이하 : 과거보다 좋다.

◆ Key Point

세이프티스코어를 계산하고 평가하시오.
- 전년도 도수율 : 125
- 올해 연도 도수율 : 100
- 근로자 수 : 400명
- 올해 연도 근로시간 수 : 2,390시간

(1) 계산

$$\text{Safe T. Score} = \frac{\text{빈도율(현재)} - \text{빈도율(과거)}}{\sqrt{\dfrac{\text{빈도율(과거)}}{\text{총 근로시간수}} \times 1,000,000}} = \frac{100 - 125}{\sqrt{\dfrac{125}{400 \times 2,390} \times 1,000,000}} = -2.186$$

(2) 평가 : −2.186이므로 안전관리 수행도 평가가 과거보다 좋다.

① +2.00 이상인 경우 : 과거보다 심각하게 나쁘다.

② +2~−2인 경우 : 심각한 차이가 없다.

③ −2 이하 : 과거보다 좋다.

---

9) 안전활동률

미국의 블래이크(R. P. Blake)가 제안한 것으로 기업의 안전관리활동의 결과를 정량적으로 판단하기 위해 안전지적건수, 각종 조치건수 등의 안전활동 실적을 기준으로 정량화한 것이다.

$$\text{안전활동률} = \frac{\text{안전활동건수}}{\text{평균근로자 수} \times \text{근로시간수}} \times 1,000,000$$

안전활동 건수는 일정기간 내에 행한 안전개선 권고 수 또는 안전조치한 작업건수, 불안전 행동 적발건수, 안전회의 건수, 안전홍보건수 등을 포함하여 합한 건수이다.

Key Point

연평균 근로자수 600명, 6개월간 안전전담활동 시 안전활동률을 계산하시오.(단, 1일 9시간, 월 22일 근무, 6개월간 사고건수 2건, 불안전한 행동 20건 발견 및 조치, 불안전한 상태 34건 발견 및 조치, 권고 12건, 안전홍보 3건, 안전회의 6회)

$$안전활동률 = \frac{안전활동건수}{평균근로자\ 수 \times 근로시간수} \times 1,000,000$$

$$= \frac{20+34+12+3+6}{600 \times 9 \times 22 \times 6} \times 1,000,000 = 105.22$$

10. 사망사고만인율

1) 사망사고만인율(「산업안전보건법 시행규칙」별표 1)

$$사고사망만인율(‰) = \frac{사고사망자\ 수}{상시근로자\ 수} \times 10,000$$

① 건설업체의 산업재해발생률은 다음의 계산식에 따른 업무상 사고사망만인율(이하 "사고사망만인율"이라 한다)로 산출하되, 소수점 셋째 자리에서 반올림한다.

② 사고사망자 수는 사고사망만인율 산정 대상 연도의 1월 1일부터 12월 31일까지의 기간 동안 해당 업체가 시공하는 국내의 건설 현장(자체사업의 건설현장은 포함한다. 이하 같다)에서 사고사망재해를 입은 근로자 수를 합산하여 산출한다. 다만, 이상기온에 기인한 질병사망자는 포함한다.

㉠ 「건설산업기본법」제8조에 따른 종합공사를 시공하는 업체의 경우에는 해당 업체의 소속 사고사망자 수에 그 업체가 시공하는 건설현장에서 그 업체로부터 도급을 받은 업체(그 도급을 받은 업체의 하수급인을 포함한다. 이하 같다)의 사고사망자 수를 합산하여 산출한다.

㉡ 「건설산업기본법」제29조제3항에 따라 종합공사를 시공하는 업체(A)가 발주자의 승인을 받아 종합공사를 시공하는 업체(B)에 도급을 준 경우에는 해당 도급을 받은 종합공사를 시공하는 업체(B)의 사고사망자 수와 그 업체로부터 도급을 받은 업체(C)의 사고사망자 수를 도급을 한 종합공사를 시공하는 업체(A)와 도급을 받은 종합공사를 시공하는 업체(B)에 반으로 나누어 각각 합산한다. 다만, 그 산업재해와 관련하여 법원의 판결이 있는 경우에는 산업재해에 책임이 있는 종합공사를 시공하는 업체의 사고사망자 수에 합산한다.

ⓒ 제73조제1항에 따른 산업재해조사표를 제출하지 않아 고용노동부장관이 산업재해
    발생연도 이후에 산업재해가 발생한 사실을 알게 된 경우에는 그 알게 된 연도의
    사고사망자 수로 산정한다.

② 둘 이상의 업체가 「국가를 당사자로 하는 계약에 관한 법률」 제25조에 따라 공동계약을
체결하여 공사를 공동이행 방식으로 시행하는 경우 해당 현장에서 발생하는 사고사망
자 수는 공동수급업체의 출자 비율에 따라 분배한다.

③ 건설공사를 하는 자(도급인, 자체사업을 하는 자 및 그의 수급인을 포함한다)와 설치,
해체, 장비 임대 및 물품 납품 등에 관한 계약을 체결한 사업주의 소속 근로자가 그 건
설공사와 관련된 업무를 수행하는 중 사고사망재해를 입은 경우에는 건설공사를 하는
자의 사고사망자 수로 산정한다.

④ 사고사망자 중 다음의 어느 하나에 해당하는 경우로서 **사업주의 법 위반으로 인한 것이
아니라고 인정되는 재해에 의한 사고사망자는 사고사망자 수 산정에서 제외한다.**

    ㉠ **방화, 근로자간 또는 타인간의 폭행에 의한 경우**

    ㉡ **「도로교통법」에 따라 도로에서 발생한 교통사고에 의한 경우(해당 공사의 공사용
    차량·장비에 의한 사고는 제외한다)**

    ㉢ **태풍·홍수·지진·눈사태 등 천재지변에 의한 불가항력적인 재해의 경우**

    ㉣ **작업과 관련이 없는 제3자의 과실에 의한 경우(해당 목적물 완성을 위한 작업자간
    의 과실은 제외한다)**

    ㉤ **그 밖에 야유회, 체육행사, 취침·휴식 중의 사고 등 건설작업과 직접 관련이 없는
    경우**

⑤ 재해 발생 시기와 사망 시기의 연도가 다른 경우에는 재해 발생 연도의 다음연도 3월
31일 이전에 사망한 경우에만 산정 대상 연도의 사고사망자수로 산정한다.

2) 상시 근로자 수

$$\text{상시 근로자 수} = \frac{\text{연간 국내공사 실적액} \times \text{노무비율}}{\text{건설업 월평균임금} \times 12}$$

① '연간 국내공사 실적액'은 「건설산업기본법」에 따라 설립된 건설업자의 단체, 「전기공
사업법」에 따라 설립된 공사업자단체, 「정보통신공사업법」에 따라 설립된 정보통신공
사협회에서 산정한 업체별 실적액을 합산하여 산정한다.

② '노무비율'은 「고용보험 및 산업재해보상보험의 보험료징수 등에 관한 법률 시행령」 제
11조제1항에 따라 고용노동부장관이 고시하는 일반 건설공사의 노무비율(하도급 노무
비율은 제외한다)을 적용한다.

③ '건설업 월평균임금'은 「고용보험 및 산업재해보상보험의 보험료징수 등에 관한 법률 시행령」 제2조제1항제3호가목에 따라 고용노동부장관이 고시하는 건설업 월평균임금을 적용한다.

◆ Key Point

사망사고만인율에서 상시 근로자 산출식을 쓰시오.

11. 재해코스트 계산

1) 하인리히 방식

「총재해코스트 = 직접비 + 간접비」
① 직접비 : 법령으로 정한 피해자에게 지급되는 산재보험비
　　㉠ 휴업보상비
　　㉡ 장해보상비
　　㉢ 요양보상비
　　㉣ 유족보상비
　　㉤ 장의비
② 간접비 : 재산손실, 생산중단 등으로 기업이 입은 손실
　　㉠ 인적 손실 : 본인 및 제3자에 관한 것을 포함한 시간손실
　　㉡ 물적 손실 : 기계, 공구, 재료, 시설의 복구에 소비된 시간손실 및 재산손실
　　㉢ 생산손실 : 생산감소, 생산중단, 판매감소 등에 의한 손실
　　㉣ 특수손실
　　㉤ 기타 손실
③ 직접비 : 간접비 = 1 : 4

2) 시몬즈 방식

「총재해코스트 = 산재보험코스트 + 비보험코스트」
　　여기서, 비보험코스트 = 휴업상해건수×A + 통원상해건수×B + 응급조치건수×C + 무상해사고건수×D
　　A, B, C, D는 장해정도별 비보험코스트의 평균치

3) 버드의 방식

「총재해코스트＝직접비(1)＋간접비(5)」

① 직접비(1) : 상해사고와 관련된 보상비 또는 의료비

② 간접비(5) : 비보험 재산 손실비용＋비보험 기타 손실비용

4) 콤패스 방식

「전체 재해손실＝공동비용(불변)＋개별 비용(변수)」

① 공동비용 : 보험료, 기타

② 개별 비용 : 작업손실비용, 수리비, 치료비 등

12. 재해통계

1) 재해통계 목적 및 역할

① 재해원인을 분석하고 위험한 작업 및 여건을 도출

② 합리적이고 경제적인 재해예방정책 방향 설정

③ 재해실태를 파악하여 예방활동에 필요한 기초자료 및 지표 제공

④ 재해예방사업 추진실적을 평가하는 측정수단

2) 재해의 통계적 원인분석 방법

① 파레토도 : 분류 항목을 큰 순서대로 도표화한 분석법

② 특성 요인도 : 특성과 요인관계를 도표로 하여 어골상으로 세분화한 분석법

③ 클로즈(Close) 분석도 : 데이터(Data)를 집계하고 표로 표시하여 요인별 결과 내역을 교차한 클로즈 그림을 작성하여 분석하는 방법

④ 관리도 : 재해발생 건수 등의 추이를 파악하여 목표관리를 행하는 데 필요한 월별 재해 발생 수를 그래프화하여 관리선을 설정 관리하는 방법

[파레토도]

[특성 요인도]

A : 등 뼈, B : 큰 뼈, C : 중 뼈(중분류), D : 작은 뼈(소분류)

[클로즈 분석도]

[관리도]

3) 재해통계 작성 시 유의할 점

① 활용목적을 수행할 수 있도록 충분한 내용이 포함되어야 한다.
② 재해통계는 구체적으로 표시되고 그 내용은 용이하게 이해되며 이용할 수 있어야 한다.
③ 재해통계는 항목내용 등 재해요소가 정확히 파악될 수 있도록 방지대책이 수립되어야 한다.
④ 재해통계는 정량적으로 정확하게 수치적으로 표시되어야 한다.

13. 사고의 본질적 특성

① 사고의 시간성
② 우연성 중의 법칙성
③ 필연성 중의 우연성
④ 사고의 재현 불가능성

14. 재해(사고) 발생 시의 유형(모델)

1) 단순자극형(집중형)

상호자극에 의하여 순간적으로 재해가 발생하는 유형으로, 재해가 일어난 장소나 그 시점에 일시적으로 요인이 집중된다.

2) 연쇄형(사슬형)

하나의 사고요인이 또 다른 요인을 발생시키면서 재해를 발생시키는 유형이다. 단순연쇄형과 복합연쇄형이 있다.

3) 복합형

단순자극형과 연쇄형의 복합적인 발생유형이다. 일반적으로 대부분의 산업재해는 재해원인들이 복잡하게 결합되어 있는 복합형이다. 연쇄형의 경우에는 원인들 중에 하나를 제거하면 재해가 일어나지 않는다. 그러나 단순 자극형이나 복합형은 하나를 제거하더라도 재해가 일어나지 않는다는 보장이 없으므로, 도미노 이론은 적용되지 않는다. 이런 요인들은 부속적인 요인들에 불과하다. 따라서 재해조사에 있어서는 가능한 한 모든 요인들을 파악하도록 해야 한다.

15. 무재해운동 추진

1) 무재해운동의 3원칙

(1) 무의 원칙

모든 잠재위험요인을 사전에 발견·파악·해결함으로써 근원적으로 산업재해를 없앤다.

(2) 참여의 원칙

작업에 따르는 잠재적인 위험요인을 발견·해결하기 위하여 전원이 협력하여 문제해결 운동을 실천한다.

(3) 안전제일의 원칙(선취의 원칙)

직장의 위험요인을 행동하기 전에 발견·파악·해결하여 재해를 예방한다.

2) 무재해 목표 설정기준

① "무재해 1배수 목표"란 업종·규모별로 사업장을 그룹화하고 그룹 내 사업장들이 평균적으로 **재해자 1명이 발생**하는 기간 동안 당해 사업장에서 재해가 발생하지 않는 것을 말한다.

② 무재해운동 추진 사업장은 무재해운동 개시 당시의 업종과 규모에 따라 무재해 목표를 설정한다. 다만, 무재해운동 추진 도중 사업장의 통합·분리·확장·축소 등 각종 사유로 업종 또는 규모가 변동되거나 "무재해 1배수 목표시간"의 변경으로 인하여 무재해 목표가 변동된다 하더라도 그 목표배수를 달성할 때까지는 당초 해당배수 개시시점에 적용한 무재해 목표시간에 따른다.

③ 특정 목표배수를 달성하여 그 다음 배수 달성을 위한 새로운 목표를 재설정하는 경우의 무재해 목표 설정기준은 다음과 같다.

　　㉠ 무재해 목표를 달성한 시점 이후부터 즉시 다음 배수를 기산하며 업종과 규모에 따라 새로운 무재해 목표시간을 재설정한다.

　　㉡ 업종은 무재해 목표를 달성한 시점에서의 업종을 적용한다.

　　㉢ 규모는 재개시 시점에 해당하는 달로부터 최근 일 년간의 평균 상시 근로자 수를 적용한다. 다만, 사업장의 요청이 있거나 산정이 곤란한 경우는 직전 사업연도 연평균 상시 근로자수를 적용할 수 있다.

　　㉣ 창업하거나 통합·분리한 지 12개월 미만인 사업장은 창업일이나 통합·분리일부터 산정일까지의 매월 말일의 상시 근로자 수를 합하여 해당 월수로 나눈 값을 적용한다.

ⓜ **건설업의 규모는 재개시 시점에 해당하는 총공사금액을 적용**한다. 다만, 건설현장 관급공사(장기계속공사 및 계속비 공사를 포함한다)의 경우는 연차별 공사계약금액 누계금액 또는 연차별 공사기성금액의 누계금액에 따라 무재해 목표시간을 선정한다.

④ 종전 무재해 기록을 승계한 사업장은 업종·규모의 변동 여부와 관계없이 승계 당시의 목표배수를 달성할 때까지는 승계한 잔여 목표시간을 적용한다.

3) 무재해시간과 무재해일수의 산정기준

① **무재해시간은** 실근무자와 실근로시간을 곱하여 산정(다만, 실근로시간의 관리가 어려운 경우에 건설업 이외의 업종은 1일 8시간, **건설업은 1일 10시간을** 근로한 것으로 본다)

② 건설업 이외의 300인 미만 사업장은 제1호에 따른 무재해시간 또는 무재해일수를 택일하여 목표로 사용(다만, 무재해일수로 산정하는 경우는 해당 사업장 전체 근로자 중 절반 이상의 근로자가 근로한 경우에 한하여 무재해일수에 포함한다)

4) 무재해운동 개시·재개시

① 무재해운동의 개시를 선포하고 조회 또는 교육 시 등 적당한 방법으로 관련 내용을 근로자들에게 공표할 것

② **무재해운동을 개시한 날로부터 14일 이내에** 무재해운동 **개시신청서**와 상시 근로자 수 산정표를 한국산업안전보건공단 지역본부장(지사장) 등에게 **제출한다.**

❋ Key Point

무재해 1배수 목표에 대한 설명이다. 다음 (   ) 안을 채우시오.

① "무재해 1배수 목표"란 업종·규모별로 사업장을 그룹화하고 그룹 내 사업장들이 평균적으로 재해자 (1)명이 발생하는 기간 동안 당해 사업장에서 재해가 발생하지 않는 것을 말한다.
② 무재해 시간 산정이 곤란한 경우 건설업은 1일 (10)시간을 근로한 것으로 본다.
③ 무재해 운동 재개시 시점은 건설업의 경우 재개시 시점에 해당하는 (총공사금액)을 적용한다.
④ 무재해 운동을 개시한 날로부터 (14)일 이내에 무재해 운동 개시신청서를 제출해야 한다.

16. Fail safe와 Fool proof

1) Fail safe 정의

① 기계나 그 부품에 고장이나 기능불량이 생겨도 항상 안전을 유지하는 구조와 기능
② 기계의 과오나 오작동이 있어도 사고 및 재해가 발생하지 않도록 2중, 3중으로 안전장치를 한 시스템

2) Fool proof

기계장치 설계단계에서 안전화를 도모하는 것으로 근로자가 기계 등의 취급을 잘못해도 사고로 연결되는 일이 없도록 하는 안전기구, 즉 인간과오(Human Error)를 방지하기 위한 것

3) 리던던시(Redundancy)

시스템 일부에 고장이 나더라도 전체가 고장이 나지 않도록 기능적인 부분을 부가해서 신뢰도를 향상시키는 중복설계

17. 표시장치

1) 정량적 표시장치

온도나 속도 같은 동적으로 변하는 변수나 자로 재는 길이 같은 계량치에 관한 정보를 제공하는 데 사용

2) 정성적 표시장치

① 온도, 압력, 속도와 같은 연속적으로 변하는 변수의 대략적인 값이나 변화추세 등을 알고자 할 때 사용
② 나타내는 값이 정상인지 여부를 판정하는 등 상태점검을 하는 데 사용

3) 청각적 표시장치

(1) 시각장치와 청각장치의 비교

시각 장치 사용	청각 장치 사용
① 경고나 메시지가 복잡하다.	① 경고나 메시지가 간단하다.
② 경고나 메시지가 길다.	② **경고나 메시지가 짧다.**
③ 경고나 메시지가 후에 재참조된다.	③ 경고나 메시지가 후에 재참조되지 않는다.
④ 경고나 메시지가 공간적인 위치를 다룬다.	④ 경고나 메시지가 시간적인 사상을 다룬다.
⑤ 경고나 메시지가 즉각적인 행동을 요구하지 않는다.	⑤ **경고나 메시지가 즉각적인 행동을 요구한다.**

(2) 청각적 표시장치가 시각적 표시장치보다 유리한 경우

① 신호음 자체가 음일 때
② 무선거리 신호, 항로정보 등과 같이 연속적으로 변하는 정보를 제시할 때
③ 음성통신 경로가 전부 사용되고 있을 때
④ 정보가 즉각적인 행동을 요구하는 경우
⑤ 조명으로 인해 시각을 이용하기 어려운 경우

18. 레빈(Lewin·K)의 법칙

레빈은 인간의 행동(B)은 그 사람이 가진 자질, 즉 개체(P)와 심리적 환경(E)과의 상호함수관계에 있다고 하였다.

$$B = f(P \cdot E)$$

여기서, B : Behavior(인간의 행동)
f : function(함수관계)
P : Person(개체 : **연령, 경험, 심신상태, 성격, 지능 등**)
E : Environment(심리적 환경 : 인간관계, 작업환경 등)

19. 생체리듬(바이오리듬)의 종류

(1) 육체적(신체적) 리듬(P ; Physical cycle) : 신체의 물리적인 상태를 나타내는 리듬, 청색 실선으로 표시하며 23일의 주기이다.
(2) 감성적 리듬(S ; Sensitivity cycle) : 기분이나 신경계통의 상태를 나타내는 리듬, 적색 점선으로 표시하며 28일의 주기이다.
(3) 지성적 리듬(I ; Intellectual cycle) : 기억력, 인지력, 판단력 등을 나타내는 리듬, 녹색 일점쇄선으로 표시하며 33일의 주기이다.

제4장 보호구 및 안전보건표지

■ Industrial Engineer Construction Safety

1 보호구의 종류

1. 안전인증대상 보호구(산업안전보건법 시행령 제74조)

1) 추락 및 감전 위험방지용 안전모
2) 안전화
3) 안전장갑
4) 방진마스크
5) 방독마스크
6) 송기마스크
7) 전동식 호흡보호구
8) 보호복
9) 안전대
10) 차광 및 비산물 위험방지용 보안경
11) 용접용 보안면
12) 방음용 귀마개 또는 귀덮개

2. 안전인증 제품에 표시해야 할 사항

가. 형식 또는 모델명
나. 규격 또는 등급 등
다. 제조자명
라. 제조번호 및 제조연월
마. 안전인증 번호

3. 자율안전확인대상 보호구(산업안전보건법 시행령 제77조)

1) 안전모(추락 및 감전 위험방지용 안전모 제외)
2) 보안경(차광 및 비산물 위험방지용 보안경 제외)
3) 보안면(용접용 보안면 제외)

4. 자율안전확인 제품에 표시해야 할 사항(고용노동부 고시 제2009-38호, 보호구 자율안전확인 고시)

1) 형식 또는 모델명
2) 규격 또는 등급 등
3) 제조자명
4) 제조번호 및 제조연월
5) 자율안전확인 번호

✦ Key Point

작업 조건에 따라 착용해야 할 보호구를 나타낸 것이다. 각 항에 알맞은 보호구를 쓰시오

① 물체가 떨어지거나 날아올 위험 또는 근로자가 추락할 위험이 있는 작업 : 안전모
② 높이 또는 깊이 2미터 이상의 추락할 위험이 있는 장소에서 하는 작업 : 안전대(安全帶)
③ 물체의 낙하·충격, 물체에의 끼임, 감전 또는 정전기의 대전(帶電)에 의한 위험이 있는 작업 : 안전화
④ 물체가 흩날릴 위험이 있는 작업 : 보안경
⑤ 용접 시 불꽃이나 물체가 흩날릴 위험이 있는 작업 : 보안면
⑥ 감전의 위험이 있는 작업 : 절연용 보호구
⑦ 고열에 의한 화상 등의 위험이 있는 작업 : 방열복

② 안전모

1. 안전모의 구조

번호	명칭	
①	모체	
②	착장체	머리받침끈
③		머리고정대
④		머리받침고리
⑤	충격흡수재	
⑥	턱끈	
⑦	챙(차양)	

2. 안전인증대상 안전모의 종류 및 사용구분

종류 (기호)	사용구분	모체의 재질	비고
AB	물체의 낙하 또는 비래 및 추락에 의한 위험을 방지 또는 경감시키기 위한 것	합성수지	
AE	물체의 낙하 또는 비래에 의한 위험을 방지 또는 경감하고, 머리부위 감전에 의한 위험을 방지하기 위한 것	합성수지	내전압성 (주 1)
ABE	물체의 낙하 또는 비래 및 추락에 의한 위험을 방지 또는 경감하고, 머리부위 감전에 의한 위험을 방지하기 위한 것	합성수지	내전압성

(주 1) 내전압성이란 7,000V 이하의 전압에 견디는 것을 말한다.

3. 안전모의 성능시험방법

1) 시험성능기준

항목	시험성능기준
내관통성	AE, ABE종 안전모는 관통거리가 9.5mm **이하**이고, AB종 안전모는 관통거리가 11.1mm **이하**이어야 한다.
충격흡수성	최고전달충격력이 4,450N을 초과해서는 안 되며, 모체와 착장체의 기능이 상실되지 않아야 한다.
내전압성	AE, ABE종 안전모는 교류 20kV에서 1분간 절연파괴 없이 견뎌야 하고, 이때 누설되는 충전전류는 10mA 이하이어야 한다.
내수성	AE, ABE종 안전모는 **질량증가율이 1% 미만**이어야 한다.
난연성	모체가 불꽃을 내며 5초 이상 연소되지 않아야 한다.
턱끈풀림	150N 이상 250N 이하에서 턱끈이 풀려야 한다.

☀ Key Point

안전모의 재료 3가지를 쓰시오.

① 합성수지(모체)
② 발포스티로폼(충격흡수재)
③ 합성섬유, 가죽(착장체 및 턱끈)

☀ Key Point

ABE 안전모의 용도 3가지를 쓰시오.

① 낙하 또는 비래위험 방지 　② 추락위험 방지 　③ 감전위험 방지

---

3 안전대

1. 안전대의 종류

〈안전인증대상 안전대의 종류〉

종류	사용구분
벨트식 안전그네식	1개 걸이용
	U자 걸이용
	추락방지대
	안전블록

비고 : 추락방지대 및 안전블록은 안전그네식에만 적용함

2. 1개 걸이 및 U자 걸이의 정의

1) 1개 걸이

죔줄의 한쪽 끝을 D링에 고정시키고 훅 또는 카라비너를 구조물 또는 구명줄에 고정시키는 걸이 방법이다.

2) U자 걸이

안전대의 죔줄을 구조물 등에 U자 모양으로 돌린 뒤 훅 또는 카라비너를 D링에, 신축조절기를 각링 등에 연결하는 걸이 방법이다.

[1개 걸이 전용안전대]

[U자 걸이 전용안전대]

| 안전그네 | 안전블록 | 추락방지대 | 충격흡수장치 |

[안전대의 종류 및 부품]

3. 안전대의 폐기기준(추락재해방지 표준안전작업지침 제21조)

1) 로프

① 소선에 손상이 있는 것
② 페인트, 기름, 약품, 오물 등에 변화된 것
③ 비틀림이 있는 것
④ 횡마로 된 부분이 헐거워진 것

2) 벨트

① 끝 또는 폭에 1mm 이상의 손상 또는 변형이 있는 것
② 양 끝의 해짐이 심한 것

3) 재봉부

① 재봉부분의 이완이 있는 것
② 재봉실이 1개소 이상 절단된 것
③ 재봉실의 마모가 심한 것

4) D링

① 깊이 1mm 이상 손실이 있는 것
② 눈에 보일 정도로 변형이 심한 것
③ 전체적으로 녹이 슨 것

5) 훅, 버클

① 훅과 갈고리 부분의 안쪽에 손상이 있는 것
② 훅 외측에 깊이 1mm 이상의 손상이 있는 것
③ 이탈방지장치의 작동이 나쁜 것

④ 전체적으로 녹이 슬어 있는 것
⑤ 변형되어 있거나 버클의 체결상태가 나쁜 것

✦ Key Point

안전대 훅·버클 부분의 폐기기준 3가지를 쓰시오.

① 훅과 갈고리 부분의 안쪽에 손상이 있는 것
② 훅 외측에 깊이 1mm 이상의 손상이 있는 것
③ 이탈방지장치의 작동이 나쁜 것
④ 전체적으로 녹이 슬어 있는 것
⑤ 변형되어 있거나 버클의 체결상태가 나쁜 것

---

④ 호흡용 보호구

1. 방진마스크

1) 종류

종류	분리식		안면부 여과식
	격리식	직결식	
형태	전면형	전면형	반면형
	반면형	반면형	
사용조건	산소농도 18% 이상인 장소에서 사용하여야 한다.		

2) 분진포집효율(P)

$$P(\%) = \frac{C_1 - C_2}{C_1} \times 100$$

여기서, P : 분진 등 포집효율(%)
C_1 : 여과재 통과 전의 염화나트륨 농도(mg/m³)
C_2 : 여과재 통과 후의 염화나트륨 농도(mg/m³)

3) 여과재 분진 등 포집효율에 따른 등급

형태 및 등급		염화나트륨(NaCl) 및 파라핀 오일(Paraffin oil) 시험(%)
분리식	특급	99.95 이상
	1급	94.0 이상
	2급	80.0 이상
안면부 여과식	특급	99.0 이상
	1급	94.0 이상
	2급	80.0 이상

◆ Key Point

안면부여과식 방진마스크의 분진 포집효율에 따른 등급기준을 쓰시오.

① 특급 : 99.0% 이상
② 1급 : 94.0% 이상
③ 2급 : 80.0% 이상

---

5 안전표지

1. 안전보건표지의 종류와 형태

1) 종류

① 금지표지 : 위험한 행동을 금지하는 데 사용되며 8개 종류가 있다.
② 경고표지 : 직접 위험한 것 및 장소 또는 상태에 대한 경고로 사용되며 15개 종류가 있다.
③ 지시표지 : 작업에 관한 지시, 즉 안전·보건 보호구의 착용에 사용되며 9개 종류가 있다.
④ 안내표지 : 구명, 구호, 피난의 방향 등을 분명히 하는 데 사용되며 7개 종류가 있다.
⑤ 관계자 외 출입금지 : 허가대상, 금지대상 물질 취급, 석면취급/해체 작업장의 출입금지에 사용되며 3개 종류가 있다.

2) 형태

5 관계자외 출입금지	허가대상물질 작업장	석면취급/해체 작업장	금지대상물질의 취급실험실 등
	관계자외 출입금지 (허가물질 명칭) 제조/사용/보관 중 보호구/보호복 착용 흡연 및 음식물 섭취 금지	관계자외 출입금지 석면 취급/해체 중 보호구/보호복 착용 흡연 및 음식물 섭취 금지	관계자외 출입금지 발암물질 취급 중 보호구/보호복 착용 흡연 및 음식물 섭취 금지

Key Point

안전보건표지의 종류 5가지를 쓰시오.

① 금지표지
② 경고표지
③ 지시표지
④ 안내표지
⑤ 관계자 외 출입금지

Key Point

다음 보기 내용의 산업안전표지 종류 중 맞는 것을 (   ) 안에 쓰시오.

[보기]			
① 금연	② 보행금지	③ 폭발물 경고	④ 위험 장소경고
⑤ 안전화 착용	⑥ 방독마스크 착용	⑦ 녹십자 표시	⑧ 세안장치

(1) 금지표지(①, ②)   (2) 경고표지(③, ④)
(3) 지시표지(⑤, ⑥)   (4) 안내표지(⑦, ⑧)

Key Point

다음의 출입금지 표지판을 도해하고 색채를 넣으시오.

출입금지

바탕은 흰색, 기본모형은 빨간색, 관련 부호 및 그림은 검은색

3) 색채·색도기준 및 용도

색채	색도기준	용도	사용 예
빨간색	7.5R 4/14	금지	정지신호, 소화설비 및 그 장소, 유해행위의 금지
		경고	화학물질 취급장소에서의 유해·위험 경고
노란색	5Y 8.5/12	경고	화학물질 취급장소에서의 유해·위험경고 이외의 위험경고, 주의표지 또는 기계 방호물
파란색	2.5PB 4/10	지시	특정 행위의 지시 및 사실의 고지
녹색	2.5G 4/10	안내	비상구 및 피난소, 사람 또는 차량의 통행표지
흰색	N9.5		파란색 또는 녹색에 대한 보조색
검은색	N0.5		문자 및 빨간색 또는 노란색에 대한 보조색

Key Point

다음에 해당하는 색을 쓰시오.

(1) 경고표시 중 화학물질 취급장소에서의 유해·위험 경고 : (빨간색)
(2) 특정 행위의 지시 및 사실의 고지 : (파란색)
(3) 파란색 또는 녹색에 대한 보조색 : (흰색)
(4) 문자 및 빨간색 또는 노란색에 대한 보조색 : (검은색)

제5장 안전보건교육

CHAPTER

■ Industrial Engineer Construction Safety

---

① 교육의 지도

1. 교육지도의 원칙

1) 상대방의 입장 고려(상대중심교육 : 자발창조의 원칙, 흥미의 원칙, 개성화의 원칙)
2) 동기부여를 한다.
3) 쉬운 것에서 어려운 것으로 실시한다.
4) 반복한다.
5) 한번에 하나씩 교육을 실시한다.
6) 인상의 강화를 한다.
7) 오감을 활용한다.
8) 기능적인 이해

2. 교육지도의 단계

1) 안전보건교육의 3단계

 (1) **지식교육(1단계)** : 지식의 전달과 이해
 (2) **기능교육(2단계)** : 실습, 시범을 통한 이해
  ① 준비 철저
  ② 위험작업의 규제
  ③ 안전작업의 표준화
 (3) **태도교육(3단계)** : 안전의 습관화(가치관 형성)
  ① 청취(들어본다) → ② 이해, 납득(이해시킨다) → ③ 모범(시범을 보인다) →
  ④ 권장(평가한다)

2) 교육법의 4단계

    (1) 도입(1단계) : 학습할 준비를 시킨다.(배우고자 하는 마음가짐을 일으키는 단계)

    (2) 제시(2단계) : 작업을 설명한다.(내용을 확실하게 이해시키고 납득시키는 단계)

    (3) 적용(3단계) : 작업을 지휘한다.(이해시킨 내용을 활용시키거나 응용시키는 단계)

    (4) 확인(4단계) : 가르친 뒤 살펴본다.(교육 내용을 정확하게 이해하였는지를 테스트하는 단계)

3. 교육훈련의 평가방법

1) 학습평가의 기본적인 기준

    (1) 타당성

    (2) 신뢰성

    (3) 객관성

    (4) 실용성

2) 교육훈련평가의 4단계

    (1) 반응 → (2) 학습 → (3) 행동 → (4) 결과

3) 교육훈련의 평가방법

(1) 관찰	(2) 면접
(3) 자료분석법	(4) 과제
(5) 설문	(6) 감상문
(7) 실험평가	(8) 시험

4. 학습지도 이론

① 자발성의 원리 : 학습자 스스로 학습에 참여해야 한다는 원리

② 개별화의 원리 : 학습자가 가지고 있는 각각의 요구 및 능력에 맞게 지도해야 한다는 원리

③ 사회화의 원리 : 공동학습을 통해 협력과 사회화를 도와준다는 원리

④ 통합의 원리 : 학습을 종합적으로 지도하는 것으로 학습자의 능력을 조화있게 발달시키는 원리

⑤ 직관의 원리 : 구체적인 사물을 제시하거나 경험 등을 통해 학습효과를 거둘 수 있다는 원리

2 동기부여

동기부여란 동기를 불러일으키게 하고 일어난 행동을 유지시켜 일정한 목표로 이끌어가는 과정을 말한다.

1. 매슬로(Maslow)의 욕구단계이론

1) **생리적 욕구(제1단계)** : 기아, 갈증, 호흡, 배설, 성욕 등
2) **안전의 욕구(제2단계)** : 안전을 기하려는 욕구
3) **사회적 욕구(제3단계)** : 소속 및 애정에 대한 욕구(친화욕구)
4) **존경의 욕구(제4단계)** : 자기존경의 욕구로 자존심, 명예, 성취, 지위에 대한 욕구(승인의 욕구)
5) **자아실현의 욕구(제5단계)** : 잠재적인 능력을 실현하고자 하는 욕구(성취욕구)

자아실현 욕구	자신의 잠재적 역량을 최고로 발휘하여 자신의 일에서 최고가 되고 싶은 욕구 (예 : 고유기술을 가진 자가 완벽한 작품을 만들고 싶은 욕구)
자존 욕구	명성, 명예 그리고 타인으로부터 인정받고 싶은 욕구
사회적 욕구	어딘가에 소속하여 타인과 사귀고 사랑하고 사랑받고 싶은 욕구
안전 욕구	신체적·심리적 위험 및 사회적 지위 등과 같은 외부로부터 자신을 보호, 보장받고 싶은 욕구
생리적 욕구	음식, 공기, 물, 섹스, 주거 등과 같은 생존에 필수적인 것

2. 알더퍼(Alderfer)의 ERG 이론

1) **E(Existence) : 존재욕구**

생리적 욕구나 안전욕구와 같이 인간이 자신의 존재를 확보하는 데 필요한 욕구이다. 또한 여기에는 급여, 성과급, 육체적 작업에 대한 욕구 그리고 물질적 욕구가 포함된다.

2) **R(Relation) : 관계욕구**

개인이 주변사람들(가족, 감독자, 동료작업자, 하위자, 친구 등)과 상호작용을 통하여 만족을 추구하고 싶어 하는 욕구로서 매슬로 욕구단계 중 애정의 욕구에 속한다.

3) G(Growth) : 성장욕구

매슬로의 욕구위계이론 중 자존의 욕구와 자아실현의 욕구를 포함하는 것으로서, 개인의 잠재력 개발과 관련되는 욕구이다.

ERG이론에 따르면 경영자가 종업원의 고차원 욕구를 충족시켜야 하는 것은 동기부여를 위해서만이 아니라 발생할 수 있는 직·간접비용을 절감한다는 차원에서도 중요하다는 것을 밝히고 있다.

[ERG 이론의 작동원리]

3. 맥그리거(Mcgregor)의 X이론과 Y이론

1) X이론에 대한 가정

① 원래 종업원들은 일하기 싫어하며 가능하면 일하는 것을 피하려고 한다.

② 종업원들은 일하는 것을 싫어하므로 바람직한 목표를 달성하기 위해서는 그들을 통제하고 위협하여야 한다.

③ 종업원들은 책임을 회피하고 가능하면 공식적인 지시를 바란다.

④ 인간은 명령받는 것을 좋아하며 무엇보다 안전을 바라고 있다는 인간관이다.

⇒ X이론에 대한 관리 처방

㉠ 경제적 보상체계의 강화

㉡ 권위주의적 리더십의 확립

㉢ 면밀한 감독과 엄격한 통제

㉣ 상부책임제도의 강화

㉤ 통제에 의한 관리

2) Y이론에 대한 가정

① 종업원들은 일하는 것을 놀이나 휴식과 동일한 것으로 볼 수 있다.

② 종업원들은 조직의 목표에 관여하는 경우에 자기지향과 자기통제를 행한다.

③ 보통 인간들은 책임을 수용하고 심지어는 구하는 것을 배울 수 있다.

④ 작업에서 몸과 마음을 구사하는 것은 인간의 본성이라는 인간관이다.

⑤ 인간은 조건에 따라 자발적으로 책임을 지려고 한다는 인간관이다.

⑥ 매슬로의 욕구체계 중 자기실현의 욕구에 해당한다.

　　⇒ Y이론에 대한 관리 처방

　　　㉠ 민주적 리더십의 확립

　　　㉡ 분권화와 권한의 위임

　　　㉢ 직무확장

　　　㉣ 자율적인 통제

4. 허즈버그(Herzberg)의 2요인 이론(위생요인, 동기요인)

1) 위생요인(Hygiene)

작업조건, 급여, 직무환경, 감독 등 일의 조건, 보상에서 오는 욕구(충족되지 않을 경우 조직의 성과가 떨어지나 충족되었다고 성과가 향상되지 않음)

2) 동기요인(Motivation)

책임감, 성취 인정, 개인발전 등 일 자체에서 오는 심리적 욕구(충족될 경우 조직의 성과가 향상되며 충족되지 않아도 성과가 떨어지지 않음)

3) 허즈버그(Herzberg)의 일을 통한 동기 부여 원칙

① 직무에 따라 자유와 권한 부여

② 개인적 책임이나 책무를 증가시킴

③ 더욱 새롭고 어려운 업무수행을 하도록 과업 부여

④ 완전하고 자연스러운 작업단위를 제공

⑤ 특정의 직무에 전문가가 될 수 있도록 전문화된 임무를 배당

4) 허즈버그(Herzberg)가 제시한 직무충실(Job enrichment)의 원리

① 자신의 일에 대해서 책임을 더 지도록 한다.

② 직무에서 자유를 제공하기 위하여 부가적 권위를 부여한다.

③ 전문가가 될 수 있도록 전문화된 과제들을 부과한다.

④ 완전하고 자연스러운 작업 단위을 제공한다.

⑤ 여러 가지 규제를 제거하여 개인적 책임감을 증대시킨다.

〈동기부여에 관한 이론들의 비교〉

매슬로(Maslow)의 욕구단계이론	알더퍼(Alderfer)의 ERG 이론	허즈버그(Herzberg)의 2요인 이론	맥그리거(Mcgreger)의 X, Y이론
생리적 욕구(제1단계)	E(Existence) : 존재의 욕구	위생요인 (Hygiene)	X이론
안전의 욕구(제2단계)			
사회적 욕구(제3단계)	R(Relation) : 관계 욕구		
자기존경의 욕구(제4단계)		동기요인 (Motivation)	Y이론
자아실현의 욕구(제5단계)	G(Growth) : 성장욕구		

③ 교육의 분류

1. 교육훈련기법에 따른 분류

1) 강의법(Lecture method)

안전지식을 강의식으로 전달하는 방법(초보적인 단계에서 효과적)

① 강사의 입장에서 시간의 조정이 가능하다.

② 전체적인 교육내용을 제시하는 데 유리하다.

③ 비교적 많은 인원을 대상으로 단시간에 지식을 부여할 수 있다.

2) 토의법(Discussion method)

① 10~20인 정도가 모여서 토의하는 방법(안전지식을 가진 사람에게 효과적)으로 태도교육의 효과를 높이는 데 중점을 둔다. 집단을 대상으로 한 안전보건교육 중 가장 효율적인 교육방법이다.

② 알고 있는 지식을 심화시키거나 어떠한 자료에 대해 보다 명료한 생각을 갖도록 하기 위하여 실시하는 교육방법이다.

3) 시범

필요한 내용을 직접 제시하는 방법

4) 모의법

실제 상황을 만들어 두고 학습하는 방법

(1) 제약조건

① 단위 교육비가 비싸고 시간의 소비가 많다.
② 시설의 유지비가 높다.
③ 다른 방법에 비하여 학생 대 교사의 비율이 높다.

(2) 모의법 적용의 경우

① 수업의 모든 단계
② 학교수업 및 직업훈련 등
③ 실제 사태는 위험성이 따른 경우
④ 직접 조작을 중요시하는 경우

5) 시청각교육

시청각 교육자료를 가지고 학습하는 방법

6) 실연법

① 학습자가 이미 설명을 듣거나 시범을 보고 알게 된 지식이나 기능을 강사의 감독 아래 직접적으로 연습해 적용해 보게 하는 교육방법으로 다른 방법보다 교사 대 학습자 수의 비율이 높다.
② 수업의 중간이나 마지막 단계에 행하는 것으로 언어학습이나 문제해결 학습에 효과적인 학습법이다.

7) 프로그램 학습법(Programmed Self-instruction Method)

학습자가 프로그램을 통해 단독으로 학습하는 방법으로 개발된 프로그램은 변경이 어렵다.
① 스키너(Skinner)의 조작적 조건형성 원리에 의해 개발된 것으로 자율적 학습이 특징이다.
② 학습내용 습득 여부를 즉각적으로 피드백 받을 수 있다.
③ 교재개발에 많은 시간과 노력이 드는 것이 단점이다.

8) 집중학습

학습할 자료를 한꺼번에 묶어서 일괄적으로 연습하는 방법이다.

9) 배분학습

학습할 자료를 나누어서 연습하는 방법으로 새로운 기술을 학습하는 경우에는 배분학습이 집중학습보다 효과적이다.

10) 초과학습

충분한 연습으로 완전학습 후에도 일정량 연습을 계속하는 학습이다.

2. 교육방법에 따른 분류

1) O.J.T(On the Job Training) 및 OFF J.T(Off the Job Training)

(1) O.J.T(직장 내 교육훈련)

직속상사가 직장 내에서 작업표준을 가지고 업무상의 개별교육이나 지도훈련을 실시하는 것이다.(개별교육에 적합)

① 개개인에게 적절한 지도훈련이 가능

② 직장의 실정에 맞게 실제적 훈련이 가능

③ 효과가 곧 업무에 나타나며 훈련의 좋고 나쁨에 따라 개선이 쉬움

> **◆ Key Point**
>
> O.J.T를 간략히 기술하시오.

(2) OFF J.T(직장 외 교육훈련)

계층별 직능별로 공통된 교육대상자를 현장 이외의 한 장소에 모아 집합교육을 실시하는 교육형태이다.(집단교육에 적합)

① 다수의 근로자에게 조직적 훈련을 행하는 것이 가능

② 훈련에만 전념

③ 각각 전문가를 강사로 초청하는 것이 가능

④ OFF J.T 안전교육 4단계

- 1단계 : 학습 준비를 시킨다.
- 2단계 : 작업을 설명한다.
- 3단계 : 작업을 시켜본다.
- 4단계 : 가르친 뒤를 살펴본다.

3. 위험예지훈련 및 진행방법

1) 위험예지훈련의 종류

① 감수성 훈련 : 위험요인을 발견하는 훈련
② 단시간 미팅훈련 : 단시간 미팅을 통해 대책을 수립하는 훈련
③ 문제해결 훈련 : 작업시작 전 문제를 제거하는 훈련

2) 위험예지훈련의 추진을 위한 문제해결 4단계(4라운드)

① 1라운드 : **현상파악**(사실의 파악) : 어떤 위험이 잠재하고 있는가?
② 2라운드 : **본질추구**(원인조사) : 이것이 위험의 포인트다.
③ 3라운드 : **대책수립**(대책을 세운다) : 당신이라면 어떻게 하겠는가?
④ 4라운드 : **목표설정**(행동계획 작성) : 우리들은 이렇게 하자!

1R 현상파악	• 사실의 파악 : 어떤 위험이 잠재하고 있는가?
2R 본질추구	• 원인조사 : 이것이 위험의 포인트다.
3R 대책수립	• 대책수립 : 당신이라면 어떻게 하겠는가?
4R 목표설정	• 행동계획 작성 : 우리는 이렇게 하자!

[문제해결 4라운드]

위험예지훈련의 기초 4단계를 순서대로 기술하시오.

① 제1단계 : 현상파악   ② 제2단계 : 본질추구
③ 제3단계 : 대책수립   ④ 제4단계 : 목표설정

3) T.B.M(Tool Box Meeting) 위험예지훈련

작업 개시 전 5~15분, 작업 종료 후 3~5분에 걸쳐 같은 작업원 5~6명이 리더를 중심으로 둘러앉아(또는 서서) 위험을 예측하고 대책을 수립하는 등 단시간 내에 의논하는 문제해결 기법

(1) T.B.M 실시요령

① 작업시작 전, 중식 후, 작업종료 후 짧은 시간을 활용하여 실시한다.
② 때와 장소에 구애받지 않고 같은 작업자 5~7인 정도가 모여서 공구나 기계 앞에서 행한다.
③ 일방적인 명령이나 지시가 아니라 잠재위험에 대해 같이 생각하고 해결
④ T.B.M의 특징은 모두가 "이렇게 하자.", "이렇게 한다."라고 합의하고 실행

(2) T.B.M의 내용

① 작업 시작 전(실시순서 5단계)

단계	내용
도입	직장체조, 무재해기 게양, 목표제안
점검 및 정비	건강상태, 복장 및 보호구 점검, 자재 및 공구확인
작업지시	작업내용 및 안전사항 전달
위험예측	당일 작업에 대한 위험예측, 위험예지훈련
확인	위험에 대한 대책과 팀목표 확인

② 작업 종료 시
 ㉠ 실시사항의 적절성 확인 : 작업 시작 전 T.B.M에서 결정된 사항의 적절성 확인
 ㉡ 검토 및 보고 : 그날 작업의 위험요인 도출, 대책 등 검토 및 보고
 ㉢ 문제 제기 : 그날의 작업에 대한 문제 제기

(1) 위험예지훈련은 작업 시간 전 (①)분, 끝난 후 (②)분, 팀워크의 인원은 (③)인 정도가 실시한다.

(2) T.B.M의 5단계는 제1단계 : 도입 – 제2단계 : (④) – 제3단계 : 작업지시 – 제4단계 : (⑤) – 제5단계 : 팀 목표확인 단계이다.

① 5~15 ② 3~5 ③ 5~6 ④ 점검 및 정비 ⑤ 위험예측

④ 교육대상

1. 교육대상별 교육방법

1) 사업 내 안전 · 보건교육(산업안전보건법 시행규칙 제26조 제1항 등 관련)

   (1) 근로자 안전보건교육(제26조 제1항 관련)

     ① 정기교육

교육내용
• 산업안전 및 사고 예방에 관한 사항
• 산업보건 및 직업병 예방에 관한 사항
• 위험성 평가에 관한 사항
• 건강증진 및 질병 예방에 관한 사항
• 유해·위험 작업환경 관리에 관한 사항
• 산업안전보건법령 및 산업재해보상보험 제도에 관한 사항
• 직무스트레스 예방 및 관리에 관한 사항
• 직장 내 괴롭힘, 고객의 폭언 등으로 인한 건강장해 예방 및 관리에 관한 사항

② 채용 시 교육 및 작업내용 변경 시 교육

교육내용
•산업안전 및 사고 예방에 관한 사항
•산업보건 및 직업병 예방에 관한 사항
•위험성 평가에 관한 사항
•산업안전보건법령 및 산업재해보상보험 제도에 관한 사항
•직무스트레스 예방 및 관리에 관한 사항
•직장 내 괴롭힘, 고객의 폭언 등으로 인한 건강장해 예방 및 관리에 관한 사항
•기계·기구의 위험성과 작업의 순서 및 동선에 관한 사항
•작업 개시 전 점검에 관한 사항
•정리정돈 및 청소에 관한 사항
•사고 발생 시 긴급조치에 관한 사항
•물질안전보건자료에 관한 사항

③ 특별교육

교육내용
•39가지 그대로 반영

(2) 관리감독자 안전보건교육(제26조 제1항 관련)

① 정기교육

교육내용
•산업안전 및 사고 예방에 관한 사항
•산업보건 및 직업병 예방에 관한 사항
•위험성평가에 관한 사항
•유해·위험 작업환경 관리에 관한 사항
•산업안전보건법령 및 산업재해보상보험 제도에 관한 사항
•직무스트레스 예방 및 관리에 관한 사항
•직장 내 괴롭힘, 고객의 폭언 등으로 인한 건강장해 예방 및 관리에 관한 사항
•작업공정의 유해·위험과 재해 예방대책에 관한 사항
•사업장 내 안전보건관리체제 및 안전·보건조치 현황에 관한 사항
•표준안전 작업방법 결정 및 지도·감독 요령에 관한 사항
•현장근로자와의 의사소통능력 및 강의능력 등 안전보건교육 능력 배양에 관한 사항
•비상시 또는 재해 발생 시 긴급조치에 관한 사항

② 채용 시 교육 및 작업내용 변경 시 교육

교육내용
• 산업안전 및 사고 예방에 관한 사항 • 산업보건 및 직업병 예방에 관한 사항 • 위험성평가에 관한 사항 • 산업안전보건법령 및 산업재해보상보험 제도에 관한 사항 • 직무스트레스 예방 및 관리에 관한 사항 • 직장 내 괴롭힘, 고객의 폭언 등으로 인한 건강장해 예방 및 관리에 관한 사항 • 기계 · 기구의 위험성과 작업의 순서 및 동선에 관한 사항 • 작업 개시 전 점검에 관한 사항 • 물질안전보건자료에 관한 사항 • 사업장 내 안전보건관리체제 및 안전 · 보건조치 현황에 관한 사항 • 표준안전 작업방법 결정 및 지도 · 감독 요령에 관한 사항 • 비상시 또는 재해 발생 시 긴급조치에 관한 사항

③ 특별교육 대상 작업별 교육

교육내용
• 근로자 특별교육 내용과 동일(채용 시 교육내용 제외)

(3) 특별교육 대상 작업

작업명
1. 고압실 내 작업(잠함공법이나 그 밖의 압기공법으로 대기압을 넘는 기압인 작업실 또는 수갱 내부에서 하는 작업만 해당한다)
2. 아세틸렌 용접장치 또는 가스집합 용접장치를 사용하는 금속의 용접 · 용단 또는 가열작업 (발생기 · 도관 등에 의하여 구성되는 용접장치만 해당한다)
3. 밀폐된 장소(탱크 내 또는 환기가 극히 불량한 좁은 장소를 말한다)에서 하는 용접작업 또는 습한 장소에서 하는 전기용접장치
4. 폭발성 · 물반응성 · 자기반응성 · 자기발열성 물질, 자연발화성 액체 · 고체 및 인화성 액체의 제조 또는 취급작업(시험연구를 위한 취급작업은 제외한다)
5. 액화석유가스 · 수소가스 등 인화성 가스 또는 폭발성 물질 중 가스의 발생장치 취급 작업
6. 화학설비 중 반응기, 교반기 · 추출기의 사용 및 세척작업

7. 화학설비의 탱크 내 작업

8. 분말·원재료 등을 담은 호퍼·저장창고 등 저장탱크의 내부작업

11. 동력에 의하여 작동되는 프레스기계를 5대 이상 보유한 사업장에서 해당 기계로 하는 작업

12. 목재가공용 기계(둥근톱기계, 띠톱기계, 대패기계, 모떼기기계 및 라우터만 해당하며, 휴대용은 제외한다)를 5대 이상 보유한 사업장에서 해당 기계로 하는 작업

13. 운반용 등 하역기계를 5대 이상 보유한 사업장에서의 해당 기계로 하는 작업

14. 1톤 이상의 크레인을 사용하는 작업 또는 1톤 미만의 크레인 또는 호이스트를 5대 이상 보유한 사업장에서 해당 기계로 하는 작업(제40호의 작업은 제외한다)
 • 방호장치의 종류, 기능 및 취급에 관한 사항
 • 걸고리·와이어로프 및 비상정지장치 등의 기계·기구 점검에 관한 사항
 • 화물의 취급 및 작업방법에 관한 사항
 • 신호방법 및 공동작업에 관한 사항
 • 그 밖에 안전·보건관리에 필요한 사항

15. 건설용 리프트·곤돌라를 이용한 작업

16. 주물 및 단조작업

17. 전압이 75볼트 이상인 정전 및 활선작업

18. 콘크리트 파쇄기를 사용하여 하는 파쇄작업(2미터 이상인 구축물의 파쇄작업만 해당한다)

19. 굴착면의 높이가 2미터 이상이 되는 지반 굴착(터널 및 수직갱 외의 갱 굴착은 제외한다)작업
 • 지반의 형태·구조 및 굴착 요령에 관한 사항
 • 지반의 붕괴재해 예방에 관한 사항
 • 붕괴 방지용 구조물 설치 및 작업방법에 관한 사항
 • 보호구의 종류 및 사용에 관한 사항
 • 그 밖에 안전·보건관리에 필요한 사항

20. 흙막이 지보공의 보강 또는 동바리를 설치하거나 해체하는 작업

21. 터널 안에서의 굴착작업(굴착용 기계를 사용하여 하는 굴착작업 중 근로자가 칼날 밑에 접근하지 않고 하는 작업은 제외한다) 또는 같은 작업에서의 터널 거푸집 지보공의 조립 또는 콘크리트 작업
 • 작업환경의 점검 요령과 방법에 관한 사항
 • 붕괴 방지용 구조물 설치 및 안전작업 방법에 관한 사항
 • 재료의 운반 및 취급·설치의 안전기준에 관한 사항
 • 보호구의 종류 및 사용에 관한 사항
 • 소화설비의 설치장소 및 사용방법에 관한 사항
 • 그 밖에 안전·보건관리에 필요한 사항

22. 굴착면의 높이가 2미터 이상이 되는 암석의 굴착작업
    • 폭발물 취급 요령과 대피 요령에 관한 사항
    • 안전거리 및 안전기준에 관한 사항
    • 방호물의 설치 및 기준에 관한 사항
    • 보호구 및 신호방법 등에 관한 사항
    • 그 밖에 안전·보건관리에 필요한 사항

23. 높이가 2미터 이상인 물건을 쌓거나 무너뜨리는 작업(하역기계로만 하는 작업은 제외한다)

24. 선박에 짐을 쌓거나 부리거나 이동시키는 작업

25. 거푸집 동바리의 조립 또는 해체작업
    • 동바리의 조립방법 및 작업 절차에 관한 사항
    • 조립재료의 취급방법 및 설치기준에 관한 사항
    • 조립 해체 시의 사고 예방에 관한 사항
    • 보호구 착용 및 점검에 관한 사항
    • 그 밖에 안전·보건관리에 필요한 사항

26. 비계의 조립·해체 또는 변경작업

27. 건축물의 골조, 다리의 상부구조 또는 탑의 금속제의 부재로 구성되는 것(5미터 이상인 것만 해당한다)의 조립·해체 또는 변경작업

28. 처마 높이가 5미터 이상인 목조건축물의 구조 부재의 조립이나 건축물의 지붕 또는 외벽 밑에서의 설치작업

29. 콘크리트 인공구조물(그 높이가 2미터 이상인 것만 해당한다)의 해체 또는 파괴작업

30. 타워크레인을 설치(상승작업을 포함한다)·해체하는 작업

31. 보일러(소형 보일러 및 다음 각 목에서 정하는 보일러는 제외한다)의 설치 및 취급 작업
    가. 몸통 반지름이 750밀리미터 이하이고 그 길이가 1,300밀리미터 이하인 증기보일러
    나. 전열면적이 3제곱미터 이하인 증기보일러
    다. 전열면적이 14제곱미터 이하인 온수보일러
    라. 전열면적이 30제곱미터 이하인 관류보일러

32. 게이지 압력을 제곱센티미터당 1킬로그램 이상으로 사용하는 압력용기의 설치 및 취급작업

33. 방사선 업무에 관계되는 작업(의료 및 실험용은 제외한다)

34. 밀폐공간에서의 작업
    • 산소농도 측정 및 작업환경에 관한 사항
    • 사고 시의 응급처치 및 비상 시 구출에 관한 사항
    • 보호구 착용 및 사용방법에 관한 사항
    • 밀폐공간작업의 안전작업방법에 관한 사항
    • 그 밖에 안전·보건관리에 필요한 사항

35. 허가 및 관리 대상 유해물질의 제조 또는 취급작업

36. 로봇작업

37. 석면해체 · 제거작업

38. 가연물이 있는 장소에서 하는 화재위험작업
   - 작업준비 및 작업절차에 관한 사항
   - 작업장 내 위험물, 가연물의 사용 · 보관 · 설치 현황에 관한 사항
   - 화재위험작업에 따른 인근 인화성 액체에 대한 방호조치에 관한 사항
   - 화재위험작업으로 인한 불꽃, 불티 등의 비산(飛散)방지조치에 관한 사항
   - 인화성 액체의 증기가 남아 있지 않도록 환기 등의 조치에 관한 사항
   - 화재감시자의 직무 및 피난교육 등 비상조치에 관한 사항
   - 그 밖에 안전 · 보건관리에 필요한 사항

39. 타워크레인을 사용하는 작업시 신호업무를 하는 작업
   - 타워크레인의 기계적 특성 및 방호장치 등에 관한 사항
   - 화물의 취급 및 안전작업방법에 관한 사항
   - 신호방법 및 요령에 관한 사항
   - 인양 물건의 위험성 및 낙하 · 비래 · 충돌재해 예방에 관한 사항
   - 인양물이 적재될 지반의 조건, 인양하중, 풍압 등이 인양물과 타워크레인에 미치는 영향
   - 그 밖에 안전 · 보건관리에 필요한 사항

⊕ Key Point

1. 굴착면의 높이가 2m 이상 되는 암석의 굴착작업 시 특별교육내용 3가지를 쓰시오.
2. 굴착면의 높이가 2m 이상 되는 지반의 굴착작업 시 특별교육내용 3가지를 쓰시오.

2) 건설업 기초안전보건교육에 대한 내용 및 시간(제28조 제1항 관련)

교육 내용	시간
가. 건설공사의 종류(건축 · 토목 등) 및 시공 절차	1시간
나. 산업재해 유형별 위험요인 및 안전보건조치	2시간
다. 안전보건관리체제 현황 및 산업안전보건 관련 근로자 권리 · 의무	1시간

2. 안전보건교육의 단계별 교육과정

1) 근로자 안전보건교육

교육과정	교육대상		교육시간
가. 정기교육	1) 사무직 종사 근로자		매반기 6시간 이상
	2) 그 밖의 근로자	가) 판매 업무에 직접 종사 하는 근로자	매반기 6시간 이상
		나) 판매업무에 직접 종사 하는 근로자 외의 근로자	매반기 12시간 이상
나. 채용 시 교육	1) 일용근로자 및 근로계약기간이 1주일 이하인 기간제근로자		1시간 이상
	2) 근로계약기간이 1주일 초과 1개월 이 하인 기간제 근로자		4시간 이상
	3) 그 밖의 근로자		8시간 이상
다. 작업내용 변경 시 교육	1) 일용근로자 및 근로계약기간이 1주일 이하인 기간제근로자		1시간 이상
	2) 그 밖의 근로자		2시간 이상
라. 특별교육	1) 일용근로자 및 근로계약기간이 1주일 이하인 기간제근로자 : 별표 5 제1호 라목(제39호는 제외한다)에 해당하는 작업에 종사하는 근로자에 한정한다.		2시간 이상
	2) 일용근로자 및 근로계약기간이 1주일 이하인 기간제근로자 : 별표 5 제1호 라목제39호에 해당하는 작업에 종사 하는 근로자에 한정한다.		8시간 이상
	3) 일용근로자 및 근로계약기간이 1주일 이하인 기간제근로자를 제외한 근로 자 : 별표 5 제1호라목에 해당하는 작 업에 종사하는 근로자에 한정한다.		가) 16시간 이상(최초 작업에 종 사하기 전 4시간 이상 실시 하고 12시간은 3개월 이내에 서 분할하여 실시 가능) 나) 단기간 작업 또는 간헐적 작 업인 경우에는 2시간 이상
마. 건설업 기초 안전·보건 교육	건설 일용근로자		4시간 이상

2) 관리감독자의 안전보건교육

교육과정	교육시간
가. 정기교육	연간 16시간 이상
나. 채용 시 교육	8시간 이상
다. 작업내용 변경 시 교육	2시간 이상
라. 특별교육	16시간 이상(최초 작업에 종사하기 전 4시간 이상 실시하고, 12시간은 3개월 이내에서 분할하여 실시 가능)
	단기간 작업 또는 간헐적 작업인 경우에는 2시간 이상

3) 안전보건관리책임자 등에 대한 교육

교육대상	교육시간	
	신규교육	보수교육
가. 안전보건관리책임자	6시간 이상	6시간 이상
나. 안전관리자, 안전관리전문기관의 종사자	34시간 이상	24시간 이상
다. 보건관리자, 보건관리전문기관의 종사자	34시간 이상	24시간 이상
라. 재해예방 전문지도기관의 종사자	34시간 이상	24시간 이상
마. 석면조사기관의 종사자	34시간 이상	24시간 이상
바. 안전보건관리담당자	-	8시간 이상
사. 안전검사기관, 자율안전검사기관의 종사자	34시간 이상	24시간 이상

4) 검사원 성능검사 교육

교육과정	교육대상	교육시간
양성 교육	-	28시간 이상

기출문제풀이

2001년 1회

5. 안전교육의 형태 중 Off the J.T.를 설명하시오.

해답 계층별 직능별로 공통된 교육대상자를 현장 이외의 한 장소에 모아 집합교육을 실시하는 교육형태 (집단교육에 적합)
① 다수의 근로자에게 조직적 훈련을 행하는 것이 가능
② 훈련에만 전념
③ 각각 전문가를 강사로 초청하는 것이 가능

7. 사업장에서 재해발생 시 고용노동부 지방노동사무소장에게 보고해야 할 중대재해 3가지를 쓰시오.

해답 ① 사망자가 1명 이상 발생한 재해
② 3개월 이상의 요양이 필요한 부상자가 동시에 2명 이상 발생한 재해
③ 부상자 또는 직업성 질병자가 동시에 10명 이상 발생한 재해

2001년 2회

4. 재해방지의 기본원칙 4가지를 쓰시오.

➡**해답** ① 손실우연의 원칙
② 원인계기의 원칙
③ 예방가능의 원칙
④ 대책선정의 원칙

11. 산업재해 발생 시 긴급처리 내용 5가지를 단계별로 쓰시오.

➡**해답** ① 제1단계 : 피재 기계의 정지 및 피해확산 방지조치
② 제2단계 : 피재자의 응급조치
③ 제3단계 : 관계자에게 통보
④ 제4단계 : 2차 재해방지
⑤ 제5단계 : 현장 보존

12. 안전관리조직 3가지를 쓰시오.

➡**해답** ① 라인형
② 스태프형
③ 라인·스태프형

2001년 4회

6. 위험예지훈련의 기초 4단계를 순서대로 기술하시오.

➡**해답** ① 제1단계 : 현상파악 ② 제2단계 : 본질추구
③ 제3단계 : 대책수립 ④ 제4단계 : 목표설정

7. 산업안전보건표지의 종류를 쓰시오.

해답 ① 금지 표시 ② 경고 표지 ③ 지시 표시
④ 안내 표지 ⑤ 관계자 외 출입금지

10. 추락에 의한 재해를 방지하기 위해 착용해야 할 보호구를 쓰시오.

해답 안전모, 안전대

11. 사업장에서 재해발생시 고용노동부 지방사무소장에게 보고해야 할 중대재해 3가지를 쓰시오.

해답 ① 사망자가 1명 이상 발생한 재해
② 3월 이상의 요양을 요하는 부상자 및 질병자가 동시에 2명 이상 발생한 재해
③ 부상자가 또는 직업성 질병자가 동시에 10명 이상 발생한 재해

2002년 1회

1. 스태프(staff)형 안전조직의 장단점을 간략하게 기술하시오.

해답 1. 장점
① 사업장 특성에 맞는 전문적인 기술연구가 가능하다.
② 경영자에게 조언과 자문 역할을 할 수 있다.
③ 안전정보 수집이 빠르다.
2. 단점
① 안전지시나 명령이 작업자에게까지 신속 정확하게 전달되지 못한다.
② 생산부분은 안전에 대한 책임과 권한이 없다.
③ 권한 다툼이나 조정 때문에 시간과 노력이 소모된다.

4. 크레인 작업 시 관리감독자를 지정해야 하는데 관리감독자의 직무사항 3가지를 쓰시오.

해답 ① 작업방법과 근로자 배치를 결정하고 그 작업을 지휘하는 일
② 재료의 결함 유무 또는 기구 및 공구의 기능을 점검하고 불량품을 제거하는 일
③ 작업 중 안전대 또는 안전모의 착용 상황을 감시하는 일

2002년 2회

1. 근로자가 500명인 어느 작업장에서 2건의 재해로 인해 사망 1명, 110일 요양의 근로자 1명, 30일 요양의 근로자 1명이 발생하였다. 이 사업장의 연천인율과 강도율을 구하시오.(단, 1일 10시간 작업)

▶해답) 연천인율 = $\dfrac{\text{재해자 수}}{\text{연평균근로자 수}} \times 1,000 = \dfrac{2}{500} \times 1,000 = 4$

강도율 = $\dfrac{\text{근로손실일수}}{\text{연근로시간수}} \times 1,000 = \dfrac{7,500 + \left(140 \times \dfrac{300}{365}\right)}{500 \times 10 \times 300} \times 1,000 = 5.08$

9. 위험예지훈련의 4단계를 쓰시오.

▶해답) ① 제1단계 : 현상파악
② 제2단계 : 본질추구
③ 제3단계 : 대책수립
④ 제4단계 : 목표설정

13. 다음은 U자 걸이 전용 안전대이다. U자 걸이 안전대를 설명하시오.

▶해답) 안전대의 죔줄을 구조물 등에 U자 모양으로 돌린 뒤 훅 또는 카라비너를 D링에, 신축조절기를 각링 등에 연결하는 걸이 방법

14. O. J. T.를 간략히 기술하시오.

▶해답) O. J. T.(On the Job Training)
직속상사가 직장 내에서 작업표준을 가지고 업무상의 개별교육이나 지도훈련을 하는 것(개별교육에 적합)

2002년 4회

1. 다음의 특징을 갖는 안전관리조직은 무엇인가?

> • 안전지식과 기술축척이 용이하다.
> • 권한 다툼이나 조정 때문에 통제 수속이 복잡해지며, 시간과 노력이 소모된다.
> • 생산 부문은 안전에 대한 책임과 권한이 없다.

➡️해답 스태프(Staff)형 안전관리조직

2. 건설재해예방 전문지도기관의 기술지도는 특별한 사유가 없으면 월 1회 실시한다. 다만, 기술지도를 실시하지 않아도 되는 공사 3가지를 쓰시오.

➡️해답 1. 공사기간이 1개월 미만인 공사
2. 육지와 연결되지 아니한 섬지역(제주특별자치도는 제외한다)에서 이루어지는 공사
3. 안전관리자의 자격을 가진 사람을 선임하여 안전관리자의 직무만을 전담하도록 하는 공사. 이 경우 사업주는 안전관리자 선임 등 보고서(건설업)를 관할 지방고용노동관서의 장에게 제출하여야 한다.
4. 유해·위험방지계획서를 제출하여야 하는 공사

4. ABE 안전모의 용도 3가지만 쓰시오.

➡️해답 ① 낙하 또는 비래위험 방지
② 추락위험 방지
③ 감전위험 방지

6. 안전표지의 종류 5가지를 쓰시오.

➡️해답 ① 금지표시
② 경고표지
③ 지시표지
④ 안내표지
⑤ 관계자 외 출입금지

7. 건설현장에서 실시하는 무재해 운동의 3원칙을 쓰시오.

➡️해답 ① 무의 원칙
② 참여의 원칙
③ 안전제일의 원칙(선취의 원칙)

2003년 1회

1. 평균 근로자 수가 400명인 어느 사업장에서 신체장해로 인한 근로손실일수가 12,300일, 의사진단에 의한 휴업일수가 500일이었다. 강도율을 계산하시오.(단, 1인당 연간 근로시간은 2,400시간임)

➡️해답 강도율 $= \dfrac{\text{근로손실일수}}{\text{연근로시간수}} \times 1{,}000 = \dfrac{12{,}300 + \left(500 \times \dfrac{300}{365}\right)}{400 \times 2{,}400} \times 1{,}000 = 13.24$

3. 사업장에서 실시하는 안전보건교육의 종류와 교육시간을 쓰시오.

➡️해답

교육과정	교육대상		교육시간
가. 정기교육	1) 사무직 종사 근로자		매반기 6시간 이상
	2) 그 밖의 근로자	가) 판매 업무에 직접 종사하는 근로자	매반기 6시간 이상
		나) 판매업무에 직접 종사하는 근로자 외의 근로자	매반기 12시간 이상
나. 채용 시 교육	1) 일용근로자 및 근로계약기간이 1주일 이하인 기간제근로자		1시간 이상
	2) 근로계약기간이 1주일 초과 1개월 이하인 기간제 근로자		4시간 이상
	3) 그 밖의 근로자		8시간 이상
다. 작업내용 변경 시 교육	1) 일용근로자 및 근로계약기간이 1주일 이하인 기간제근로자		1시간 이상
	2) 그 밖의 근로자		2시간 이상

교육과정	교육대상	교육시간
라. 특별교육	1) 일용근로자 및 근로계약기간이 1주일 이하인 기간제근로자: 별표 5 제1호라목(제39호는 제외한다)에 해당하는 작업에 종사하는 근로자에 한정한다.	2시간 이상
	2) 일용근로자 및 근로계약기간이 1주일 이하인 기간제근로자 : 별표 5 제1호라목제39호에 해당하는 작업에 종사하는 근로자에 한정한다.	8시간 이상
	3) 일용근로자 및 근로계약기간이 1주일 이하인 기간제근로자를 제외한 근로자 : 별표 5 제1호라목에 해당하는 작업에 종사하는 근로자에 한정한다.	가) 16시간 이상(최초 작업에 종사하기 전 4시간 이상 실시하고 12시간은 3개월 이내에서 분할하여 실시 가능) 나) 단기간 작업 또는 간헐적 작업인 경우에는 2시간 이상
마. 건설업 기초 안전·보건교육	건설 일용근로자	4시간 이상

8. 안전교육의 형태 중 Off the J.T.를 설명하시오.

　　◆해답) 계층별·직능별로 공통된 교육대상자를 현장 이외의 한 장소에 모아 집합교육을 실시하는 교육형태
　　　　（집단교육에 적합）
　　　　① 다수의 근로자에게 조직적 훈련을 행하는 것이 가능
　　　　② 훈련에만 전념
　　　　③ 각각 전문가를 강사로 초청하는 것이 가능

2003년 2회

4. Off the J.T.의 장점 4가지를 쓰시오.

　　◆해답) 계층별·직능별로 공통된 교육대상자를 현장 이외의 한 장소에 모아 집합교육을 실시하는 교육형태
　　　　（집단교육에 적합）
　　　　① 다수의 근로자에게 조직적 훈련을 행하는 것이 가능
　　　　② 훈련에만 전념
　　　　③ 각각 전문가를 강사로 초청하는 것이 가능
　　　　④ 다른 부서에 종사하는 사람과 지식과 경험을 서로 교환 가능

6. 거푸집 동바리 고정·해체 작업 시 관리감독자 직무사항 3가지를 쓰시오.

➡**해답** ① 안전한 작업방법을 결정하고 당해 작업을 지휘하는 일
② 재료·기구의 결함 유무를 점검하고 불량품을 제거하는 일
③ 작업 중 안전대 및 안전모 등 보호구 착용상황을 감시하는 일

10. 산업안전보건표지의 종류 5가지를 쓰시오.

➡**해답** ① 금지표시　　　　② 경고표지　　　　③ 지시표시
④ 안내표지　　　　⑤ 관계자 외 출입금지

2003년 4회

2. 상시 근로자 50인 이상 100명 미만 사업장 중 산업안전보건위원회 설치 대상을 쓰시오.

➡**해답** ① 토사석 광업
② 목재 및 나무제품 제조업(가구는 제외한다)
③ 화학물질 및 화학제품 제조업(의약품, 세제·화장품 및 광택제 제조업, 화학섬유 제조업은 제외한다)
④ 비금속 광물제품 제조업
⑤ 1차 금속 제조업
⑥ 금속가공제품 제조업(기계 및 가구는 제외한다)
⑦ 자동차 및 트레일러 제조업
⑧ 기타 기계 및 장비 제조업(사무용기기 및 장비 제조업은 제외한다), 가정용기기 제조업, 그 외 기타 전기장비 제조업
⑨ 기타 운송장비 제조업(전투용 차량 제조업은 제외한다)

3. 사업장의 화물 운반 작업 시 관리감독자의 직무를 쓰시오.

해답 ① 작업방법 및 순서를 결정하고 작업을 지휘하는 일
② 기구 및 공구를 점검하고 불량품을 제거하는 일
③ 그 작업장소에는 관계 근로자가 아닌 사람의 출입을 금지하는 일
④ 로프 등의 해체작업을 할 때에는 하대(荷臺) 위의 화물의 낙하위험 유무를 확인하고 작업의 착수를 지시하는 일

5. 사업장 내에서 실시해야 할 안전보건교육의 종류를 쓰시오.

해답 ① 근로자 정기안전·보건교육
② 관리감독자 정기안전·보건교육
③ 채용 시의 교육 및 작업내용 변경 시의 교육
④ 특별교육

8. 사업장에서 실시하는 무재해 운동의 3원칙를 쓰시오.

해답 ① 무의 원칙
② 참여의 원칙
③ 안전제일의 원칙(선취의 원칙)

9. T.B.M에 대해서 설명하시오.

해답 T.B.M(Tool Box Meeting) : 작업 개시 전 5~15분, 작업 종료 후 3~5분에 걸쳐 같은 작업원 5~6명이 리더를 중심으로 둘러서서 위험을 예측하고 대책을 수립하는 등 단시간 내에 의논하는 문제해결 기법

12. 다음 보기의 작업조건에 적합한 보호구를 쓰시오.

> ① 물체가 떨어지거나 날아올 위험 또는 근로자가 감전되거나 추락할 위험이 있는 작업
> ② 높이 또는 깊이 2m 이상의 추락할 위험이 있는 장소에서의 작업
> ③ 물체의 낙하·충격, 물체에 끼임, 감전 또는 정전기의 대전에 의한 위험이 있는 작업
> ④ 물체가 날아 흩어질 위험이 있는 작업
> ⑤ 용접 시 불꽃 또는 물체가 날아 흩어질 위험이 있는 작업
> ⑥ 감전의 위험이 있는 작업
> ⑦ 고열에 의한 화상 등의 위험이 있는 작업

해답 ① 안전모 ② 안전대
　　　③ 안전화 ④ 보안경
　　　⑤ 보안면 ⑥ 절연용 보호구
　　　⑦ 방열복

2004년 1회

1. 건설업에서 건설재해예방기술지도 제외 대상 사업장에 대하여 쓰시오.

해답 ① 공사기간이 1개월 미만인 공사
　　　② 육지와 연결되지 아니한 섬지역(제주특별자치도는 제외한다)에서 이루어지는 공사
　　　③ 안전관리자의 자격을 가진 사람을 선임하여 안전관리자의 직무만을 전담하도록 하는 공사. 이
　　　　경우 사업주는 안전관리자 선임 등 보고서(건설업)를 관할 지방고용노동관서의 장에게 제출하여
　　　　야 한다.
　　　④ 유해·위험방지계획서를 제출하여야 하는 공사

3. 거푸집 동바리의 고정, 조립 및 해체작업 시 관리감독자의 직무에 대하여 쓰시오.

해답 ① 안전한 작업방법을 결정하고 당해 작업을 지휘하는 일
　　　② 재료·기구의 결함 유무를 점검하고 불량품을 제거하는 일
　　　③ 작업 중 안전대 및 안전모 등 보호구 착용상황을 감시하는 일

6. 사업장 내에서 실시하는 안전보건교육의 종류를 쓰시오.

➡️**해답** ① 근로자 정기안전·보건교육
② 관리감독자 정기안전·보건교육
③ 채용 시의 교육 및 작업내용 변경 시의 교육
④ 특별교육

2004년 2회

3. 고용노동부장관에게 보고해야 하는 중대재해 3가지를 쓰시오.

➡️**해답** ① 사망자가 1명 이상 발생한 재해
② 3개월 이상의 요양이 필요한 부상자가 동시에 2명 이상 발생한 재해
③ 부상자 또는 직업성 질병자가 동시에 10명 이상 발생한 재해

4. 거푸집 동바리의 조립, 해체 또는 변경작업 시 특별교육 내용 4가지를 쓰시오.

➡️**해답** 거푸집 동바리의 조립 또는 해체작업의 특별교육 내용
• 동바리의 조립방법 및 작업 절차에 관한 사항
• 조립재료의 취급방법 및 설치기준에 관한 사항
• 조립 해체 시의 사고 예방에 관한 사항
• 보호구 착용 및 점검에 관한 사항

10. 하인리히의 재해 도미노 이론을 쓰시오.

　　➡해답　하인리히의 도미노 이론
　　　　　① 사회적 환경 및 유전적 요소 : 기초원인
　　　　　② 개인의 결함 : 간접원인
　　　　　③ 불안전한 행동 및 불안전한 상태 : 직접원인 ⇒ 제거(효과적임)
　　　　　④ 사고
　　　　　⑤ 재해

11. 중대재해 발생 시 관할 지방 노동관서장에게 전화 모사전송 등으로 보고해야 할 (1) 보고기간과 (2) 보고사항 3가지를 쓰시오.

　　➡해답　(1) 보고기간 : 발생한 사실을 알게 된 경우 지체 없이
　　　　　(2) 보고사항
　　　　　　　① 발생개요 및 피해상황
　　　　　　　② 조치 및 전망
　　　　　　　③ 그 밖의 중요한 사항
　　　　　※ 현재법에서는 사망사고만인율로 변경됨

2004년 4회

2. 다음 보기는 건설업 안전관리자 수 및 선임방법이다. (　　) 안에 알맞은 숫자를 쓰시오.

> (1) 건설업에서 공사금액 120억 원 이상 800억 원 미만 또는 상시근로자 300인 이상 600인 미만 시 안전관리자 수 : (　　)
> (2) 건설업에서 공사금액 800억 원 이상 또는 상시근로자 600인 이상 시 안전관리자 수 : (　　)
> (3) 건설업에서 공사금액 800억 원을 기준으로 매 700억 원 또는 상시근로자 600인을 기준으로 매 (　　)인이 추가될 때 안전관리자 (　　)인씩 추가하는가?

　　➡해답　(1) 1명
　　　　　(2) 2명
　　　　　(3) 300, 1

3. 사업장의 안전보건관리조직 유형 3가지를 쓰시오.

> ➡해답 ① 라인형
> ② 스태프형
> ③ 라인·스태프형

8. 건설현장에서 추락에 의한 위험으로 부터 근로자를 보호할 수 있는 안전대의 종류를 쓰시오.

> ➡해답

종류	사용구분
벨트식 안전그네식	1개 걸이용
	U자 걸이용
	추락방지대
	안전블록

비고 : 추락방지대 및 안전블록은 안전그네식에만 적용함

11. 환산재해율 산정 시 사업자 무과실(무재해) 간주사항 3가지를 쓰시오.

> ➡해답 ① 방화, 근로자 간 또는 타인 간의 폭행에 의한 경우
> ② 「도로교통법」에 따라 도로에서 발생한 교통사고에 의한 경우(해당 공사의 공사용 차량·장비에 의한 사고는 제외한다)
> ③ 태풍·홍수·지진·눈사태 등 천재지변에 의한 불가항력적인 재해의 경우
> ④ 작업과 관련이 없는 제3자의 과실에 의한 경우(해당 목적물 완성을 위한 작업자 간의 과실은 제외한다)
> ⑤ 그 밖에 야유회, 체육행사, 취침·휴식 중의 사고 등 건설작업과 직접 관련이 없는 경우

2005년 1회

1. 안전대 훅·버클의 폐기기준 3가지를 쓰시오.

> ➡해답 ① 훅 외측에 1mm 이상의 손상이 있는 것
> ② 이탈방지장치의 작동이 나쁜 것
> ③ 전체적으로 녹이 슨 것

6. 높이 5미터 이상의 달비계를 이용하는 작업 시 관리감독자의 직무를 쓰시오.

➡해답 ① 재료의 결함 유무를 점검하고 불량품을 제거하는 일
② 기구·공구·안전대 및 안전모 등의 기능을 점검하고 불량품을 제거하는 일
③ 작업방법 및 근로자 배치를 결정하고 작업 진행 상태를 감시하는 일
④ 안전대와 안전모 등의 착용 상황을 감시하는 일

8. 안전보건관리조직 유형 중 라인·스태프 혼합형을 간략하게 설명하시오.

➡해답 대규모사업장에 적합한 조직으로서 라인형과 스태프형의 장점만을 채택한 형태이며 안전업무를 전담하는 스태프를 두고 생산라인의 각 계층에서도 각 부서장으로 하여금 안전업무를 수행하도록 하여 스태프에서 안전에 관한 사항이 결정되면 라인을 통하여 실천하도록 편성된 조직
1) 장점
① 안전에 대한 기술 및 경험축적이 용이
② 사업장에 맞는 독자적인 안전개선책 강구
③ 안전지시나 안전대책이 신속정확하게 하달
2) 단점
① 명령계통과 조언 권고적 참여가 혼동되기 쉽다.
② 스태프의 월권 행위가 있을 수 있다.

2005년 2회

1. 굴착면의 높이가 2m 이상 되는 암석의 굴착작업 시 특별교육내용 3가지를 쓰시오.

➡해답 ① 폭발물 취급요령과 대피요령에 관한 사항
② 안전거리 및 안전기준에 관한 사항
③ 방호물의 설치 및 기준에 관한 사항
④ 보호구 작업신호 등에 관한 사항

2. 다음 표의 (   ) 안에 알맞은 글이나 숫자를 쓰시오.

교육과정	교육대상		교육시간
가. 정기교육	1) 사무직 종사 근로자		매반기 6시간 이상
	2) 그 밖의 근로자	가) 판매 업무에 직접 종사하는 근로자	매반기 6시간 이상
		나) 판매업무에 직접 종사하는 근로자 외의 근로자	매반기 12시간 이상
나. 채용 시 교육	1) 일용근로자 및 근로계약기간이 1주일 이하인 기간제근로자		1시간 이상
	2) 근로계약기간이 1주일 초과 1개월 이하인 기간제 근로자		4시간 이상
	3) 그 밖의 근로자		8시간 이상
다. 작업내용 변경 시 교육	1) 일용근로자 및 근로계약기간이 1주일 이하인 기간제근로자		(①)
	2) 그 밖의 근로자		(②)

➡**해답** ① : 1시간 이상
  ② : 2시간 이상

3. 중대재해의 정의를 서술하시오.

➡**해답** ① 사망자가 1명 이상 발생한 재해
  ② 3개월 이상의 요양을 요하는 부상자가 동시에 2명 이상 발생한 재해
  ③ 부상자 또는 직업성 질병자가 동시에 10명 이상 발생한 재해

10. 건설현장에서 사용하는 안전보건표지 중 금지표지의 종류를 쓰시오.

➡**해답** ① 출입표시   ② 보행표지   ③ 차량통행금지
  ④ 사용금지   ⑤ 탑승금지   ⑥ 금연
  ⑦ 화기금지   ⑧ 물체이동금지

2005년 4회

2. T.B.M에 대하여 설명하시오.

▶**해답** T.B.M(Tool Box Meeting) : 작업 개시 전 5~15분, 작업 종료 후 3~5분에 걸쳐 같은 작업원 5~6명이 리더를 중심으로 둘러서서 위험을 예측하고 대책을 수립하는 등 단시간 내에 의논하는 문제해결 기법

4. 건설현장에 설치하여야 할 안전보건 표지의 종류를 쓰시오.

▶**해답** ① 금지표시   ② 경고표지
　　　③ 지시표시   ④ 안내표지
　　　⑤ 관계자 외 출입금지

7. 건설현장에서 실시하는 무재해 운동의 3원칙을 쓰시오.

▶**해답** ① 무의 원칙
　　　② 참여의 원칙
　　　③ 안전제일의 원칙(선취의 원칙)

11. 중대재해 분류기준(종류) 3가지를 쓰시오.

▶**해답** ① 사망자가 1명 이상 발생한 재해
　　　② 3개월 이상의 요양을 요하는 부상자가 동시에 2명 이상 발생한 재해
　　　③ 부상자가 또는 직업성 질병자가 동시에 10명 이상 발생한 재해

6. 산업안전보건법상 사업장 내 안전보건교육의 종류 4가지를 쓰시오.

> **[해답]** ① 근로자 정기안전·보건교육
> ② 관리감독자 정기안전·보건교육
> ③ 채용 시의 교육 및 작업내용 변경 시의 교육
> ④ 특별교육

9. 500인의 근로자가 일하는 건설현장에서 1년 동안 15건의 산업재해가 발생했다. 이 사업장의 도수율을 구하시오.(연간 노동일수 300일, 1일 8시간)

> **[해답]** 도수율 $= \dfrac{재해발생건수}{연근로시간수} \times 1,000,000$
> $$= \dfrac{15}{500 \times 300 \times 8} \times 1,000,000$$
> $$= 12.5$$

11. 추락방지용 추락방호망의 사용제한 조건을 3가지 쓰시오.

> **[해답]** ① 방망사가 규정한 강도 이하인 방망
> ② 인체 또는 이와 동등 이상의 무게를 갖는 낙하물에 대하여 충격을 받은 방망
> ③ 파손한 부분을 보수하지 않은 방망
> ④ 강도가 명확하지 않는 방망

1. 사업장의 안전보건 관리조직의 유형을 쓰시오.

> **[해답]** ① 라인형
> ② 스태프형
> ③ 라인·스태프형

2. 다음 ( ) 안을 채우시오.

> 건설 공사에서 건설금액이 (①) 이상이면 안전관리자 2인 이상을 선임하여야 하고, 공사 금액 (②) 추가 시 안전 관리자 1인을 추가하여야 한다.

→해답) ① 800억 원 ② 700억 원

8. 크레인을 사용하는 작업 시 관리감독자가 하여야 하는 사항을 3가지 쓰시오.

→해답) ① 작업방법과 근로자의 배치를 결정하고 당해 작업을 지휘하는 일
② 재료의 결함 유무 또는 기구 및 공구의 기능을 점검하고 불량품을 제거하는 일
③ 작업 중 안전대와 안전모의 착용상황을 감시하는 일

12. 안전대의 종류를 각각 구분하여 쓰시오.

→해답)

종류	사용구분
벨트식 안전그네식	1개 걸이용
	U자 걸이용
	추락방지대
	안전블록

비고 : 추락방지대 및 안전블록은 안전그네식에만 적용함

2006년 4회

2. 다음 표는 사업장 내 안전보건교육을 나타낸 것이다. 표의 빈칸을 채우시오.

교육과정	교육대상	사업 내 안전보건교육 시간
정기교육	사무직 종사 근로자	(①)
채용 시의 교육	일용 근로자	(②)
특별 교육	특별교육 대상작업에 종사하는 일용 근로자	(③)

→해답) ① 매반기 6시간 이상
② 1시간 이상
③ 2시간 이상

4. 연평균 1,500여 명의 근로자가 있는 어느 작업장에서 안전보건관리조직을 구성하려고 한다. 라인스태프형의 안전조직을 간략히 설명하시오.

해답 대규모사업장에 적합한 조직으로서 라인형과 스태프형의 장점만을 채택한 형태이다. 안전업무를 전담하는 스태프를 두고 생산라인의 각 계층에서도 각 부서장으로 하여금 안전업무를 수행하도록 하여 스태프에서 안전에 관한 사항이 결정되면 라인을 통하여 실천하도록 편성된 조직이다.
   1) 장점
      ① 안전에 대한 기술 및 경험축적이 용이
      ② 사업장에 맞는 독자적인 안전개선책 강구
      ③ 안전지시나 안전대책이 신속 정확하게 하달
   2) 단점
      ① 명령계통과 조언 권고적 참여가 혼동되기 쉽다.
      ② 스태프의 월권 행위가 있을 수 있다.

5. 사업장에서 중대재해 발생 시 지방고용노동관서의 장에게 보고해야 할 사항과 보고의 시기를 쓰시오.

해답 1. 보고해야 할 사항
      ① 발생 개요 및 피해 상황
      ② 조치 및 전망
      ③ 그 밖에 중요한 사항
   2. 보고시기 : 발생한 사실을 알게 된 경우 지체 없이

2007년 1회

2. 사업장의 안전보건개선 계획서 작성 시 반드시 포함되어야 할 사항을 쓰시오.

해답 ① 시설
      ② 안전보건교육
      ③ 안전보건관리체계
      ④ 산업재해예방 및 작업환경개선을 위해 필요한 사항

3. 근로자가 500명인 어느 작업장에서 재해가 2건이 발생하여 사망 1명, 110일 요양의 근로자 1명, 30일 요양의 근로자 1명이 발생하였다. 이 사업장의 연천인율과 강도율을 구하시오. (단, 1일 10시간 작업)

▶해답 연천인율 $= \dfrac{\text{재해자수}}{\text{연평균 근로자수}} \times 1{,}000 = \dfrac{2}{500} \times 1{,}000 = 4$

강도율 $= \dfrac{\text{근로손실일수}}{\text{연근로시간수}} \times 1{,}000 = \dfrac{7{,}500 + \left(140 \times \dfrac{300}{365}\right)}{500 \times 10 \times 300} \times 1{,}000 = 5.08$

5. 거푸집 동바리의 조립·해체 작업 시 실시해야 할 특별교육의 내용을 쓰시오.

▶해답 거푸집 동바리의 조립 또는 해체작업의 특별교육 내용
- 동바리의 조립방법 및 작업 절차에 관한 사항
- 조립재료의 취급방법 및 설치기준에 관한 사항
- 조립 해체 시의 사고 예방에 관한 사항
- 보호구 착용 및 점검에 관한 사항

11. 안전인증대상 보호구의 종류를 쓰시오.

▶해답 ① 추락 및 감전 위험방지용 안전모　② 안전화
③ 안전장갑　④ 방진마스크
⑤ 방독마스크　⑥ 송기마스크
⑦ 전동식 호흡보호구　⑧ 보호복
⑨ 안전대

12. 터널 안에서 굴착작업 시 터널 거푸집 지보공의 조립, 콘크리트 작업을 하는 때에 실시해야 할 특별교육의 내용을 쓰시오.

▶해답 ① 작업환경의 점검요령과 방법에 관한 사항
② 붕괴 방지용 구조물 설치 및 안전 작업방법에 관한 사항
③ 재료의 운반 및 취급 설치의 안전 기준에 관한 사항
④ 보호구의 종류 및 사용에 관한 사항
⑤ 소화설비의 설치장소 및 사용방법에 관한 사항

13. 작업장에서 실시하는 5~6인의 소집단으로 편성하여 작업장 내의 안전한 장소에서 실시하는 단시간 미팅 훈련을 무엇이라 하는지 쓰시오.

▶**해답** TMB(Tool Box Meeting)

2007년 2회

4. 크레인 작업 시 유해·위험 방지를 위한 관리감독자의 직무 사항 3가지를 쓰시오.

▶**해답** ① 작업방법과 근로자의 배치를 결정하고 그 작업을 지휘하는 일
② 재료의 결함 유무 또는 기구 및 공구의 기능을 점검하고 불량품을 제거하는 일
③ 작업 중 안전대 또는 안전모의 착용상황을 감시하는 일

9. 다음은 근로자별 안전교육시간을 나타낸 표이다. 해당 빈칸을 채우시오.

교육과정	교육대상	교육시간
정기교육	사무직 종사 근로자	매반기 (①)시간 이상
	판매업무에 직접 종사하는 근로자 외의 근로자	매반기 (②)시간 이상
채용 시 교육	일용근로자	(③)시간 이상

▶**해답** ① 6, ② 12, ③ 1

10. 안전보건관리총괄책임자의 선임대상 사업의 종류를 쓰시오.

▶**해답** ① 1차 금속 제조업　　　　　　② 선박 및 보트 건조업
③ 토사석 광업　　　　　　　　④ 제조업(① 및 ② 업종은 제외한다)
⑤ 서적, 잡지 및 기타 인쇄물 출판업　⑥ 음악 및 기타 오디오물 출판업
⑦ 금속 및 비금속 원료 재생업

12. 중대재해의 정의를 쓰시오.

➡️**해답** ① 사망자가 1명 이상 발생한 재해
② 3개월 이상의 요양을 요하는 부상자가 동시에 2명 이상 발생한 재해
③ 부상자 또는 직업성 질병자가 동시에 10명 이상 발생한 재해

14. Fail-safe와 Fool Proof의 정의를 쓰시오.

➡️**해답** ① Fail-safe : 기계의 과오나 오작동이 있어도 사고 및 재해가 발생하지 않도록 2중, 3중으로 안전장치를 한 시스템
② Fool Proof : 근로자가 기계 등의 취급을 잘못해도 사고로 연결되는 일이 없도록 하는 안전기구 즉, 인간과오(Human Error)를 방지하기 위한 것

2007년 4회

1. 비계, 거푸집 동바리 조립작업과 관련한 사업장 내 안전, 보건교육의 종류와 교육시간을 쓰시오.(일용근로자 대상)

➡️**해답** ① 채용 시의 교육 : 1시간 이상
② 작업내용 변경시의 교육 : 1시간 이상
③ 특별교육 : 2시간 이상
④ 건설업 기초 안전보건교육 : 4시간

5. 산업안전보건법상 "안전보건표지" 중 "금지표지"의 종류 5가지를 적으시오.

➡️**해답** ① 출입표시　② 보행표지　③ 차량통행금지　④ 사용금지
⑤ 탑승금지　⑥ 금연　⑦ 화기금지　⑧ 물체이동금지

10. 다음 (   ) 안에 알맞은 말을 쓰시오.

> 건설업체의 산업재해발생률은 환산재해율로 산출하며, 환산재해자수를 산출할 때에 재해자 중 사망자에 대해 부여할 수 있는 가중치는 부상재해자의 (   )배로 한다.

➡️해답 5

　　※ 현재법에서는 사망사고만인율로 변경됨

11. 안전인증대상 기계·기구 등을 제조·수입·양도·대여하는 자에게 고용노동부령으로 정하는 바에 따라 그 안전인증대상 기계·기구 등을 수거하거나 파기할 것을 명할 수 있는 경우 2가지를 쓰시오.

➡️해답 1. 안전인증을 받지 아니한 경우(안전인증이 전부 면제되는 경우는 제외한다)
　　　2. 고용노동부장관이 정하여 고시하는 안전인증기준에 맞지 아니하게 된 경우
　　　3. 안전인증이 취소되거나 안전인증표시의 사용 금지 명령을 받은 경우

2008년 1회

1. 정기교육 시 관리감독자 교육내용을 2가지 쓰시오.

➡️해답 • 산업안전 및 사고 예방에 관한 사항
　　　• 산업보건 및 직업병 예방에 관한 사항
　　　• 위험성평가에 관한 사항
　　　• 유해·위험 작업환경 관리에 관한 사항
　　　• 산업안전보건법령 및 산업재해보상보험 제도에 관한 사항
　　　• 직무스트레스 예방 및 관리에 관한 사항
　　　• 직장 내 괴롭힘, 고객의 폭언 등으로 인한 건강장해 예방 및 관리에 관한 사항
　　　• 작업공정의 유해·위험과 재해 예방대책에 관한 사항
　　　• 사업장 내 안전보건관리체제 및 안전·보건조치 현황에 관한 사항
　　　• 표준안전 작업방법 결정 및 지도·감독 요령에 관한 사항
　　　• 현장근로자와의 의사소통능력 및 강의능력 등 안전보건교육 능력 배양에 관한 사항
　　　• 비상시 또는 재해 발생 시 긴급조치에 관한 사항

3. 다음의 재해발생형태를 설명하시오.

| (1) 추락 | (2) 낙하비래 | (3) 협착 | (4) 전도 |

해답 (1) 추락 : 사람이 인력(중력)에 의하여 건축물, 구조물, 가설물, 수목, 사다리 등의 높은 장소에서 떨어지는 것
(2) 낙하비래 : 구조물, 기계 등에 고정되어 있던 물체가 중력, 원심력, 관성력 등에 의하여 고정부에서 이탈하거나 또는 설비 등으로부터 물질이 분출되어 사람을 가해하는 경우
(3) 협착 : 두 물체 사이의 움직임에 의하여 일어난 것으로 직선 운동하는 물체 사이의 협착, 회전부와 고정체 사이의 끼임, 롤러 등 회전체 사이에 물리거나 또는 회전체·돌기부 등에 감긴 경우
(4) 전도 : 사람이 거의 평면 또는 경사면, 충계 등에서 구르거나 넘어짐 또는 미끄러진 경우와 물체가 전도·전복된 경우

5. 알더퍼의 이론에서 ERG란 무엇인지 쓰시오.

해답 1) E(Existence) : 존재의 욕구
2) R(Relation) : 관계욕구
3) G(Growth) : 성장욕구

11. 금지표지의 종류를 6가지 쓰시오.

해답 ① 출입표시   ② 보행표지   ③ 차량통행금지
④ 사용금지   ⑤ 탑승금지   ⑥ 금연
⑦ 화기금지   ⑧ 물체이동금지

12. 안전대의 종류를 쓰시오.

해답

종류	사용구분
벨트식 안전그네식	1개 걸이용
	U자 걸이용
	추락방지대
	안전블록

비고 : 추락방지대 및 안전블록은 안전그네식에만 적용함

2008년 2회

1. 위험예지훈련의 4단계를 쓰시오.

➡️**해답** ① 제1단계 : 현상파악
② 제2단계 : 본질추구
③ 제3단계 : 대책수립
④ 제4단계 : 목표설정

2. 다음 보기는 위험물에 대한 안전관리대책을 나타낸 것이다. 안전관리 순서를 적극적인 대책에서부터 번호대로 나열하시오.

(1) 위험물 격리	(2) 위험물 방호
(3) 위험물 제거	(4) 보호구 착용

➡️**해답** (3) – (1) – (2) – (4)

4. 레빈(Lewin)의 법칙을 나타내는 식과 기호의 의미를 쓰시오.

➡️**해답** 식 : $B = f(P \cdot E)$
여기서, B : Behavior(인간의 행동)
f : function(함수관계)
P : Person(개체 : 연령, 경험, 심신상태, 성격, 지능 등)
E : Environment(심리적 환경 : 인간관계, 작업환경 등)

7. 안전관리자를 정수 이상으로 증원하거나 교체할 것을 명할 수 있는 경우를 3가지 쓰시오.

➡️**해답** 1. 해당 사업장의 연간재해율이 같은 업종의 평균재해율의 2배 이상인 경우
2. 중대재해가 연간 2건 이상 발생한 경우
3. 관리자가 질병 기타의 사유로 3개월 이상 직무를 수행할 수 없게 된 경우
4. 화학적 인자로 인한 직업성 질병자가 연간 3명 이상 발생한 경우

11. 다음의 작업조건에 적합한 보호구를 쓰시오.

> (1) 물체가 떨어지거나 날아올 위험 또는 근로자가 감전되거나 추락할 위험이 있는 작업
> (2) 높이 또는 깊이 2m 이상의 추락할 위험이 있는 장소에서의 작업
> (3) 용접 시 불꽃 또는 물체가 날아 흩어질 위험이 있는 작업
> (4) 고열에 의한 화상 등의 위험이 있는 작업
> (5) 감전의 위험이 있는 작업

→해답 (1) 안전모   (2) 안전대
       (3) 보안면   (4) 방열복
       (5) 절연용 보호구

12. 다음은 재해발생의 형태를 설명한 것이다. 각 설명에 알맞는 재해형태를 쓰시오.

> (1) 사람이 건축물, 비계, 사다리, 계단, 경사면 등에서 떨어지는 것
> (2) 사람이 평면상으로 넘어졌을 때를 말함
> (3) 전기접촉이나 방전에 의해 사람이 충격을 받는 경우
> (4) 물건이 주체가 되어 사람이 맞은 경우

→해답 (1) 추락   (2) 전도
       (3) 감전   (4) 낙하·비래

2008년 4회

2. 도급사업에 있어서 산업재해예방을 위하여 경보를 통일해야 할 경우를 3가지 쓰시오.

→해답 (1) 발파작업을 하는 경우
       (2) 화재가 발생하는 경우
       (3) 토석 붕괴 사고가 발생하는 경우

3. 연평균근로자수가 250명인 사업장에 연간재해발생건수가 9건, 근로손실일수가 40일, 휴업일수가 100일 때 강도율과 빈도율(도수율)을 구하시오.(단 사업장의 연근무일수는 310일, 1일 근로시간은 9시간이다.)

해답 강도율 $= \dfrac{근로손실일수}{연근로시간수} \times 1,000 = \dfrac{40 + 100 \times \dfrac{300}{365}}{250 \times 310 \times 9} \times 1,000 = 0.18$

도수율(빈도율) $= \dfrac{재해발생건수}{연근로시간수} \times 1,000,000 = \dfrac{9}{250 \times 310 \times 9} \times 1,000,000 = 12.9$

7. 산업안전보건관리비의 적용범위는 산업재해보상보험법의 적용을 받는 공사 중 총 공사금액이 얼마 이상인 공사에 적용되는가?

해답 2천만 원

8. 안전관리자 또는 보건관리자를 정수 이상으로 증원하거나 교체할 것을 명할 수 있는 경우를 3가지 쓰시오.

해답 ① 당해 사업장의 연간재해율이 동종 업종 평균재해율의 2배 이상인 때
② 중대재해가 연간 3건 이상 발생한 때
③ 관리자가 질병 기타의 사유로 3월 이상 직무를 수행할 수 없게 된 때

2009년 1회

5. 바이오리듬의 3요소를 쓰시오.

해답 ① 육체적 리듬
② 감성적 리듬
③ 지성적 리듬

6. 연평균 근로자 수가 500명인 현장에서 3건의 추락 재해가 발생하여 1명이 사망하고, 110일과 30일의 휴업을 요하는 근로자 2명이 발생하였다. 이 사업장의 연천인율과 강도율을 구하시오.(단, 근로시간은 1일 10시간, 연간 300일 근무한다.)

해답 연천인율 $= \dfrac{\text{재해자수}}{\text{연평균근로자수}} \times 10^3 = \dfrac{3}{500} \times 10^3 = 6.00$

$\text{강도율} = \dfrac{\text{근로손실일수}}{\text{연근로시간수}} \times 10^3 = \dfrac{7,500 + \left(140 \times \dfrac{300}{365}\right)}{500 \times 10 \times 300} \times 10^3 = 5.08$

7. 다음 빈칸에 해당하는 근로자 교육시간을 쓰시오.

교육과정	교육대상	교육시간
정기교육	사무직 종사 근로자	(①)
채용 시 교육	일용근로자	(②)
작업내용 변경 시 교육	일용근로자	(③)

해답 ① 매반기 6시간 이상, ② 1시간 이상, ③ 1시간 이상

9. 발파작업 시 관리감독자의 임무 4가지를 쓰시오.

해답 ① 점화 전에 점화작업에 종사하는 근로자가 아닌 사람에게 대피를 지시하는 일
② 점화순서 및 방법에 대하여 지시하는 일
③ 점화하는 사람을 정하는 일
④ 안전모 등 보호구 착용 상황을 감시하는 일

10. 안전색채 4가지를 쓰고 그것이 무엇을 가리키는지 쓰시오.

해답 ① 빨간색 : 금지(정지신호, 소화설비 및 그 장소, 유해행위의 금지)
② 노란색 : 경고(화학물질 취급장소에서의 유해·위험경고 이외의 위험경고, 주의표지 또는 기계방호물)
③ 파란색 : 지시(특정 행위의 지시 및 사실의 고지)
④ 녹색 : 안내(비상구 및 피난소, 사람 또는 차량의 통행표지)

12. 안전관리자의 직무사항을 쓰시오.

→**해답** ① 산업안전보건위원회 또는 법 제75조제1항에 따른 안전 및 보건에 관한 노사협의체에서 심의·의결한 업무와 해당 사업장의 안전보건관리규정 및 취업규칙에서 정한 업무
② 위험성평가에 관한 보좌 및 지도·조언
③ 안전인증대상기계등과 자율안전확인대상기계등 구입 시 적격품의 선정에 관한 보좌 및 지도·조언
④ 해당 사업장 안전교육계획의 수립 및 안전교육 실시에 관한 보좌 및 지도·조언
⑤ 사업장 순회점검, 지도 및 조치 건의
⑥ 산업재해 발생의 원인 조사·분석 및 재발 방지를 위한 기술적 보좌 및 지도·조언
⑦ 산업재해에 관한 통계의 유지·관리·분석을 위한 보좌 및 지도·조언
⑧ 법 또는 법에 따른 명령으로 정한 안전에 관한 사항의 이행에 관한 보좌 및 지도·조언
⑨ 업무 수행 내용의 기록·유지
⑩ 그 밖에 안전에 관한 사항으로서 고용노동부장관이 정하는 사항

2009년 2회

3. 근로자가 500명인 어느 작업장에서 2건의 재해로 인해 사망자 1명, 110일 요양의 근로자 1명, 30일 요양의 근로자 1명이 발생하였다. 이 사업장의 연천인율과 강도율을 구하시오. (단, 1일 10시간 작업)

→**해답** 연천인율 $= \dfrac{\text{재해자수}}{\text{연평균근로자수}} \times 1,000 = \dfrac{2}{500} \times 1,000 = 4.00$

강도율 $= \dfrac{\text{근로손실일수}}{\text{근로총시간수}} \times 1,000 = \dfrac{7,500 + \left(140 \times \dfrac{300}{365}\right)}{500 \times 10 \times 300} \times 1,000 = 5.08$

8. 지시표시의 종류를 쓰시오.

→**해답** 보안경 착용, 방독마스크 착용, 방진마스크 착용, 보안면 착용 등

9. 작업시작 전·후에 5~6인의 근로자가 모여 행하는 위험예지훈련은 무엇인지 쓰시오.

→**해답** T.B.M(Tool Box Meeting)

10. 환산재해율 산출식을 쓰고 환산재해율 산출식에서 상시 근로자의 산출식을 쓰시오.

▶해답 환산재해율 $= \left(\dfrac{\text{환산재해자수}}{\text{상시근로자수}} \right) \times 100$

상시 근로자수 $= \left(\dfrac{\text{연간국내공사실적액} \times \text{노무비율}}{\text{건설업 월 평균임금} \times 12} \right)$

※ 현재법에서는 사망사고만인율로 변경됨

13. 산업재해는 그 예방이 최우선이다. 재해예방의 4원칙을 쓰시오.

▶해답 ① 손실우연의 원칙　　② 원인계기의 원칙
　　　③ 예방가능의 원칙　　④ 대책선정의 원칙

2009년 4회

4. 안전대 종류 4가지를 쓰시오.

▶해답

종류	사용구분
벨트식 안전그네식	1개 걸이용
	U자 걸이용
	추락방지대
	안전블록

비고 : 추락방지대 및 안전블록은 안전그네식에만 적용함

7. 근로자 채용 및 작업내용 변경 시의 안전보건교육 내용을 쓰시오.

▶해답
• 산업안전 및 사고 예방에 관한 사항
• 산업보건 및 직업병 예방에 관한 사항
• 위험성 평가에 관한 사항
• 산업안전보건법령 및 산업재해보상보험 제도에 관한 사항
• 직무스트레스 예방 및 관리에 관한 사항
• 직장 내 괴롭힘, 고객의 폭언 등으로 인한 건강장해 예방 및 관리에 관한 사항
• 기계·기구의 위험성과 작업의 순서 및 동선에 관한 사항
• 작업 개시 전 점검에 관한 사항

• 정리정돈 및 청소에 관한 사항
• 사고 발생 시 긴급조치에 관한 사항
• 물질안전보건자료에 관한 사항

2010년 1회

1. 사업장 건설용 리프트 조립, 해체 시 작업지휘자가 해야 할 직무 사항 2가지를 쓰시오.

해답 ① 작업방법과 근로자의 배치를 결정하고 당해 작업을 지휘하는 일
② 재료의 결함유무 또는 기구 및 공구의 기능을 점검하고 불량품을 제거하는 일
③ 작업 중 안전대 등 보호구의 착용 상황을 감시하는 일

9. 버드의 최신연쇄성 이론을 쓰시오.

해답 ① 통제의 부족(관리) : 관리의 소홀, 전문기능 결함
② 기본원인(기원) : 개인적 또는 과업과 관련된 요인
③ 직접원인(징후) : 불안전한 행동 및 불안전한 상태
④ 사고(접촉)
⑤ 상해(손해, 손실)

10. 안전인증대상 보호구 중 추락 및 감전 위험 방지용 안전모의 성능 시험의 종류를 쓰시오.

해답 ① 내관통성 시험   ② 충격 흡수성 시험   ③ 내전압성 시험
④ 내수성 시험   ⑤ 난연성 시험   ⑥ 턱끈 풀림 시험

11. A사업장의 강도율이 1.20, 연평균 근로 총 시간이 100,000시간일 때 근로손실일수를 구하시오.

해답 강도율 $= \dfrac{근로손실일수}{연근로시간수} \times 1,000$

$1.20 = \dfrac{x}{100,000} \times 1,000$

여기서 $x = 120$일
따라서 근로손실일수는 120일이다.

13. 연평균 근로자 수가 500명인 현장에서 3건의 재해로 인해 1명이 사망하고, 110일과 30일의 휴업을 요하는 근로자 2명이 발생하였다. 연천인율과 강도율을 구하시오.(단, 근로시간은 1일 10시간 300일 근무다.)

▶해답 연천인율 $= \dfrac{재해자수}{연평균근로자수} \times 1000 = \dfrac{3}{500} \times 1,000 = 6.00$

강도율 $= \dfrac{근로손실일수}{연근로시간수} \times 1000 = \dfrac{7,500 + 140 \times \dfrac{300}{365}}{500 \times 10 \times 300} \times 1,000 = 5.08$

2010년 2회

4. 고용노동부 장관에게 보고해야 하는 중대재해의 종류 3가지를 쓰시오.

▶해답 ① 사망자가 1명 이상 발생한 재해
② 3개월 이상의 요양을 요하는 부상자가 동시에 2명 이상 발생한 재해
③ 부상자가 또는 직업성 질병자가 동시에 10명 이상 발생한 재해

8. 근로자 수 400명, 1일 작업시간 8시간, 연간 가동일수 300일, 지각·조퇴시간 500시간, 잔업시간 10,000시간, 재해건수 2건, 재해로 인한 휴업일수 27일인 사업장의 강도율을 구하시오.

▶해답 강도율 $= \dfrac{근로손실일수}{연근로시간수} \times 1,000 = \dfrac{27 \times \dfrac{300}{365}}{(400 \times 8 \times 300) + 10,000 - 500} \times 1,000 = 0.02$

9. 인간의 욕구단계에 대한 매슬로, 허즈버그, 알더퍼의 이론을 쓰시오.

▶해답 ① 매슬로 : 생리적 욕구, 안전의 욕구, 사회적 욕구, 존경의 욕구, 자아실현의 욕구
② 허즈버그 : 위생이론, 동기이론
③ 알더퍼 : 생존욕구, 관계욕구, 성장욕구

11. 사업장 안전보건관리의 4단계를 순서대로 쓰시오.

▶해답 계획(Plan), 실시(Do), 검토(Check), 조치(Action)

2010년 4회

5. 높이 5m 이상의 달비계를 이용하는 작업 시 관리감독자의 직무를 쓰시오.

해답 ① 재료의 결함 유무를 점검하고 불량품을 제거하는 일
② 기구·공구·안전대 및 안전모 등의 기능을 점검하고 불량품을 제거하는 일
③ 작업방법 및 근로자 배치를 결정하고 작업 진행 상태를 감시하는 일
④ 안전대와 안전모 등의 착용 상황을 감시하는 일

7. 500명을 고용하는 A사업장에서 연간 6명의 재해자가 발생되었다. A사업장의 재해율 중 연천인율과 도수율을 구하시오.

해답 연천인율 $= \dfrac{\text{재해자수}}{\text{연평균근로자수}} \times 1,000 = \dfrac{6}{500} \times 1,000 = 12$

도수율 $= \dfrac{\text{재해발생건수}}{\text{연근로시간수}} \times 1,000,000 = \dfrac{6}{500 \times 8 \times 300} \times 1,000,000 = 5.00$

8. 다음은 작업 조건에 따라 착용해야 할 보호구를 나타낸 것이다. 각 항에 알맞은 보호구를 쓰시오.

> (1) 물체가 떨어지거나 날아올 위험 또는 근로자가 감전되거나 추락할 위험이 있는 작업
> (2) 물체의 낙하, 충격, 물체에의 끼임, 감전 또는 정전기의 대전에 의한 위험이 있는 작업
> (3) 감전의 위험이 있는 작업
> (4) 용접 시 불꽃 또는 물체가 날아 흩어질 위험이 있는 작업
> (5) 고열에 의한 화상 등의 위험이 있는 작업

해답 (1) 안전모　　　　(2) 안전화　　　　(3) 절연용 보호구
(4) 보안면　　　　(5) 방열복

10. 안전보건표지의 종류와 형태를 쓰시오.

해답 ① 금지표지 : 사용금지, 탑승금지, 화기금지
② 경고표지 : 인화성 물질경고, 위험장소경고, 방사성 물질경고
③ 지시표지 : 방진마스크착용, 보안면착용, 안전모착용
④ 안내표지 : 응급구호표지, 들것, 세안장치

11. 매슬로의 인간욕구 5단계를 쓰시오.

> **해답** ① 생리적 욕구   ② 안전의 욕구   ③ 사회적 욕구
> ④ 존경의 욕구   ⑤ 자아실현의 욕구

2011년 1회

2. 리프트 설치, 조립, 수리, 점검 또는 해체 시 작업지휘자의 직무를 3가지 쓰시오.

> **해답** ① 작업방법과 근로자의 배치를 결정하고 당해 작업을 지휘하는 일
> ② 재료의 결함유무 또는 기구 및 공구의 기능을 점검하고 불량품을 제거하는 일
> ③ 작업 중 안전대 등 보호구의 착용 상황을 감시하는 일

3. 라인형 조직, 라인·스태프형 조직의 장단점을 각 1가지씩 쓰시오.

> **해답** 1) 라인형 조직
> ① 장점 : 안전에 관한 지시 및 명령계통이 철저하고 대책의 실시가 신속하다.
> ② 단점 : 안전에 대한 지식 및 기술축적이 어렵다.
> 2) 라인·스태프형 조직
> ① 장점 : 안전에 대한 기술 및 경험축적이 용이하다.
> ② 단점 : 명령계통과 조언 권고적 참여가 혼동되기 쉽다.

5. 어느 공장의 도수율이 13이고, 강도율이 1.2일 때 이 공장에 근무하는 근로자가 입사부터 정년퇴직까지 몇 회의 부상과 며칠의 근로손실일수를 갖는 상태가 되겠는가?

> **해답** 환산강도율 = 강도율 × 100 = 1.2 × 100 = 120
> 환산강도율은 근로자가 입사하여 퇴직할 때까지 잃을 수 있는 근로손실일수를 말하므로 근로손실일수는 120이다.

6. 다음 ( ) 안에 알맞은 안전보건표지의 색채를 쓰시오.

색채	용도	사용예
노란색	경고	화학물질 취급장소에서의 유해, 위험경고 그 밖의 위험경고, 주위표지 또는 기계방호물
(①)	지시	특정 행위의 지시 및 사실의 고지
(②)	안내	비상구 및 피난소, 사람 또는 차량의 통행 표지
(③)		파란색 또는 녹색에 대한 보조색
(④)		문자 및 빨간색 또는 노란색에 대한 보조색

해답 ① 파란색   ② 녹색
      ③ 흰색   ④ 검은색

11. 청각장치와 시각장치 중 청각장치를 사용하는 경우를 3가지 쓰시오.

해답 ① 신호음 자체가 음일 때
      ② 무선거리 신호, 항로정보 등과 같이 연속적으로 변하는 정보를 제시할 때
      ③ 음성통신 경로가 전부 사용되고 있을 때
      ④ 정보가 즉각적인 행동을 요구하는 경우
      ⑤ 조명으로 인해 시각을 이용하기 어려운 경우

12. 재해예방 4원칙을 쓰시오.

해답 ① 손실우연의 원칙   ② 원인계기의 원칙
      ③ 예방가능의 원칙   ④ 대책선정의 원칙

2011년 2회

1. 안전보건총괄책임자 지정 대상 사업의 종류 4가지와 안전보건총괄책임자의 직무 4가지를 쓰시오.

해답 1) 지정 대상 사업의 종류
      ① 1차 금속 제조업
      ② 선박 및 보트 건조업
      ③ 토사석 광업
      ④ 서적, 잡지 및 기타 인쇄물 출판업

2) 직무사항
 ① 위험성평가의 실시에 관한 사항
 ② 산업재해 및 중대재해 발생에 따른 작업의 중지
 ③ 도급 시 산업재해 예방조치
 ④ 산업안전보건관리비의 관계수급인 간의 사용에 관한 협의·조정 및 그 집행의 감독
 ⑤ 안전인증대상기계등과 자율안전확인대상기계등의 사용 여부 확인

4. 한 사업장에서 근로자 500명이 근무하던 중 산업재해가 3건 발생하여 1명이 사망하고, 1명이 110일, 1명이 30일의 휴업일수를 발생시켰다. 이 사업장의 연천인율과 강도율을 구하시오.(단, 종업원의 근무시간은 1일 10시간, 근무일수 300일이다.)

해답 연천인율 $= \dfrac{\text{재해자수}}{\text{근로자수}} \times 1{,}000 = \dfrac{3}{500} \times 1{,}000 = 6$

강도율 $= \dfrac{\text{근로손실일수}}{\text{근로총시간수}} \times 1{,}000 = \dfrac{7500 + (140 \times \frac{300}{365})}{500 \times 10 \times 300} \times 1{,}000 = 5.08$

5. 다음 보기 예와 같이 산업안전보건표지 4가지를 그리시오.

금지표시	경고표시	지시표지	관계자 외 출입금지

해답

101 출입금지	215 위험장소 경고	301 보안경 착용	501 허가대상물질 작업장

7. 다음 보기에 알맞은 내용을 쓰시오.

> 사업주는 산업재해로 사망자가 발생하여 (①) 이상의 휴업이 필요한 부상 또는 질병에 걸린자가 발생할 경우 재해가 발생한 날부터 (②) 이내에 (③)를 작성, 관할 지방고용노동관서의장에게 제출하여야 한다.

➡해답 ① 3일   ② 1개월   ③ 산업재해조사표

8. 오랫동안 사용하지 않은 구조물 등 밀폐공간 작업 시 실시하여야 할 교육내용을 4가지 쓰시오.

➡해답 ① 산소농도 측정 및 작업환경에 관한 사항
    ② 사고 시 응급조치 및 비상시 구출에 관한 사항
    ③ 보호구 착용 및 사용방법에 관한 사항
    ④ 밀폐공간 작업 및 안전작업방법에 관한 사항

2011년 4회

1. 거푸집 동바리의 조립 또는 해체작업 시 특별교육 내용을 4가지 쓰시오.

➡해답 거푸집 동바리의 조립 또는 해체작업의 특별교육 내용
    • 동바리의 조립방법 및 작업 절차에 관한 사항
    • 조립재료의 취급방법 및 설치기준에 관한 사항
    • 조립 해체 시의 사고 예방에 관한 사항
    • 보호구 착용 및 점검에 관한 사항

2. 다음은 산업안전보건법 관련 보기의 빈칸을 채우시오.

> (1) 공사금액이 800억 원 이상 또는 상시 근로자 600명 이상 시 안전관리자 수 (   )명
> (2) 공사금액이 800억 원 이하 및 상시 근로자 300명 이상 600명 미만 시 안전관리자 (   )명
> (3) 공사금액 800억 원을 기준으로 매 (   )억 원 또는 상시 근로자 (   )명을 기준으로 매 (   )명 추가될 때마다 1명씩 추가
> (4) 상시 근로자 600명 이상의 건설업 안전관리자는 (   )명

➡해답 (1) 2   (2) 1   (3) 700, 600, 300   (4) 2

4. 안전보건진단을 받아 안전보건개선계획을 제출하도록 명령할 수 있는 사업장 3가지를 쓰시오.

해답 ① 산업재해율이 같은 업종의 규모별 평균 산업재해율보다 높은 사업장
② 사업주가 필요한 안전조치 또는 보건조치를 이행하지 아니하여 중대재해가 발생한 사업장
③ 직업성 질병자가 연간 2명 이상 발생한 사업장
④ 유해인자의 노출기준을 초과한 사업장

10. 시각적 표시 장치보다 청각적 표시장치가 유리한 경우를 쓰시오.

해답 ① 신호음 자체가 음일 때
② 무선거리 신호, 항로정보 등과 같이 연속적으로 변하는 정보를 제시할 때
③ 음성통신 경로가 전부 사용되고 있을 때
④ 정보가 즉각적인 행동을 요구하는 경우
⑤ 조명으로 인해 시각을 이용하기 어려운 경우

12. 한 사업장에서 근로자 500명이 근무하던 중 산업재해가 3건 발생하여 1명이 사망하고, 1명이 110일, 1명이 30일의 휴업일수를 발생시켰다. 이 사업장의 연천인율과 강도율을 구하시오.(단, 종업원의 근무시간은 1일 10시간, 근무일수 300일이다.)

해답 연천인율 $= \dfrac{재해자수}{근로자수} \times 1,000 = \dfrac{3}{500} \times 1,000 = 6$

강도율 $= \dfrac{근로손실일수}{근로총시간수} \times 1,000 = \dfrac{7500 + (140 \times \frac{300}{365})}{500 \times 10 \times 300} \times 1,000 = 5.08$

2012년 1회

5. 연평균근로자수가 250명인 사업장에 연간재해발생건수가 9건, 근로손실일수가 40일, 휴업일수가 100일 때 강도율과 빈도율(도수율)을 구하시오.(단, 사업장의 연근무일수는 310일, 1일 근로시간은 9시간이다.)

해답 강도율 $= \dfrac{근로손실일수}{연근로시간수} \times 1,000 = \dfrac{40 + 100 \times \frac{300}{365}}{250 \times 310 \times 9} \times 1,000 = 0.18$

도수율(빈도율) $= \dfrac{재해발생건수}{연근로시간수} \times 1,000,000 = \dfrac{9}{250 \times 310 \times 9} \times 1,000,000 = 12.9$

11. 인간 - 기계 개체관리를 쓰시오.

> **해답** 인간(Man), 기계(Machine), 작업매체(Media), 관리(Management)

2012년 2회

3. 재해예방의 4원칙을 쓰고 간단히 설명하시오.

> **해답** ① 손실우연의 원칙
> ② 원인계기의 원칙
> ③ 예방가능의 원칙
> ④ 대책선정의 원칙

5. 다음은 사업장에서 실시하는 안전보건교육의 종류 및 교육대상에 대한 교육시간을 나타낸 표이다. ( ) 안에 알맞은 내용을 쓰시오.

교육과정	교육대상		교육시간
가. 정기교육	1) 사무직 종사 근로자		매반기 (①)시간 이상
	2) 그 밖의 근로자	가) 판매업무에 직접 종사하는 근로자	매반기 (②)시간 이상
		나) 판매업무에 직접 종사하는 근로자 외의 근로자	매반기 (③)시간 이상
나. 채용 시 교육	1) 일용근로자 및 근로계약기간이 1주일 이하인 기간제근로자		1시간 이상
	2) 근로계약기간이 1주일 초과 1개월 이하인 기간제근로자		4시간 이상
	3) 그 밖의 근로자		(④)시간 이상
다. 작업내용 변경 시 교육	1) 일용근로자 및 근로계약기간이 1주일 이하인 기간제근로자		1시간 이상
	2) 그 밖의 근로자		(⑤)시간 이상

> **해답** ① 6, ② 6, ③ 12, ④ 8 ⑤ 2

11. 자율안전 보호구 제품에 표시해야 할 사항을 쓰시오.

> **해답** ① 형식 또는 모델명
> ② 규격 또는 등급 등
> ③ 제조자명
> ④ 제조번호 및 제조연월
> ⑤ 자율안전확인 번호

13. 상시 근로자 산출방법을 쓰시오.

> **해답** 상시 근로자 수 $= \dfrac{\text{연간 국내공사 실적액} \times \text{노무비율}}{\text{건설업 월평균임금} \times 12}$

2012년 4회

3. 재해 발생 시 사업장에서 보관해야 할 항목 3가지를 쓰시오.

> **해답** ① 사업장의 개요 및 근로자의 인적사항
> ② 재해발생 일시 및 장소
> ③ 재해 발생원인 및 과정
> ④ 재해 재발 방지계획

4. 하인리히의 도미노 이론, 버드의 최신 도미노 이론, 아담스의 사고 연쇄성 이론을 나열하시오.

> **해답** ① 하인리히 : 사회적 환경 및 유전적 요소 – 개인의 결함 – 불안전한 행동 및 불안전한 상태 – 사고 – 재해
> ② 버드 : 통제의 부족 – 기본원인 – 직접원인 – 사고 – 상해
> ③ 아담스 : 관리구조 – 작전적 에러 – 전술적 에러 – 사고 – 상해

6. 다음 빈칸에 해당하는 사람의 보수교육 시간을 쓰시오.

교육대상	교육시간	
	신규교육	보수교육
안전보건관리책임자	(①)시간 이상	(②)시간
안전관리자	(③)시간 이상	(④)시간
건설재해예방 전문지도기관 종사자	34시간 이상	(⑤)시간

➡️**해답** ① 6   ② 6   ③ 34
        ④ 24   ⑤ 24

8. 다음에 알맞은 안전보건표지의 색을 쓰시오.

> (1) 경고표시 중 화학물질 취급장소에서의 유해·위험 경고 : (   )
> (2) 특정 행위의 지시 및 사실의 고지 : (   )
> (3) 파란색 또는 녹색에 대한 보조색 : (   )
> (4) 문자 및 빨간색 또는 노란색에 대한 보조색 : (   )

➡️**해답** (1) 빨간색   (2) 파란색
        (3) 흰색   (4) 검은색

13. 교육의 학습지도 원리 3가지를 쓰시오.

➡️**해답** ① 자발성의 원리   ② 개별화의 원리
        ③ 사회화의 원리   ④ 통합의 원리
        ⑤ 직관의 원리

Subject 02

건설공사 안전

실기 2차 필답형

Industrial Engineer Construction Safety

Contents

제1장 가설공사 안전

① 가설공사

1. 가설공사의 정의

① 가설공사란 본공사를 위해 일시적으로 행하여지는 시설 및 설비를 설치하는 공사로 본공사가 완료되면 해체·철거되는 임시적인 공사이다.

② 비계란 고소구간에 부재를 설치하거나 해체·도장·미장 등의 작업을 위한 작업발판을 설치하기 위해 외벽을 따라 설치하는 가설구조물이다.

2. 가설재의 3요소(비계의 구비요건)

1) 안전성

파괴, 무너짐 및 동요에 대한 충분한 강도를 가질 것

2) 작업성

통행과 작업에 방해가 없는 넓은 작업발판과 넓은 작업공간을 확보할 것

3) 경제성

가설 및 철거가 신속하고 용이할 것

3. 가설구조물의 특성

① 연결재가 적은 구조로 되기 쉽다.

② 부재의 결합이 간단하나 불완전 결합이 많다.

③ 구조물이라는 통상의 개념이 확고하지 않아 조립의 정밀도가 낮다.

④ 부재는 과소단면이거나 결함이 있는 재료를 사용하기 쉽다.

⑤ 전체구조에 대한 구조계산 기준이 부족하다.

② 통로

1. 작업통로의 종류 및 설치기준

1) 통로의 설치(안전보건규칙 제22조)

① 작업장으로 통하는 장소 또는 작업장 내에 근로자가 사용할 안전한 통로를 설치하고 항상 사용할 수 있는 상태로 유지할 것
② 통로의 주요 부분에는 통로표시를 하고, 근로자가 안전하게 통행할 수 있도록 할 것
③ 통로면으로부터 높이 2m 이내에는 장애물이 없도록 할 것

2) 가설통로(안전보건규칙 제23조)

① 견고한 구조로 할 것
② 경사는 30° 이하로 할 것. 다만, 계단을 설치하거나 높이 2미터 미만의 가설통로로서 튼튼한 손잡이를 설치한 경우에는 그러하지 아니하다.
③ 경사가 15°를 초과하는 경우에는 미끄러지지 아니하는 구조로 할 것
④ 추락할 위험이 있는 장소에는 안전난간을 설치할 것. 다만, 작업상 부득이한 경우에는 필요한 부분만 임시로 해체할 수 있다.
⑤ 수직갱에 가설된 통로의 길이가 15m 이상인 경우에는 10m 이내마다 계단참을 설치할 것
⑥ 건설공사에 사용하는 높이 8m 이상인 비계다리에는 7m 이내마다 계단참을 설치할 것

◆ Key Point

가설통로 설치 시 준수사항 4가지를 쓰시오.

가설통로 설치기준 ①~⑥ 항목 중 4가지 선택

3) 사다리식 통로(안전보건규칙 제24조)

① 견고한 구조로 할 것
② 재료는 심한 손상·부식 등이 없을 것
③ 발판의 간격은 동일하게 할 것
④ 발판과 벽과의 사이는 15cm 이상의 간격을 유지할 것
⑤ 폭은 30cm 이상으로 할 것
⑥ 사다리가 넘어지거나 미끄러지는 것을 방지하기 위한 조치를 할 것

⑦ 사다리의 상단은 걸쳐놓은 지점으로부터 60cm 이상 올라가도록 할 것

⑧ 사다리식 통로의 길이가 10m 이상인 경우에는 5m 이내마다 계단참을 설치할 것

⑨ 사다리식 통로의 기울기는 75° 이하로 할 것. 다만, 고정식 사다리식 통로의 기울기는 90° 이하로 하고 높이 7m 이상인 경우 바닥으로부터 높이가 2.5m 되는 지점부터 등받이울을 설치할 것

⑩ 접이식 사다리 기둥은 사용 시 접혀지거나 펼쳐지지 않도록 철물 등을 사용하여 견고하게 조치할 것

Key Point

산업안전보건기준상의 사다리식 통로의 안전기준 5가지를 쓰시오.

사다리식 통로 설치기준 ①~⑩ 항목 중 5가지 선택

2. 경사로

1) 정의

경사로란 건설현장에서 상부 또는 하부로 재료운반이나 작업원이 이동할 수 있도록 설치된 통로로 경사가 30° 이내일 때 사용한다.

2) 사용 시 준수사항(가설공사 표준작업안전지침)

① 시공하중 또는 폭풍, 진동 등 외력에 대하여 안전하도록 설계하여야 한다.

② 경사로는 항상 정비하고 안전통로를 확보하여야 한다.

③ 비탈면의 경사각은 30° 이내로 하고 미끄럼막이를 설치한다.

④ 경사로의 폭은 최소 90cm 이상이어야 한다.

⑤ 높이 7m 이내마다 계단참을 설치하여야 한다.

⑥ 추락방지용 안전난간을 설치하여야 한다.

⑦ 목재는 미송, 육송 또는 그 이상의 재질을 가진 것이어야 한다.

⑧ 경사로 지지기둥은 3m 이내마다 설치하여야 한다.

⑨ 발판은 폭 40cm 이상으로 하고, 틈은 3cm 이내로 설치하여야 한다.

⑩ 발판이 이탈하거나 한쪽 끝을 밟으면 다른 쪽이 들리지 않게 장선에 결속하여야 한다.

⑪ 결속용 못이나 철선이 발에 걸리지 않아야 한다.

[경사로 계단참 설치]

[미끄럼막이 설치 등]

Key Point

가설공사시 사업주가 경사로를 설치, 사용함에 있어서 준수하여야 할 기준 4가지를 쓰시오.

경사로 사용 시 준수사항 ①~⑪ 항목 중 4가지 선택

3. 가설계단

1) 정의

작업장에서 근로자가 사용하기 위한 계단식 통로로, 경사는 35°가 적정하다.

2) 설치기준(안전보건규칙 제26조~제30조)

(1) 강도

① 계단 및 계단참을 설치하는 때에는 $500kg/m^2$ 이상의 하중에 견딜 수 있는 강도를 가진 구조일 것

② 안전율은 4 이상(안전율$=\dfrac{\text{재료의 파괴응력도}}{\text{재료의 허용응력도}}>4$)일 것

③ 계단 및 승강구 바닥을 구멍이 있는 재료로 만들 때에는 렌치, 기타 공구 등이 낙하할 위험이 없는 구조일 것

(2) 폭

폭은 1m 이상, 계단에는 손잡이 외의 다른 물건 등을 설치 또는 적재금지

(3) 계단참의 높이

높이가 3m를 초과하는 계단에는 높이 3m 이내마다 너비 1.2m 이상의 계단참을 설치할 것

(4) 천장의 높이

바닥 면으로부터 높이 2m 이내의 공간에 장애물이 없도록 할 것

(5) 계단의 난간

1m 이상인 계단의 개방된 측면에는 안전난간을 설치할 것

4. 사다리

1) 종류 및 설치기준(가설공사 표준작업안전지침)

(1) 고정사다리

① 90° 수직이 가장 적합
② 경사를 둘 필요가 있는 경우 수직면으로부터 15°를 초과하지 말 것

(2) 옥외용 사다리

① 철재를 원칙으로 할 것
② 길이가 10m 이상인 때에는 5m 이내의 간격으로 계단참 설치
③ 사다리 전면의 사방 75cm 이내에는 장애물이 없을 것

(3) 목재 사다리

① 재질은 건조된 것으로 옹이, 갈라짐, 흠 등의 결함이 없고 곧은 것
② 수직재와 발 받침대는 장부촉 맞춤으로 하고 사개를 파서 제작
③ 발 받침대의 간격은 25~35cm
④ 이음 또는 맞춤부분은 보강
⑤ 벽면과의 이격거리는 20cm 이상

(4) 이동식 사다리

① 길이 6m 초과금지
② 다리의 벌림은 벽 높이의 1/4 정도가 적당
③ 벽면 상부로부터 최소한 60cm 이상의 연장길이 확보

★ Key Point

이동식 사다리 구조 기준이다. ( ) 안을 채우시오.
가) 길이가 (①)m를 초과해서는 안 된다.
나) 다리의 벌림은 벽 높이의 (②) 정도 또는 경사각 (③)도 정도가 적당하다.
다) 벽면 상부로부터 최소한 (④)cm 이상의 여장길이가 있다.

① 6 ② 1/4 ③ 75 ④ 60

---

5. 작업발판

1) 작업발판의 최대적재하중(안전보건규칙 제55조)

① 비계의 구조 및 재료에 따라 작업발판의 최대적재하중을 정하고 이를 초과하여 싣지 않을 것
② 달비계의 최대 적재하중을 정함에 있어 안전계수

구분		안전계수
달기와이어로프 및 달기강선		10 이상
달기체인 및 달기훅		5 이상
달기강대와 달비계의 하부 및 상부지점	강재	2.5 이상
	목재	5 이상

달비계의 최대적재하중을 정하고자 한다. 다음에 해당하는 안전계수를 쓰시오.
(1) 달기와이어로프 및 달기강선의 안전계수 : (①) 이상
(2) 달기체인 및 달기훅의 안전계수 : (②) 이상
(3) 달기강대와 달비계의 하부 및 상부지점의 안전계수는 강재의 경우 (③) 이상, 목재의 경우 (④) 이상

① 10　② 5　③ 2.5　④ 5

2) 작업발판의 구조(안전보건규칙 제56조)
① 발판재료는 작업할 때의 하중을 견딜 수 있도록 견고한 것으로 할 것
② 작업발판의 폭은 40cm 이상으로 하고, 발판재료 간의 틈은 3cm 이하로 할 것
③ 추락의 위험성이 있는 장소에는 안전난간을 설치할 것(작업의 성질상 안전난간을 설치하는 것이 곤란한 때 및 작업의 필요상 임시로 안전난간을 해체함에 있어서 추락방호망을 치거나 근로자로 하여금 안전대를 사용하도록 하는 등 추락에 의한 위험방지조치를 한 때에는 제외)
④ 작업발판의 지지물은 하중에 의하여 파괴될 우려가 없는 것을 사용할 것
⑤ 작업발판재료는 뒤집히거나 떨어지지 않도록 둘 이상의 지지물에 연결하거나 고정시킬 것
⑥ 작업발판을 작업에 따라 이동시킬 경우에는 위험방지에 필요한 조치를 할 것

[작업발판의 구조]

비계의 높이가 2m 이상인 작업 장소에 설치하는 작업발판의 기준을 4가지만 쓰시오

작업발판의 구조 ①~⑥ 항목 중 4가지 선택

③ 비계공사

1. 달비계 또는 높이 5m 이상의 비계를 조립 · 해체 및 변경 시 조치사항(안전보건규칙 제57조)

① 관리감독자의 지휘에 따라 작업하도록 할 것

② 조립·해체 또는 변경의 시기·범위 및 절차를 그 작업에 종사하는 근로자에게 주지시킬 것

③ 조립·해체 또는 변경 작업구역에는 해당 작업에 종사하는 근로자가 아닌 사람의 출입을 금지하고 그 내용을 보기 쉬운 장소에 게시할 것

④ 비, 눈, 그 밖의 기상상태의 불안정으로 날씨가 몹시 나쁜 경우에는 그 작업을 중지시킬 것

⑤ 비계재료의 연결·해체작업을 하는 경우에는 폭 20cm 이상의 발판을 설치하고 근로자로 하여금 안전대를 사용하도록 하는 등 추락을 방지하기 위한 조치를 할 것

⑥ 재료·기구 또는 공구 등을 올리거나 내리는 경우에는 근로자가 달줄 또는 달포대 등을 사용하게 할 것

> **◆ Key Point**
>
> 달비계 또는 높이 5m 이상의 비계를 조립·해체하는 작업에서 사업주가 준수해야 할 사항 3가지를 쓰시오.
>
> 달비계 또는 높이 5m 이상의 비계를 조립·해체 및 변경 시 조치사항 ①~⑥ 항목 중 3가지 선택

2. 비계의 점검 보수(안전보건규칙 제58조)

1) 시기

① 비·눈 그 밖의 기상상태의 불안정으로 인하여 날씨가 몹시 나빠서 작업을 중지시킨 후

② 비계를 조립·해체하거나 또는 변경한 후 그 비계에서 작업을 하는 때

③ 작업시작 전에 비계를 점검하고 이상을 발견한 때에는 즉시 보수하여야 한다.

2) 점검사항

① 발판재료의 손상 여부 및 부착 또는 걸림 상태

② 해당 비계의 연결부 또는 접속부의 풀림 상태

③ 연결재료 및 연결철물의 손상 또는 부식 상태

④ 손잡이의 탈락 여부

⑤ 기둥의 침하·변형·변위 또는 흔들림 상태

⑥ 로프의 부착상태 및 매단 장치의 흔들림 상태

폭풍, 폭우 및 폭설 등의 악천후로 인하여 작업을 중지시킨 후 또는 비계를 조립·해체하거나 또는 변경한 후 작업재개 시 작업시작 전 점검항목을 구체적으로 4가지 쓰시오.

점검사항 ①~⑥ 항목 중 4가지 선택

3. 비계에 의한 재해발생 원인

1) 비계의 무너짐 및 파괴

① 비계, 발판 또는 지지대의 파괴
② 비계, 발판의 탈락 또는 그 지지대의 변위, 변형
③ 풍압
④ 지주의 좌굴(Buckling)

2) 비계에서의 추락 및 낙하물

① 부재의 파손, 탈락 또는 변위
② 작업 중 넘어짐, 미끄러짐, 헛디딤 등

4. 비계의 종류 및 설치기준

1) 강관비계

(1) 정의

고소작업을 위해 구조물의 외벽을 따라 설치한 가설물로 강관(ϕ48.6mm)을 현장에서 연결철물이나 이음철물을 이용하여 조립한 비계이다.

(2) 조립 시 준수사항(안전보건규칙 제59조)

① 비계 기둥에는 미끄러지거나 침하하는 것을 방지하기 위하여 밑받침 철물을 사용하거나 버팀목이나 깔판 등을 사용하여 밑둥잡이를 설치하는 등의 조치를 할 것
② 강관의 접속부 또는 교차부는 적합한 부속철물을 사용하여 접속하거나 단단히 묶을 것
③ 교차가새로 보강할 것
④ 외줄비계·쌍줄비계 또는 돌출비계에 대해서는 다음 각 목의 정하는 바에 따라 벽이음 및 버팀을 설치할 것

㉠ 강관비계의 조립간격은 아래의 기준에 적합하도록 할 것

강관비계의 종류	조립간격(단위 : m)	
	수직방향	수평방향
단관비계	5	5
틀비계(높이가 5m 미만의 것을 제외한다.)	6	8

㉡ 강관·통나무 등의 재료를 사용하여 견고한 것으로 할 것

㉢ 인장재와 압축재로 구성되어 있는 때에는 인장재와 압축재의 간격을 1m 이내로 할 것

⑤ 가공전로에 근접하여 비계를 설치하는 경우에는 가공전로를 이설하거나 가공전로에 절연용 방호구를 장착하는 등 가공전로와의 접촉을 방지하기 위한 조치를 할 것

(3) 강관비계의 구조(안전보건규칙 제60조)(가설공사 표준작업안전지침)

구분	준수사항
비계 기둥의 간격	① 띠장방향에서 1.85m ② 장선방향에서는 1.5m 이하
띠장 간격	2m 이하로 설치
강관보강	비계 기둥의 최고부로부터 31m 되는 지점 밑부분의 비계 기둥은 2본의 강관으로 묶어 세울 것
적재하중	비계 기둥 간 적재하중 : 400kg을 초과하지 않도록 할 것
벽연결	① 수직방향에서 5m 이하 ② 수평방향에서 5m 이하
비계 기둥 이음	① 겹침이음을 하는 경우 1m 이상 겹쳐대고 2개소 이상 결속 ② 맞댄이음을 하는 경우 쌍기둥틀로 하거나 1.8m 이상의 덧댐목을 대고 4개소 이상 결속
장선간격	1.5m 이하
가새	① 기둥간격 10m 이내마다 45° 각도의 처마방향으로 기둥 및 띠장에 결속 ② 모든 비계 기둥은 가새에 결속
작업대	작업대에는 안전난간을 설치
작업대 위의 공구, 재료 등	낙하물 방지조치

[수직 및 수평가새 설치]

[비계 기둥이 31m 이상일 때 강관보강]

Key Point

강관비계 조립 시 준수해야 할 사항을 4가지 쓰시오.

조립 시 준수사항 ①~⑤ 항목 중 4가지 선택

2) 강관틀비계

(1) 강관틀비계의 구조(안전보건규칙 제62조)(가설공사 표준작업안전지침)

구분	준수사항
비계 기둥의 밑둥	① 밑받침 철물을 사용 ② 고저차가 있는 경우에는 조절형 밑받침 철물을 사용하여 수평 및 수직 유지
주틀 간 간격	높이가 20미터를 초과하거나 중량물의 적재를 수반하는 작업을 할 경우에는 주틀 간의 간격 1.8m 이하
가새 및 수평재	주틀 간에 교차가새를 설치하고 최상층 및 5층 이내마다 수평재를 설치할 것
벽이음	① 수직방향에서 6m 이내 ② 수평방향에서 8m 이내
버팀기둥	길이가 띠장방향에서 4m 이하이고 높이가 10m를 초과하는 경우에는 10m 이내마다 띠장방향으로 버팀기둥을 설치할 것
적재하중	비계기둥 간 적재하중 : 400kg을 초과하지 않도록 할 것
높이 제한	40m 이하

3) 달비계

(1) 정의

달비계란 와이어로프, 체인, 강재, 철선 등의 재료로 상부지점에서 작업용 널판을 매다는 형식의 비계이다.

(2) 조립 시 준수사항(안전보건규칙 제63조)

① 달기 와이어로프, 달기 체인, 달기 강선, 달기 강대 또는 달기 섬유로프는 한쪽 끝을 비계의 보 등에, 다른 쪽 끝을 내민 보, 앵커볼트 또는 건축물의 보 등에 각각 풀리지 않도록 설치할 것

② 작업발판은 폭을 40센티미터 이상으로 하고 틈새가 없도록 할 것

③ 작업발판의 재료는 뒤집히거나 떨어지지 않도록 비계의 보 등에 연결하거나 고정시킬 것

④ 비계가 흔들리거나 뒤집히는 것을 방지하기 위하여 비계의 보·작업발판 등에 버팀을 설치하는 등 필요한 조치를 할 것

⑤ 선반 비계에서는 보의 접속부 및 교차부를 철선·이음철물 등을 사용하여 확실하게 접속시키거나 단단하게 연결시킬 것

⑥ 근로자의 추락 위험을 방지하기 위하여 달비계에 안전대 및 구명줄을 설치하고, 안전난간을 설치할 수 있는 구조인 경우에는 안전난간을 설치할 것

4) 말비계

(1) 정의

비교적 천장높이가 낮은 실내에서 보통 마무리 작업에 사용되는 것으로 종류에는 각립비계와 안장비계가 있다.

(2) 조립 시 준수사항(안전보건규칙 제67조)

① 지주부재의 하단에는 미끄럼 방지장치를 하고, 양측 끝부분에 올라서서 작업하지 아니하도록 할 것

② 지주부재와 수평면과의 기울기를 75° 이하로 하고, 지주부재와 지주부재 사이를 고정시키는 보조부재를 설치할 것

③ 말비계의 높이가 2m를 초과할 경우에는 작업발판의 폭을 40cm 이상으로 할 것

[각립비계]   [안장비계]

5) 이동식 비계

(1) 정의

옥외의 낮은 장소 또는 실내의 부분적인 장소에서 작업할 때 이용하며, 탑 형식의 비계를 조립하여 기둥 밑에 바퀴를 부착하여 이동하면서 작업할 수 있는 비계이다.

(2) 조립 시 준수사항(안전보건규칙 제68조)

① 이동식 비계의 바퀴에는 뜻밖의 갑작스러운 이동 또는 전도를 방지하기 위하여 브레이크·쐐기 등으로 바퀴를 고정시킨 다음 비계의 일부를 견고한 시설물에 고정하거나 아웃트리거(Outrigger)를 설치하는 등 필요한 조치를 할 것

② 승강용 사다리는 견고하게 설치할 것

③ 비계의 최상부에서 작업을 하는 경우에는 안전난간을 설치할 것

④ 작업발판은 항상 수평을 유지하고 작업발판 위에서 안전난간을 딛고 작업을 하거나 받침대 또는 사다리를 사용하여 작업하지 않도록 할 것

⑤ 작업발판의 최대적재하중은 250kg을 초과하지 않도록 할 것

[이동식 비계 설치 예]

6) 시스템 비계

(1) 시스템 비계의 구조(안전보건규칙 제69조)

① 수직재·수평재·가새재를 견고하게 연결하는 구조가 되도록 할 것

② 비계 밑단의 수직재와 받침철물은 밀착되도록 설치하고, 수직재와 받침철물의 연결부의 겹침길이는 받침 철물 전체 길이의 3분의 1 이상이 되도록 할 것

③ 수평재는 수직재와 직각으로 설치하여야 하며, 체결 후 흔들림이 없도록 견고하게 설치할 것

④ 수직재와 수직재의 연결철물은 이탈되지 않도록 견고한 구조로 할 것

⑤ 벽 연결재의 설치간격은 제조사가 정한 기준을 따를 것

(2) 조립 시 준수사항(안전보건규칙 제70조)

① 비계 기둥의 밑둥에는 밑받침 철물을 사용하여야 하며, 밑받침에 고저차가 있는 경우에는 조절형 밑받침 철물을 사용하여 시스템 비계가 항상 수평 및 수직을 유지하도록 할 것

② 경사진 바닥에 설치하는 경우에는 피벗형 받침 철물 또는 쐐기 등을 사용하여 밑받침 철물의 바닥면이 수평을 유지하도록 할 것

③ 가공전로에 근접하여 비계를 설치하는 경우에는 가공전로를 이설하거나 가공전로에 절연용 방호구를 설치하는 등 가공전로와의 접촉을 방지하기 위하여 필요한 조치를 할 것

④ 비계 내에서 근로자가 상하 또는 좌우로 이동하는 경우에는 반드시 지정된 통로를 이용하도록 주지시킬 것

⑤ 비계 작업 근로자는 같은 수직면상의 위와 아래 동시 작업을 금지할 것

⑥ 작업발판에는 제조사가 정한 최대 적재하중을 초과하여 적재해서는 아니 되며, 최대 적재하중이 표기된 표지판을 부착하고 근로자에게 주지시키도록 할 것

[시스템 비계]

7) 통나무 비계

(1) 통나무 비계의 구조(안전보건규칙 제71조)

① 비계 기둥의 간격은 2.5미터 이하로 하고 지상으로부터 첫 번째 띠장은 3미터 이하의 위치에 설치할 것. 다만, 작업의 성질상 이를 준수하기 곤란하여 쌍기둥 등에 의하여 해당 부분을 보강한 경우에는 그러하지 아니함

② 비계 기둥이 미끄러지거나 침하하는 것을 방지하기 위하여 비계 기둥의 하단부를 묻고, 밑둥잡이를 설치하거나 깔판을 사용하는 등의 조치를 할 것

③ 비계 기둥의 이음이 겹침 이음인 경우에는 이음 부분에서 1미터 이상을 서로 겹쳐서 두 군데 이상을 묶고, 비계 기둥의 이음이 맞댄이음인 경우에는 비계 기둥을 쌍기둥틀로 하거나 1.8미터 이상의 덧댐목을 사용하여 네 군데 이상을 묶을 것

④ 비계 기둥·띠장·장선 등의 접속부 및 교차부는 철선이나 그 밖의 튼튼한 재료로 견고하게 묶을 것

⑤ 비계 기둥·띠장·장선 등의 접속부 및 교차부는 철선이나 그 밖의 튼튼한 재료로 견고하게 묶을 것

⑥ 외줄비계·쌍줄비계 또는 돌출비계에 대해서는 다음 각 목에 따른 벽이음 및 버팀을 설치할 것. 다만, 창틀의 부착 또는 벽면의 완성 등의 작업을 위하여 벽이음 또는 버팀을 제거하는 경우, 그 밖에 작업의 필요상 부득이한 경우로서 해당 벽이음 또는 버팀 대신 비계 기둥 또는 띠장에 사재를 설치하는 등 비계가 무너지는 것을 방지하기 위한 조치를 한 경우에는 그러하지 아니함

　가. 간격은 수직방향에서 5.5미터 이하, 수평방향에서는 7.5미터 이하로 할 것

　나. 강관·통나무 등의 재료를 사용하여 견고한 것으로 할 것

　다. 인장재와 압축재로 구성되어 있는 경우에는 인장재와 압축재의 간격은 1미터 이내

⑦ 통나무 비계는 지상높이 4층 이하 또는 12미터 이하인 건축물·공작물 등의 건조·해체 및 조립 등의 작업에만 사용

8) 비계의 이음

(1) 단관비계의 결속재

① 이음철물(단관조인트) : 마찰형, 전단형, 특수형

② 연결철물(클램프) : 고정형, 자유형, 특수형

③ 받침 철물 : 고정형, 조절형

④ 벽이음 철물

(2) 벽이음의 역할

    ① 비계 전체의 좌굴 방지

    ② 풍하중에 의한 무너짐 방지

    ③ 편심하중을 지탱하여 무너짐 방지

제2장 토공사 안전

---

① 사전점검

1. 사전조사

1) 사전 조사사항

① 형상·지질 및 지층의 상태
② 균열·함수·용수 및 동결의 유무 또는 상태
③ 매설물 등의 유무 또는 상태
④ 지반의 지하수위 상태

> ⚙ **Key Point**
>
> 굴착작업 시 작업장소 등의 조사사항을 쓰시오.
>
> 사전 조사사항 ①~④ 항목 선택

2. 지반조사

1) 정의

지반조사란 지질 및 지층에 관한 조사를 실시하여 토층분포상태, 지하수위, 투수계수, 지반의 지지력을 확인하여 구조물의 설계·시공에 필요한 자료를 구하는 것이다.

2) 종류

① 지하탐사법 : 터파보기, 짚어보기, 물리적 탐사
② Sounding 시험(원위치시험) : 표준관입시험, 콘관입시험, 베인시험

③ 보링(Boring) : 보링이란 굴착용 기계를 이용하여 지반을 천공하여 토사를 채취하고 지반의 토층분포, 층상, 구성 상태를 판단하는 것으로 오거(Auger) 보링, 수세식 보링, 충격식 보링, 회전식 보링이 있다.

④ 표준관입시험 : 지반의 현 위치에서 직접 흙(주로 사질지반)의 다짐상태를 판단하는 시험으로 무게 63.5kg의 추를 76cm 높이에서 자유낙하시켜 샘플러를 30cm 관입시키는데 필요한 타격횟수 N값을 구하는 시험, N치가 클수록 토질이 밀실

⑤ 베인 테스트(Vane Test) : 보링의 구멍을 이용하여 십(+)자형 날개를 가진 베인(Vane)을 지반에 때려 박고 회전시켜서 회전력에 의하여 진흙의 점착력을 판별하는 시험

3) 토질주상도(보링주상도)

① 지질단면을 도화할 때 사용하는 도법으로 지층의 층서, 구성상태, 층 두께 등을 축적으로 표시한 것

② 현장에서 보링이나 표준관입시험을 통하여 지반의 경연상태와 지하수위 등을 조사하여 지층의 단면 상태를 예측하는 예측도

4) 터널공사의 지질 및 지층에 관한 조사

① 시추(보링)위치
② 토층 분포상태
③ 투수계수
④ 지하수위
⑤ 지반의 지지력

5) 암질의 판별방식(암질 변화구간 및 이상 암질 출현 시)

① RMR(Rock Mass Rating)
② RQD(Rock Quality Designation)
③ 진동치 속도(Kine)
④ 탄성파 속도(m/sec)

6) 암반의 등급판별 적용요소(Rock Mass Rating)

① 암석의 일축압축강도
② 지하수 상태

③ 절리 상태

④ 절리 방향

⑤ RQD(Rock Quality Designation)

⑥ 암반의 거칠기

3. 토질시험

1) 물리적 시험

① 비중시험 : 흙입자의 비중 측정

② 함수량시험 : 흙에 포함된 수분의 양

③ 입도시험 : 흙입자의 혼합상태

④ 액성·소성·수축한계 시험

⑤ 밀도시험 : 지반의 다짐도

여기서, W_s : 수축한계, W_p : 소성한계, W_L : 액성한계

[아터버그(Atterberg) 한계]

2) 역학적 시험

① 투수시험 : 지하수위, 투수계수 측정

② 압밀시험 : 점성토의 침하량 및 침하속도

③ 전단시험 : 흙의 전단저항

④ 압축시험 : 일축압축시험, 삼축압축시험

② 굴착작업의 안전조치

1. 굴착면의 기울기 기준(안전보건규칙 제338조)

지반의 종류	굴착면의 기울기
모래	1 : 1.8
연암 및 풍화암	1 : 1.0
경암	1 : 0.5
그 밖의 흙	1 : 1.2

◆ Key Point

지반 굴착작업 시 준수해야 할 경사면의 기울기에 관한 다음의 내용을 보고 (   ) 안에 해당하는 기울기를 쓰시오.

지반의 종류	모래	연암 및 풍화암	경암	그 밖의 흙
기울기	(①)	(②)	(③)	(④)

① 1 : 1.8, ② 1 : 1.0, ③ 1 : 0.5, ④ 1 : 1.2

2. 지반의 붕괴 등에 의한 위험방지

1) 굴착작업 시 위험방지(안전보건규칙 제340조)

① 흙막이 지보공의 설치
② 방호망의 설치
③ 근로자의 출입금지
④ 비가 올 경우를 대비하여 측구를 설치하거나 굴착경사면에 비닐보강

◆ Key Point

지반 굴착작업 시 토사등의 붕괴 또는 낙하에 의하여 근로자에게 위험을 미칠 우려가 있는 때의 조치사항 3가지를 쓰시오.

굴착작업 시 위험방지 ①~④ 항목 중 3가지 선택

2) 토사등에 의한 위험 방지(안전보건규칙 제50조)

① 지반은 안전한 경사로 하고 낙하의 위험이 있는 토석을 제거하거나 옹벽, 흙막이 지보 공 등을 설치할 것

② 토사등의 붕괴 또는 낙하 원인이 되는 빗물이나 지하수 등을 배제할 것

③ 갱내의 낙반·측벽(側壁) 붕괴의 위험이 있는 경우에는 지보공을 설치하고 부석을 제 거하는 등 필요한 조치를 할 것

3. 흙막이 지보공 작업 시 위험 방지

1) 흙막이 공법의 종류

(1) 자립식 공법

① 별도의 버팀대 없이 H-Pile과 토류벽에 의해 토압을 지지하는 공법

② 흙막이벽 근입부분의 수평저항이 충분하고 토압에 견딜 수 있는 지반이어야 한다.

(2) 버팀대 공법

① 굴착면에 설치한 흙막이벽을 버팀대(Strut)와 띠장(Wale)에 의해서 지지하고 굴착 하는 공법

② 굴착토량을 최소화할 수 있고 부지를 효율적으로 이용할 수 있으나 경사 오픈 컷에 비하여 공사비가 많이 들며 버팀대 및 띠장, 지주 등의 강성이 확보되어야 한다.

(3) 어스앵커(Earth Anchor) 공법

① 지중에 삭공을 사용하여 인장재를 삽입하고, 그라우팅한 후 긴장 및 정착하여 구조 물에 발생하는 토압, 수압 등의 외력에 저항하도록 하는 앵커 공법

② 앵커강재의 강도검토 및 장시간 사용 시 부식에 유의해야 한다.

[어스앵커 공법]

[어스앵커 시공사진]

Key Point

지중에 삭공을 사용하여 인장재를 삽입하고 그라우팅한 후 긴장 및 정착하여 구조물에 발생하는 토압, 수압 등의 외력에 저항하도록 하는 흙막이 공법은?

어스앵커(Earth Anchor) 공법

(4) C.I.P(Cast In-Place Pile) 공법

흙막이 벽체를 만들기 위해 굴착기계(Earth Auger)로 지반을 천공하고 그 속에 철근망과 주입관을 삽입한 다음 자갈을 넣고 주입관을 통해 Prepacked Mortar를 주입하여 현장타설 콘크리트 말뚝을 형성하는 공법

(5) S.C.W(Soil Cement Wall) 공법

3축 오거로 지반을 천공하면서 시멘트 페이스트와 벤토나이트의 경화제를 굴착 토사와 혼합한 후 H-Pile 등의 보강재를 삽입하여 지중에 벽체를 만드는 공법

(6) 지하연속벽(Slurry Wall) 공법

구조물의 벽체 부분을 먼저 굴착한 후 그 속에 철근망을 삽입하고, 콘크리트를 타설하여 지하벽체를 형성하는 공법

2) 흙막이 공사 시 주변침하 원인

① 흙막이 배면의 토압에 의한 흙막이 변형으로 배면토 이동
② 지반의 지하수 배출로 인한 지하수위 저하로 압밀침하 발생
③ 흙막이 배면부 뒤채움 및 다짐 불량
④ 우수 및 지표수 유입
⑤ 흙막이 배면부 과재하중 적재
⑥ 히빙, 보일링 현상 발생

3) 흙막이 지보공의 점검 및 보수(안전보건규칙 제347조)

① 부재의 손상·변형·부식·변위 및 탈락의 유무와 상태
② 버팀대의 긴압(緊壓)의 정도
③ 부재의 접속부·부착부 및 교차부의 상태
④ 침하의 정도

흙막이 지보공 정기점검사항 4가지를 쓰시오.

흙막이 지보공의 점검 및 보수사항 ①~④ 항목 선택

4) 계측기의 종류

[계측기기의 종류]

① 지표침하계 : 흙막이벽 배면에 동결심도보다 깊게 설치하여 지표면 침하량 측정
② 지중경사계 : 흙막이벽 배면에 설치하여 토류벽의 기울어짐 측정
③ 하중계 : Strut, Earth Anchor에 설치하여 축하중 측정으로 부재의 안정성 여부 판단
④ 간극수압계 : 굴착, 성토에 의한 간극수압의 변화 측정
⑤ 균열측정기 : 인접구조물, 지반 등의 균열부위에 설치하여 균열 크기와 변화 측정
⑥ 변형률계 : Strut, 띠장 등에 부착하여 굴착작업시 구조물의 변형 측정
⑦ 지하수위계 : 굴착에 따른 지하수위 변동 측정

깊이 10m 이상의 굴착의 경우 흙막이 구조물의 안전을 예측하기 위해 설치하여야 하는 계측기기를 3가지만 쓰시오.

계측기의 종류 ①~⑦ 항목 중 3가지 선택

[변형률계]

[하중계]

4. 잠함 내 굴착작업 위험 방지

1) 잠함 또는 우물통의 급격한 침하로 인한 위험 방지(안전보건규칙 제376조)

① 침하관계도에 따라 굴착방법 및 재하량 등을 정할 것
② 바닥으로부터 천장 또는 보까지의 높이는 1.8m 이상으로 할 것

2) 잠함 · 우물통 · 수직갱 등 내부에서의 작업기준(안전보건규칙 제377조)

① 산소결핍의 우려가 있는 경우에는 산소의 농도를 측정하는 자를 지명하여 측정하도록 할 것
② 근로자가 안전하게 오르내리기 위한 설비를 설치할 것
③ 굴착 깊이가 20m를 초과하는 경우에는 해당 작업장소와 외부와의 연락을 위한 통신설비 등을 설치할 것
④ 산소농도 측정결과 산소의 결핍이 인정되거나 굴착 깊이가 20m를 초과하는 경우에는 송기를 위한 설비를 설치하여 필요한 양의 공기를 송급

> **Key Point**
>
> 잠함 · 우물통 · 수직갱 기타 이와 유사한 건설물 또는 설비의 내부에서 굴착작업 시 준수사항 3가지를 쓰시오.
>
> 잠함 · 우물통 · 수직갱 등 내부에서의 작업기준 ①~④ 항목 중 3가지 선택

3) 잠함 등 내부에서 굴착작업의 금지(안전보건규칙 제378조)

① 승강설비, 통신설비, 송기설비에 고장이 있는 경우
② 잠함 등의 내부에 다량의 물 등이 침투할 우려가 있는 경우

5. 터널 굴착공사 위험 방지

1) 터널공법의 종류

① NATM

록볼트와 숏크리트 같은 보강재를 사용하여 암반과 일체화된 구조체를 형성함으로써 터널에 작용하는 하중에 대하여 저항하는 안정성이 크고, 경제성이 우수한 터널 공법

② T.B.M

Tunnel Boring Machine의 커터 헤드를 회전시켜 연속적으로 암반을 압쇄하여 터널을 굴진해 나가는 공법

③ 쉴드(Shield)

철제로 된 원통형의 쉴드를 수직구 안에 투입시켜 커터헤드를 회전시키면서 터널을 굴착하고, 쉴드 뒤쪽에서 세그먼트를 반복해 설치하면서 터널을 형성하는 공법

④ 개착식 터널

사면을 먼저 굴착한 후 터널 구조물을 완성하고 다시 토사를 되메우는 공법

⑤ 침매터널

육상에서 제작한 구조물을 하저구간에 연속적으로 가라앉혀 터널 구조물 형성

[개착식 터널]

[NATM 터널]

2) 작업계획서 포함사항(안전보건규칙 제38조)

① 굴착의 방법
② 터널지보공 및 복공의 시공방법과 용수의 처리방법
③ 환기 또는 조명시설을 하는 때에는 그 방법

Key Point

터널 굴착작업 시 시공계획에 포함되어야 할 사항을 2가지 쓰시오.

작업계획서 포함사항 ①~③ 항목 중 2가지 선택

3) 자동경보장치의 작업시작 전 점검사항(안전보건규칙 제350조)

① 계기의 이상 유무
② 검지부의 이상 유무
③ 경보장치의 작동상태

4) 낙반 등에 의한 위험 방지조치(안전보건규칙 제351조)

① 터널 지보공 설치
② 록볼트(Rock Bolt) 설치
③ 부석(浮石)의 제거

5) 출입구 부근 등 지반붕괴 방지조치(안전보건규칙 제352조)

① 흙막이 지보공 설치
② 방호망 설치

6) 터널 지보공 수시점검사항(안전보건규칙 제366조)

① 부재의 손상·변형·부식·변위·탈락의 유무 및 상태
② 부재의 긴압의 정도
③ 부재의 접속부 및 교차부의 상태
④ 기둥침하의 유무 및 상태

● Key Point

터널 지보공 굴착작업 시 수시점검사항을 4가지 쓰시오.

터널 지보공 수시점검사항 ①~④ 항목 선택

7) 터널 강아치 지보공의 조립 또는 변경 시의 조치(안전보건규칙 제364조)

① 조립간격은 조립도에 따를 것
② 주재가 아치 작용을 충분히 할 수 있도록 쐐기를 박는 등 필요한 조치를 할 것
③ 연결볼트 및 띠장 등을 사용하여 주재 상호 간을 튼튼하게 연결할 것
④ 터널 등의 출입구 부분에는 받침대를 설치할 것
⑤ 낙하물에 의하여 근로자에게 위험을 미칠 우려가 있는 때에는 널판 등을 설치할 것

8) 터널공사 계측관리

(1) 일상계측

① 육안조사
② 내공변위 측정
③ 천단침하 측정

(2) 대표계측

① 지표면 침하 측정
② 지중변위 측정
③ 지중침하 측정
④ Rock Bolt 인발시험
⑤ 숏크리트 응력 측정
⑥ 지하수위 측정

Rock bolt 축력 측정
Shotcrete 응력 측정
Rock bolt
천단침하 측정
Rock bolt 인발시험
내공변위 측정
육안조사 (관찰조사)
탄성파 속도 측정

[터널의 계측]

9) 터널 지보공 및 라이닝

(1) 록볼트(Rock Bolt)의 효과

① 지반의 강도증대
② 굴착단면 보강
③ 지반변위 방지
④ 지반의 봉합효과

(2) 라이닝(Lining)의 목적

① 지질의 불균일성, 지보재의 품질저하 등으로 인한 터널의 강도저하를 보강
② 터널구조물의 내구성 증진으로 인한 붕괴 방지
③ 지하수 등으로 부터의 수밀성 확보
④ 사용 중 점검, 보수 등의 작업성 증대
⑤ 터널 내부 시설물 설치 용이

6. 발파에 의한 굴착작업

1) 화약류의 운반시 준수사항(굴착공사 표준안전작업지침 제13조)

① 화약류는 화약류 취급 책임자로부터 수령
② 화약류의 운반은 반드시 운반대나 상자를 이용하여 소분하여 운반
③ 용기에 화약류와 뇌관의 동시 운반 금지
④ 화약류, 뇌관 등은 충격을 주지 말고 화기에 접근 금지
⑤ 발파 후 굴착작업 시 불발 잔약의 유무를 반드시 확인하고 작업
⑥ 전석의 유무를 조사하고 소정의 높이와 기울기를 유지하고 굴착작업 실시

2) 발파작업 시 준수사항(안전보건규칙 제348조)

① 얼어붙은 다이나마이트는 화기에 접근시키거나 그 밖의 고열물에 직접 접촉시키는 등 위험한 방법으로 융해되지 않도록 할 것
② 화약이나 폭약을 장전하는 경우에는 그 부근에서 화기를 사용하거나 흡연을 하지 않도록 할 것
③ 장전구는 마찰·충격·정전기 등에 의한 폭발의 위험이 없는 안전한 것을 사용할 것
④ 발파공의 충진재료는 점토·모래 등 발화성 또는 인화성의 위험이 없는 재료를 사용할 것
⑤ 점화 후 장전된 화약류가 폭발하지 아니한 경우 또는 장전된 화약류의 폭발 여부를 확인하기 곤란한 경우에는 다음 각 목의 사항을 따를 것
　　㉠ 전기뇌관에 의한 경우에는 발파모선을 점화기에서 떼어 그 끝을 단락시켜 놓는 등 재점화되지 않도록 조치하고 그때부터 5분 이상 경과한 후가 아니면 화약류의 장전장소에 접근시키지 않도록 할 것
　　㉡ 전기뇌관 외의 것에 의한 경우에는 점화한 때부터 15분 이상 경과한 후가 아니면 화약류의 장전장소에 접근시키지 않도록 할 것
⑥ 전기뇌관에 의한 발파의 경우 점화하기 전에 화약류를 장전한 장소로부터 30미터 이상 떨어진 안전한 장소에서 전선에 대하여 저항 측정 및 도통시험을 할 것

3) 발파작업 시 관리감독자의 직무내용(안전보건규칙 제35조)

① 점화 전에 점화작업에 종사하는 근로자 외의 자의 대피를 지시하는 일

② 점화작업에 종사하는 근로자에 대하여 대피장소 및 경로를 지시하는 일

③ 점화 전에 위험구역 내에서 근로자가 대피한 것을 확인하는 일

④ 점화순서 및 방법에 대하여 지시하는 일

⑤ 점화신호를 하는 일

⑥ 점화작업에 종사하는 근로자에 대하여 대피신호를 하는 일

⑦ 발파 후 터지지 아니한 장약이나 남은 장약의 유무, 용수 유무 및 암석·토사의 낙하 유무 등을 점검하는 일

⑧ 점화하는 사람을 정하는 일

⑨ 공기압축기의 안전밸브 작동 유무를 점검하는 일

⑩ 안전모 등 보호구의 착용상황을 감시하는 일

🔧 Key Point

발파작업 시 관리감독자의 유해 위험방지업무 4가지를 쓰시오.

발파작업 시 관리감독자의 직무내용 ①~⑩ 항목 중 4가지 선택

---

3 붕괴재해 예방대책

1. 히빙(Heaving)

1) 정의

연약한 점토지반을 굴착할 때 흙막이 벽체 배면에 있는 흙의 중량이 굴착 바닥면의 흙의 중량보다 클 때 그 중량 차이로 인해 흙막이 벽체 배면의 흙이 안으로 밀려 들어와 굴착 바닥면이 부풀어오르는 현상

2) 지반조건

연약한 점토 지반, 굴착저면 하부의 피압수

3) 피해

① 흙막이의 전 면적 파괴
② 흙막이 주변 지반침하로 인한 지하매설물 파괴

4) 안전대책

① 흙막이벽 근입깊이 증가
② 흙막이벽 배면 지표의 상재하중을 제거
③ 지반굴착 시 흙이 느슨해지지 않도록 유의
④ 지반개량으로 하부지반 전단강도 개선
⑤ 강성이 큰 흙막이 공법 선정

[히빙현상]

Key Point

히빙현상의 정의와 방지대책 3가지를 쓰시오.

(1) 정의
　　연약한 점토지반을 굴착할 때 흙막이 벽체 배면에 있는 흙의 중량이 굴착 바닥면의 흙의 중량보다 클 때 그 중량 차이로 인해 흙막이 벽체 배면의 흙이 안으로 밀려 들어와 굴착 바닥면이 부풀어오르는 현상

(2) 방지대책
　　① 흙막이벽 근입깊이 증가
　　② 흙막이벽 배면 지표의 상재하중을 제거
　　③ 지반굴착 시 흙이 느슨해지지 않도록 유의
　　④ 지반개량으로 하부지반 전단강도 개선
　　⑤ 강성이 큰 흙막이 공법 선정

---

2. 보일링(Boiling)

1) 정의

투수성이 좋은 사질토 지반을 굴착할 때 흙막이벽 배면의 지하수위가 굴착저면보다 높을 경우 굴착저면 위로 모래와 지하수가 솟아오르는 현상

2) 지반조건

투수성이 좋은 사질지반, 굴착저면 하부의 피압수

3) 피해

① 흙막이의 전 면적 파괴
② 흙막이 주변 지반침하로 인한 지하매설물 파괴
③ 굴착저면의 지지력 감소

4) 안전대책

① 흙막이벽 근입깊이 증가
② 흙막이벽의 차수성 증대
③ 흙막이벽 배면 지반 그라우팅 실시
④ 흙막이벽 배면 지반 지하수위 저하
⑤ 굴착토를 즉시 원상태로 매립

[보일링 현상]

⊕ Key Point

보일링 현상을 방지하기 위한 대책 3가지를 쓰시오.

보일링 현상 안전대책 ①~⑤ 항목 중 3가지 선택

3. 동상현상

1) 정의

흙 속의 공극수가 동결하여 체적이 커져서 지반이 부풀어오르는 현상

2) 동상 방지대책

① 동결심도 아래에 배수층 설치
② 배수구 등을 설치하여 지하수위 저하
③ 동결깊이 상부의 흙을 동결이 잘 되지 않는 재료로 치환
④ 모관수 상승을 차단하는 층을 두어 동상 방지

🔆 Key Point

흙의 동상현상 방지대책을 기술하시오.

동상 방지대책 ①~④ 항목 선택

---

4. 연약지반의 개량공법

1) 연약지반의 정의

연약지반이란 점토나 실트와 같은 미세한 입자의 흙이나 간극이 큰 유기질토 또는 이탄토, 느슨한 모래 등으로 이루어진 토층으로 구성

2) 연약지반의 개량목적

① 지반의 강도 증가
② 활동에 대한 저항 부여
③ 액상화 방지
④ 전단변형 억제
⑤ 압밀침하 촉진을 통한 지반강화

3) 점성토 연약지반 개량공법

(1) 치환공법

연약지반을 양질의 흙으로 치환하는 공법으로 굴착, 활동, 폭파 치환

(2) 재하공법(압밀공법)

① 프리로딩 공법(Pre-Loading) : 사전에 성토를 미리하여 흙의 전단강도를 증가

② 압성토공법(Surcharge) : 측방에 압성토하여 압밀에 의해 강도 증가

③ 사면선단 재하공법 : 성토한 비탈면 옆부분을 덧붙임하여 비탈면 끝의 전단강도를 증가

(3) 탈수공법

연약지반에 모래말뚝, 페이퍼드레인, 팩을 설치하여 물을 배제시켜 압밀을 촉진하는 것으로 샌드드레인·페이퍼드레인·팩드레인 공법

(4) 배수공법

중력배수(집수정, Deep Well), 강제배수(Well Point, 진공 Deep Well)

(5) 고결공법

생석회 말뚝공법, 동결공법, 소결공법

[Deep Well 공법]

[Well Point 공법]

Key Point

점성토 지반 개량공법 5가지를 쓰시오.

(1) 치환공법   (2) 재하(압밀)공법   (3) 탈수공법   (4) 배수공법   (5) 고결공법

4) 사질토 연약지반 개량공법

① 진동다짐공법(Vibro Floatation) : 봉상진동기를 이용, 진동과 물다짐을 병용
② 동다짐(압밀)공법 : 무거운 추를 자유 낙하시켜 지반충격으로 다짐효과
③ 약액주입공법 : 지반 내 화학약액(LW, Bentonite, Hydro)을 주입하여 지반고결
④ 폭파다짐공법 : 인공지진을 발생시켜 모래지반을 다짐
⑤ 전기충격공법 : 지반 속에서 고압방전을 일으켜 발생하는 충격력으로 지반다짐
⑥ 모래다짐말뚝공법 : 충격, 진동, 타입에 의해 모래를 압입시켜 모래 말뚝을 형성하여 다짐에 의한 지지력을 향상

Key Point

연약지반의 개량공법 중 사질토 지반 개량공법 4가지를 쓰시오.

사질토 연약지반 개량공법 ①~⑥ 항목 중 4가지 선택

제3장 구조물공사 안전

① 철근공사

1. 철근의 종류

① 원형철근 : 철근 표면에 돌기가 없는 매끈한 표면으로 된 철근
② 이형철근 : 철근 표면에 리브(Rib)와 마디 등 돌기가 있는 철근
③ 피아노선 : 프리스트레스 콘크리트에 사용
④ 스터드(Stud) : 철골보와 콘크리트 슬래브를 연결하는 Shear Connector 역할

2. 철근의 가공

1) 철근가공 계획 시 검토사항

① 재료의 저장 및 가공 장소
② 가공 및 저장 설비
③ 가공 공장

2) 철근재료 시험항목

① 인장강도 시험
② 연신율 시험
③ 휨 시험

3) 철근가공

(1) 철근 구부리기
① 상온가공(냉간가공) : 25mm 이하 철근
② 열간가공 : 원형 28mm 이상, 이형 29mm 이상

(2) 철근은 상온에서 지상 가공하는 것을 원칙으로 함

(3) 원형철근의 말단부는 원칙적으로 훅(Hook)을 둠

(4) 이형철근은 부착력이 크므로 기둥 또는 굴뚝을 제외한 부분은 훅(Hook)을 생략할 수 있음

(5) 훅(Hook)을 반드시 두어야 하는 위치

    ① 원형철근의 말단부

    ② 캔틸레버근

    ③ 단순보의 지지단

    ④ 굴뚝철근

    ⑤ 보, 기둥철근

3. 철근조립 작업 시 준수사항(안전보건규칙 제336조)

(1) 양중기로 철근을 운반할 경우에는 두 군데 이상 묶어서 수평으로 운반할 것

(2) 작업위치의 높이가 2미터 이상일 경우에는 작업발판을 설치하거나 안전대를 착용하게 하는 등 위험 방지를 위하여 필요한 조치를 할 것

② 거푸집공사

1. 거푸집의 종류

1) 유로폼(Euro Form)

내수코팅합판과 경량 프레임으로 제작한 가장 초보적인 단계의 시스템 거푸집

2) 갱폼(Gang Form)

거푸집판과 보강재가 일체로 된 기본패널, 작업을 위한 작업 발판대 및 수직도 조정과 횡력을 지지하는 빗버팀대로 구성되는 벽체 거푸집

3) 슬립폼(Slip Form)

거푸집을 연속적으로 이동시키면서 콘크리트 타설하는 것으로 수평적 또는 수직적으로 반복된 구조물 시공에 유리함

4) 클라이밍폼(Climbing Form)

벽체용 거푸집으로 거푸집과 벽체 마감공사를 위한 비계틀을 일체로 제작하였고, 거푸집과 비계틀을 한꺼번에 인양시켜 설치

5) 슬라이딩폼(Sliding Form)

요크(Yoke)로 거푸집을 수직으로 연속 이동시키면서 콘크리트 타설하는 것으로 돌출물 등 단면 형상의 변화가 없는 곳에 적용

6) 터널폼(Tunnel Form)

터널의 슬래브와 벽체의 콘크리트 타설을 일체화하기 위한 철재 거푸집

[갱폼(Gang Form)]

[슬립폼(Slip Form)]

2. 거푸집의 설치

1) 재료 선정 시 고려사항

① 강도
② 강성
③ 내구성
④ 작업성
⑤ 타설 콘크리트의 영향
⑥ 경제성

거푸집 및 지보공의 재료 선정 시 고려해야 할 사항을 4가지만 쓰시오.

재료 선정 시 고려사항 ①~⑥ 항목 중 4가지 선택

2) 거푸집의 조립순서

(1) 기초 → (2) 기둥 → (3) 내력벽 → (4) 큰 보 → (5) 작은 보 → (6) 바닥판 → (7) 계단 → (8) 외벽

3. 거푸집의 해체

1) 거푸집 및 동바리 존치기간

(1) 거푸집 존치기간

① 콘크리트 압축강도를 시험할 경우(콘크리트표준시방서)

부재	콘크리트의 압축강도(f_{cu})
확대기초, 보 옆, 기둥, 벽 등의 측벽	5MPa 이상
슬래브 및 보의 밑면, 아치 내면	설계기준강도$\times\dfrac{2}{3}$ $\left(f_{cu} \geq \dfrac{2}{3}f_{ck}\right)$ 다만, 14MPa 이상

② 콘크리트 압축강도를 시험하지 않을 경우(기초, 보 옆, 기둥 및 보의 측벽)

시멘트의 종류 평균 기온	조강포틀랜드 시멘트	보통포틀랜드시멘트 고로슬래그시멘트(특급) 포틀랜드포졸란시멘트(A종) 플라이애시시멘트(A종)	고로슬래그시멘트 포틀랜드포졸란 시멘트(B종) 플라이애시시멘트(B종)
20℃ 이상	2일	4일	5일
20℃ 미만 10℃ 이상	3일	6일	8일

(2) 동바리 존치기간

Slab 밑, 보 밑 모두 설계기준강도(f_{ck})의 100% 이상의 콘크리트 압축강도가 얻어질 때까지 존치

2) 조립 · 해체 작업 시 준수사항(안전보건규칙 제336조)

① 해당 작업을 하는 구역에는 관계 근로자가 아닌 사람의 출입을 금지할 것

② 비, 눈, 그 밖의 기상상태의 불안정으로 날씨가 몹시 나쁜 경우에는 그 작업을 중지할 것

③ 재료, 기구 또는 공구 등을 올리거나 내리는 경우에는 근로자로 하여금 달줄 · 달포대 등을 사용하도록 할 것

④ 낙하 · 충격에 의한 돌발적 재해를 방지하기 위하여 버팀목을 설치하고 거푸집동바리 등을 인양장비에 매단 후에 작업을 하도록 하는 등 필요한 조치를 할 것

⊕ Key Point

거푸집 동바리 등의 조립 또는 해체 작업 시 준수사항 3가지를 쓰시오.

해체 작업 시 준수사항 ①~④ 중 3가지 선택

4. 구조검토 시 고려하여야 할 하중

1) 종류

① 연직방향하중 : 타설 콘크리트 및 거푸집 중량, 활하중(충격하중, 작업하중 등)

② 횡방향하중 : 작업 시 진동, 충격, 풍압, 유수압, 지진 등

③ 콘크리트 측압 : 콘크리트가 거푸집을 안쪽에서 밀어내는 압력

④ 특수하중 : 시공 중 예상되는 특수한 하중(콘크리트 편심하중 등)

2) 거푸집 동바리의 연직방향 하중

(1) 계산식

W = 고정하중 + 활하중

= 콘크리트 중량 + 거푸집 중량 + 활하중

$= \gamma \times t + 40\text{kg}/\text{m}^2 + 250\text{kg}/\text{m}^2$

여기서, γ : 철근콘크리트 단위중량(kg/m^3), t : 슬래브 두께(m)

(2) 고정하중

철근콘크리트의 중량(보통 콘크리트) 2,400kg/m³, 거푸집 중량 40kg/m²

(3) 활하중

최소 250kg/m^2 이상(단, 진동식 카트 장비 사용 시 375kg/m^2 적용)

◆ Key Point

거푸집 및 지보공(동바리) 시공 시 고려할 하중 3가지를 쓰시오.

① 연직방향하중　　② 횡방향하중
③ 콘크리트 측압　　④ 특수하중 중 3가지 선택

---

5. 거푸집 동바리 조립 시 안전조치(안전보건규칙 제332조)

사업주는 동바리를 조립하는 경우에는 하중의 지지상태를 유지할 수 있도록 다음 각 호의 사항을 준수해야 한다.

(1) 받침목이나 깔판의 사용, 콘크리트 타설, 말뚝박기 등 동바리의 침하를 방지하기 위한 조치를 할 것
(2) 동바리의 상하 고정 및 미끄러짐 방지 조치를 할 것
(3) 상부·하부의 동바리가 동일 수직선상에 위치하도록 하여 깔판·받침목에 고정시킬 것
(4) 개구부 상부에 동바리를 설치하는 경우에는 상부하중을 견딜 수 있는 견고한 받침대를 설치할 것
(5) U헤드 등의 단판이 없는 동바리의 상단에 멍에 등을 올릴 경우에는 해당 상단에 U헤드 등의 단판을 설치하고, 멍에 등이 전도되거나 이탈되지 않도록 고정시킬 것
(6) 동바리의 이음은 같은 품질의 재료를 사용할 것
(7) 강재의 접속부 및 교차부는 볼트·클램프 등 전용철물을 사용하여 단단히 연결할 것
(8) 거푸집의 형상에 따른 부득이한 경우를 제외하고는 깔판이나 받침목은 2단 이상 끼우지 않도록 할 것
(9) 깔판이나 받침목을 이어서 사용하는 경우에는 그 깔판·받침목을 단단히 연결할 것

[거푸집 동바리의 구조]　　　　　　　[시스템 동바리]

6. 동바리 유형에 따른 동바리 조립 시의 안전조치(안전보건규칙 제332조의2)

사업주는 동바리를 조립할 때 동바리의 유형별로 다음 각 호의 구분에 따른 각 목의 사항을 준수해야 한다.

(1) 동바리로 사용하는 파이프 서포트의 경우

　① 파이프 서포트를 3개 이상 이어서 사용하지 않도록 할 것

　② 파이프 서포트를 이어서 사용하는 경우에는 4개 이상의 볼트 또는 전용철물을 사용하여 이을 것

　③ 높이가 3.5미터를 초과하는 경우에는 높이 2미터 이내마다 수평연결재를 2개 방향으로 만들고 수평연결재의 변위를 방지할 것

(2) 동바리로 사용하는 강관틀의 경우

　① 강관틀과 강관틀 사이에 교차가새를 설치할 것

　② 최상단 및 5단 이내마다 동바리의 측면과 틀면의 방향 및 교차가새의 방향에서 5개 이내마다 수평연결재를 설치하고 수평연결재의 변위를 방지할 것

　③ 최상단 및 5단 이내마다 동바리의 틀면의 방향에서 양단 및 5개틀 이내마다 교차가새의 방향으로 띠장틀을 설치할 것

(3) 동바리로 사용하는 조립강주의 경우

　조립강주의 높이가 4미터를 초과하는 경우에는 높이 4미터 이내마다 수평연결재를 2개 방향으로 설치하고 수평연결재의 변위를 방지할 것

(4) 시스템 동바리(규격화·부품화된 수직재, 수평재 및 가새재 등의 부재를 현장에서 조립하여 거푸집을 지지하는 지주 형식의 동바리를 말한다)의 경우

① 수평재는 수직재와 직각으로 설치해야 하며, 흔들리지 않도록 견고하게 설치할 것

② 연결철물을 사용하여 수직재를 견고하게 연결하고, 연결부위가 탈락 또는 꺾어지지 않도록 할 것

③ 수직 및 수평하중에 대해 동바리의 구조적 안정성이 확보되도록 조립도에 따라 수직재 및 수평재에는 가새재를 견고하게 설치할 것

④ 동바리 최상단과 최하단의 수직재와 받침철물은 서로 밀착되도록 설치하고 수직재와 받침철물의 연결부의 겹침길이는 받침철물 전체길이의 3분의 1 이상 되도록 할 것

(5) 보 형식의 동바리[강제 갑판(steel deck), 철재트러스 조립 보 등 수평으로 설치하여 거푸집을 지지하는 동바리를 말한다]의 경우

① 접합부는 충분한 걸침 길이를 확보하고 못, 용접 등으로 양끝을 지지물에 고정시켜 미끄러짐 및 탈락을 방지할 것

② 양끝에 설치된 보 거푸집을 지지하는 동바리 사이에는 수평연결재를 설치하거나 동바리를 추가로 설치하는 등 보 거푸집이 옆으로 넘어지지 않도록 견고하게 할 것

③ 설계도면, 시방서 등 설계도서를 준수하여 설치할 것

7. 조립·해체 등 작업 시의 준수사항(안전보건규칙 제333조)

(1) 사업주는 기둥·보·벽체·슬래브 등의 거푸집 및 동바리를 조립하거나 해체하는 작업을 하는 경우에는 다음 각 호의 사항을 준수할 것

① 해당 작업을 하는 구역에는 관계 근로자가 아닌 사람의 출입을 금지할 것

② 비, 눈, 그 밖의 기상상태의 불안정으로 날씨가 몹시 나쁜 경우에는 그 작업을 중지할 것

③ 재료, 기구 또는 공구 등을 올리거나 내리는 경우에는 근로자로 하여금 달줄·달포대 등을 사용하도록 할 것

④ 낙하·충격에 의한 돌발적 재해를 방지하기 위하여 버팀목을 설치하고 거푸집 및 동바리를 인양장비에 매단 후에 작업을 하도록 하는 등 필요한 조치를 할 것

(2) 사업주는 철근조립 등의 작업을 하는 경우에는 다음 각 호의 사항을 준수할 것

① 양중기로 철근을 운반할 경우에는 두 군데 이상 묶어서 수평으로 운반할 것

② 작업위치의 높이가 2미터 이상일 경우에는 작업발판을 설치하거나 안전대를 착용하게 하는 등 위험 방지를 위하여 필요한 조치를 할 것

8. 관리 감독자의 유해 · 위험방지 업무(안전보건규칙 제35조)

(1) 안전한 작업방법을 결정하고 작업을 지휘하는 일
(2) 재료 · 기구의 결함 유무를 점검하고 불량품을 제거하는 일
(3) 작업 중 안전대 및 안전모 등 보호구 착용상황을 감시하는 일

---

③ 콘크리트공사

1. 콘크리트의 타설작업(안전보건규칙 제334조)

사업주는 콘크리트 타설작업을 하는 경우에는 다음 각 호의 사항을 준수해야 한다.
(1) 당일의 작업을 시작하기 전에 해당 작업에 관한 거푸집 및 동바리의 변형 · 변위 및 지반의 침하 유무 등을 점검하고 이상이 있으면 보수할 것
(2) 작업 중에는 감시자를 배치하는 등의 방법으로 거푸집 및 동바리의 변형 · 변위 및 침하 유무 등을 확인해야 하며, 이상이 있으면 작업을 중지하고 근로자를 대피시킬 것
(3) 콘크리트 타설작업 시 거푸집 붕괴의 위험이 발생할 우려가 있으면 충분한 보강조치를 할 것
(4) 설계도서상의 콘크리트 양생기간을 준수하여 거푸집 및 동바리를 해체할 것
(5) 콘크리트를 타설하는 경우에는 편심이 발생하지 않도록 골고루 분산하여 타설할 것

> **◆ Key Point**
>
> 콘크리트 타설작업 시 준수사항 3가지를 쓰시오.
>
> 콘크리트 타설작업 시 준수사항 ①~⑤ 항목 중 3가지 선택

2. 콘크리트 측압

1) 정의

측압(Lateral Pressure)이란 콘크리트 타설 시 기둥 · 벽체의 거푸집에 가해지는 콘크리트의 수평방향의 압력으로 콘크리트의 타설 높이가 증가함에 따라 측압은 증가하나, 일정 높이 이상이 되면 측압은 감소한다.

2) 측압이 커지는 조건

① 거푸집 부재단면이 클수록
② 거푸집 수밀성이 클수록
③ 거푸집의 강성이 클수록
④ 거푸집 표면이 평활할수록
⑤ 시공연도(Workability)가 좋을수록
⑥ 철골 또는 철근 양이 적을수록
⑦ 외기온도가 낮을수록 습도가 높을수록
⑧ 콘크리트의 타설속도가 빠를수록
⑨ 콘크리트의 다짐이 좋을수록
⑩ 콘크리트의 Slump가 클수록
⑪ 콘크리트의 비중이 클수록

❀ Key Point

콘크리트 타설작업 시 거푸집의 측압에 영향을 미치는 요인을 5가지 쓰시오.

① 콘크리트의 시공연도(슬럼프)가 클수록 측압이 크다.
② 콘크리트의 부어넣기 속도가 빠를수록 측압이 크다.
③ 콘크리트의 다짐이 좋을수록 측압이 크다.
④ 온도가 낮을수록 측압이 크다.
⑤ 벽 두께가 클수록 측압이 크다.

4 철골공사

1. 철골작업 시 추락 방지

1) 공사 전 검토사항

(1) 설계도 및 공작도의 확인 및 검토사항

① 부재의 형상 및 치수, 접합부의 위치, 브래킷의 내민 치수, 건물의 높이
② 철골의 건립형식, 건립상의 문제점, 관련 가설설비

③ 건립기계의 종류 선정, 건립공정 검토, 건립기계 대수 결정

④ 현장용접의 유무, 이음부의 시공난이도를 확인하여 작업방법 결정

⑤ SRC조의 경우 건립순서 등을 검토하여 철골계단을 안전작업에 이용

⑥ 한쪽만 많이 내민 보가 있는 기둥에 대한 필요한 조치

(2) 공작도(Shop Drawing)에 포함사항

① 외부비계 및 화물승강설비용 브래킷

② 기둥 승강용 트랩

③ 구명줄 설치용 고리

④ 건립에 필요한 와이어로프 걸이용 고리

⑤ 안전난간 설치용 부재

⑥ 기둥 및 보 중앙의 안전대 설치용 고리

⑦ 방망 설치용 부재

⑧ 비계 연결용 부재

⑨ 방호선반 설치용 부재

⑩ 양중기 설치용 보강재

2) 철골작업 시 위험 방지조치

(1) 철골조립 시 위험방지(안전보건규칙 제380조)

철골을 조립하는 경우에 철골의 접합부가 충분히 지지되도록 볼트를 체결하거나 이와 같은 수준 이상의 견고한 구조가 되기 전에는 들어 올린 철골을 걸이로프 등으로부터 분리해서는 아니 된다.

(2) 승강로의 설치(안전보건규칙 제381조)

근로자가 수직방향으로 이동하는 철골부재에는 답단 간격이 30cm 이내인 고정된 승강로를 설치하여야 하며, 수평방향 철골과 수직방향 철골이 연결되는 부분에는 연결작업을 위하여 작업발판 등을 설치하여야 한다.

(3) 가설통로의 설치(안전보건규칙 제382조)

철골작업을 하는 경우에 근로자의 주요 이동통로에 고정된 가설통로를 설치하여야 한다. 다만, 제44조에 따른 안전대의 부착설비 등을 갖춘 경우에는 그러하지 아니하다.

3) 철골작업의 중지(안전보건규칙 제383조)

구분	내용
강풍	풍속 10m/sec 이상
강우	1시간당 강우량이 1mm 이상
강설	1시간당 강설량이 1cm 이상

Key Point

철골작업을 중지하여야 하는 기상조건을 3가지 쓰시오.

(1) 풍속이 초당 10m 이상인 경우
(2) 강우량이 시간당 1mm 이상인 경우
(3) 강설량이 시간당 1cm 이상인 경우

2. 철골작업 시 내력을 검토해야 하는 대상

① 높이 20m 이상의 구조물
② 구조물의 폭과 높이의 비가 1 : 4 이상인 구조물
③ 단면구조에 현저한 차이가 있는 구조물
④ 연면적당 철골량이 50kg/m² 이하인 구조물
⑤ 기둥이 타이플레이트(Tie Plate) 형인 구조물
⑥ 이음부가 현장용접인 구조물

Key Point

내력을 설계에 반영해야 하는 철골구조물 4가지를 쓰시오.

철골작업 시 내력을 검토해야 하는 대상 ①∼⑥ 항목 중 4가지 선택

3. 철골 건립기계 선정 시 고려사항

① 입지조건
② 주변영향
③ 구조물의 형태

④ 인양하중
⑤ 작업반경

5 해체공사

1. 해체공법 선정 시 고려사항

① 해체 대상물의 구조
② 해체 대상물의 부재단면 및 높이
③ 부지 내 작업용 공지
④ 부지 주변의 도로상황 및 환경
⑤ 해체공법의 경제성 · 작업성 · 안정성 등

Key Point

해체공법 선정 시 사전에 고려해야 할 사항을 3가지 쓰시오.

해체공법 선정 시 고려사항 ①~⑤ 항목 중 3가지 선택

2. 해체공법의 종류

① 기계력 : 철 해머, 대형 · 소형 브레이커, 절단공법
② 전도 : 전도공법
③ 유압력 : 유압잭 공법, 압쇄공법
④ 폭발력 : 발파공법, 폭파공법
⑤ 기타 : 팽창압 공법, 워터제트(Water Jet) 공법

3. 해체작업의 안전

1) 해체작업계획서의 포함사항(안전보건규칙 제38조)

① 해체의 방법 및 해체순서 도면
② 가설설비, 방호설비, 환기설비 및 살수 · 방화설비 등의 방법

③ 사업장 내 연락방법
④ 해체물의 처분계획
⑤ 해체작업용 기계·기구 등의 작업계획서
⑥ 해체작업용 화약류 등의 사용계획서
⑦ 기타 안전·보건에 관련된 사항

✦ Key Point

건물의 해체작업 시 해체계획에 포함되어야 하는 사항을 4가지 쓰시오.

해체작업계획서의 포함사항 ①~⑦ 항목 중 4가지 선택

2) 해체공사 시 안전대책

① 작업구역 내에는 관계자 외 출입금지
② 강풍, 폭우, 폭설 등 악천후 시 작업 중지
③ 사용기계·기구 등을 인양하거나 내릴 때 그물망 또는 그물포 등을 사용
④ 전도작업 시 작업자 이외의 다른 작업자의 대피상태 확인 후 전도
⑤ 파쇄공법의 특성에 따라 방진벽, 비산 차단벽, 살수시설 설치
⑥ 작업자 상호 간 신호규정 준수
⑦ 해체작업 시 적정한 위치에 대피소 설치
⑧ 작업 시 위험 부분에 작업자가 머무르는 것은 특히 위험하며, 해체장비 주위 4m 안에 접근을 금지한다.

3) 해체작업에 따른 공해 방지(해체공사 표준안전작업지침 제22조)

① 공기 압축기 등은 적당한 장소에 설치하여야 하며 장비의 소음 진동 기준은 관계법에서 정하는 바에 따라서 처리하여야 한다.
② 전도공법의 경우 전도물 규모를 작게 하여 중량을 최소화하며, 전도 대상물의 높이도 되도록 작게 하여야 한다.
③ 철 해머공법의 경우 해머의 중량과 낙하높이를 가능한 한 낮게 하여야 한다.
④ 현장 내에서는 대형 부재로 해체하며, 장외에서 잘게 파쇄하여야 한다.
⑤ 인접 건물에 피해를 줄이기 위해 방음, 방진 목적의 가시설을 설치하여야 한다.

해체공사의 공법에 따라 발생하는 소음과 진동의 방지대책을 4가지 쓰시오.

해체작업에 따른 공해 방지 ①~⑤ 항목 중 4가지 선택

4) 해체 장비와 해체물 사이의 안전거리(L)

① 힘으로 무너뜨리거나, 쳐서 무너뜨리는 경우 : $L \geqq 0.5H$(H=해체건물의 높이)

② 끌어당겨 무너뜨리는 경우 : $L \geqq 1.5H$

제4장 마감공사 안전

① 마감공사

1. 화기사용 작업

1) 용접작업

(1) 가스용접

충분한 강도 기대는 어려우나 절단용으로 중요

(2) 전기저항용접

기밀을 요하는 공작기 등의 제작에 사용

(3) 아크용접

모재와 용접봉 사이에 3,500℃의 고열 발생

(4) 금속 전기 아크용접

철골의 용접에 주로 사용됨

2) 화재 · 폭발 예방조치

(1) 위험물 등이 있는 장소에서 화기사용 금지(안전보건규칙 제239조)

위험물이 있어 폭발이나 화재가 발생할 우려가 있는 장소 또는 그 상부에서 불꽃이나 아크를 발생하거나 고온으로 될 우려가 있는 화기 · 기계 · 기구 및 공구 등 사용 금지

(2) 화재위험작업 시의 준수사항(안전보건규칙 제241조)

① 통풍이나 환기가 충분하지 않은 장소에서 화재위험작업을 하는 경우에는 통풍 또는 환기를 위하여 산소를 사용해서는 아니 된다.

② 가연성물질이 있는 장소에서 화재위험작업을 하는 경우에는 화재예방에 필요한 다음 각 호의 사항을 준수하여야 한다.

㉠ 작업 준비 및 작업 절차 수립

㉡ 작업장 내 위험물의 사용·보관 현황 파악

㉢ 화기작업에 따른 인근 가연성물질에 대한 방호조치 및 소화기구 비치

㉣ 용접불티 비산방지덮개, 용접방화포 등 불꽃, 불티 등 비산방지조치

㉤ 인화성 액체의 증기 및 인화성 가스가 남아 있지 않도록 환기 등의 조치

㉥ 작업근로자에 대한 화재예방 및 피난교육 등 비상조

③ 작업시작 전에 제2항 각 호의 사항을 확인하고 불꽃·불티 등의 비산을 방지하기 위한 조치 등 안전조치를 이행한 후 근로자에게 화재위험작업을 하도록 해야 한다.

④ 화재위험작업이 시작되는 시점부터 종료될 때까지 작업내용, 작업일시, 안전점검 및 조치에 관한 사항 등을 해당 작업장소에 서면으로 게시해야 한다. 다만, 같은 장소에서 상시·반복적으로 화재위험작업을 하는 경우에는 생략할 수 있다.

(3) 소화설비의 비치(안전보건규칙 제243조)

① 인화성 유류 등 폭발이나 화재의 원인이 될 우려가 있는 물질을 취급하는 장소에는 소화설비를 설치하여야 한다.

② 제1항의 소화설비는 건축물 등의 규모·넓이 및 취급하는 물질의 종류 등에 따라 예상되는 폭발이나 화재를 예방하기에 적합하여야 한다.

(4) 가스등의 용기 취급 시 유의사항(안전보건규칙 제234조)

① 용기의 온도를 섭씨 40도 이하로 유지할 것

② 전도의 위험이 없도록 할 것

③ 충격을 가하지 않도록 할 것

④ 운반하는 경우에는 캡을 씌울 것

⑤ 사용하는 경우에는 용기의 마개에 부착되어 있는 유류 및 먼지를 제거할 것

⑥ 밸브의 개폐는 서서히 할 것

⑦ 사용 전 또는 사용 중인 용기와 그 밖의 용기를 명확히 구별하여 보관할 것

⑧ 용해아세틸렌의 용기는 세워 둘 것

⑨ 용기의 부식·마모 또는 변형상태를 점검한 후 사용할 것

2. 화학물질 사용작업

1) 물질안전보건자료(MSDS)의 작성·비치 등

(1) 사업주는 화학물질 및 화학물질을 포함한 제제를 제조·수입·사용·운반 또는 저장하고자 할 때에는 미리 다음 각 호의 사항 모두를 기재한 자료(이하 "물질안전보건자료"라 한다)를 작성하여 취급근로자가 쉽게 볼 수 있는 장소에 게시 또는 비치하여야 한다.

① 대상 화학물질의 명칭, 구성성분 및 함유량
② 안전·보건상의 취급주의 사항
③ 인체 및 환경에 미치는 영향
④ 그 밖에 고용노동부령이 정하는 사항

(2) 화학물질 용기 표면에 표시하여야 할 사항

① 화학물질의 명칭
② 일차적인 인체 유해성에 대한 그림문자(심벌) 및 신호어
③ 생산 제품명(화학물질명)과 위해성을 알 수 있는 구성성분에 관한 정보
④ 화학물질의 분류에 의한 유해·위험 문구
⑤ 화재·폭발·누출사고 등에 대처하기 위한 안전한 사용의 지침
⑥ 인체 노출방지 및 개인보호구에 대한 권고사항
⑦ 법적인 요구조건
⑧ 화학물질 제조자와 공급자에 대한 정보
⑨ 화학물질 사용에 대한 만기일자
⑩ 기타 화학물질 관리에 필요한 정보

3. 밀폐공간 작업

1) 용어의 정의

밀폐공간	산소결핍, 유해가스로 인한 화재·폭발 등의 위험이 있는 장소
유해가스	밀폐공간에서 탄산가스·황화수소 등의 유해물질이 가스상태로 공기 중에 발생되는 것을 말한다.

적정한 공기	산소농도의 범위가 18% 이상 23.5% 미만, 탄산가스의 농도가 1.5% 미만, 황화수소의 농도가 10ppm 미만인 수준의 공기를 말한다.
산소결핍	공기 중의 산소농도가 18% 미만인 상태를 말한다.
산소결핍증	산소결핍 상태의 공기를 들여마심으로써 생기는 증상을 말한다.

2) 특별교육내용(안전보건규칙 별표 8의2)

① 산소농도측정 및 작업환경에 관한 사항
② 사고 시의 응급처치 및 비상시 구출에 관한 사항
③ 보호구 착용 및 사용방법에 관한 사항
④ 작업내용·안전작업방법 및 절차에 관한 사항
⑤ 장비·설비 및 시설 등의 안전점검에 관한 사항

3) 관리감독자의 직무(안전보건규칙 별표 2)

① 산소가 결핍된 공기나 유해가스에 노출되지 않도록 작업시작 전에 해당 근로자의 작업을 지휘하는 업무
② 작업을 하는 장소의 공기가 적절한지를 작업시작 전에 측정하는 업무
③ 측정장비·환기장치 또는 송기마스크 등을 작업 시작 전에 점검하는 업무
④ 근로자에게 공기마스크, 송기마스크 등의 착용을 지도하고 착용 상황을 점검하는 업무

4) 밀폐공간 작업 시 안전대책

① 작업 전 산소농도 및 유해가스 농도 측정
② 작업 중 산소농도 측정 및 산소농도가 18% 미만일 때는 환기 실시
③ 근로자는 송기마스크, 공기호흡기 등 호흡용 보호구 착용

5) 밀폐공간 작업 시 착용하여야 할 보호구

① 송기마스크 또는 공기호흡기
② 안전대 또는 구명밧줄
③ 안전모
④ 안전화

제5장 건설기계·기구 안전

1 굴착기계

1. 파워 셔블(Power Shovel)

파워 셔블은 셔블계 굴착기의 기본 장치로서 버킷의 작동이 삽을 사용하는 방법과 같이 굴삭한다.

■ 특성

① 굴착기가 위치한 지면보다 높은 곳을 굴삭하는 데 적합

② 비교적 단단한 토질의 굴삭도 가능하며 적재, 석산 작업에 편리

③ 크기는 버킷과 디퍼의 크기에 따라 결정

2. 백호(Back Hoe, Drag Shovel)

굴착기가 위치한 지면보다 낮은 곳을 굴삭하는 데 적합하고 단단한 토질의 굴삭이 가능하다. Trench, Ditch, 배관작업 등에 편리하다.

■ 특성

① 동력 전달이 유압 배관으로 되어 있어 구조가 간단하고 정비가 쉬움

② 비교적 경량, 이동과 운반이 편리하고, 협소한 장소에서 선취와 작업이 가능

③ 우선 조작이 부드럽고 사이클 타임이 짧아서 작업능률이 좋음

3. 드래그라인(Drag Line)

와이어로프에 의하여 고정된 버킷을 지면에 따라 끌어당기면서 굴삭하는 방식으로서 높은 붐을 이용하므로 작업 반경이 크고 지반이 불량하여 기계 자체가 들어갈 수 없는 장소에서 굴삭 작업이 가능하나 단단하게 다져진 토질에는 적합하지 않다.

■ 특성

① 굴착기가 위치한 지면보다 낮은 장소를 굴삭하는 데 사용
② 작업 반경이 커서 넓은 지역의 굴삭작업에 용이
③ 정확한 굴삭작업을 기대할 수는 없지만 수중굴삭 및 모래 채취 등에 많이 이용

4. 클램셸(Clamshell)

굴착기가 위치한 지면보다 낮은 곳을 굴삭하는 데 적합하고 좁은 장소의 깊은 굴삭에 효과적이다. 정확한 굴삭과 단단한 지반작업은 어렵지만 수중굴삭, 교량기초, 건축물 지하실 공사 등에 쓰인다. 그래브 버킷(Grab Bucket)은 양개식의 구조로서 와이어로프를 달아서 조작한다.

■ 특성

① 기계 위치와 굴삭 지반의 높이 등에 관계없이 고저에 대하여 작업 가능
② 정확한 굴삭이 불가능
③ 사이클 타임이 길어 작업 능률이 떨어짐

> **◆ Key Point**
>
> 로프로 매단 버킷을 이용하여 강바닥의 모래나 자갈을 끌어올리는 셔블계통의 굴착기는 무엇인가?
>
> 클램셸(Clamshell)

---

② 토공기계

1. 차량계 건설기계(안전보건규칙 제196조)

1) 정의

차량계 건설기계란 동력원을 사용하여 특정되지 아니한 장소로 스스로 이동이 가능한 건설기계

2) 차량계 건설기계의 작업계획 포함내용(안전보건규칙 제38조)

① 사용하는 차량계 건설기계의 종류 및 능력
② 차량계 건설기계의 운행경로

③ 차량계 건설기계에 의한 작업방법

> **Key Point**
>
> 차량계 건설기계를 사용하여 작업을 하는 때에는 작업계획을 작성하고 그 작업계획에 따라 작업을 실시하도록 하여야 하는데 이 작업계획에 포함되어야 하는 사항을 3가지 쓰시오.
>
> **차량계 건설기계의 작업계획 포함내용 ①~③ 항목 선택**

3) 차량계 건설기계의 전도 방지조치(안전보건규칙 제199조)

① 유도자 배치
② 지반의 부등침하 방지
③ 갓길의 붕괴 방지
④ 도로 폭의 유지

> **Key Point**
>
> 차량계 건설기계 작업 시 넘어지거나, 굴러떨어짐에 의해 근로자에게 위험을 미칠 우려가 있는 경우 조치사항 3가지를 쓰시오.
>
> **차량계 건설기계의 전도 방지조치 ①~④ 항목 중 3가지 선택**

4) 낙하물 보호구조를 갖추어야 하는 차량계 건설기계(안전보건규칙 제198조)

① 불도저   ② 트랙터
③ 굴착기   ④ 로더
⑤ 스크레이퍼   ⑥ 모터그레이더
⑦ 롤러   ⑧ 천공기
⑨ 항타기 및 항발기

5) 운전위치 이탈 시의 조치(안전보건규칙 제99조)

① 포크, 버킷, 디퍼 등의 장치를 가장 낮은 위치 또는 지면에 내려 둘 것
② 원동기를 정지시키고 브레이크를 확실히 거는 등 갑작스러운 주행이나 이탈을 방지하기 위한 조치를 할 것
③ 운전석을 이탈하는 경우에는 시동키를 운전대에서 분리시킬 것. 다만, 운전석에 잠금장치를 하는 등 운전자가 아닌 사람이 운전하지 못하도록 조치한 경우에는 그러하지 아니하다.

2. 항타기 및 항발기

1) 권상용 와이어로프의 안전계수 조건(안전보건규칙 제211조)

와이어로프의 안전계수가 5 이상이 아니면 이를 사용하여서는 아니 된다.

2) 권상용 와이어로프 사용 시 준수사항(안전보건규칙 제212조)

① 권상용 와이어로프는 추 또는 해머가 최저의 위치에 있을 때 또는 널말뚝을 빼내기 시작
   할 때를 기준으로 권상장치의 드럼에 적어도 2회 감기고 남을 수 있는 충분한 길이일 것
② 권상용 와이어로프는 권상장치의 드럼에 클램프·클립 등을 사용하여 견고하게 고정할 것
③ 권상용 와이어로프에 있어서 추·해머 등과의 연결은 클램프·클립 등을 사용하여 견
   고하게 할 것

3) 조립 시 점검사항(안전보건규칙 제207조)

① 본체 연결부의 풀림 또는 손상의 유무
② 권상용 와이어로프·드럼 및 도르래의 부착상태의 이상 유무
③ 권상장치의 브레이크 및 쐐기장치 기능의 이상 유무
④ 권상기 설치상태의 이상 유무
⑤ 리더(leader)의 버팀 방법 및 고정상태의 이상 유무
⑥ 본체·부속장치 및 부속품의 강도가 적합한지 여부
⑦ 본체·부속장치 및 부속품에 심한 손상·마모·변형 또는 부식이 있는지 여부

> **Key Point**
>
> 산업안전보건법상 항타기 및 항발기 조립 시 점검사항 4가지를 쓰시오.
>
> 조립 시 점검사항 ①~⑤ 항목 중 4가지 선택

3. 기타 토공기계

1) 불도저(Bull Dozer)

크롤러 크랙터를 주체로 하고 배토판을 전면에 부착

2) 스크레이퍼(Scraper)

굴삭, 싣기, 운반, 부설 등 4가지 작업을 연속할 수 있는 대량 토공작업 기계로 잔토 반출이
중거리인 경우 사용

[자주식 모터 스크레이퍼]   [피견인식 스크레이퍼]

3) 그레이더(Grader)

땅 고르기, 정지작업, 도로정리

4) 운반장비

① 로더(Loader) : 절토된 토사를 덤프트럭 등에 적재
② 덤프트럭(Dump Truck)

5) 다짐장비

① 롤러(Roller)   ② 컴팩터(Compactor)   ③ 래머(Rammer)

6) 포장장비

① 아스팔트 피니셔   ② 타이어 롤러

[아스팔트 피니셔]

[타이어 롤러]

4. 공사용 가설도로

1) 공사용 가설도로 안전조치 사항(안전보건규칙 제379조)

① 도로는 장비와 차량이 안전하게 운행할 수 있도록 견고하게 설치할 것
② 도로와 작업장이 접하여 있을 경우에는 울타리 등을 설치할 것
③ 도로는 배수를 위하여 경사지게 설치하거나 배수시설을 설치할 것
④ 차량의 속도제한 표지를 부착할 것

③ 차량계 하역운반기계

1. 차량계 하역운반기계

1) 종류

동력원에 의하여 특정되지 아니한 장소로 스스로 이동할 수 있는 지게차·구내운반차·화물자동차 등의 차량계 하역운반기계 및 고소작업대

2) 작업계획의 작성내용(안전보건규칙 제38조)

① 작업에 따른 추락·낙하·전도·협착 및 붕괴 등의 위험에 대한 예방대책
② 차량계 하역운반기계 등의 운행경로 및 작업방법

3) 화물 적재 시의 조치(안전보건규칙 제173조)

① 하중이 한쪽으로 치우치지 않도록 적재할 것
② 구내운반차 또는 화물자동차의 경우 화물의 붕괴 또는 낙하에 의한 위험을 방지하기 위하여 화물에 로프를 거는 등 필요한 조치를 할 것
③ 운전자의 시야를 가리지 않도록 화물을 적재할 것
④ 화물을 적재하는 경우에는 최대적재량을 초과 금지

◆ Key Point

차량계 하역운반기계에 화물을 적재할 경우 준수해야 할 사항 3가지를 쓰시오.

화물 적재 시의 조치 ①~④ 항목 중 3가지 선택

4) 운전위치 이탈 시의 조치(안전보건규칙 제99조)

① 포크, 버킷, 디퍼 등의 장치를 가장 낮은 위치 또는 지면에 내려 둘 것
② 원동기를 정지시키고 브레이크를 확실히 거는 등 갑작스러운 주행이나 이탈을 방지하기 위한 조치를 할 것
③ 운전석을 이탈하는 경우에는 시동키를 운전대에서 분리시킬 것. 다만, 운전석에 잠금장치를 하는 등 운전자가 아닌 사람이 운전하지 못하도록 조치한 경우에는 그러하지 아니하다.

2. 지게차

1) 헤드가드의 구비조건(안전보건규칙 제180조)

① 강도는 지게차의 최대하중의 2배 값(4ton을 넘는 값에 대해서는 4ton으로 한다)의 등분포정하중에 견딜 수 있을 것
② 상부틀의 각 개구의 폭 또는 길이가 16cm 미만일 것
③ 운전자가 앉아서 조작하거나 서서 조작하는 지게차의 헤드가드는 한국산업표준에서 정하는 높이 기준 이상일 것

2) 작업 시작 전 점검사항(안전보건규칙 제35조 2항)

① 제동장치 및 조종장치 기능의 이상 유무
② 하역장치 및 유압장치 기능의 이상 유무

③ 바퀴의 이상 유무

④ 전조등·후미등·방향지시기 및 경보장치 기능의 이상 유무

3) 지게차 작업 시 사고유형

① 화물의 낙하 : 지게차에 화물을 불안정하게 적재 시 낙하

② 지게차의 접촉, 충돌 : 화물의 시야방해, 작업유도자 미배치 등에 따른 접촉, 충돌

③ 지게차의 전도 : 과적, 급가속, 노면불량 등에 의한 지게차의 전도

④ 지게차에서 추락 : 운전자 안전벨트 미착용, 승차석 이외 근로자 탑승 금지 미준수 등에 의한 추락

④ 양중기

1. 양중기의 종류

1) 정의

양중기란 동력을 사용하여 화물, 사람 등을 운반하는 기계·설비

2) 종류(안전보건규칙 제132조)

① 크레인[호이스트(hoist)를 포함한다]

② 이동식 크레인

③ 리프트(이삿짐운반용 리프트의 경우에는 적재하중이 0.1톤 이상인 것으로 한정)

④ 곤돌라

⑤ 승강기

> **◆ Key Point**
>
> 건설공사에 사용되는 양중기의 종류 4가지를 쓰시오.
>
> 양중기의 종류 ①~⑤ 항목 중 4가지 선택

3) 양중기

(1) 크레인

① 고정식 크레인 : 타워크레인, 지브크레인, 호이스트크레인
② 이동식 크레인 : 트럭크레인, 크롤러크레인, 유압크레인

[타워크레인]

[트럭크레인]

(2) 리프트

① 건설용 리프트
② 산업용 리프트
③ 자동차정비용 리프트
④ 이삿짐운반용 리프트

(3) 곤돌라

달기발판 또는 운반구·승강장치, 기타의 장치 및 이들에 부속된 기계부품에 의하여 구성되고, 와이어로프 또는 달기강선에 의하여 달기발판 또는 운반구가 전용의 승강장치에 의하여 상승 또는 하강하는 설비

(4) 승강기

① 동력을 사용하여 운반하는 것으로서 가이드레일을 따라 상승 또는 하강하는 운반구에 사람이나 화물을 상하 또는 좌우로 이동·운반하는 기계·설비로서 탑승장을 가진 것
② 종류
　　㉠ 승객용 엘리베이터　　　　㉡ 승객화물용 엘리베이터
　　㉢ 화물용 엘리베이터　　　　㉣ 소형화물용 엘리베이터
　　㉤ 에스컬레이터

2. 안전검사(산업안전보건법 시행규칙 제126조)

1) 주기

① 크레인, 리프트 및 곤돌라는 사업장에 설치가 끝난 날부터 3년 이내에 최초 안전검사를 실시하되, 그 이후부터 매 2년

② 건설현장에서 사용하는 것은 최초로 설치한 날부터 매 6개월

2) 안전검사내용

① 과부하 방지장치, 권과 방지장치, 그 밖의 안전장치의 이상 유무

② 브레이크와 클러치의 이상 유무

③ 와이어로프와 달기체인의 이상 유무

④ 훅 등 달기기구의 손상 유무

⑤ 배선, 집진장치, 배전반, 개폐기, 콘트롤러의 이상 유무

> **Key Point**
>
> 양중기의 안전검사내용 3가지를 쓰시오.
>
> 안전검사내용 ①~⑤ 항목 중 3가지 선택

3. 작업시작 전 점검사항

1) 크레인

① 권과 방지장치·브레이크·클러치 및 운전장치의 기능

② 주행로의 상측 및 트롤리가 횡행(橫行)하는 레일의 상태

③ 와이어로프가 통하고 있는 곳의 상태

> **Key Point**
>
> 크레인을 사용한 작업 시 작업시작 전 점검사항 3가지를 쓰시오.
>
> ①~③ 항목 선택

2) 이동식 크레인

① 권과 방지장치나 그 밖의 경보장치의 기능
② 브레이크·클러치 및 조정장치의 기능
③ 와이어로프가 통하고 있는 곳 및 작업장소의 지반상태

> **◆ Key Point**
>
> 이동식 크레인을 사용한 작업 시 작업시작 전 점검사항 3가지를 쓰시오.
>
> ①~③ 항목 선택

3) 리프트(자동차정비용 리프트 포함)

① 방호장치·브레이크 및 클러치의 기능
② 와이어로프가 통하고 있는 곳의 상태

4) 곤돌라

① 방호장치·브레이크의 기능
② 와이어로프·슬링와이어 등의 상태

5) 양중기의 와이어로프·달기체인·섬유로프·섬유벨트 또는 훅·샤클·링 등의 철구(이하 "와이어로프 등"이라 한다)를 사용하여 고리걸이작업을 하는 때 와이어로프 등의 이상 유무

4. 타워크레인 조립·해체 시 준수사항

1) 작업계획서의 작성 시 포함사항

① 타워크레인의 종류 및 형식
② 설치·조립 및 해체순서
③ 작업도구·장비·가설설비 및 방호설비
④ 작업인원의 구성 및 작업근로자의 역할범위
⑤ 타워크레인의 지지방법

2) 작업계획서의 내용을 작업근로자에게 주지시킴

> ⚙ **Key Point**
>
> 타워크레인의 설치·조립·해체작업 시 작업계획서에서 작성에 포함되어야 할 사항을 4가지 쓰시오.
>
> 작업계획서의 작성 시 포함사항 ①~⑤ 항목 중 4가지 선택

5. 방호장치

1) 크레인

(1) 권과 방지장치

권과를 방지하기 위하여 자동적으로 동력을 차단하고 작동을 제동하는 장치

(2) 과부하 방지장치

크레인에 있어서 정격하중 이상의 하중이 부하되었을 때 자동적으로 상승이 정지되면서 경보음 발생

(3) 비상정지장치

이동 중 이상상태 발생 시 급정지시킬 수 있는 장치

(4) 브레이크 장치

운동체를 감속하거나 정지상태로 유지하는 기능을 가진 장치

(5) 훅해지장치

훅에서 와이어로프가 이탈하는 것을 방지하는 장치

[크레인 방호장치]

⚙ **Key Point**

크레인 등에 대한 위험방지를 위하여 취해야 할 방호장치 4가지 쓰시오.

과부하 방지장치, 권과 방지장치, 비상정지장치, 브레이크 장치, 혹 해지장치 중 4가지 선택

2) 이동식 크레인

(1) 과부하 방지장치 · 권과 방지장치 및 브레이크 장치 등 방호장치를 부착하고 유효하게 작동될 수 있도록 미리 조정(안전보건규칙 제134조)

(2) 안전밸브의 조정(안전보건규칙 제136조)

유압을 동력으로 사용하는 크레인의 과도한 압력상승을 방지하기 위한 안전밸브에 대하여 정격하중(지브 크레인은 최대의 정격하중으로 한다)을 건 때의 압력 이하로 작동되도록 조정

(3) 해지장치의 사용(안전보건규칙 제137조)

하물을 운반하는 때에는 해지장치를 사용

⚙ **Key Point**

이동식 크레인의 방호장치 5가지를 쓰시오.

과부하 방지장치, 권과 방지장치, 브레이크 장치, 안전밸브, 해지장치

3) 건설용 리프트

① 권과방지장치 : 운반구의 이탈 등의 위험방지
② 과부하방지장치 : 적재하중 초과 사용금지
③ 비상정지장치, 조작스위치 등 탑승 조작장치
④ 출입문연동장치 : 운반구의 입구 및 출구문이 열려진 상태에서는 리미트 스위치가 작동되어 리프트가 동작하지 않도록 하는 장치

4) 승강기

과부하 방지장치, 파이널 리밋 스위치(Final Limit Switch), 비상정지장치, 속도조절기, 출입문 인터록

5) 곤돌라

권과 방지장치, 과부하 방지장치, 제동장치

6. 양중기의 와이어로프

1) 안전계수 $= \dfrac{\text{절단하중}}{\text{최대사용하중}}$

2) 안전계수의 구분

구분	안전계수
근로자가 탑승하는 운반구를 지지하는 달기와이어로프 또는 달기체인의 경우	10 이상
화물의 하중을 직접 지지하는 달기와이어로프 또는 달기체인의 경우	5 이상
혹, 샤클, 클램프, 리프팅 빔의 경우	3 이상
그 밖의 경우	4 이상

3) 와이어로프의 사용금지(안전보건규칙 제166조)

① 이음매가 있는 것
② 와이어로프의 한 꼬임(스트랜드)에서 끊어진 소선[素線, 필러(Pillar)선은 제외]의 수가 10% 이상(비자전로프의 경우에는 끊어진 소선의 수가 와이어로프 호칭지름의 6배 길이 이내에서 4개 이상이거나 호칭지름 30배 길이 이내에서 8개 이상)인 것
③ 지름의 감소가 공칭지름의 7%를 초과하는 것
④ 꼬인 것
⑤ 심하게 변형 또는 부식된 것
⑥ 열과 전기충격에 의해 손상된 것

4) 늘어난 달기체인 등의 사용금지(안전보건규칙 제167조)

① 달기 체인의 길이가 달기체인이 제조된 때의 길이의 5퍼센트를 초과한 것
② 링의 단면지름이 달기체인이 제조된 때의 해당 링의 지름의 10퍼센트를 초과하여 감소한 것
③ 균열이 있거나 심하게 변형된 것

제6장   사고형태별 안전

1   추락재해

1. 추락재해의 종류

① 비계로부터의 추락

② 사다리로부터의 추락

③ 경사지붕 및 철골작업 시 추락

④ 경사로, 계단에서의 추락

⑤ 개구부(바닥, 엘리베이터 Pit, 파이프 샤프트 등)에서의 추락

⑥ 철골, 비계 등 조립작업 중 추락

[추락재해의 종류]

2. 추락재해위험 시 안전조치

1) 추락의 방지(안전보건규칙 제42조)

① 근로자가 추락하거나 넘어질 위험이 있는 장소(작업발판의 끝·개구부 등을 제외) 또는 기계·설비·선박블록 등에서 작업을 하는 때에 근로자가 위험에 처할 우려가 있는 경우에 비계를 조립하는 등의 방법에 의하여 작업발판을 설치한다.

② 작업발판을 설치하기 곤란한 경우 다음 각 호의 기준에 맞는 추락방호망을 설치해야 한다. 다만, 추락방호망을 설치하기 곤란한 경우에는 근로자에게 안전대를 착용하도록 하는 등 추락위험을 방지하기 위해 필요한 조치를 해야 한다.

    ㉠ 추락방호망의 설치위치는 작업면으로부터 가능한 한 가까운 지점에 설치하여야 하며, 작업면으로부터 망의 설치지점까지의 거리는 10m를 초과하지 아니할 것

    ㉡ 추락방호망은 수평으로 설치하고, 망의 처짐은 단변 길이의 12% 이상이 되도록 할 것

    ㉢ 건축물 바깥쪽으로 설치하는 경우에 망의 내민 길이는 벽면으로부터 3m 이상 되도록 할 것. 다만, 망의 그물간격이 20mm 이하의 것을 사용한 경우에는 안전보건규칙 제14조제3항에 따른 낙하물방지망을 설치한 것으로 본다.

③ 사업주는 추락방호망을 설치하는 경우에는 한국산업표준에서 정하는 성능기준에 적합한 추락방호망을 사용하여야 한다.

> **◆ Key Point**
>
> 고소작업 시의 재해예방을 위한 안전대책을 2가지만 쓰시오.
>
> ① 비계조립에 의한 작업발판 설치
> ② 추락방호망 설치
> ③ 안전대 착용 중 2가지 선택

2) 개구부 등의 방호조치(안전보건규칙 제43조)

① 사업주는 작업발판 및 통로의 끝이나 개구부로서 근로자가 추락할 위험이 있는 장소에는 안전난간, 울타리, 수직형 추락방망 또는 덮개 등(이하 이 조에서 "난간등"이라 한다)의 방호 조치를 충분한 강도를 가진 구조로 튼튼하게 설치하여야 하며, 덮개를 설치하는 경우에는 뒤집히거나 떨어지지 않도록 설치하여야 한다. 이 경우 어두운 장소에서도 알아볼 수 있도록 개구부임을 표시해야 하며, 수직형 추락방망은 한국산업표준에서 정하는 성능기준에 적합한 것을 사용해야 한다.

② 사업주는 난간등을 설치하는 것이 매우 곤란하거나 작업의 필요상 임시로 난간등을 해체하여야 하는 경우 제42조제2항 각 호의 기준에 맞는 추락방호망을 설치하여야 한다. 다만, 추락방호망을 설치하기 곤란한 경우에는 근로자에게 안전대를 착용하도록 하는 등 추락할 위험을 방지하기 위하여 필요한 조치를 하여야 한다.

3. 추락방호망

1) 정의

추락방호망이란 고소작업 시 추락방지를 위해 추락의 위험이 있는 장소에 설치하는 방망을 말하며, 방망은 낙하높이에 따른 충격을 견딜 수 있어야 한다.

2) 추락방호망 설치기준

① 추락방호망은 방망, 테두리망, 재봉사, 지지로프로 구성된다.
② 가능하면 작업면으로부터 가까운 지점에 설치하여야 한다.
③ 그물코 간격은 10cm 이하인 것을 사용한다.
④ 작업면으로부터 망의 설치지점까지의 수직거리는 10m를 초과하지 않도록 한다.
⑤ 용접, 용단 등으로 파손된 방망은 즉시 교체한다.
⑥ 추락방호망은 수평으로 설치하고, 망의 처짐은 짧은 변 길이의 12% 이상이 되도록 한다.
⑦ 건축물 등의 바깥쪽으로 설치하는 경우 망의 내민 길이는 벽면으로부터 3m 이상이 되도록 한다.

3) 방망사의 강도

① 인장강도

( ) : 폐기기준 인장강도

그물코의 크기 (단위 : cm)	방망의 종류(단위 : kgf)	
	매듭 없는 방망	매듭방망
10	240(150)	200(135)
5	–	110(60)

② 지지점의 강도는 600kg의 외력에 견딜 수 있는 강도로 한다.
③ 테두리로프, 달기로프 인장강도는 1,500kg 이상이어야 한다.

4. 안전난간

1) 정의

안전난간이란 개구부, 작업발판, 가설계단의 통로 등에서의 추락사고를 방지하기 위해 설치하는 것으로 상부난간, 중간난간, 난간기둥 및 발끝막이판으로 구성된다.

2) 안전난간의 구성요소(안전보건규칙 제13조)

① 상부 난간대·중간 난간대·발끝막이판 및 난간기둥으로 구성할 것
② 상부 난간대는 바닥면·발판 또는 경사로의 표면(이하 "바닥면 등"이라 한다)으로부터 90cm 이상 지점에 설치하고, 상부 난간대를 120cm 이하에 설치하는 경우에는 중간 난간대는 상부 난간대와 바닥면 등의 중간에 설치하여야 하며, 120cm 이상 지점에 설치하는 경우에는 중간 난간대를 2단 이상으로 균등하게 설치하고 난간의 상하 간격은 60cm 이하가 되도록 할 것. 다만, 계단의 개방된 측면에 설치된 난간기둥 간의 간격이 25cm 이하인 경우에는 중간 난간대를 설치하지 아니할 수 있다.
③ 발끝막이판은 바닥면 등으로부터 10cm 이상의 높이를 유지할 것
④ 난간기둥은 상부 난간대와 중간 난간대를 견고하게 떠받칠 수 있도록 적정간격을 유지할 것
⑤ 상부 난간대와 중간 난간대는 난간길이 전체에 걸쳐 바닥면 등과 평행을 유지할 것
⑥ 난간대는 지름 2.7cm 이상의 금속제 파이프나 그 이상의 강도를 가진 재료일 것
⑦ 안전난간은 구조적으로 가장 취약한 지점에서 가장 취약한 방향으로 작용하는 100kg 이상의 하중에 견딜 수 있는 튼튼한 구조일 것

[안전난간의 구조 및 설치기준]

② 낙하물재해

1. 정의

낙하물에 의한 재해란 물체가 위에서 떨어지거나, 다른 곳으로부터 날아와 작업자가 맞음으로써 발생하는 재해를 말한다.

2. 낙하물 재해의 유형

① 고소에서의 거푸집 조립 및 해체작업 중 낙하
② 외부 비계 위에 올려놓은 자재의 낙하
③ 바닥자재 정리정돈 작업 중 자재 낙하
④ 인양장비를 사용하지 않고 인력으로 던지다 낙하·비래
⑤ 크레인으로 자재 운반 중 로프절단으로 인한 낙하 등
⑥ 고속회전체의 파편, 견인 중이던 로프, 부속물의 비래

[낙하·비래재해 유형]

3. 낙하물 재해의 발생원인

① 높은 위치에 놓아둔 자재의 정리상태 불량
② 외부 비계 위에 불안전하게 자재 적재
③ 구조물 단부 개구부에서 낙하가 우려되는 위험작업 실시
④ 작업바닥의 폭, 간격 등 구조 불량
⑤ 자재를 반출할 때 투하설비 미설치
⑥ 크레인 자재인양 작업 시 와이어로프의 불량
⑦ 매달기 작업 시 결속방법 불량

4. 안전대책

① 외부비계, 갱폼(Gang Form) 작업발판 위 자재적치 금지
② 구조물 단부, 복공 단부, 발단 단부 등에 발끝막이판 설치
③ 인양 전 Hook 해지장치 부착 확인
④ 중량물 인양 전 와이어로프, 슬링벨트의 안전율 및 폐기조건 검토
⑤ 주출입구 방호선반, 낙하물방지망 등 설치
⑥ 낙하 위험구간 출입금지구역 설정
⑦ 백호 이용 중량물 운반 등 주용도 이외의 사용금지

5. 낙하물 방지망

고소작업 시 재료나 공구 등의 낙하로 인한 피해를 방지하기 위해 벽체 및 비계 외부에 설치하는 망을 말한다.

▣ 설치기준

① 첫 단은 가능한 한 낮게 설치하고, 설치간격은 높이 10m 이내로 할 것
② 내민 길이는 벽면으로부터 2.0m 이상으로 할 것
③ 수평면과의 각도는 20° 이상 30° 이하를 유지할 것
④ 방지망의 가장자리는 테두리 로프를 그물코마다 엮어 긴결 하며, 긴결재의 강도는 100kgf 이상이 되도록 할 것
⑤ 방지망과 방지망 사이의 틈이 없도록 방지망의 겹침폭은 30cm 이상
⑥ 최하단의 방지망은 크기가 작은 못·볼트·콘크리트 덩어리 등의 낙하물이 떨어지지 못하도록 방지망 위에 그물코 크기가 0.3cm 이하인 망을 추가로 설치할 것

6. 낙하물 방호선반

고소작업 시 재료나 공구 등의 낙하로 인한 피해를 방지하기 위해 합판 또는 철판 등의 재료를 사용하여 비계 내측 및 비계 외측에 설치하는 설비이다.

▣ 종류

① 외부 비계용 방호선반 : 근로자, 보행자 통행 시 외부비계에 설치
② 출입구 방호선반 : 출입이 많은 출입구 상부에 설치
③ Lift 주변 방호선반 : 승객화물용 Lift 주변에 설치
④ 가설통로 방호선반 : 가설통로 상부에 설치하여 낙하재해 예방

7. 수직보호망

수직보호망이란 비계 등 가설구조물의 외측면에 수직으로 설치하여 작업장소에서 낙하물 및 비래 등에 의한 재해를 방지할 목적으로 설치하는 보호망이다.

8. 투하설비

투하설비란 높이 3m 이상인 장소에서 자재투하 시 재해를 예방하기 위하여 설치하는 설비를 말한다.

◆ Key Point

물체의 낙하·비래로 인한 근로자의 위험을 방지하기 위한 시설이나 대책을 3가지 쓰시오.

① 낙하물 방지망 설치
② 수직보호망 설치
③ 방호선반 설치
④ 출입금지구역 설정
⑤ 안전모 등 보호구 착용

③ 토사붕괴재해

1. 사면의 붕괴형태

① 사면 선단 파괴(Toe Failure)
② 사면 내 파괴(Slope Failure)
③ 사면 저부 파괴(Base Failure)

[붕괴형태]

2. 토석붕괴의 원인

1) 외적 원인

① 사면, 법면의 경사 및 기울기의 증가
② 절토 및 성토 높이의 증가
③ 공사에 의한 진동 및 반복하중의 증가
④ 지표수 및 지하수의 침투에 의한 토사 중량의 증가
⑤ 지진, 차량 구조물의 하중작용
⑥ 토사 및 암석의 혼합층 두께

2) 내적 원인

① 절토 사면의 토질, 암질
② 성토 사면의 토질구성 및 분포
③ 토석의 강도 저하

3. 절토사면 점검사항

① 전 지표면의 답사
② 경사면 지층의 상황변화 확인
③ 부석의 상황변화 확인
④ 용수의 발생 유무 또는 용수량의 변화 확인
⑤ 결빙과 해빙에 대한 상황의 확인
⑥ 각종 경사면 보호공의 변위, 탈락 유무 확인
⑦ 점검시기 : 작업 전·중·후, 비온 후, 인접작업구역에서 발파한 경우

[부석의 상황변화]

4. 붕괴예방조치

① 적절한 경사면의 기울기 계획(굴착면 기울기 기준 준수)
② 경사면의 기울기가 당초 계획과 차이 발생 시 즉시 재검토하여 계획 변경
③ 활동할 가능성이 있는 토석은 제거
④ 경사면의 하단부에 압성토 등 보강공법으로 활동에 대한 저항대책 강구
⑤ 말뚝(강관, H형강, 철근콘크리트)을 타입하여 지반 강화
⑥ 지표수와 지하수의 침투 방지

5. 사면 보호공법

1) 식생공

떼붙임공, 식생 Mat공, 식수공

2) 뿜어붙이기공

콘크리트 또는 시멘트 모르타르를 뿜어 붙임

3) 블록공

사면에 블록 붙임

4) 돌쌓기공

견치석 쌓기

5) 돌망태공

돌망태에 호박돌 또는 잡석 채움

6) 배수공

지표수 배제공, 지하수 배제공

> **Key Point**
>
> 토공의 비탈면 보호공법을 3가지만 쓰시오.
>
> 사면 보호공법 1)~5) 항목 중 3가지 선택

6. 옹벽의 안정성 조건

1) 정의

옹벽이란 토사가 무너지는 것을 방지하기 위해 설치하는 토압에 저항하는 구조물로 자연사면의 절취 및 성토사면의 흙막이를 하여 부지의 활용도를 높이고 붕괴의 방지를 위해 설치한다.

2) 옹벽의 붕괴원인

① 옹벽의 활동, 전도, 기초지반의 지지력 등에 대한 안전성 미확보
② 기초지반의 침하 및 활동 발생으로 지지력 약화
③ 배수불량으로 인한 수압작용
④ 과도한 토압의 발생
⑤ 옹벽의 뒷굽 길이의 부족
⑥ 옹벽 배면의 활동 발생
⑦ 옹벽 뒤채움 재료의 불량 및 다짐 불량

3) 옹벽의 안정조건

① 활동에 대한 안정 : $F_s = \dfrac{\text{활동에 저항하려는 힘}}{\text{활동하려는 힘}} \geq 1.5$

② 전도에 대한 안정 : $F_s = \dfrac{\text{저항모멘트}}{\text{전도모멘트}} \geq 2.0$

③ 기초지반의 지지력(침하)에 대한 안정 : $F_s = \dfrac{\text{지반의 극한지지력}}{\text{지반의 최대반력}} \geq 3.0$

◆ Key Point

중력식 옹벽의 붕괴방지를 위하여 외력에 대한 안정조건 3가지를 쓰시오.

활동, 전도, 지반지지력(침하)에 대한 안정 참조

④ 감전재해

1. 감전재해 영향 요소

① 통전전류의 크기(가장 근본적인 원인이며 감전피해의 위험도에 가장 큰 영향을 미침)
② 통전시간
③ 통전경로
④ 전원의 종류(교류 또는 직류)
⑤ 주파수 및 파형
⑥ 전격인가위상[심장 맥동주기의 어느 위상(T파에서 가장 위험)에서의 통전 여부]
⑦ 기타 간접적으로는 인체저항과 전압의 크기 등이 관계함

◆ Key Point

감전 시 인체에 위험 정도를 좌우하는 요소 3가지를 쓰시오.

감전재해 영향요소 ①~⑦ 항목 중 3가지 선택

2. 감전재해 방지대책(일반 대책)

① 전기설비의 점검 철저
② 전기기기 및 설비의 정비
③ 전기기기 및 설비의 위험부에 위험표시
④ 설비의 필요부분에 보호접지의 실시
⑤ 충전부가 노출된 부분에는 절연방호구를 사용
⑥ 고전압 선로 및 충전부에 근접하여 작업하는 작업자에게는 보호구를 착용시킬 것
⑦ 유자격자 이외는 전기기계 및 기구에 전기적인 접촉 금지
⑧ 관리감독자는 작업에 대한 안전교육 시행
⑨ 사고발생 시의 처리순서를 미리 작성하여 둘 것

✚ Key Point

감전사고 방지를 위한 일반적인 대책을 4가지 쓰시오.

감전재해 방지대책 ①~⑨ 항목 중 4가지 선택

3. 전기기계·기구에 의한 감전사고에 대한 방지대책

1) 충전부에 의한 감전 방지대책(안전보건규칙 제301조)

① 충전부가 노출되지 않도록 폐쇄형 외함이 있는 구조로 할 것
② 충전부에 충분한 절연효과가 있는 방호망 또는 절연덮개를 설치할 것
③ 충전부는 내구성이 있는 절연물로 완전히 덮어 감쌀 것
④ 발·변전소 및 개폐소 등 구획되어 있는 장소로서 관계근로자가 아닌 사람의 출입이 금지되는 장소에 충전부를 설치하고 위험표시 등의 방법으로 방호를 강화할 것
⑤ 전주 위 및 철탑 위 등 격리되어 있는 장소로서 관계근로자가 아닌 사람의 접근 우려가 없는 장소에 충전부를 설치할 것

✚ Key Point

전기기계·기구 또는 전로 등의 충전부분에 접촉 시 감전 방지대책 3가지를 쓰시오.

충전부에 의한 감전 방지대책 ①~⑤ 항목 중 3가지 선택

2) 누전에 의한 감전 방지대책

누전에 의한 감전 방지대책
① 안전전압(산업안전보건법에서 30[V]로 규정)이하 전원의 기기 사용 ② 보호접지 ③ 누전차단기의 설치 ④ 이중절연기기의 사용 ⑤ 비접지식 전로의 채용

4. 누전차단기의 적용범위(안전보건규칙 제304호)

적용 대상	적용 비대상
1) 대지전압이 150볼트를 초과하는 이동형 또는 휴대형 전기기계·기구 2) 물 등 도전성이 높은 액체가 있는 습윤장소에서 사용하는 저압(1,500볼트 이하 직류전압이나 1,000볼트 이하의 교류전압을 말한다.)용 전기기계·기구 3) 철판·철골 위 등 도전성이 높은 장소에서 사용하는 이동형 또는 휴대형 전기기계·기구 4) 임시배선의 전로가 설치되는 장소에서 사용하는 이동형 또는 휴대형 전기기계·기구	1) 「전기용품 및 생활용품 안전관리법」에 따른 이중절연구조 또는 이와 동등 이상으로 보호되는 구조로 된 전기기계·기구 2) 절연대 위 등과 같이 감전위험이 없는 장소에서 사용하는 전기기계·기구 3) 비접지방식의 전로

> **Key Point**
>
> 누전차단기를 설치해야 하는 작업장소 3가지를 쓰시오.
>
> 누전차단기의 적용범위 1)~4) 항목 중 3가지 선택

5. 충전전로에서의 전기작업(안전보건규칙 제321조)

① 사업주는 근로자가 충전전로를 취급하거나 그 인근에서 작업하는 경우에는 다음 각 호의 조치를 하여야 한다.

  1. 충전전로를 정전시키는 경우에는 제319조에 따른 조치를 할 것

2. 충전전로를 방호, 차폐하거나 절연 등의 조치를 하는 경우에는 근로자의 신체가 전로와 직접 접촉하거나 도전재료, 공구 또는 기기를 통하여 간접 접촉되지 않도록 할 것

3. 충전전로를 취급하는 근로자에게 그 작업에 적합한 절연용 보호구를 착용시킬 것

4. 충전전로에 근접한 장소에서 전기작업을 하는 경우에는 해당 전압에 적합한 절연용 방호구를 설치할 것. 다만, 저압인 경우에는 해당 전기작업자가 절연용 보호구를 착용하되, 충전전로에 접촉할 우려가 없는 경우에는 절연용 방호구를 설치하지 아니할 수 있다.

5. 고압 및 특별고압의 전로에서 전기작업을 하는 근로자에게 활선작업용 기구 및 장치를 사용하도록 할 것

6. 근로자가 절연용 방호구의 설치·해체작업을 하는 경우에는 절연용 보호구를 착용하거나 활선작업용 기구 및 장치를 사용하도록 할 것

7. 유자격자가 아닌 근로자가 충전전로 인근의 높은 곳에서 작업할 때에 근로자의 몸 또는 긴 도전성 물체가 방호되지 않은 충전전로에서 대지전압이 50킬로볼트 이하인 경우에는 300센티미터 이내로, 대지전압이 50킬로볼트를 넘는 경우에는 10킬로볼트당 10센티미터씩 더한 거리 이내로 각각 접근할 수 없도록 할 것

8. 유자격자가 충전전로 인근에서 작업하는 경우에는 다음 각 목의 경우를 제외하고는 노출 충전부에 다음 표에 제시된 접근한계거리 이내로 접근하거나 절연 손잡이가 없는 도전체에 접근할 수 없도록 할 것

　가. 근로자가 노출 충전부로부터 절연된 경우 또는 해당 전압에 적합한 절연장갑을 착용한 경우

　나. 노출 충전부가 다른 전위를 갖는 도전체 또는 근로자와 절연된 경우

　다. 근로자가 다른 전위를 갖는 모든 도전체로부터 절연된 경우

충전전로의 선간전압 (단위 : 킬로볼트)	충전전로에 대한 접근 한계거리 (단위 : 센티미터)
0.3 이하	접촉금지
0.3 초과 0.75 이하	30
0.75 초과 2 이하	45
2 초과 15 이하	60
15 초과 37 이하	90
37 초과 88 이하	110
88 초과 121 이하	130
121 초과 145 이하	150
145 초과 169 이하	170
169 초과 242 이하	230
242 초과 362 이하	380
362 초과 550 이하	550
550 초과 800 이하	790

② 사업주는 절연이 되지 않은 충전부나 그 인근에 근로자가 접근하는 것을 막거나 제한할 필요가 있는 경우에는 울타리를 설치하고 근로자가 쉽게 알아볼 수 있도록 하여야 한다. 다만, 전기와 접촉할 위험이 있는 경우에는 도전성이 있는 금속제 울타리을 사용하거나, 제1항의 표에 정한 접근 한계거리 이내에 설치해서는 아니 된다.

③ 사업주는 제2항의 조치가 곤란한 경우에는 근로자를 감전위험에서 보호하기 위하여 사전에 위험을 경고하는 감시인을 배치하여야 한다.

6. 충전전로 인근에서의 차량·기계장치 작업(안전보건규칙 제322조)

① 사업주는 충전전로 인근에서 차량, 기계장치 등(이하 이 조에서 "차량등"이라 한다)의 작업이 있는 경우에는 차량등을 충전전로의 충전부로부터 300센티미터 이상 이격시켜 유지시키되, 대지전압이 50킬로볼트를 넘는 경우 이격시켜 유지하여야 하는 거리(이하 이 조에서 "이격거리"라 한다)는 10킬로볼트 증가할 때마다 10센티미터씩 증가시켜야 한다. 다만, 차량 등의 높이를 낮춘 상태에서 이동하는 경우에는 이격거리를 120센티미터 이상(대지전압이 50킬로볼트를 넘는 경우에는 10킬로볼트 증가할 때마다 이격거리를 10센티미터씩 증가)으로 할 수 있다.

② 제1항에도 불구하고 충전전로의 전압에 적합한 절연용 방호구 등을 설치한 경우에는 이격거리를 절연용 방호구 앞면까지로 할 수 있으며, 차량 등의 가공 붐대의 버킷이나 끝부분 등이 충전전로의 전압에 적합하게 절연되어 있고 유자격자가 작업을 수행하는 경우에는 붐대의 절연되지 않은 부분과 충전전로 간의 이격거리는 제321조제1항제8조의 표에 따른 접근 한계거리까지로 할 수 있다.

③ 사업주는 다음 각 호의 경우를 제외하고는 근로자가 차량 등의 그 어느 부분과도 접촉하지 않도록 울타리을 설치하거나 감시인 배치 등의 조치를 하여야 한다.

　1. 근로자가 해당 전압에 적합한 제323조제1항의 절연용 보호구 등을 착용하거나 사용하는 경우

　2. 차량 등의 절연되지 않은 부분이 제321조제1항제8조의 표에 따른 접근 한계거리 이내로 접근하지 않도록 하는 경우

④ 사업주는 충전전로 인근에서 접지된 차량 등이 충전전로와 접촉할 우려가 있을 경우에는 지상의 근로자가 접지점에 접촉하지 않도록 조치하여야 한다.

기출문제풀이

2001년 1회

1. 폭풍, 폭우, 폭설 등의 악천후로 인하여 작업을 중지시킨 후, 비계의 조립·해체·변경 시 사업주가 작업시작 전 점검해야 할 사항 3가지를 쓰시오.

➡해답 ① 발판재료의 손상 여부 및 부착 또는 걸림 상태
② 해당 비계의 연결부 또는 접속부의 풀림 상태
③ 연결재료 및 연결철물의 손상 또는 부식 상태
④ 손잡이의 탈락 여부
⑤ 기둥의 침하·변형·변위 또는 흔들림 상태
⑥ 로프의 부착상태 및 매단 장치의 흔들림 상태

2. 굴착공사 시 보일링(Boiling) 현상의 방지대책 3가지를 쓰시오.

➡해답 ① 흙막이벽 근입깊이 증가
② 흙막이벽의 차수성 증대
③ 흙막이벽 배면 지반 그라우팅 실시
④ 흙막이벽 배면 지반 지하수위 저하
⑤ 굴착토를 즉시 원상태로 매립

3. 중력식 옹벽의 붕괴방지를 위하여 외력에 대한 안정조건 3가지를 쓰시오.

➡해답 ① 활동에 대한 안정 : $F_s = \dfrac{활동에\ 저항하려는\ 힘}{활동하려는\ 힘} \geq 1.5$

② 전도에 대한 안정 : $F_s = \dfrac{저항모멘트}{전도모멘트} \geq 2.0$

③ 기초지반의 지지력(침하)에 대한 안정 : $F_s = \dfrac{지반의\ 극한지지력}{지반의\ 최대반력} \geq 3.0$

4. 터널 건설작업 중 낙반 등에 의하여 근로자에게 위험을 미칠 우려가 있을 때 조치할 수 있는 사항을 3가지 쓰시오.

> **해답**
> ① 터널지보공 설치   ② 록볼트 설치
> ③ 부석의 제거   ④ 방호망 설치

8. 동바리로 사용하는 파이프서포트 조립 시 준수사항 3가지를 쓰시오.

> **해답**
> ① 파이프서포트를 3본 이상 이어서 사용하지 아니하도록 할 것
> ② 파이프서포트를 이어서 사용할 때에는 4개 이상의 볼트 또는 전용철물을 사용하여 이을 것
> ③ 높이가 3.5m를 초과하는 경우에는 높이 2m 이내마다 수평연결재를 2개 방향으로 만들고 수평연결재의 변위를 방지할 것

9. 안전난간지침에 관한 사항을 쓰시오.

> **해답**
> ① 상부 난간대·중간 난간대·발끝막이판 및 난간기둥으로 구성할 것
> ② 상부 난간대는 바닥면·발판 또는 경사로의 표면(이하 "바닥면 등"이라 한다)으로부터 90cm 이상 지점에 설치하고, 상부 난간대를 120cm 이하에 설치하는 경우에는 중간 난간대는 상부 난간대와 바닥면 등의 중간에 설치하여야 하며, 120cm 이상 지점에 설치하는 경우에는 중간 난간대를 2단 이상으로 균등하게 설치하고 난간의 상하 간격은 60cm 이하가 되도록 할 것. 다만, 계단의 개방된 측면에 설치된 난간기둥 간의 간격이 25cm 이하인 경우에는 중간 난간대를 설치하지 아니할 수 있다.
> ③ 발끝막이판은 바닥면 등으로부터 10cm 이상의 높이를 유지할 것
> ④ 난간기둥은 상부 난간대와 중간 난간대를 견고하게 떠받칠 수 있도록 적정간격을 유지할 것
> ⑤ 상부 난간대와 중간 난간대는 난간길이 전체에 걸쳐 바닥면 등과 평행을 유지할 것
> ⑥ 난간대는 지름 2.7cm 이상의 금속제 파이프나 그 이상의 강도를 가진 재료일 것
> ⑦ 안전난간은 구조적으로 가장 취약한 지점에서 가장 취약한 방향으로 작용하는 100kg 이상의 하중에 견딜 수 있는 튼튼한 구조일 것

10. 항타기·항발기 조립 시 점검사항 3가지를 쓰시오.

> **해답**
> ① 본체 연결부의 풀림 또는 손상 유무
> ② 권상용 와이어로프·드럼 및 도르래의 부착상태의 이상 유무
> ③ 권상장치의 브레이크 및 쐐기장치 기능의 이상 유무
> ④ 권상기 설치상태의 이상 유무
> ⑤ 리더(leader)의 버팀 방법 및 고정상태의 이상 유무

⑥ 본체·부속장치 및 부속품의 강도가 적합한지 여부
⑦ 본체·부속장치 및 부속품에 심한 손상·마모·변형 또는 부식이 있는지 여부

2001년 2회

1. 기초지반의 공학적 성질을 개량하는 지반개량공법을 4가지 쓰시오.

해답 1) 점성토 연약지반 개량공법
　① 치환공법 : 연약지반을 양질의 흙으로 치환하는 공법으로 굴착, 활동, 폭파 치환
　② 재하공법(압밀공법) : 프리로딩 공법(Pre-Loading), 압성토공법(Surcharge), 사면선단 재하공법
　③ 탈수공법 : 연약지반에 모래말뚝, 페이퍼드레인, 팩을 설치하여 물을 배제시켜 압밀을 촉진하는 것으로 샌드드레인·페이퍼드레인·팩드레인 공법
　④ 배수공법 : 중력배수(집수정, Deep Well), 강제배수(Well Point, 진공 Deep Well)
　⑤ 고결공법 : 생석회 말뚝공법, 동결공법, 소결공법
2) 사질토 연약지반 개량공법
　① 진동다짐공법(Vibro Floatation) : 봉상진동기를 이용, 진동과 물다짐을 병용
　② 동다짐(압밀)공법 : 무거운 추를 자유 낙하시켜 지반충격으로 다짐효과
　③ 약액주입공법 : 지반 내에 화학약액(LW, Bentonite, Hydro)을 주입하여 지반고결
　④ 폭파다짐공법 : 인공지진을 발생시켜 모래지반을 다짐
　⑤ 전기충격공법 : 지반 속에서 고압방전을 일으켜 발생하는 충격력으로 지반다짐
　⑥ 모래다짐말뚝공법 : 충격, 진동, 타입에 의해 모래를 압입시켜 모래말뚝을 형성하여 다짐에 의한 지지력을 향상

2. 높이 2m 이상인 작업발판의 끝이나 개구부에서 작업 시 추락재해 방지대책 5가지를 쓰시오.

해답 ① 안전난간 설치
② 울 및 손잡이 설치
③ 덮개를 설치하는 경우 뒤집히거나 떨어지지 않도록 할 것
④ 추락방호망 설치
⑤ 안전대 착용
⑥ 어두운 장소에서도 알아볼 수 있도록 개구부임을 표시

3. 가설통로의 설치 시 준수사항 4가지를 쓰시오.

➡해답 ① 견고한 구조로 할 것
② 경사는 30° 이하로 할 것. 다만, 계단을 설치하거나 높이 2미터 미만의 가설통로로서 튼튼한 손잡이를 설치한 경우에는 그러하지 아니하다.
③ 경사가 15°를 초과하는 경우에는 미끄러지지 아니하는 구조로 할 것

④ 추락할 위험이 있는 장소에는 안전난간을 설치할 것. 다만, 작업상 부득이한 경우에는 필요한 부분만 임시로 해체할 수 있다.
⑤ 수직갱에 가설된 통로의 길이가 15m 이상인 경우에는 10m 이내마다 계단참을 설치할 것
⑥ 건설공사에 사용하는 높이 8m 이상인 비계다리에는 7m 이내마다 계단참을 설치할 것

6. 강관비계의 벽이음 또는 버팀을 설치하는 간격을 답란의 빈칸에 쓰시오.

관비계의 종류	조립간격(단위 : m)	
	수직방향	수평방향
단관비계	(①)	(②)
틀비계(높이가 5m 미만의 것을 제외한다)	(③)	(④)

➡해답 ① 5 ② 5
③ 6 ④ 8

7. 폭풍, 폭우, 폭설 등의 악천후로 인하여 작업을 중지시킨 후, 비계의 조립·해체·변경 시 사업주가 작업시작 전 점검해야 할 사항 3가지를 쓰시오.

➡해답 ① 발판재료의 손상 여부 및 부착 또는 걸림 상태
② 해당 비계의 연결부 또는 접속부의 풀림 상태
③ 연결재료 및 연결철물의 손상 또는 부식 상태
④ 손잡이의 탈락 여부
⑤ 기둥의 침하·변형·변위 또는 흔들림 상태
⑥ 로프의 부착상태 및 매단 장치의 흔들림 상태

8. 항타기·항발기 조립 시 점검사항 3가지를 쓰시오.

　→해답 ① 본체 연결부의 풀림 또는 손상의 유무
　　　　② 권상용 와이어로프·드럼 및 도르래의 부착상태의 이상 유무
　　　　③ 권상장치의 브레이크 및 쐐기장치 기능의 이상 유무
　　　　④ 권상기 설치상태의 이상 유무
　　　　⑤ 버팀의 방법 및 고정상태의 이상 유무

9. 히빙(Heaving) 현상의 방지대책 3가지를 쓰시오.

　→해답 ① 흙막이벽 근입깊이 증가
　　　　② 흙막이벽 배면 지표의 상재하중을 제거
　　　　③ 지반굴착 시 흙이 느슨해지지 않도록 유의
　　　　④ 지반개량으로 하부지반 전단강도 개선
　　　　⑤ 강성이 큰 흙막이 공법 선정

10. 외부비계에 설치하는 벽 연결의 역할을 3가지 쓰시오.

　→해답 ① 비계 전체의 좌굴 방지
　　　　② 풍하중에 의한 무너짐 방지
　　　　③ 편심하중을 지탱하여 무너짐 방지

2001년 4회

1. 달비계 작업 시 최대하중을 정함에 있어 다음 보기의 안전계수를 쓰시오.

> (1) 달기 와이어로프 및 달기 강선의 안전계수 : (①) 이상
> (2) 달기 체인 및 달기 훅의 안전계수 : (②) 이상
> (3) 달기 강대와 달비계의 하부 및 상부지점의 안전계수 : 강재의 경우 (③) 이상, 목재의 경우 (④) 이상

　→해답 ① 10　　　　　② 5
　　　　③ 2.5　　　　④ 5

3. 감전 시 인체에 미치는 주된 영향인자 4가지를 쓰시오.

해답 ① 통전전류의 크기(가장 근본적인 원인이며 감전피해의 위험도에 가장 큰 영향을 미침)
② 통전시간
③ 통전경로
④ 전원의 종류(교류 또는 직류)
⑤ 주파수 및 파형
⑥ 전격인가위상[심장 맥동주기의 어느 위상(T파에서 가장 위험)에서의 통전 여부]
⑦ 기타 간접적으로는 인체저항과 전압의 크기 등이 관계함

5. 굴착작업을 하는 때에 토사등 또는 구축물의 붕괴 또는 낙하에 의한 근로자의 위험을 방지하기 위하여 사업주가 해야 할 조치사항 3가지를 쓰시오.

해답 ① 흙막이 지보공의 설치
② 방호망의 설치
③ 근로자의 출입금지
④ 비가 올 경우를 대비하여 측구를 설치하거나 굴착사면에 비닐보강

8. 지주로 사용하는 파이프서포트(Pipe Support)에 대한 안전규정을 쓰시오.

해답 ① 파이프서포트를 3본 이상 이어서 사용하지 아니하도록 할 것
② 파이프서포트를 이어서 사용할 때에는 4개 이상의 볼트 또는 전용철물을 사용하여 이을 것
③ 높이가 3.5m를 초과하는 경우에는 높이 2m 이내마다 수평연결재를 2개 방향으로 만들고 수평연결재의 변위를 방지할 것

9. 토공의 비탈면 보호공법 3가지만 쓰시오.

해답 ① 식생공 : 떼붙임공, 식생 Mat공, 식수공
② 뿜어붙이기공 : 콘크리트 또는 시멘트 모르타르를 뿜어 붙임
③ 블록공 : 사면에 블록붙임
④ 돌쌓기공 : 견치석 쌓기
⑤ 배수공 : 지표수 배제공, 지하수 배제공

2002년 1회

2. 보일링(Boiling) 현상을 설명하시오.

> **해답** (1) 정의 : 투수성이 좋은 사질토 지반을 굴착할 때 흙막이벽 배면의 지하수위가 굴착저면보다 높을
> 때 굴착저면 위로 모래와 지하수가 솟아오르는 현상
> (2) 방지대책
> ① 흙막이벽 근입깊이 증가
> ② 흙막이벽의 차수성 증대
> ③ 흙막이벽 배면 지반 그라우팅 실시
> ④ 흙막이벽 배면 지반 지하수위 저하
> ⑤ 굴착토를 즉시 원상태로 매립

3. 비계의 높이가 2m 이상인 작업 장소에 설치하는 작업발판의 기준을 4가지만 쓰시오.

> **해답** ① 발판재료는 작업할 때의 하중을 견딜 수 있도록 견고한 것으로 할 것
> ② 작업발판의 폭은 40cm 이상으로 하고, 발판재료 간의 틈은 3cm 이하로 할 것
> ③ 추락의 위험성이 있는 장소에는 안전난간을 설치할 것(작업의 성질상 안전난간을 설치하는 것이
> 곤란한 때 및 작업의 필요상 임시로 안전난간을 해체함에 있어서 추락방호망을 치거나 근로자로
> 하여금 안전대를 사용하도록 하는 등 추락에 의한 위험 방지조치를 한 때에는 제외)
> ④ 작업발판의 지지물은 하중에 의하여 파괴될 우려가 없는 것을 사용할 것
> ⑤ 작업발판재료는 뒤집히거나 떨어지지 않도록 2 이상의 지지물에 연결하거나 고정시킬 것
> ⑥ 작업발판을 작업에 따라 이동시킬 경우에는 위험 방지에 필요한 조치를 할 것

7. 잠함 또는 우물통의 급격한 침하로 인한 위험 방지조치 2가지를 쓰시오.

> **해답** ① 침하관계도에 따라 굴착방법 및 재하량 등을 정할 것
> ② 바닥으로부터 천장 또는 보까지의 높이는 1.8m 이상으로 할 것

8. 터널 건설작업 중 낙반 등에 의하여 근로자에게 위험을 미칠 우려가 있을 때 조치할 수
있는 사항을 3가지 쓰시오.

> **해답** ① 터널지보공 설치 ② 록볼트 설치
> ③ 부석의 제거 ④ 방호망 설치

9. 동바리로 사용하는 파이프서포트 조립 시 준수사항 3가지를 쓰시오.

➡해답 ① 파이프서포트를 3본 이상이어서 사용하지 아니하도록 할 것
② 파이프서포트를 이어서 사용할 때에는 4개 이상의 볼트 또는 전용철물을 사용하여 이을 것
③ 높이가 3.5m를 초과하는 경우에는 높이 2m 이내마다 수평연결재를 2개 방향으로 만들고 수평연결재의 변위를 방지할 것

11. 흙막이 공사현장 주변지반의 침하원인 3가지를 쓰시오.

➡해답 ① 흙막이 배면의 토압에 의한 흙막이 변형으로 배면토 이동
② 지반의 지하수 배출로 인한 지하수위 저하로 압밀침하 발생
③ 흙막이 배면부 뒤채움 및 다짐 불량
④ 우수 및 지표수 유입
⑤ 흙막이 배면부 과재하중 적재
⑥ 히빙, 보일링 현상 발생

2002년 2회

2. 인력 굴착공사방법에 의한 기초지반을 굴착하고자 한다. 아래 도표에 따라 굴착면의 기울기 기준을 쓰시오.

지반의 종류	굴착면의 기울기
모래	(①)
연암 및 풍화암	(②)
경암	(③)
그 밖의 흙	(④)

➡해답 ① 1 : 1.8, ② 1 : 1.0, ③ 1 : 0.5, ④ 1 : 1.2

3. 강관비계를 결속하는 철물 2가지를 쓰시오.

> **해답** ① 이음철물(단관조인트) : 마찰형, 전단형, 특수형
> ② 연결철물(클램프) : 고정형, 자유형, 특수형
> ③ 받침철물 : 고정형, 조절형
> ④ 벽이음 철물

4. 비계의 높이가 2m 이상인 작업 장소에 설치하는 작업발판의 기준을 4가지만 쓰시오.

> **해답** ① 발판재료는 작업할 때의 하중을 견딜 수 있도록 견고한 것으로 할 것
> ② 작업발판의 폭은 40cm 이상으로 하고, 발판재료 간의 틈은 3cm 이하로 할 것
> ③ 추락의 위험성이 있는 장소에는 안전난간을 설치할 것(작업의 성질상 안전난간을 설치하는 것이
> 곤란한 때 및 작업의 필요상 임시로 안전난간을 해체함에 있어서 추락방호망을 치거나 근로자로
> 하여금 안전대를 사용하도록 하는 등 추락에 의한 위험 방지조치를 한 때에는 제외)
> ④ 작업발판의 지지물은 하중에 의하여 파괴될 우려가 없는 것을 사용할 것
> ⑤ 작업발판재료는 뒤집히거나 떨어지지 않도록 2 이상의 지지물에 연결하거나 고정시킬 것
> ⑥ 작업발판을 작업에 따라 이동시킬 경우에는 위험방지에 필요한 조치를 할 것

6. 해체공법의 종류를 쓰시오.

> **해답** 1) 기계력 : 철 해머, 대형·소형 브레이커, 절단공법
> 2) 전도 : 전도공법
> 3) 유압력 : 유압잭 공법, 압쇄공법
> 4) 폭발력 : 발파공법, 폭파공법
> 5) 기타 : 팽창압 공법, 워터제트(Water Jet) 공법

7. 폭풍, 폭우, 폭설 등의 악천후로 인하여 작업을 중지시킨 후, 비계의 조립·해체·변경 시
사업주가 작업시작 전 점검해야 할 사항 3가지를 쓰시오.

> **해답** ① 발판재료의 손상 여부 및 부착 또는 걸림 상태
> ② 해당 비계의 연결부 또는 접속부의 풀림 상태
> ③ 연결재료 및 연결철물의 손상 또는 부식 상태
> ④ 손잡이의 탈락 여부
> ⑤ 기둥의 침하·변형·변위 또는 흔들림 상태
> ⑥ 로프의 부착상태 및 매단 장치의 흔들림 상태

8. 흙막이 지보공을 설치할 때 정기점검사항 4가지를 쓰시오.

➡️해답 ① 부재의 손상·변형·부식·변위 및 탈락의 유무와 상태
② 버팀대의 긴압의 정도
③ 부재의 접속부·부착부 및 교차부의 상태
④ 침하의 정도

11. 강관비계 조립 시 준수사항 5가지를 쓰시오.

➡️해답 ① 비계 기둥에는 미끄러지거나 침하하는 것을 방지하기 위하여 밑받침 철물을 사용하거나 버팀목이
나 깔판 등을 사용하여 밑둥잡이를 설치하는 등의 조치를 할 것
② 강관의 접속부 또는 교차부는 적합한 부속철물을 사용하여 접속하거나 단단히 묶을 것
③ 교차가새로 보강할 것
④ 외줄비계·쌍줄비계 또는 돌출비계에 대해서는 다음 각 목의 정하는 바에 따라 벽이음 및 버팀을
설치할 것
㉠ 강관비계의 조립간격은 아래의 기준에 적합하도록 할 것

강관비계의 종류	조립간격(단위 : m)	
	수직방향	수평방향
단관비계	5	5
틀비계(높이가 5m 미만의 것을 제외한다.)	6	8

㉡ 강관·통나무 등의 재료를 사용하여 견고한 것으로 할 것
㉢ 인장재와 압축재로 구성되어 있는 때에는 인장재와 압축재의 간격을 1m 이내로 할 것
⑤ 가공전로에 근접하여 비계를 설치하는 경우에는 가공전로를 이설하거나 가공전로에 절연용 방호
구를 장착하는 등 가공전로와의 접촉을 방지하기 위한 조치를 할 것

12. 잠함 또는 우물통의 급격한 침하로 인한 위험 방지조치 2가지를 쓰시오.

➡️해답 ① 침하관계도에 따라 굴착방법 및 재하량 등을 정할 것
② 바닥으로부터 천장 또는 보까지의 높이는 1.8m 이상으로 할 것

2002년 4회

3. 비계의 조립 시 벽이음 설치간격에 대하여 다음 빈칸을 채우시오.

비계의 종류	설치간격(단위 : m)	
	수직방향	수평방향
통나무 비계	(①)	(②)
단관 비계	(③)	(④)
강관틀 비계	(⑤)	(⑥)

➡해답 ① 5.5 ② 7.5 ③ 5
④ 5 ⑤ 6 ⑥ 8

9. 달비계 또는 높이가 5m 이상의 비계를 조립·해체하거나 변경작업을 할 때에 사업주로서 준수하여야 할 사항을 3가지만 쓰시오.

➡해답 ① 관리감독자의 지휘에 따라 작업하도록 할 것
② 조립·해체 또는 변경의 시기·범위 및 절차를 그 작업에 종사하는 근로자에게 주지시킬 것
③ 조립·해체 또는 변경 작업구역에는 해당 작업에 종사하는 근로자가 아닌 사람의 출입을 금지하고 그 내용을 보기 쉬운 장소에 게시할 것
④ 비, 눈, 그 밖의 기상상태의 불안정으로 날씨가 몹시 나쁜 경우에는 그 작업을 중지시킬 것
⑤ 비계재료의 연결·해체작업을 하는 경우에는 폭 20cm 이상의 발판을 설치하고 근로자로 하여금 안전대를 사용하도록 하는 등 추락을 방지하기 위한 조치를 할 것
⑥ 재료·기구 또는 공구 등을 올리거나 내리는 경우에는 근로자가 달줄 또는 달포대 등을 사용하게 할 것

10. 비계의 높이가 2m 이상인 작업 장소에 설치하는 작업발판의 기준을 4가지만 쓰시오.

➡해답 ① 발판재료는 작업할 때의 하중을 견딜 수 있도록 견고한 것으로 할 것
② 작업발판의 폭은 40cm 이상으로 하고, 발판재료 간의 틈은 3cm 이하로 할 것
③ 추락의 위험성이 있는 장소에는 안전난간을 설치할 것(작업의 성질상 안전난간을 설치하는 것이 곤란한 때 및 작업의 필요상 임시로 안전난간을 해체함에 있어서 추락방호망을 치거나 근로자로 하여금 안전대를 사용하도록 하는 등 추락에 의한 위험 방지조치를 한 때에는 제외)
④ 작업발판의 지지물은 하중에 의하여 파괴될 우려가 없는 것을 사용할 것
⑤ 작업발판재료는 뒤집히거나 떨어지지 않도록 2 이상의 지지물에 연결하거나 고정시킬 것
⑥ 작업발판을 작업에 따라 이동시킬 경우에는 위험방지에 필요한 조치를 할 것

2003년 1회

2. 해체공사의 공법에 따라 발생하는 소음과 진동의 예방대책을 4가지 쓰시오.

> **[해답]** ① 공기 압축기 등은 적당한 장소에 설치하여야 하며 장비의 소음 진동 기준은 관계법에서 정하는 바에 따라서 처리하여야 한다.
> ② 전도공법의 경우 전도물 규모를 작게 하여 중량을 최소화하며, 전도 대상물의 높이도 되도록 작게 하여야 한다.
> ③ 철 해머공법의 경우 해머의 중량과 낙하높이를 가능한 한 낮게 하여야 한다.
> ④ 현장 내에서는 대형 부재로 해체하며 장외에서 잘게 파쇄하여야 한다.
> ⑤ 인접 건물에 피해를 줄이기 위해 방음, 방진 목적의 가시설을 설치하여야 한다.

4. 비, 눈, 그 밖의 기상상태 불안정으로 날씨가 몹시 나빠서 작업중지 후 비계의 재작업 시작 전 점검해야 할 사항을 3가지 쓰시오.

> **[해답]** ① 발판재료의 손상 여부 및 부착 또는 걸림 상태
> ② 해당 비계의 연결부 또는 접속부의 풀림 상태
> ③ 연결재료 및 연결철물의 손상 또는 부식 상태
> ④ 손잡이의 탈락 여부
> ⑤ 기둥의 침하·변형·변위 또는 흔들림 상태
> ⑥ 로프의 부착상태 및 매단 장치의 흔들림 상태

5. 콘크리트 옹벽의 붕괴 방지를 위하여 필요한 외력에 대한 안정조건 3가지를 쓰시오.

> **[해답]** ① 활동에 대한 안정 : $F_s = \dfrac{\text{활동에 저항하려는 힘}}{\text{활동하려는 힘}} \geq 1.5$
>
> ② 전도에 대한 안정 : $F_s = \dfrac{\text{저항모멘트}}{\text{전도모멘트}} \geq 2.0$
>
> ③ 기초지반의 지지력(침하)에 대한 안정 : $F_s = \dfrac{\text{지반의 극한지지력}}{\text{지반의 최대반력}} \geq 3.0$

6. 히빙(Heaving) 현상의 방지대책 3가지를 쓰시오.

➡**해답** ① 흙막이벽 근입깊이 증가
② 흙막이벽 배면 지표의 상재하중을 제거
③ 지반굴착 시 흙이 느슨해지지 않도록 유의
④ 지반개량으로 하부지반 전단강도 개선
⑤ 강성이 큰 흙막이 공법 선정

7. NATM 공법의 터널공사에서 지질 및 지층에 관한 조사를 통해 확인할 사항 3가지를 쓰시오.

➡**해답** ① 시추(보링)위치　　　② 토층 분포상태
③ 투수계수　　　　　　④ 지하수위
⑤ 지반의 지지력

10. 동바리로 사용하는 파이프받침 설치 시 준수사항이다. 다음 (　) 안을 채우시오.

> (1) 파이프 받침을 (①)본 이상 이어서 사용하지 아니하도록 할 것
> (2) 파이프 받침을 이어서 사용할 때에는 (②)개 이상의 볼트 또는 전용철물을 사용하여
>   이을 것
> (3) 높이가 3.5미터를 초과할 때에는 2미터 이내마다 수평연결재를 (③)개 방향으로 만들
>   고, 수평연결재의 변위를 방지할 것

➡**해답** ① 3　　　　　　　　② 4　　　　　　　　③ 2

11. 안전난간대의 구성요소를 쓰시오.

➡**해답** 상부 난간대, 중간 난간대, 발끝막이판 및 난간기둥으로 구성할 것

2003년 2회

1. 철골작업을 중지해야 하는 기상상황 3가지를 쓰시오.

➡️해답

구분	내용
강풍	풍속 10m/sec 이상
강우	1시간당 강우량이 1mm 이상
강설	1시간당 강설량이 1cm 이상

3. 옹벽 뒷면의 흙의 단위 중량이 2,000kg/m³, 주동 토압계수가 0.7일 때 높이 4m의 옹벽에 작용하는 주동토압은 몇 t/m인지 계산하시오.

➡️해답 $Pa = \dfrac{1}{2} \times r \times h^2 \times Ka = \dfrac{1}{2} \times 2 \times 4^2 \times 0.7 = 11.2 \text{t/m}$

여기서, r : 흙의 단위중량(t/m³)

h : 높이(m)

Ka : 토압계수

5. 얕은 기초의 종류를 4가지 쓰시오.

➡️해답 ① 독립기초(Independent Footing) : 단일기둥을 기초판이 받침

② 복합기초(Combination Footing) : 2개 이상의 기둥을 한 기초판이 받침

③ 연속기초(Strip Footing) : 연속된 기초판이 벽체, 기둥을 지지함

④ 온통기초(Mat Foundation) : 건물의 하부 전체를 기초판으로 한 것

7. 다음은 토사등이 붕괴 또는 낙하하여 근로자에게 위험을 미칠 우려가 있을 때 조치하여야
   할 사항이다. ( ) 안에 알맞은 용어를 쓰시오.

   > 지반은 안전한 경사로 하고 낙하의 위험이 있는 토석을 제거하거나 옹벽, (①) 등을 설치한
   > 다. 토사등의 붕괴 또는 낙하 원인이 되는 빗물이나 (②) 등을 배제시킨다.

   해답 ① 흙막이 지보공
   ② 지하수

9. 사다리식 통로의 안전기준을 쓰시오.

   해답 ① 견고한 구조로 할 것
   ② 심한 손상·부식 등이 없는 재료를 사용할 것
   ③ 발판의 간격은 일정하게 할 것
   ④ 발판과 벽과의 사이는 15cm 이상의 간격을 유지할 것
   ⑤ 폭은 30cm 이상으로 할 것
   ⑥ 사다리가 넘어지거나 미끄러지는 것을 방지하기 위한 조치를 할 것
   ⑦ 사다리의 상단은 걸쳐놓은 지점으로부터 60cm 이상 올라가도록 할 것
   ⑧ 사다리식 통로의 길이가 10m 이상인 경우에는 5미터 이내마다 계단참을 설치할 것
   ⑨ 사다리식 통로의 기울기는 75° 이하로 할 것. 다만, 고정식 사다리식 통로의 기울기는 90° 이하로
   하고, 그 높이가 7m 이상인 경우에는 바닥으로부터 높이가 2.5m 되는 지점부터 등받이울을 설치
   할 것
   ⑩ 접이식 사다리 기둥은 사용 시 접혀지거나 펼쳐지지 않도록 철물 등을 사용하여 견고하게 조치
   할 것

2003년 4회

1. 지게차를 이용한 작업 시 작업 시작 전 점검사항 3가지를 쓰시오.

   해답 ① 제동장치 및 조종장치 기능의 이상 유무
   ② 하역장치 및 유압장치 기능의 이상 유무
   ③ 바퀴의 이상 유무
   ④ 전조등·후미등·방향지시기 및 경보장치 기능의 이상 유무

4. 비계의 조립 시 벽이음 설치간격에 대하여 다음 빈칸을 채우시오.

비계의 종류	설치간격(단위 : m)	
	수직방향	수평방향
통나무 비계	(①)	(②)
단관 비계	(③)	(④)
강관틀 비계	(⑤)	(⑥)

➡해답 ① 5.5   ② 7.5   ③ 5
④ 5   ⑤ 6   ⑥ 8

6. 터널 건설작업 중 낙반 등에 의하여 근로자에게 위험을 미칠 우려가 있을 때 조치할 수 있는 사항을 3가지 쓰시오.

➡해답 ① 터널지보공 설치
② 록볼트 설치
③ 부석의 제거

11. 거푸집 동바리 등의 조립 또는 해체작업 시 준수사항 3가지를 쓰시오.

➡해답 ① 해당 작업을 하는 구역에는 관계 근로자가 아닌 사람의 출입을 금지할 것
② 비, 눈, 그 밖의 기상상태의 불안정으로 날씨가 몹시 나쁜 경우에는 그 작업을 중지할 것
③ 재료, 기구 또는 공구 등을 올리거나 내리는 경우에는 근로자로 하여금 달줄·달포대 등을 사용하도록 할 것
④ 낙하·충격에 의한 돌발적 재해를 방지하기 위하여 버팀목을 설치하고 거푸집 동바리 등을 인양장비에 매단 후에 작업을 하도록 하는 등 필요한 조치를 할 것

2004년 1회

2. 거푸집 및 동바리 시공 시 고려해야 할 하중 3가지를 쓰시오.

해답 ① 고정하중 : 철근콘크리트와 거푸집의 중량을 합한 하중이며 거푸집 하중은 최소 $40kg/m^2$ 이상
적용, 특수 거푸집의 경우 실제 중량 적용
② 활하중 : 작업원, 경량의 장비하중, 기타 콘크리트에 필요한 자재 및 공구 등의 시공하중 및 충격
하중을 포함하며 구조물의 수평투영면적(연직방향으로 투영시킨 수평면적)당 최소 $250kg/m^2$
이상 적용
③ 콘크리트 측압 : 콘크리트가 거푸집을 안쪽에서 밀어내는 압력

4. 흙막이 공사 시 붕괴재해를 일으킬 수 있는 히빙과 보일링의 정의를 쓰시오.

해답 1) 히빙(Heaving) 현상
① 정의 : 연약한 점토지반을 굴착할 때 흙막이 벽체 배면에 있는 흙의 중량이 굴착 바닥면의
흙의 중량보다 클 때 그 중량 차이로 인해 흙막이 벽체 배면의 흙이 안으로 밀려 들어와 굴착
바닥면이 부풀어오르는 현상
② 방지대책
㉠ 흙막이벽 근입깊이 증가
㉡ 흙막이벽 배면 지표의 상재하중을 제거
㉢ 지반굴착 시 흙이 느슨해지지 않도록 유의
㉣ 지반개량으로 하부지반 전단강도 개선
㉤ 강성이 큰 흙막이 공법 선정
2) 보일링(Boiling) 현상
① 정의 : 투수성이 좋은 사질토 지반을 굴착할 때 흙막이벽 배면의 지하수위가 굴착저면보다
높을 때 굴착저면 위로 모래와 지하수가 솟아오르는 현상
② 방지대책
㉠ 흙막이벽 근입깊이 증가
㉡ 흙막이벽의 차수성 증대
㉢ 흙막이벽 배면 지반 그라우팅 실시
㉣ 흙막이벽 배면 지반 지하수위 저하
㉤ 굴착토를 즉시 원상태로 매립

5. 지반의 굴착작업 시 알맞은 굴착면의 기울기를 빈칸에 쓰시오.

지반의 종류	굴착면의 기울기
모래	(①)
연암 및 풍화암	(②)
경암	(③)
그 밖의 흙	(④)

➡해답 ① 1 : 1.8, ② 1 : 1.0, ③ 1 : 0.5, ④ 1 : 1.2

9. 암질 변화구간 및 이상 암질의 출현 시 일축압축강도와 함께 사용되는 암질판별법(암반분류법) 3가지를 쓰시오.

➡해답 ① R.Q.D(%)
　　　② 탄성파 속도(m/sec)
　　　③ R.M.R
　　　④ 진동치 속도(cm/sec＝Kine)

10. 굴착공사에서 흙막이 구조의 안전을 예측하기 위해 설치하여야 하는 계측기기의 종류 4가지를 쓰시오.

➡해답 ① 지표침하계 : 흙막이벽 배면에 동결심도보다 깊게 설치하여 지표면 침하량 측정
　　　② 지중경사계 : 흙막이벽 배면에 설치하여 토류벽의 기울어짐 측정
　　　③ 하중계 : Strut, Earth Anchor에 설치하여 축하중 측정으로 부재의 안정성 여부 판단
　　　④ 간극수압계 : 굴착, 성토에 의한 간극수압의 변화 측정
　　　⑤ 균열측정기 : 인접구조물, 지반 등의 균열부위에 설치하여 균열크기와 변화 측정
　　　⑥ 변형률계 : Strut, 띠장 등에 부착하여 굴착작업 시 구조물의 변형을 측정
　　　⑦ 지하수위계 : 굴착에 따른 지하수위 변동을 측정

2004년 2회

2. 다음 ( ) 안에 알맞은 내용을 쓰시오.

> (1) 낙하물 방지망 설치높이는 (①)미터 이내마다 설치하고 내민 길이는 벽면으로부터 (②)미터 이상으로 할 것
> (2) 수평면과의 각도는 (③)도 내지 (④)도를 유지할 것

해답 ① 10 ② 2 ③ 20 ④ 30

5. 기계굴착 작업 시 사전 안전점검사항 4가지를 쓰시오.

해답 ① 형상·지질 및 지층의 상태
② 균열·함수·용수 및 동결의 유무 또는 상태
③ 매설물 등의 유무 또는 상태
④ 지반의 지하수위 상태

2004년 4회

1. 잠함, 우물통, 수직갱, 기타 건설물 실내에서 내부 굴착작업 시 준수사항 3가지를 쓰시오.

해답 ① 산소결핍의 우려가 있는 경우에는 산소의 농도를 측정하는 자를 지명하여 측정하도록 할 것
② 근로자가 안전하게 오르내리기 위한 설비를 설치할 것
③ 굴착 깊이가 20m를 초과하는 경우에는 해당 작업장소와 외부와의 연락을 위한 통신설비 등을 설치할 것
④ 산소농도 측정결과 산소의 결핍이 인정되거나 굴착 깊이가 20m를 초과하는 경우에는 송기를 위한 설비를 설치하여 필요한 양의 공기를 송급할 것

4. 거푸집 동바리 등의 조립 또는 해체작업 시 준수사항 3가지를 쓰시오.

➡**해답** ① 해당 작업을 하는 구역에는 관계 근로자가 아닌 사람의 출입을 금지할 것
② 비, 눈, 그 밖의 기상상태의 불안정으로 날씨가 몹시 나쁜 경우에는 그 작업을 중지할 것
③ 재료, 기구 또는 공구 등을 올리거나 내리는 경우에는 근로자로 하여금 달줄·달포대 등을 사용하도록 할 것
④ 낙하·충격에 의한 돌발적 재해를 방지하기 위하여 버팀목을 설치하고 거푸집 동바리 등을 인양장비에 매단 후에 작업을 하도록 하는 등 필요한 조치를 할 것

5. 비계의 조립 시 벽이음 설치간격에 대하여 다음 빈칸을 채우시오.

비계의 종류	설치간격(단위 : m)	
	수직방향	수평방향
통나무 비계	(①)	(②)
단관 비계	(③)	(④)
강관틀 비계	(⑤)	(⑥)

➡**해답** ① 5.5   ② 7.5   ③ 5
④ 5   ⑤ 6   ⑥ 8

9. 건설공사의 콘크리트 구조물 시공에 사용되는 비계의 종류를 5가지만 쓰시오.

➡**해답** ① 강관틀비계   ② 단관비계   ③ 통나무비계
④ 달비계   ⑤ 말비계   ⑥ 이동식 비계

10. 동바리로 사용하는 파이프서포트 조립 시 준수사항 3가지를 쓰시오.

➡**해답** ① 파이프서포트를 3본 이상 이어서 사용하지 아니하도록 할 것
② 파이프서포트를 이어서 사용할 때에는 4개 이상의 볼트 또는 전용철물을 사용하여 이을 것
③ 높이가 3.5m를 초과하는 경우에는 높이 2m 이내마다 수평연결재를 2개 방향으로 만들고 수평연결재의 변위를 방지할 것

2005년 1회

2. 다음은 가설통로에 대한 설치 기준이다. ( ) 안을 채우시오.

> (가) 경사는 일반적으로 (①)도 이하로 하고, 경사가 (②)도를 초과할 때는 미끄러지지 않는 구조로 한다.
> (나) 수직갱에 가설된 통로의 길이가 15m 이상인 때에는 (③)m 이내마다 계단참을 설치하고, 건설공사에 사용하는 높이 8m 이상인 비계다리에는 (④)m 이내마다 계단참을 설치한다.

→해답 ① 30   ② 15
        ③ 10   ④ 7

3. 높이 2m 이상인 작업발판의 끝이나 개구부에서 작업 시 추락재해 방지대책 5가지를 쓰시오.

→해답 ① 안전난간 설치
      ② 울 및 손잡이 설치
      ③ 덮개를 설치하는 경우 뒤집히거나 떨어지지 않도록 할 것
      ④ 추락방호망 설치
      ⑤ 안전대 착용
      ⑥ 어두운 장소에서도 알아볼 수 있도록 개구부임을 표시

5. 히빙(Heaving) 현상과 보일링(Boiling) 현상을 설명하시오.

→해답 1) 히빙(Heaving) 현상
      ① 정의 : 연약한 점토지반을 굴착할 때 흙막이 벽체 배면에 있는 흙의 중량이 굴착 바닥면의 흙의 중량보다 클 때 그 중량 차이로 인해 흙막이 벽체 배면의 흙이 안으로 밀려 들어와 굴착 바닥면이 부풀어오르는 현상
      ② 방지대책
        ㉠ 흙막이벽 근입깊이 증가
        ㉡ 흙막이벽 배면 지표의 상재하중을 제거
        ㉢ 지반굴착 시 흙이 느슨해지지 않도록 유의
        ㉣ 지반개량으로 하부지반 전단강도 개선
        ㉤ 강성이 큰 흙막이 공법 선정
      2) 보일링(Boiling) 현상
      ① 정의 : 투수성이 좋은 사질토 지반을 굴착할 때 흙막이벽 배면의 지하수위가 굴착저면보다 높을 때 굴착저면 위로 모래와 지하수가 솟아오르는 현상

② 방지대책
  ㉠ 흙막이벽 근입깊이 증가
  ㉡ 흙막이벽의 차수성 증대
  ㉢ 흙막이벽 배면 지반 그라우팅 실시
  ㉣ 흙막이벽 배면 지반 지하수위 저하
  ㉤ 굴착토를 즉시 원상태로 매립

7. 강관틀비계의 조립작업 시 준수해야 할 사항 3가지를 쓰시오.

➡해답 ① 비계 기둥의 밑둥에는 밑받침 철물을 사용하여야 하며 밑받침에 고저차가 있는 경우에는 조절형 밑받침 철물을 사용하여 각각의 강관틀비계가 항상 수평 및 수직을 유지하도록 할 것
② 높이가 20미터를 초과하거나 중량물의 적재를 수반하는 작업을 할 경우에는 주틀 간의 간격을 1.8미터 이하로 할 것
③ 주틀 간에 교차 가새를 설치하고 최상층 및 5층 이내마다 수평재를 설치할 것
④ 수직방향으로 6미터, 수평방향으로 8미터 이내마다 벽이음을 할 것
⑤ 길이가 띠장 방향으로 4미터 이하이고 높이가 10미터를 초과하는 경우에는 10미터 이내마다 띠장 방향으로 버팀기둥을 설치할 것

10. 굴착작업을 하는 때에 토사등 또는 구축물의 붕괴 또는 낙하에 의한 근로자의 위험을 방지하기 위하여 사업주가 해야 할 조치사항 3가지를 쓰시오.

➡해답 ① 흙막이 지보공의 설치
② 방호망의 설치
③ 근로자의 출입금지
④ 비가 올 경우를 대비하여 측구를 설치하거나 굴착사면에 비닐보강

11. 철골작업을 중지해야 하는 상황 3가지를 쓰시오.

➡해답

구분	내용
강풍	풍속 10m/sec 이상
강우	1시간당 강우량이 1mm 이상
강설	1시간당 강설량이 1cm 이상

2005년 2회

5. 굴착작업 시 사전 조사사항 4가지를 쓰시오.

해답 ① 형상·지질 및 지층의 상태
② 균열·함수·용수 및 동결의 유무 또는 상태
③ 매설물 등의 유무 또는 상태
④ 지반의 지하수위 상태

6. 강관틀비계의 조립작업 시 준수해야 할 사항 3가지를 쓰시오.

해답 ① 비계 기둥의 밑둥에는 밑받침 철물을 사용하여야 하며 밑받침에 고저차가 있는 경우에는 조절형 밑받침 철물을 사용하여 각각의 강관틀비계가 항상 수평 및 수직을 유지하도록 할 것
② 높이가 20미터를 초과하거나 중량물의 적재를 수반하는 작업을 할 경우에는 주틀 간의 간격을 1.8미터 이하로 할 것
③ 주틀 간에 교차 가새를 설치하고 최상층 및 5층 이내마다 수평재를 설치할 것
④ 수직방향으로 6미터, 수평방향으로 8미터 이내마다 벽이음을 할 것
⑤ 길이가 띠장 방향으로 4미터 이하이고 높이가 10미터를 초과하는 경우에는 10미터 이내마다 띠장 방향으로 버팀기둥을 설치할 것

8. 거푸집 동바리 등의 조립 또는 해체작업 시 준수사항 3가지를 쓰시오.

해답 ① 해당 작업을 하는 구역에는 관계 근로자가 아닌 사람의 출입을 금지할 것
② 비, 눈, 그 밖의 기상상태의 불안정으로 날씨가 몹시 나쁜 경우에는 그 작업을 중지할 것
③ 재료, 기구 또는 공구 등을 올리거나 내리는 경우에는 근로자로 하여금 달줄·달포대 등을 사용하도록 할 것
④ 낙하·충격에 의한 돌발적 재해를 방지하기 위하여 버팀목을 설치하고 거푸집 동바리 등을 인양 장비에 매단 후에 작업을 하도록 하는 등 필요한 조치를 할 것

9. 안전난간지침에 관한 사항을 쓰시오.

해답 ① 상부 난간대·중간 난간대·발끝막이판 및 난간기둥으로 구성할 것
② 상부 난간대는 바닥면·발판 또는 경사로의 표면(이하 "바닥면 등"이라 한다)으로부터 90cm 이상 지점에 설치하고, 상부 난간대를 120cm 이하에 설치하는 경우에는 중간 난간대는 상부 난간대와 바닥면 등의 중간에 설치하여야 하며, 120cm 이상 지점에 설치하는 경우에는 중간 난간대를 2단 이상으로 균등하게 설치하고 난간의 상하 간격은 60cm 이하가 되도록 할 것. 다만, 계단의

개방된 측면에 설치된 난간기둥 간의 간격이 25cm 이하인 경우에는 중간 난간대를 설치하지 아니할 수 있다.

③ 발끝막이판은 바닥면 등으로부터 10cm 이상의 높이를 유지할 것
④ 난간기둥은 상부 난간대와 중간 난간대를 견고하게 떠받칠 수 있도록 적정 간격을 유지할 것
⑤ 상부 난간대와 중간 난간대는 난간 길이 전체에 걸쳐 바닥면 등과 평행을 유지할 것
⑥ 난간대는 지름 2.7cm 이상의 금속제 파이프나 그 이상의 강도를 가진 재료일 것
⑦ 안전난간은 구조적으로 가장 취약한 지점에서 가장 취약한 방향으로 작용하는 100kg 이상의 하중에 견딜 수 있는 튼튼한 구조일 것

11. 사다리식 통로의 안전기준을 쓰시오.

➡️해답 ① 견고한 구조로 할 것
② 심한 손상·부식 등이 없는 재료를 사용할 것
③ 발판의 간격은 일정하게 할 것
④ 발판과 벽과의 사이는 15cm 이상의 간격을 유지할 것
⑤ 폭은 30cm 이상으로 할 것
⑥ 사다리가 넘어지거나 미끄러지는 것을 방지하기 위한 조치를 할 것
⑦ 사다리의 상단은 걸쳐놓은 지점으로부터 60cm 이상 올라가도록 할 것
⑧ 사다리식 통로의 길이가 10m 이상인 경우에는 5미터 이내마다 계단참을 설치할 것
⑨ 사다리식 통로의 기울기는 75° 이하로 할 것. 다만, 고정식 사다리식 통로의 기울기는 90° 이하로 하고, 그 높이가 7m 이상인 경우에는 바닥으로부터 높이가 2.5m 되는 지점부터 등받이울을 설치할 것
⑩ 접이식 사다리 기둥은 사용 시 접혀지거나 펼쳐지지 않도록 철물 등을 사용하여 견고하게 조치할 것

2005년 4회

1. 거푸집 및 동바리에 사용할 재료 선정 시 고려사항 5가지를 쓰시오.

➡️해답 ① 강도   ② 강성   ③ 내구성
④ 작업성   ⑤ 타설 콘크리트의 영향   ⑥ 경제성

3. 강관비계의 벽이음 또는 버팀을 설치하는 간격을 빈칸에 쓰시오.

관비계의 종류	조립간격(단위 : m)	
	수직방향	수평방향
단관비계	(①)	(②)
틀비계(높이가 5m 미만의 것을 제외한다)	(③)	(④)

➡해답 ① 5   ② 5
③ 6   ④ 8

6. 발파작업 시 관리감독자의 유해·위험 방지업무 4가지를 쓰시오.

➡해답 ① 점화 전에 점화작업에 종사하는 근로자 외의 자의 대피를 지시하는 일
② 점화작업에 종사하는 근로자에 대하여 대피장소 및 경로를 지시하는 일
③ 점화 전에 위험구역 내에서 근로자가 대피한 것을 확인하는 일
④ 점화순서 및 방법에 대하여 지시하는 일
⑤ 점화신호하는 일
⑥ 점화작업에 종사하는 근로자에 대하여 대피신호를 하는 일
⑦ 발파 후 터지지 아니한 장약이나 남은 장약의 유무, 용수 유무 및 암석·토사의 낙하 유무 등을 점검하는 일
⑧ 점화하는 사람을 정하는 일
⑨ 공기압축기의 안전밸브 작동 유무를 점검하는 일
⑩ 안전모 등 보호구의 착용상황을 감시하는 일

9. 강아치 지보공의 조립 시 위험예방을 위한 안전조치사항을 3가지 쓰시오.

➡해답 ① 조립간격은 조립도에 따를 것
② 주재가 아치작용을 충분히 할 수 있도록 쐐기를 박는 등 필요한 조치를 할 것
③ 연결볼트 및 띠장 등을 사용하여 주재 상호 간을 튼튼하게 연결할 것
④ 터널 등의 출입구 부분에는 받침대를 설치할 것
⑤ 낙하물에 의하여 근로자에게 위험을 미칠 우려가 있는 때에는 널판 등을 설치할 것

10. 이동식 사다리의 구조 기준이다. ( ) 안을 채우시오.

> 가) 길이가 (①)m를 초과해서는 안 된다.
> 나) 다리의 벌림은 벽 높이의 (②)정도 또는 경사각 (③)도 정도가 적당하다.
> 다) 벽면 상부로부터 최소한 (④)cm 이상의 여장길이가 있다.

해답 ① 6
③ 75

② 1/4
④ 60

2006년 1회

4. 강관비계의 조립간격을 ( ) 안에 쓰시오.

강관비계의 종류	조립간격(단위 : m)	
	수직방향	수평방향
단관비계	(①)	(②)
틀비계(높이가 5m 미만의 것을 제외한다)	(③)	(④)

해답 ① 5
③ 6

② 5
④ 8

7. 철근콘크리트 구조물의 해체공법을 4가지 쓰시오.

해답 1) 기계력 : 철 해머, 대형·소형 브레이커, 절단공법
2) 전도 : 전도공법
3) 유압력 : 유압잭 공법, 압쇄공법
4) 폭발력 : 발파공법, 폭파공법
5) 기타 : 팽창압 공법, 워터제트(Water Jet) 공법

8. 다음 (   ) 안에 들어갈 내용을 숫자로 채워 넣으시오.

> 통나무 비계의 비계 기둥의 이음이 겹침 이음인 경우에는 이음 부분에서 (①)m 이상을
> 서로 겹쳐서 (②)군데 이상을 묶고, 맞댄이음인 경우에는 비계 기둥을 쌍기둥틀로 하거나
> (③)m 이상의 덧댐목을 사용하여 (④)군데 이상을 묶을 것

➡ 해답 ① 1   ② 2
　　　 ③ 1.8   ④ 4

13. 사다리식 통로 설치 시 준수해야 할 사항을 3가지 쓰시오.

➡ 해답 ① 견고한 구조로 할 것
　　　 ② 심한 손상·부식 등이 없는 재료를 사용할 것
　　　 ③ 발판의 간격은 일정하게 할 것
　　　 ④ 발판과 벽과의 사이는 15cm 이상의 간격을 유지할 것
　　　 ⑤ 폭은 30cm 이상으로 할 것
　　　 ⑥ 사다리가 넘어지거나 미끄러지는 것을 방지하기 위한 조치를 할 것
　　　 ⑦ 사다리의 상단은 걸쳐놓은 지점으로부터 60cm 이상 올라가도록 할 것
　　　 ⑧ 사다리식 통로의 길이가 10m 이상인 경우에는 5미터 이내마다 계단참을 설치할 것
　　　 ⑨ 사다리식 통로의 기울기는 75° 이하로 할 것. 다만, 고정식 사다리식 통로의 기울기는 90° 이하로
　　　　　 하고, 그 높이가 7m 이상인 경우에는 바닥으로부터 높이가 2.5m 되는 지점부터 등받이울을 설치
　　　　　 할 것
　　　 ⑩ 접이식 사다리 기둥은 사용 시 접혀지거나 펼쳐지지 않도록 철물 등을 사용하여 견고하게 조치
　　　　　 할 것

2006년 2회

4. 다음은 낙하물방지망 설치기준이다. (   ) 안을 채우시오.

> (1) 낙하물 방지망 설치높이는 (①)미터 이내마다 설치하고 내민길이는 벽면으로부터
> 　　(②)미터 이상으로 할 것
> (2) 수평면과의 각도는 (③)도 내지 (④)도를 유지할 것

➡ 해답 ① 10   ② 2
　　　 ③ 20   ④ 30

5. 히빙(Heaving) 현상과 보일링(Boiling) 현상을 설명하시오.

> **해답** 1) 히빙(Heaving) 현상
> ① 정의 : 연약한 점토지반을 굴착할 때 흙막이 벽체 배면에 있는 흙의 중량이 굴착 바닥면의
> 흙의 중량보다 클 때 그 중량 차이로 인해 흙막이 벽체 배면의 흙이 안으로 밀려 들어와 굴착
> 바닥면이 부풀어오르는 현상
> ② 방지대책
> ㉠ 흙막이벽 근입깊이 증가
> ㉡ 흙막이벽 배면 지표의 상재하중을 제거
> ㉢ 지반굴착 시 흙이 느슨해지지 않도록 유의
> ㉣ 지반개량으로 하부지반 전단강도 개선
> ㉤ 강성이 큰 흙막이 공법 선정
> 2) 보일링(Boiling) 현상
> ① 정의 : 투수성이 좋은 사질토 지반을 굴착할 때 흙막이벽 배면의 지하수위가 굴착저면보다
> 높을 때 굴착저면 위로 모래와 지하수가 솟아오르는 현상
> ② 방지대책
> ㉠ 흙막이벽 근입깊이 증가
> ㉡ 흙막이벽의 차수성 증대
> ㉢ 흙막이벽 배면 지반 그라우팅 실시
> ㉣ 흙막이벽 배면 지반 지하수위 저하
> ㉤ 굴착토를 즉시 원상태로 매립

6. 산업안전보건법상 흙막이 지보공 설치 시 흙막이 지보공의 점검사항을 3가지 쓰시오.

> **해답** ① 부재의 손상·변형·부식·변위 및 탈락의 유무와 상태
> ② 버팀대의 긴압의 정도
> ③ 부재의 접속부·부착부 및 교차부의 상태
> ④ 침하의 정도

10. 다음의 내용을 보고 빈칸을 채우시오.

> 굴착작업에 있어서 토사등의 붕괴 또는 낙하에 의하여 근로자에게 위험을 미칠 우려가 있는
> 경우에는 미리 (①)의 설치, (②)의 설치 및 근로자의 출입 금지 등 그 위험을 방지하기
> 위하여 필요한 조치를 하여야 한다.

> **해답** ① 흙막이 지보공
> ② 방호망

11. 지반의 굴착 시 사전조사하여야 하는 사항을 3가지 쓰시오.

> **→해답** ① 형상·지질 및 지층의 상태
> ② 균열·함수·용수 및 동결의 유무 또는 상태
> ③ 매설물 등의 유무 또는 상태
> ④ 지반의 지하수위 상태

2006년 4회

1. 강관비계의 조립간격을 ( ) 안에 쓰시오.

강관비계의 종류	조립간격(단위 : m)	
	수직방향	수평방향
단관비계	(①)	(②)
틀비계(높이가 5m 미만의 것을 제외한다)	(③)	(④)

> **→해답** ① 5   ② 5
> ③ 6   ④ 8

3. 차량계 건설기계를 이용하는 작업 시 작업계획서에 포함해야 할 사항을 쓰시오.

> **→해답** ① 사용하는 차량계 건설기계의 종류 및 능력
> ② 차량계 건설기계의 운행경로
> ③ 차량계 건설기계에 의한 작업방법

6. 잠함 또는 우물통 등의 내부에서 굴착작업을 하는 때, 잠함 또는 우물통 등의 급격한 침하에 의한 위험 방지를 위한 조치사항을 쓰시오.

> **→해답** ① 침하관계도에 따라 굴착방법 및 재하량 등을 정할 것
> ② 바닥으로부터 천장 또는 보까지의 높이는 1.8m 이상으로 할 것

7. 철골작업 시 건립기계를 선정할 때 검토해야 할 사항을 3가지 쓰시오.

　→해답 ① 입지조건
　　　　② 주변영향
　　　　③ 구조물의 형태
　　　　④ 인양하중
　　　　⑤ 작업반경

8. 달비계 또는 높이 5미터 이상의 비계를 조립·해체하거나 변경하는 작업을 할 때 사업주로서 준수하여야 할 사항을 4가지만 쓰시오.

　→해답 ① 관리감독자의 지휘에 따라 작업하도록 할 것
　　　　② 조립·해체 또는 변경의 시기·범위 및 절차를 그 작업에 종사하는 근로자에게 주지시킬 것
　　　　③ 조립·해체 또는 변경 작업구역에는 해당 작업에 종사하는 근로자가 아닌 사람의 출입을 금지하고 그 내용을 보기 쉬운 장소에 게시할 것
　　　　④ 비, 눈, 그 밖의 기상상태의 불안정으로 날씨가 몹시 나쁜 경우에는 그 작업을 중지시킬 것
　　　　⑤ 비계재료의 연결·해체작업을 하는 경우에는 폭 20cm 이상의 발판을 설치하고 근로자로 하여금 안전대를 사용하도록 하는 등 추락을 방지하기 위한 조치를 할 것
　　　　⑥ 재료·기구 또는 공구 등을 올리거나 내리는 경우에는 근로자가 달줄 또는 달포대 등을 사용하게 할 것

9. 비계의 높이가 2m 이상인 작업 장소에 설치하는 작업발판의 기준을 4가지만 쓰시오.

　→해답 ① 발판재료는 작업할 때의 하중을 견딜 수 있도록 견고한 것으로 할 것
　　　　② 작업발판의 폭은 40cm 이상으로 하고, 발판재료 간의 틈은 3cm 이하로 할 것
　　　　③ 추락의 위험성이 있는 장소에는 안전난간을 설치할 것(작업의 성질상 안전난간을 설치하는 것이 곤란한 때 및 작업의 필요상 임시로 안전난간을 해체함에 있어서 추락방호망을 치거나 근로자로 하여금 안전대를 사용하도록 하는 등 추락에 의한 위험 방지조치를 한 때에는 제외)
　　　　④ 작업발판의 지지물은 하중에 의하여 파괴될 우려가 없는 것을 사용할 것
　　　　⑤ 작업발판재료는 뒤집히거나 떨어지지 않도록 2 이상의 지지물에 연결하거나 고정시킬 것
　　　　⑥ 작업발판을 작업에 따라 이동시킬 경우에는 위험 방지에 필요한 조치를 할 것

11. 다음은 통나무비계 사용에 관한 사항이다. (   ) 안에 알맞게 쓰시오.

> 통나무 비계의 비계 기둥의 이음이 겹침 이음인 경우에는 이음 부분에서 (①) 이상을 서로 겹쳐서 (②) 이상을 묶고, 맞댄이음인 경우에는 비계 기둥을 쌍기둥틀로 하거나 (③) 이상의 덧댐목을 사용하여 (④) 이상을 묶을 것

➡해답 ① 1m   ② 2군데
      ③ 1.8m   ④ 4군데

12. 차량계 건설기계의 운전자가 운전석을 이탈하고자 할 경우 준수해야 할 사항을 쓰시오.

➡해답 ① 포크, 버킷, 디퍼 등의 장치를 가장 낮은 위치 또는 지면에 내려 둘 것
      ② 원동기를 정지시키고 브레이크를 확실히 거는 등 갑작스러운 주행이나 이탈을 방지하기 위한 조치를 할 것
      ③ 운전석을 이탈하는 경우에는 시동키를 운전대에서 분리시킬 것. 다만, 운전석에 잠금장치를 하는 등 운전자가 아닌 사람이 운전하지 못하도록 조치한 경우에는 그러하지 아니하다.

2007년 1회

1. 흙막이 지보공을 설치할 때 정기점검사항 4가지를 쓰시오.

➡해답 ① 부재의 손상·변형·부식·변위 및 탈락의 유무와 상태
      ② 버팀대의 긴압의 정도
      ③ 부재의 접속부·부착부 및 교차부의 상태
      ④ 침하의 정도

4. 점성토 지반의 굴착 시 흙막이벽 근입 부분의 흙이 부풀어오르는 현상을 무엇이라 하는지 쓰시오.

> **해답** 히빙(Heaving) 현상
> ① 정의 : 연약한 점토지반을 굴착할 때 흙막이 벽체 배면에 있는 흙의 중량이 굴착 바닥면의 흙의 중량보다 큰 경우 그 중량 차이로 인해 흙막이 벽체 배면의 흙이 안으로 밀려 들어와 굴착 바닥면이 부풀어오르는 현상
> ② 방지대책
> ㉠ 흙막이벽 근입깊이 증가
> ㉡ 흙막이벽 배면 지표의 상재하중을 제거
> ㉢ 지반굴착 시 흙이 느슨해지지 않도록 유의
> ㉣ 지반개량으로 하부지반 전단강도 개선
> ㉤ 강성이 큰 흙막이 공법 선정

6. 깊이가 10.5m 이상인 작업 장소의 굴착작업 시 계측기기를 설치하여 흙막이 구조의 안전을 예측하여야 한다. 그 계측기기의 종류를 4가지 쓰시오.

> **해답** ① 지표침하계 : 흙막이벽 배면에 동결심도보다 깊게 설치하여 지표면 침하량 측정
> ② 지중경사계 : 흙막이벽 배면에 설치하여 토류벽의 기울어짐 측정
> ③ 하중계 : Strut, Earth Anchor에 설치하여 축하중 측정으로 부재의 안정성 여부 판단
> ④ 간극수압계 : 굴착, 성토에 의한 간극수압의 변화 측정
> ⑤ 균열측정기 : 인접구조물, 지반 등의 균열부위에 설치하여 균열크기와 변화 측정
> ⑥ 변형률계 : Strut, 띠장 등에 부착하여 굴착작업 시 구조물의 변형 측정
> ⑦ 지하수위계 : 굴착에 따른 지하수위 변동 측정

8. 이동식 크레인의 작업 전 점검사항을 쓰시오.

> **해답** ① 권과방지장치나 그 밖의 경보장치의 기능
> ② 브레이크·클러치 및 조정장치의 기능
> ③ 와이어로프가 통하고 있는 곳 및 작업장소의 지반상태

10. 콘크리트 타설작업 시 준수사항 3가지를 쓰시오.

> **해답** 1. 당일의 작업을 시작하기 전에 해당 작업에 관한 거푸집 및 동바리의 변형·변위 및 지반의 침하 유무 등을 점검하고 이상이 있으면 보수할 것
> 2. 작업 중에는 감시자를 배치하는 등의 방법으로 거푸집 및 동바리의 변형·변위 및 침하 유무 등을 확인해야 하며, 이상이 있으면 작업을 중지하고 근로자를 대피시킬 것
> 3. 콘크리트 타설작업 시 거푸집 붕괴의 위험이 발생할 우려가 있으면 충분한 보강조치를 할 것
> 4. 설계도서상의 콘크리트 양생기간을 준수하여 거푸집 및 동바리를 해체할 것
> 5. 콘크리트를 타설하는 경우에는 편심이 발생하지 않도록 골고루 분산하여 타설할 것

2007년 2회

1. 거푸집의 조립순서를 쓰시오.

> **해답** (1) 기초 → (2) 기둥 → (3) 내력벽 → (4) 큰 보 → (5) 작은 보 → (6) 바닥판 → (7) 계단 → (8) 외벽

6. 보기의 (   ) 안에 알맞은 내용을 쓰시오.

> 터널 건설작업에 있어서 터널의 내부의 시계가 배기가스나 (①) 등에 의하여 현저하게 제한되는 상태에 있는 때에는 (②)를 하거나 물을 뿌려 시계를 양호하게 유지시켜야 한다.

> **해답** ① 분진   ② 환기

7. 다음 빈칸을 채우시오.

> 사다리식 통로의 길이가 (①) 이상인 경우에는 (②) 이내마다 계단참을 설치할 것

> **해답** ① 10m   ② 5m

8. 사다리식 통로의 안전기준을 쓰시오.

해답 ① 견고한 구조로 할 것
② 심한 손상·부식 등이 없는 재료를 사용할 것
③ 발판의 간격은 일정하게 할 것
④ 발판과 벽과의 사이는 15cm 이상의 간격을 유지할 것
⑤ 폭은 30cm 이상으로 할 것
⑥ 사다리가 넘어지거나 미끄러지는 것을 방지하기 위한 조치를 할 것
⑦ 사다리의 상단은 걸쳐놓은 지점으로부터 60cm 이상 올라가도록 할 것
⑧ 사다리식 통로의 길이가 10m 이상인 경우에는 5미터 이내마다 계단참을 설치할 것
⑨ 사다리식 통로의 기울기는 75° 이하로 할 것. 다만, 고정식 사다리식 통로의 기울기는 90° 이하로 하고, 그 높이가 7m 이상인 경우에는 바닥으로부터 높이가 2.5m 되는 지점부터 등받이울을 설치할 것
⑩ 접이식 사다리 기둥은 사용 시 접혀지거나 펼쳐지지 않도록 철물 등을 사용하여 견고하게 조치할 것

13. 깊이 20m의 잠함, 우물통 굴착 시 조치사항을 2가지 쓰시오.

해답 ① 산소결핍의 우려가 있는 경우에는 산소의 농도를 측정하는 자를 지명하여 측정하도록 할 것
② 근로자가 안전하게 오르내리기 위한 설비를 설치할 것
③ 굴착 깊이가 20m를 초과하는 경우에는 해당 작업장소와 외부와의 연락을 위한 통신설비 등을 설치할 것
④ 산소농도 측정결과 산소의 결핍이 인정되거나 굴착 깊이가 20m를 초과하는 경우에는 송기를 위한 설비를 설치하여 필요한 양의 공기를 송급할 것

2007년 4회

3. 터널 굴착작업 시 낙반, 용수 등에 의한 근로자 위험 방지를 위해 미리 조사해야 하는 사항 3가지를 쓰시오.

해답 ① 시추(보링) 위치 ② 토층 분포상태 ③ 투수계수
④ 지하수위 ⑤ 지반의 지지력

4. 보일링(Boiling)과 히빙(Heaving)을 방지하기 위한 대책을 4가지 쓰시오.

➡해답 1) 히빙 방지대책
    ① 흙막이벽 근입깊이 증가
    ② 흙막이벽 배면 지표의 상재하중을 제거
    ③ 지반굴착 시 흙이 느슨해지지 않도록 유의
    ④ 지반개량으로 하부지반 전단강도 개선
    ⑤ 강성이 큰 흙막이 공법 선정
  2) 보일링 방지대책
    ① 흙막이벽 근입깊이 증가
    ② 흙막이벽의 차수성 증대
    ③ 흙막이벽 배면 지반 그라우팅 실시
    ④ 흙막이벽 배면 지반 지하수위 저하

6. 달비계 작업 시 최대하중을 정함에 있어 다음 보기의 안전계수를 쓰시오.

(1) 달기 와이어로프 및 달기 강선의 안전계수 : (①) 이상
(2) 달기 체인 및 달기 혹의 안전계수 : (②) 이상
(3) 달기 강대와 달비계의 하부 및 상부지점의 안전계수 : 강재의 경우 (③) 이상, 목재의 경우 (④) 이상

➡해답 ① 10   ② 5
    ③ 2.5   ④ 5

7. 철골작업 시 작업을 중지하여야 하는 경우를 나태낸 표이다. ( ) 안을 채우시오.

구분	내용
강풍	풍속 (①) 이상
강우	1시간당 강우량이 (②) 이상
강설	1시간당 강설량이 (③) 이상

➡해답 ① 10m/sec   ② 1mm   ③ 1cm

12. 건물 등의 해체작업 시 해체계획에 포함되는 사항 3가지를 쓰시오.

➡해답 ① 해체의 방법 및 해체순서 도면
② 가설설비, 방호설비, 환기설비 및 살수·방화설비 등의 방법
③ 사업장 내 연락방법
④ 해체물의 처분계획
⑤ 해체작업용 기계·기구 등의 작업계획서
⑥ 해체작업용 화약류 등의 사용계획서
⑦ 기타 안전·보건에 관련된 사항

13. 이동형 또는 휴대용 전기기계, 기구를 사용 시 누전에 의한 감전위험을 방지하기 위하여 당해 전로의 정격에 적합하고 감도가 양호하며, 확실하게 작동하는 감전 방지용 누전차단기를 접속하여야 하는 장소 3가지를 쓰시오.

➡해답 ① 물 등 도전성이 높은 액체가 있는 습윤장소
② 철판·철골 위 등 도전성이 높은 장소
③ 임시배선의 전로가 설치되는 장소

14. 잠함 또는 우물통의 내부에서 굴착작업 시 위험 방지를 위한 조치사항을 쓰시오.

(1) 잠함 또는 우물통의 급격한 침하로 인한 위험 방지를 위해 바닥으로부터 천장 또는 보까지의 높이는 (①) 이상으로 할 것
(2) 굴착 깊이가 (②)를 초과하는 경우에는 해당 작업장소와 외부와의 연락을 위한 통신설비 등을 설치할 것

➡해답 ① 1.8m   ② 20m

6. 암반의 분류에 필요한 요소 4가지를 쓰시오.

> **해답** ① 암석의 강도
> ② R.Q.D(%)
> ③ 절리의 간격
> ④ 절리의 상태
> ⑤ 지하수 상태

8. 지반 굴착작업 시 토사등의 붕괴 또는 낙하에 의하여 근로자에게 위험을 미칠 우려가 있을 때 조치사항을 3가지 쓰시오.

> **해답** ① 흙막이 지보공의 설치
> ② 방호망의 설치
> ③ 근로자의 출입금지
> ④ 비가 올 경우를 대비하여 측구를 설치하거나 굴착사면에 비닐보강

9. 사다리식 통로의 안전기준을 쓰시오.

> **해답** ① 견고한 구조로 할 것
> ② 심한 손상·부식 등이 없는 재료를 사용할 것
> ③ 발판의 간격은 일정하게 할 것
> ④ 발판과 벽과의 사이는 15cm 이상의 간격을 유지할 것
> ⑤ 폭은 30cm 이상으로 할 것
> ⑥ 사다리가 넘어지거나 미끄러지는 것을 방지하기 위한 조치를 할 것
> ⑦ 사다리의 상단은 걸쳐놓은 지점으로부터 60cm 이상 올라가도록 할 것
> ⑧ 사다리식 통로의 길이가 10m 이상인 경우에는 5미터 이내마다 계단참을 설치할 것
> ⑨ 사다리식 통로의 기울기는 75° 이하로 할 것. 다만, 고정식 사다리식 통로의 기울기는 90° 이하로 하고, 그 높이가 7m 이상인 경우에는 바닥으로부터 높이가 2.5m 되는 지점부터 등받이울을 설치할 것
> ⑩ 접이식 사다리 기둥은 사용 시 접혀지거나 펼쳐지지 않도록 철물 등을 사용하여 견고하게 조치할 것

10. 비, 눈, 그 밖의 기상상태 불안정으로 날씨가 몹시 나빠서 작업 중지 후 비계작업을 재시작할 경우 작업 시작 전 점검해야 할 사항을 3가지 쓰시오.

→해답 ① 발판재료의 손상 여부 및 부착 또는 걸림 상태
② 해당 비계의 연결부 또는 접속부의 풀림 상태
③ 연결재료 및 연결철물의 손상 또는 부식 상태
④ 손잡이의 탈락 여부
⑤ 기둥의 침하·변형·변위 또는 흔들림 상태
⑥ 로프의 부착 상태 및 매단 장치의 흔들림 상태

2008년 2회

3. 다음 지반의 종류에 따른 굴착면의 기울기 기준을 쓰시오.

지반의 종류	굴착면의 기울기
모래	(①)
연암 및 풍화암	(②)
경암	(③)
그 밖의 흙	(④)

→해답 ① 1 : 1.8, ② 1 : 1.0, ③ 1 : 0.5, ④ 1 : 1.2

6. 다음은 동바리로 사용하는 파이프받침 설치 시 준수사항이다. (   ) 안을 채우시오.

(1) 파이프 받침을 (①)본 이상 이어서 사용하지 아니하도록 할 것
(2) 파이프 받침을 이어서 사용할 때에는 (②)개 이상의 볼트 또는 전용철물을 사용하여 이을 것
(3) 높이가 3.5미터를 초과할 때에는 2미터 이내마다 수평 연결재를 (③)개 방향으로 만들고 수평연결재의 변위를 방지할 것

→해답 ① 3
② 4
③ 2

8. 터널공사 등의 건설작업 시 가연성 가스가 존재하여 폭발 또는 화재가 발생할 위험이 있는 때에는 필요한 장소에 당해 가연성 가스 농도의 이상 상승을 조기에 파악하기 위하여 필요한 자동경보장치를 설치하여야 한다. 자동경보장치에 대하여 당일의 작업 시작 전에 점검할 사항을 3가지 쓰시오.

　➡해답 ① 계기의 이상 유무
　　　　② 검지부의 이상 유무
　　　　③ 경보장치의 작동상태

9. 거푸집 동바리 등의 조립 또는 해체작업 시 준수사항 3가지를 쓰시오.

　➡해답 ① 해당 작업을 하는 구역에는 관계 근로자가 아닌 사람의 출입을 금지할 것
　　　　② 비, 눈, 그 밖의 기상상태의 불안정으로 날씨가 몹시 나쁜 경우에는 그 작업을 중지할 것
　　　　③ 재료, 기구 또는 공구 등을 올리거나 내리는 경우에는 근로자로 하여금 달줄·달포대 등을 사용하도록 할 것
　　　　④ 낙하·충격에 의한 돌발적 재해를 방지하기 위하여 버팀목을 설치하고 거푸집 동바리 등을 인양장비에 매단 후에 작업을 하도록 하는 등 필요한 조치를 할 것

10. 이동식 비계의 작업발판의 최대적재하중은 얼마를 초과하지 않아야 하는지 쓰시오.

　➡해답 250kg

2008년 4회

4. 터널 등의 건설작업에 있어서 낙반 등에 의한 위험 방지조치 사항을 2가지 쓰시오.

　➡해답 ① 터널지보공 설치
　　　　② 록볼트 설치
　　　　③ 부석의 제거

5. 보일링(Boiling) 현상의 뜻을 간략히 설명하시오.

해답 ① 정의 : 투수성이 좋은 사질토 지반을 굴착할 때 흙막이벽 배면의 지하수위가 굴착저면보다 높을 때 굴착저면 위로 모래와 지하수가 솟아오르는 현상

② 방지대책
　㉠ 흙막이벽 근입깊이 증가
　㉡ 흙막이벽의 차수성 증대
　㉢ 흙막이벽 배면 지반 그라우팅 실시
　㉣ 흙막이벽 배면 지반 지하수위 저하
　㉤ 굴착토를 즉시 원상태로 매립

6. 터널공사 등의 건설작업 시 가연성 가스가 존재하여 폭발 또는 화재가 발생할 위험이 있는 때에는 필요한 장소에 당해 가연성 가스 농도의 이상 상승을 조기에 파악하기 위하여 필요한 자동경보장치를 설치하여야 한다. 자동경보장치에 대하여 당일의 작업 시작 전에 점검할 사항을 3가지 쓰시오.

해답 ① 계기의 이상 유무
② 검지부의 이상 유무
③ 경보장치의 작동상태

9. 작업발판에 대한 다음 설명 중 ( ) 안에 알맞은 수치를 쓰시오.

(1) 비계의 높이가 2m 이상인 작업장소에 설치하는 작업발판의 폭은 (①)cm 이상으로 하고 발판 재료 간의 틈은 3cm 이하로 할 것
(2) 비계재료의 연결·해체작업을 하는 경우에는 폭 (②)cm 이상의 발판을 설치하고 근로자로 하여금 안전대를 사용하도록 하는 등 추락을 방지하기 위한 조치를 할 것
(3) 슬레이트, 선라이트(Sunlight) 등 강도가 약한 재료로 덮은 지붕 위에서 작업을 할 때에 발이 빠지는 등 근로자가 위험해질 우려가 있는 경우 폭 (③)cm 이상의 발판을 설치하거나 추락방호망을 치는 등 위험을 방지하기 위하여 필요한 조치를 할 것

해답 ① 40
② 20
③ 30

11. 콘크리트 타설 시 거푸집에 가해지는 하중을 3가지 쓰시오.

> ➡해답 ① 연직방향하중 : 타설 콘크리트 고정하중, 타설시 충격하중 및 작업원 등의 작업하중
> ② 횡방향하중 : 작업 시 진동, 충격, 풍압, 유수압, 지진 등
> ③ 콘크리트 측압 : 콘크리트가 거푸집을 안쪽에서 밀어내는 압력
> ④ 특수하중 : 시공 중 예상되는 특수한 하중(콘크리트 편심하중 등)

2009년 1회

2. 지게차를 이용한 작업 시 작업시작 전 점검사항 3가지를 쓰시오.

> ➡해답 ① 제동장치 및 조종장치 기능의 이상 유무
> ② 하역장치 및 유압장치 기능의 이상 유무
> ③ 바퀴의 이상 유무
> ④ 전조등·후미등·방향지시기 및 경보장치 기능의 이상 유무

2009년 2회

1. 폭풍, 폭우, 폭설 등의 악천후로 인하여 작업을 중지시킨 후, 비계의 조립·해체·변경 시 사업주가 작업시작 전 점검해야 할 사항 3가지를 쓰시오.

> ➡해답 ① 발판재료의 손상 여부 및 부착 또는 걸림 상태
> ② 해당 비계의 연결부 또는 접속부의 풀림 상태
> ③ 연결재료 및 연결철물의 손상 또는 부식 상태
> ④ 손잡이의 탈락 여부
> ⑤ 기둥의 침하·변형·변위 또는 흔들림 상태
> ⑥ 로프의 부착상태 및 매단 장치의 흔들림 상태

2. 계단 및 계단참의 설치기준이다. 빈칸을 채우시오.

> (1) 계단 및 계단참을 설치하는 때에는 (①) 이상의 하중에 견딜 수 있는 강도를 가진 구조
> (2) 높이 3m를 초과하는 계단에는 높이 (②) 이내마다 너비 (③)이상의 계단참을 설치
> (3) 바닥 면으로부터 높이 (④) 이내의 공간에 장애물이 없도록 할 것

➡**해답** ① 500kg/m² ② 3m ③ 1.2m ④ 2m

4. 굴착작업 시 암질변화구간, 이상암질의 출현 시 반드시 암질 판별을 실시하여야 한다. 암질 판별의 기준을 쓰시오.

➡**해답** ① R.Q.D(%) ② 탄성파 속도(m/sec)
　　　③ R.M.R ④ 진동치 속도(cm/sec＝Kine)

5. 차량계 하역운반기계인 지게차 헤드가드가 갖추어야 할 사항 4가지를 쓰시오.

➡**해답** ① 강도는 지게차의 최대하중의 2배 값(4톤을 넘는 값에 대해서는 4톤으로 한다)의 등분포정하중에 견딜 수 있을 것
　　　② 상부틀 각 개구의 폭 또는 길이가 16cm 미만일 것
　　　③ 운전자가 앉아서 조작하는 방식의 지게차의 경우에는 운전자의 좌석 윗면에서 헤드가드의 상부틀 아랫면까지의 높이가 1m 이상일 것
　　　④ 운전자가 서서 조작하는 방식의 지게차의 경우에는 운전석의 바닥면에서 헤드가드의 상부틀 하면까지의 높이가 2m 이상일 것

6. 충전전로의 선간전압이 88kv 초과 121kv 이하일 때의 접근한계거리를 쓰시오.

➡**해답** 130cm

12. NATM공사에서 재해 방지를 위하여 실시해야 하는 지질 및 지층에 관한 조사사항을 쓰시오.

➡**해답** ① 시추(보링) 위치 ② 토층 분포상태 ③ 투수계수
　　　④ 지하수위 ⑤ 지반의 지지력

2009년 4회

2. 채석작업을 하고자 하는 때에는 지반붕괴, 굴착기계의 전도, 굴러 떨어짐 등에 의한 근로자의 위험 방지를 위하여 작업계획을 세워야 한다. 채석작업 시 작업계획에 포함되어야 할 사항을 쓰시오.

➡해답 ① 노천굴착과 갱내굴착의 구별 및 채석방법
② 굴착면의 높이와 기울기
③ 굴착면 소단의 위치와 넓이
④ 갱 내에서의 낙반 및 붕괴 방지방법
⑤ 발파방법
⑥ 암석의 분할방법
⑦ 암석의 가공장소
⑧ 사용하는 굴착기계·분할기계·적재기계 또는 운반기계의 종류 및 성능
⑨ 토석 또는 암석의 적재 및 운반방법과 운반경로
⑩ 표토 또는 용수의 처리방법

3. 거푸집동바리의 조립 시 동바리의 침하 방지를 위한 조치사항을 쓰시오.

➡해답 ① 받침목이나 깔판 사용
② 콘크리트 타설
③ 말뚝박기

5. 다음은 가설공사에 관한 사항이다. ( ) 안에 알맞게 쓰시오.

(1) 안전난간의 상부 난간대를 (①) 이상 지점에 설치하는 경우 중간 난간대를 (②) 이상으로 균등하게 설치할 것
(2) 가설통로 설치 시 경사는 (③) 이하로 하고, 경사가 (④)를 초과하는 경우 미끄러지지 않는 구조로 할 것

➡해답 ① 120cm   ② 2단   ③ 30°   ④ 15°

8. 다음은 동바리로 사용하는 파이프받침 설치 시 준수사항이다. (   ) 안을 채우시오.

> (1) 파이프 받침을 (①)본 이상 이어서 사용하지 아니하도록 할 것
> (2) 파이프 받침을 이어서 사용할 때에는 (②)개 이상의 볼트 또는 전용 철물을 사용하여 이을 것
> (3) 높이가 3.5미터를 초과할 때에는 2미터 이내마다 수평 연결재를 (③)개 방향으로 만들고 수평연결재의 변위를 방지할 것

➡ **해답** ① 3   ② 4   ③ 2

12. 강말뚝의 부식 방지대책을 3가지 쓰시오.

➡ **해답** ① 콘크리트 피복에 의한 방법   ② 도장에 의한 방법
③ 말뚝 두께를 증가하는 방법   ④ 전기방식 방법

13. 히빙 현상에 대하여 설명하고 이를 방지하기 위한 대책을 2가지 쓰시오.

➡ **해답** ① 정의 : 연약한 점토지반을 굴착할 때 흙막이 벽체 배면에 있는 흙의 중량이 굴착 바닥면의 흙의 중량보다 클 때 그 중량 차이로 인해 흙막이 벽체 배면의 흙이 안으로 밀려 들어와 굴착바닥면이 부풀어오르는 현상
② 방지대책
  ㉠ 흙막이벽 근입깊이 증가
  ㉡ 흙막이벽 배면 지표의 상재하중을 제거
  ㉢ 지반굴착 시 흙이 느슨해지지 않도록 유의
  ㉣ 지반개량으로 하부지반 전단강도 개선
  ㉤ 강성이 큰 흙막이 공법 선정

2010년 1회

6. 작업발판에 대한 다음 설명 중 ( ) 안에 알맞은 수치를 쓰시오.

> (1) 비계의 높이가 2m 이상인 작업장소에 설치하는 작업발판의 폭은 (①)cm 이상으로 하고 발판 재료 간의 틈은 3cm 이하로 할 것
> (2) 비계재료의 연결·해체작업을 하는 경우에는 폭 (②)cm 이상의 발판을 설치하고 근로자로 하여금 안전대를 사용하도록 하는 등 추락을 방지하기 위한 조치를 할 것
> (3) 슬레이트, 선라이트(sunlight) 등 강도가 약한 재료로 덮은 지붕 위에서 작업을 할 때에 발이 빠지는 등 근로자가 위험해질 우려가 있는 경우 폭 (③)cm 이상의 발판을 설치하거나 추락방호망을 치는 등 위험을 방지하기 위하여 필요한 조치를 할 것

➡**해답** ① 40
　　② 20
　　③ 30

7. 흙막이 오픈 컷(Open Cut) 공법의 예를 들고 안전상 유의사항을 쓰시오.

➡**해답** ① 자립식 공법 : 흙막이벽 근입부분의 수평저항이 충분하고 토압에 견딜 수 있는 지반이어야 한다.
　　② 버팀대 공법 : 굴착토량을 최소화할 수 있고 부지를 효율적으로 이용할 수 있으나 경사 오픈 컷에 비하여 공사비가 많이 들며 버팀대 및 띠장, 지주 등의 강성이 확보되어야 한다.
　　③ 어스앵커 : 앵커강재의 강도검토 및 장시간 사용 시 부식에 유의해야 한다.

12. 토공사에서 비탈면 보호공법의 종류를 3가지 쓰시오.

➡**해답** ① 식생공 : 떼붙임공, 식생 Mat공, 식수공
　　② 뿜어붙이기공 : 콘크리트 또는 시멘트 모르타르를 뿜어 붙임
　　③ 블록공 : 사면에 블록붙임
　　④ 돌쌓기공 : 견치석 쌓기
　　⑤ 배수공 : 지표수 배제공, 지하수 배제공

2010년 2회

1. 다음은 말비계에 관한 사항이다. (   ) 안에 알맞게 쓰시오.

> (1) 지주부재의 하단에는 (①)를 하고, 양측 끝부분에 올라서서 작업하지 않도록 할 것
> (2) 지주부재와 수평면과의 기울기를 (②) 이하로 하고, 지주부재와 지주부재 사이를 고정시키는 보조부재를 설치할 것
> (3) 말비계의 높이가 (③)를 초과할 경우에는 작업발판의 폭을 (④) 이상으로 할 것

➡해답) ① 미끄럼 방지장치   ② 75°
③ 2m   ④ 40cm

2. 높이 5m 이상의 달비계를 조립하고자 한다. 와이어로프의 사용 제한조건을 쓰시오.

➡해답) ① 이음매가 있는 것
② 와이어로프의 한 꼬임(스트랜드)에서 끊어진 소선[素線, 필러(Pillar)선은 제외]의 수가 10% 이상(비자전로프의 경우에는 끊어진 소선의 수가 와이어로프 호칭지름의 6배 길이 이내에서 4개 이상이거나 호칭지름 30배 길이 이내에서 8개 이상)인 것
③ 지름의 감소가 공칭지름의 7%를 초과하는 것
④ 꼬인 것
⑤ 심하게 변형 또는 부식된 것
⑥ 열과 전기충격에 의해 손상된 것

3. 높이 2m 이상인 장소에서 작업 시 안전조치사항을 4가지 쓰시오.

➡해답) ① 안전난간 설치
② 울 및 손잡이 설치
③ 덮개를 설치하는 경우 뒤집히거나 떨어지지 않도록 할 것
④ 추락방호망 설치
⑤ 안전대 착용
⑥ 어두운 장소에서도 알아볼 수 있도록 개구부임을 표시

5. 지반의 굴착작업 시 사전 토질조사 사항 4가지를 쓰시오.

→해답 ① 형상·지질 및 지층의 상태
② 균열·함수·용수 및 동결의 유무 또는 상태
③ 매설물 등의 유무 또는 상태
④ 지반의 지하수위 상태

7. 구조물을 해체할 때에는 미리 해체 구조물의 조사 결과에 따른 해체계획을 작성하고 그 해체계획에 의하여 작업하도록 하여야 한다. 이때 해체계획에 포함되어야 할 사항을 3가지만 쓰시오.

→해답 ① 해체의 방법 및 해체순서 도면
② 가설설비, 방호설비, 환기설비 및 살수·방화설비 등의 방법
③ 사업장 내 연락방법
④ 해체물의 처분계획
⑤ 해체작업용 기계·기구 등의 작업계획서
⑥ 해체작업용 화약류 등의 사용계획서
⑦ 기타 안전·보건에 관련된 사항

10. 흙막이 공사 시 붕괴재해를 일으킬 수 있는 히빙과 보일링의 정의를 쓰시오.

→해답 1) 히빙(Heaving) 현상
① 정의 : 연약한 점토지반을 굴착할 때 흙막이 벽체 배면에 있는 흙의 중량이 굴착 바닥면의 흙의 중량보다 클 때 그 중량 차이로 인해 흙막이 벽체 배면의 흙이 안으로 밀려 들어와 굴착 바닥면이 부풀어오르는 현상
② 방지대책
㉠ 흙막이벽 근입깊이 증가
㉡ 흙막이벽 배면 지표의 상재하중을 제거
㉢ 지반굴착 시 흙이 느슨해지지 않도록 유의
㉣ 지반개량으로 하부지반 전단강도 개선
㉤ 강성이 큰 흙막이 공법 선정
2) 보일링(Boiling) 현상
① 정의 : 투수성이 좋은 사질토 지반을 굴착할 때 흙막이벽 배면의 지하수위가 굴착저면보다 높을 때 굴착저면 위로 모래와 지하수가 솟아오르는 현상
② 방지대책
㉠ 흙막이벽 근입깊이 증가
㉡ 흙막이벽의 차수성 증대
㉢ 흙막이벽 배면 지반 그라우팅 실시
㉣ 흙막이벽 배면 지반 지하수위 저하
㉤ 굴착토를 즉시 원상태로 매립

12. 터널 등의 건설작업에 있어서 낙반 등에 의하여 근로자에게 위험을 미칠 우려가 있는 때 사업주가 위험을 방지하기 위하여 조치할 사항을 2가지만 쓰시오.

해답 ① 터널지보공 설치
② 록볼트 설치
③ 부석의 제거

2010년 4회

1. 터널 굴착작업 시 작업계획에 포함되는 내용을 쓰시오.

해답 ① 굴착의 방법
② 터널지보공 및 복공의 시공방법과 용수의 처리방법
③ 환기 또는 조명시설을 하는 때에는 그 방법

4. 달비계 또는 높이 5m 이상의 비계를 조립·해체하거나 변경작업을 할 때에 사업주로서 준수하여야 할 사항을 3가지만 쓰시오.

해답 ① 관리감독자의 지휘에 따라 작업하도록 할 것
② 조립·해체 또는 변경의 시기·범위 및 절차를 그 작업에 종사하는 근로자에게 주지시킬 것
③ 조립·해체 또는 변경 작업구역에는 해당 작업에 종사하는 근로자가 아닌 사람의 출입을 금지하고 그 내용을 보기 쉬운 장소에 게시할 것
④ 비, 눈, 그 밖의 기상상태의 불안정으로 날씨가 몹시 나쁜 경우에는 그 작업을 중지시킬 것
⑤ 비계재료의 연결·해체작업을 하는 경우에는 폭 20cm 이상의 발판을 설치하고 근로자로 하여금 안전대를 사용하도록 하는 등 추락을 방지하기 위한 조치를 할 것
⑥ 재료·기구 또는 공구 등을 올리거나 내리는 경우에는 근로자가 달줄 또는 달포대 등을 사용하게 할 것

9. 기초지반의 공학적 성질을 개량하는 지반개량공법을 4가지 쓰시오.

해답 1) 점성토 연약지반 개량공법
① 치환공법 : 연약지반을 양질의 흙으로 치환하는 공법으로 굴착, 활동, 폭파 치환
② 재하공법(압밀공법) : 프리로딩 공법(Pre-Loading), 압성토공법(Surcharge), 사면선단 재하공법

③ 탈수공법 : 연약지반에 모래말뚝, 페이퍼드레인, 팩을 설치하여 물을 배제시켜 압밀을 촉진하는 것으로 샌드드레인·페이퍼드레인·팩드레인 공법
④ 배수공법 : 중력배수(집수정, Deep Well), 강제배수(Well Point, 진공 Deep Well)
⑤ 고결공법 : 생석회 말뚝공법, 동결공법, 소결공법
2) 사질토 연약지반 개량공법
① 진동다짐공법(Vibro Floatation) : 봉상진동기를 이용, 진동과 물다짐을 병용
② 동다짐(압밀)공법 : 무거운 추를 자유 낙하시켜 지반충격으로 다짐효과를 얻음
③ 약액주입공법 : 지반 내 화학약액(LW, Bentonite, Hydro)을 주입하여 지반고결
④ 폭파다짐공법 : 인공지진을 발생시켜 모래지반을 다짐
⑤ 전기충격공법 : 지반 속에서 고압방전을 일으켜 발생하는 충격력으로 지반다짐
⑥ 모래다짐말뚝공법 : 충격, 진동, 타입에 의해 모래를 압입시켜 모래말뚝을 형성하여 다짐에 의한 지지력을 향상

2011년 1회

1. 굴착작업 시 사전조사 후 굴착시기와 작업순서를 정하여야 한다. 굴착작업 시의 사전조사 내용을 3가지 쓰시오.

➡해답 ① 형상·지질 및 지층의 상태
② 균열·함수·용수 및 동결의 유무 또는 상태
③ 매설물 등의 유무 또는 상태
④ 지반의 지하수위 상태

7. 금속의 용접, 용단 또는 가열에 사용되는 가스용기 취급 시 준수사항 5가지를 쓰시오.

➡해답 ① 용기의 온도를 섭씨 40도 이하로 유지할 것
② 전도의 위험이 없도록 할 것
③ 충격을 가하지 않도록 할 것
④ 운반하는 경우에는 캡을 씌울 것
⑤ 사용하는 경우에는 용기의 마개에 부착되어 있는 유류 및 먼지를 제거할 것
⑥ 밸브의 개폐는 서서히 할 것
⑦ 사용 전 또는 사용 중인 용기와 그 밖의 용기를 명확히 구별하여 보관할 것
⑧ 용해아세틸렌의 용기는 세워 둘 것
⑨ 용기의 부식·마모 또는 변형상태를 점검한 후 사용할 것

8. 사다리식 통로의 안전기준을 4가지 쓰시오.

➡️해답 ① 견고한 구조로 할 것
② 심한 손상·부식 등이 없는 재료를 사용할 것
③ 발판의 간격은 일정하게 할 것
④ 발판과 벽과의 사이는 15cm 이상의 간격을 유지할 것
⑤ 폭은 30cm 이상으로 할 것
⑥ 사다리가 넘어지거나 미끄러지는 것을 방지하기 위한 조치를 할 것
⑦ 사다리의 상단은 걸쳐놓은 지점으로부터 60cm 이상 올라가도록 할 것
⑧ 사다리식 통로의 길이가 10m 이상인 경우에는 5미터 이내마다 계단참을 설치할 것
⑨ 사다리식 통로의 기울기는 75° 이하로 할 것. 다만, 고정식 사다리식 통로의 기울기는 90° 이하로 하고, 그 높이가 7m 이상인 경우에는 바닥으로부터 높이가 2.5m 되는 지점부터 등받이울을 설치할 것
⑩ 접이식 사다리 기둥은 사용 시 접혀지거나 펼쳐지지 않도록 철물 등을 사용하여 견고하게 조치할 것

9. 안전난간 설치 시 준수하여야 할 사항을 4가지 쓰시오.

➡️해답 ① 상부 난간대·중간 난간대·발끝막이판 및 난간기둥으로 구성할 것
② 상부 난간대는 바닥면·발판 또는 경사로의 표면(이하 "바닥면 등"이라 한다)으로부터 90cm 이상 지점에 설치하고, 상부 난간대를 120cm 이하에 설치하는 경우에는 중간 난간대는 상부 난간대와 바닥면 등의 중간에 설치하여야 하며, 120cm 이상 지점에 설치하는 경우에는 중간 난간대를 2단 이상으로 균등하게 설치하고 난간의 상하 간격은 60cm 이하가 되도록 할 것. 다만, 계단의 개방된 측면에 설치된 난간기둥 간의 간격이 25cm 이하인 경우에는 중간 난간대를 설치하지 아니할 수 있다.
③ 발끝막이판은 바닥면 등으로부터 10cm 이상의 높이를 유지할 것
④ 난간기둥은 상부 난간대와 중간 난간대를 견고하게 떠받칠 수 있도록 적정간격을 유지할 것
⑤ 상부 난간대와 중간 난간대는 난간길이 전체에 걸쳐 바닥면 등과 평행을 유지할 것
⑥ 난간대는 지름 2.7cm 이상의 금속제 파이프나 그 이상의 강도를 가진 재료일 것
⑦ 안전난간은 구조적으로 가장 취약한 지점에서 가장 취약한 방향으로 작용하는 100kg 이상의 하중에 견딜 수 있는 튼튼한 구조일 것

13. 히빙(Heaving) 현상의 방지대책 3가지를 쓰시오.

➡️해답 ① 흙막이벽 근입깊이 증가
② 흙막이벽 배면 지표의 상재하중을 제거
③ 지반굴착 시 흙이 느슨해지지 않도록 유의
④ 지반개량으로 하부지반 전단강도 개선
⑤ 강성이 큰 흙막이 공법 선정

2011년 2회

6. 다음 ( ) 안에 알맞은 말을 쓰시오.

> 목재 경사로 설치 시 경사로의 폭은 최소 (①) 이상, 비탈면의 경사각은 (②) 이내로 하고, 경사로 지지기둥은 (③) 이내마다 설치하여야 한다.

●해답 ① 90cm　　② 30°　　③ 3m

10. 비, 눈, 그 밖의 기상상태 불안정으로 인해 작업중지 후 비계의 조립·해체·변경작업 시 작업 시작 전 점검해야 할 사항을 쓰시오.

●해답 ① 발판재료의 손상 여부 및 부착 또는 걸림 상태
　　② 해당 비계의 연결부 또는 접속부의 풀림 상태
　　③ 연결재료 및 연결철물의 손상 또는 부식 상태
　　④ 손잡이의 탈락 여부
　　⑤ 기둥의 침하·변형·변위 또는 흔들림 상태
　　⑥ 로프의 부착상태 및 매단 장치의 흔들림 상태

13. 강관비계의 벽이음 또는 버팀을 설치하는 간격을 답란의 빈칸에 쓰시오.

강관비계의 종류	조립간격(단위 : m)	
	수직방향	수평방향
단관비계	(①)	(②)
틀비계(높이가 5m 미만의 것을 제외한다)	(③)	(④)

●해답 ① 5　　② 5　　③ 6　　④ 8

2011년 4회

7. 이동식 비계의 조립 시 준수해야 할 사항을 3가지 쓰시오.

➡해답 ① 이동식 비계의 바퀴에는 뜻밖의 갑작스러운 이동 또는 전도를 방지하기 위하여 브레이크·쐐기 등으로 바퀴를 고정시킨 다음 비계의 일부를 견고한 시설물에 고정하거나 아웃트리거(Outrigger)를 설치하는 등 필요한 조치를 할 것
② 승강용 사다리는 견고하게 설치할 것
③ 비계의 최상부에서 작업을 하는 경우에는 안전난간을 설치할 것
④ 작업발판은 항상 수평을 유지하고 작업발판 위에서 안전난간을 딛고 작업을 하거나 받침대 또는 사다리를 사용하여 작업하지 않도록 할 것
⑤ 작업발판의 최대적재하중은 250kg을 초과하지 않도록 할 것

11. 달비계에 사용해서는 안 되는 섬유로프 또는 섬유벨트를 쓰시오.

➡해답 ① 꼬임이 끊어진 것
② 심하게 손상되거나 부식된 것

2012년 1회

1. 안전난간을 설치해야 하는 장소를 3가지 쓰시오.

➡해답 ① 작업발판 단부
② 통로의 끝
③ 개구부

2. 다음 안전난간의 기준에 관한 내용에서 (   ) 안에 알맞은 말을 쓰시오.

> (1) 상부 난간대는 바닥면·발판 또는 경사로의 표면(이하 "바닥면 등"이라 한다)으로부터 (①) 이상 지점에 설치하고, 상부 난간대를 120cm 이하에 설치하는 경우에는 중간 난간대는 상부 난간대와 바닥면 등의 중간에 설치할 것. 다만, 계단의 개방된 측면에 설치된 난간기둥 간의 간격이 25cm 이하인 경우에는 중간 난간대를 설치하지 아니할 수 있다.
> (2) 발끝막이판은 바닥면 등으로부터 (②) 이상의 높이를 유지할 것
> (3) 난간대는 지름 (③) 이상의 금속제 파이프나 그 이상의 강도를 가진 재료일 것
> (4) 안전난간은 구조적으로 가장 취약한 지점에서 가장 취약한 방향으로 작용하는 (④) 이상의 하중에 견딜 수 있는 튼튼한 구조일 것

→해답 ① 90cm   ② 10cm   ③ 2.7cm   ④ 100kg

6. 차량계 하역운반기계인 지게차의 헤드가드가 갖추어야 할 사항 4가지를 쓰시오.

→해답 ① 강도는 지게차의 최대하중의 2배 값(4톤을 넘는 값에 대해서는 4톤으로 한다)의 등분포정하중에 견딜 수 있을 것
　② 상부틀의 각 개구의 폭 또는 길이가 16cm 미만일 것
　③ 운전자가 앉아서 조작하는 방식의 지게차의 경우에는 운전자의 좌석 윗면에서 헤드가드의 상부틀 아랫면까지의 높이가 1m 이상일 것
　④ 운전자가 서서 조작하는 방식의 지게차의 경우에는 운전석의 바닥면에서 헤드가드의 상부틀 하면까지의 높이가 2m 이상일 것

8. 히빙(Heaving) 현상의 정의와 그 방지대책을 쓰시오.

→해답 ① 정의 : 연약한 점토지반을 굴착할 때 흙막이 벽체 배면에 있는 흙의 중량이 굴착 바닥면의 흙의 중량보다 클 때 그 중량 차이로 인해 흙막이 벽체 배면의 흙이 안으로 밀려 들어와 굴착 바닥면이 부풀어오르는 현상
　② 방지대책
　　㉠ 흙막이벽 근입깊이 증가
　　㉡ 흙막이벽 배면 지표의 상재하중을 제거
　　㉢ 지반굴착 시 흙이 느슨해지지 않도록 유의
　　㉣ 지반개량으로 하부지반 전단강도 개선
　　㉤ 강성이 큰 흙막이 공법 선정

9. 콘크리트 비빔시험의 종류 4가지를 쓰시오.

➡**해답** ① 블리딩시험   ② 염화물량시험
        ③ 공기량시험   ④ 슬럼프시험(Slump Test)

2012년 2회

1. 다음 표에서 강관비계의 조립간격을 ( ) 안에 쓰시오.

강관비계의 종류	조립간격(단위 : m)	
	수직방향	수평방향
단관비계	(①)	(②)
틀비계(높이가 5m 미만의 것을 제외한다)	(③)	(④)

➡**해답** ① 5   ② 5
        ③ 6   ④ 8

2. 이동식 크레인의 작업 전 점검사항을 쓰시오.

➡**해답** ① 권과방지장치나 그 밖의 경보장치의 기능
        ② 브레이크·클러치 및 조정장치의 기능
        ③ 와이어로프가 통하고 있는 곳 및 작업장소의 지반상태

6. 터널 지보공 설치 시 수시점검사항 3가지를 쓰시오.

➡**해답** ① 부재의 손상·변형·부식·변위, 탈락의 유무 및 상태
        ② 부재의 긴압의 정도
        ③ 부재의 접속부 및 교차부의 상태
        ④ 기둥침하의 유무 및 상태

7. 비계의 조립 시 벽이음 설치간격에 대하여 다음 빈칸을 채우시오.

비계의 종류	설치간격(단위 : m)	
	수직방향	수평방향
통나무 비계	(①)	(②)
단관 비계	(③)	(④)
강관틀 비계	(⑤)	(⑥)

➡해답 ① 5.5 ② 7.5 ③ 5
⑤ 5 ⑤ 6 ⑥ 8

8. 터널공사의 용접작업 시 화재예방을 위한 안전대책 3가지를 쓰시오.

➡해답 ① 충전부 방호조치 ② 이동전선의 절연상태 확인
③ 감시인 배치 ④ 소화기 배치
⑤ 인화성, 가연성 물질 제거
⑥ 불티비산 방지조치

10. 다음 빈칸을 채우시오.

(1) 가스집합장치에 대해서는 화기를 사용하는 설비로부터 (①) 이상 떨어진 장소에 설치하여야 한다.
(2) 용해아세틸렌의 가스집합용접장치의 배관 및 부속기구는 구리나 구리 함유량이 (②) 이상인 합금을 사용해서는 아니 된다.

➡해답 ① 5m ② 70%

12. 채석작업을 하는 때에는 채석 작업계획을 작성하고 그 계획에 의하여 작업을 실시하도록 하여야 한다. 채석 작업계획의 작성내용 5가지를 쓰시오.

➡해답 ① 노천굴착과 갱내굴착의 구별 및 채석방법
② 굴착면의 높이와 기울기
③ 굴착면 소단의 위치와 넓이
④ 갱내에서의 낙반 및 붕괴 방지방법
⑤ 발파방법

⑥ 암석의 분할방법
⑦ 암석의 가공장소
⑧ 사용하는 굴착기계·분할기계·적재기계 또는 운반기계의 종류 및 성능
⑨ 토석 또는 암석의 적재 및 운반방법과 운반경로
⑩ 표토 또는 용수의 처리방법

2012년 4회

5. 다음 빈칸을 채우시오.

구분	안전계수
근로자가 탑승하는 운반구를 지지하는 달기와이어로프 또는 달기체인의 경우	(①) 이상
화물의 하중을 직접 지지하는 달기와이어로프 또는 달기체인의 경우	(②) 이상
훅, 샤클, 클램프, 리프팅 빔의 경우	(③) 이상
그 밖의 경우	(④) 이상

➡해답) ① 10 　　　　　　② 5
　　　③ 3 　　　　　　④ 4

7. 터널 건설공사에서 NATM 공법과 쉴드(Shield) 공법에 대하여 설명하시오.

➡해답) (1) NATM : 록볼트와 숏크리트 같은 보강재를 사용하여 암반과 일체화된 구조체를 형성함으로서 터널에 작용하는 하중에 대하여 저항하는 안정성이 크고, 경제성이 우수한 터널 공법
(2) 쉴드 공법 : 철제로 된 원통형의 쉴드를 수직구 안에 투입시켜 커터헤드를 회전시키면서 터널을 굴착하고, 쉴드 뒤쪽에서 세그먼트를 반복해 설치하면서 터널을 만들어 가는 공법

12. 흙막이 공사 시 설치되는 계측기의 종류와 설치해야 하는 장소를 3가지 쓰시오.

➡해답) ① 지표침하계 : 흙막이벽 배면에 동결심도보다 깊게 설치
② 지중경사계 : 흙막이벽 배면에 설치
③ 하중계 : Strut, Earth Anchor에 설치
④ 균열측정기 : 인접구조물, 지반 등의 균열부위에 설치
⑤ 변형률계 : Strut, 띠장 등에 부착

Subject **03**

안전기준

실기 2차 필답형

Industrial Engineer Construction Safety

Contents

제1장   건설안전 관련 법규

---

1 산업안전보건법

1. 안전보건관리체계

[산업안전보건법령의 체계]

2. 안전조치

1) 재해를 예방하기 위하여 필요한 조치를 하여야 하는 위험의 종류

    (1) 기계·기구, 그 밖의 설비에 의한 위험

    (2) 폭발성, 발화성 및 인화성 물질 등에 의한 위험

    (3) 전기, 열, 그 밖의 에너지에 의한 위험

2) 재해를 방지하기 위하여 필요한 조치를 하여야 하는 작업의 종류

   (1) 굴착작업

   (2) 채석작업

   (3) 하역작업

   (4) 벌목작업

   (5) 운송작업

   (6) 조작작업

   (7) 운반작업

   (8) 해체작업

   (9) 중량물 취급작업

   (10) 그 밖의 작업

3. 안전검사

유해하거나 위험한 기계·기구·설비로서 대통령령으로 정하는 것(이하 "유해·위험기계 등"이라 한다)을 사용하는 사업주는 유해·위험기계 등의 안전에 관한 성능이 고용노동부장관이 정하여 고시하는 검사 기준에 맞는지에 대하여 고용노동부장관이 실시하는 검사(이하 "안전검사"라 한다)를 받아야 한다. 다만, 고용노동부령으로 정하는 다른 법령에서 안전성에 관한 검사나 인증을 받은 경우에는 안전검사를 면제할 수 있다.

4. 유해·위험방지계획서

1) 유해·위험 방지계획서의 작성·제출 등

   (1) 대통령령으로 정하는 업종 및 규모에 해당하는 사업의 사업주는 해당 제품생산 공정과 직접적으로 관련된 건설물·기계·기구 및 설비 등 일체를 설치·이전하거나 그 주요 구조부분을 변경할 때에는 이 법 또는 이 법에 따른 명령에서 정하는 유해·위험 방지사항에 관한 계획서(이하 "유해·위험방지계획서"라 한다)를 작성하여 고용노동부령으로 정하는 바에 따라 고용노동부장관에게 제출하여야 한다.

(2) 기계·기구 및 설비 등으로서 다음 각 호의 어느 하나에 해당하는 것으로서 고용노동 부령으로 정하는 것을 설치·이전하거나 그 주요 구조부분을 변경하려는 사업주에 대하여는 제1항을 준용한다.

① 유해하거나 위험한 작업을 필요로 하는 것
② 유해하거나 위험한 장소에서 사용하는 것
③ 건강장해를 방지하기 위하여 사용하는 것

② 산업안전보건법 시행령

1. 안전관리자의 선임(산업안전보건법 시행령 제16조)

1) 전담 안전관리자 선임대상 공사금액

(1) 공사금액이 120억 원 이상이거나 상시 근로자 300명 이상 사업장(건축공사업)
(2) 공사금액이 150억 원 이상이거나 상시 근로자 300명 이상 사업장(토목공사업)

2) 안전관리자의 수

(1) 공사금액 800억 원 이상 또는 상시 근로자 600명 이상인 경우 : 2명
(2) 공사금액 800억 원을 기준으로 700억 원이 증가할 때마다 또는 상시 근로자 600명을 기준으로 300명이 추가될 때마다 1명씩 추가

2. 안전인증대상 기계·기구(산업안전보건법 시행령 제74조)

1) 종류

(1) 기계·기구 및 설비

① 프레스
② 전단기(剪斷機) 및 절곡기(折曲機)
③ 크레인
④ 리프트
⑤ 압력용기
⑥ 롤러기

⑦ 사출성형기(射出成形機)

⑧ 고소(高所) 작업대

⑨ 곤돌라

(2) 방호장치

① 프레스 및 전단기 방호장치

② 양중기용(揚重機用) 과부하 방지장치

③ 보일러 압력방출용 안전밸브

④ 압력용기 압력방출용 안전밸브

⑤ 압력용기 압력방출용 파열판

⑥ 절연용 방호구 및 활선작업용(活線作業用) 기구

⑦ 방폭구조(防爆構造) 전기기계·기구 및 부품

⑧ 추락·낙하 및 붕괴 등의 위험 방지 및 보호에 필요한 가설기자재로서 고용노동부
  장관이 정하여 고시하는 것

(3) 보호구

① 추락 및 감전 위험방지용 안전모

② 안전화

③ 안전장갑

④ 방진마스크

⑤ 방독마스크

⑥ 송기마스크

⑦ 전동식 호흡보호구

⑧ 보호복

⑨ 안전대

⑩ 차광(遮光) 및 비산물(飛散物) 위험방지용 보안경

⑪ 용접용 보안면

⑫ 방음용 귀마개 또는 귀덮개

3. 자율안전확인대상 기계·기구(산업안전보건법 시행령 제77조)

1) 종류(기계·기구 및 설비)

(1) 연삭기 또는 연마기(휴대형은 제외한다)

(2) 산업용 로봇

(3) 혼합기

(4) 파쇄기 또는 분쇄기

(5) 식품가공용기계(파쇄·절단·혼합·제면기만 해당한다)

(6) 컨베이어

(7) 자동차정비용 리프트
(8) 공작기계(선반, 드릴기, 평삭·형삭기, 밀링만 해당한다)
(9) 고정형 목재가공용기계(둥근톱, 대패, 루타기, 띠톱, 모떼기 기계만 해당한다)
(10) 인쇄기

2) 방호장치

(1) 아세틸렌 용접장치용 또는 가스집합 용접장치용 **안전기**
(2) 교류 아크용접기용 자동전격방지기
(3) 롤러기 급정지장치
(4) 연삭기(研削機) **덮개**
(5) 목재 가공용 둥근톱 **반발 예방장치와 날 접촉 예방장치**
(6) 동력식 수동대패용 칼날 접촉 방지장치
(7) 추락·낙하 및 붕괴 등의 위험 방지 및 보호에 필요한 가설기자재(제28조제1항제2호 아목의 가설기자재는 제외한다)로서 고용노동부장관이 정하여 고시하는 것

> **Key Point**
>
> 다음 기계·기구에 설치하여야 할 방호장치를 쓰시오.
> (1) 연삭기   (2) 가스집합용접 장치 (3) 목재 가공용 둥급톱 기계
>
> ① 덮개   ② 안전기   ③ 반발 예방장치와 날접촉 예방장치

4. 안전검사 대상 유해·위험 기계 등(산업안전보건법 시행령 제78조)

1) 종류(기계·기구 및 설비)

(1) 프레스
(2) 전단기
(3) 크레인[정격 하중이 2톤 미만인 것은 제외한다]
(4) 리프트
(5) 압력용기
(6) 곤돌라
(7) 국소 배기장치(이동식은 제외한다)

(8) 원심기(산업용만 해당한다)

(9) 롤러기(밀폐형 구조는 제외한다)

(10) 사출성형기[형 체결력(型 締結力) 294킬로뉴턴(KN) 미만은 제외한다]

(11) 고소작업대[「자동차관리법」 제3조 제3호 또는 제4호에 따른 화물자동차 또는 특수자동차에 탑재한 고소작업대(高所作業臺)로 한정한다]

(12) 컨베이어

(13) 산업용 로봇

🔧 Key Point

산업안전보건법상 안전검사 대상 유해·위험 기계·기구 등을 4가지 쓰시오.

① 프레스 ② 전단기 ③ 크레인 ④ 리프트 ⑤ 압력용기 ⑥ 곤돌라

---

③ 산업안전보건법 시행규칙

1. 산업안전보건관리비의 사용(산업안전보건법 시행규칙 제89조)

1) 정의

건설사업장과 건설업체 본사 안전전담부서에서 산업재해의 예방을 위하여 법령에 규정된 사항의 이행에 필요한 비용으로 **안전관리비 대상액은 공사원가계산서 구성항목 중 직접재료비, 간접재료비와 직접노무비를 합한 금액(발주자가 재료를 제공할 경우에는 해당 재료비를 포함한 금액)**

2) 적용범위

총공사금액 **2천만 원 이상인 공사**에 적용한다. 다만, 다음 각 호의 어느 하나에 해당되는 공사 중 단가계약에 의하여 행하는 공사에 대하여는 총계약금액을 기준으로 적용

(1) 「전기공사업법」 제2조에 따른 전기공사로서 고압 또는 특별고압 작업으로 이루어지는 공사

(2) 「정보통신공사업법」 제2조에 따른 정보통신공사로서 지하맨홀, 관로 또는 통신주에서 작업이 이루어지는 정보통신 설비공사

3) 계상기준

(1) 대상액이 5억원 미만 또는 50억원 이상일 경우
대상액 × 계상기준표의 비율(%)

(2) 대상액이 5억원 이상 50억원 미만일 경우
대상액 × 계상기준표의 비율(X) + 기초액(C)

(3) 대상액이 구분되어 있지 않은 경우
도급계약 또는 자체사업계획상의 총공사금액의 70%를 대상액으로 하여 안전관리비를 계상

(4) 발주자가 재료를 제공하거나 물품이 완제품의 형태로 제작 또는 납품되어 설치되는 경우
① 해당 금액을 대상액에 포함시킬 때의 안전관리비는 ② 해당 금액을 포함시키지 않은 대상액을 기준으로 계상한 안전관리비의 1.2배를 초과할 수 없다. 즉, ①과 ②를 비교하여 적은 값으로 계상

〈공사종류 및 규모별 산업안전보건관리비 계상기준표〉

구분 / 공사종류	대상액 5억 원 미만인 경우 적용비율(%)	대상액 5억 원 이상 50억 원 미만인 경우 적용비율(%)	기초액	대상액 50억 원 이상인 경우 적용 비율(%)	영 별표5에 따른 보건관리자 선임대상 건설공사의 적용비율(%)
건축공사	2.93%	1.86%	5,349,000원	1.97%	2.15%
토목공사	3.09%	1.99%	5,499,000원	2.10%	2.29%
중건설공사	3.43%	2.35%	5,400,000원	2.44%	2.66%
특수건설공사	1.85%	1.20%	3,250,000원	1.27%	1.38%

Key Point

산업안전보건관리비의 대상액 구성항목 3가지를 쓰시오.

직접재료비, 간접재료비, 직접노무비

◆ Key Point

산업안전보건관리비를 계상해야 하는 최소금액은 얼마인가?

총 공사금액 2천만 원 이상인 공사

2. 기계·기구의 방호조치(산업안전보건법 시행규칙 제98조)

1) 기계·기구에 설치하여야 할 방호장치

(1) 영 별표 20 제1호에 따른 예초기에는 날접촉 예방장치
(2) 영 별표 20 제2호에 따른 원심기에는 회전체 접촉 예방장치
(3) 영 별표 20 제3호에 따른 공기압축기에는 압력방출장치
(4) 영 별표 20 제4호에 따른 금속절단기에는 날접촉 예방장치
(5) 영 별표 20 제5호에 따른 지게차에는 헤드 가드, 백레스트
(6) 영 별표 20 제6호에 따른 포장기계에는 구동부 방호 연동장치

3. 안전인증 심사의 종류 및 방법

1) 예비심사

기계·기구 및 방호장치·보호구가 안전인증대상 기계·기구등 인지를 확인하는 심사

2) 서면심사

안전인증대상 기계·기구등의 종류별 또는 형식별로 설계도면 등 안전인증대상 기계·기구등의 제품기술과 관련된 문서가 법 제34조제1항에 따른 안전인증기준에 적합한지에 대한 심사

3) 기술능력 및 생산체계 심사

안전인증대상 기계·기구등의 안전성능을 지속적으로 유지·보증하기 위하여 사업장에서 갖추어야 할 기술능력과 생산체계가 안전인증기준에 적합한지에 대한 심사

4) 제품심사

안전인증대상 기계·기구등이 서면심사 내용과 일치하는지 여부와 안전인증대상 기계·기구등의 안전에 관한 성능이 안전인증기준에 적합한지 여부에 대한 심사

안전인증기준에 따른 안전인증 심사의 종류를 쓰시오.

① 예비심사　　　② 서면심사　　　③ 기술능력 및 생산체계 심사　　　④ 제품심사

4. 안전검사의 주기 및 합격표시·표시방법(산업안전보건법 시행규칙 제126조)

1) 크레인, 리프트 및 곤돌라

사업장에 설치가 끝난 날부터 3년 이내에 최초 안전검사를 실시하되, 그 이후부터 2년마다 실시(건설현장에서 사용하는 것은 최초로 설치한 날부터 **6개월마다**)

2) 그 밖의 유해·위험기계 등

사업장에 설치가 끝난 날부터 3년 이내에 최초 안전검사를 실시하되, 그 이후부터 2년마다 실시(공정안전보고서를 제출하여 확인을 받은 압력용기는 4년마다)

3) 안전검사 합격표시 및 표시방법

안전검사합격증명서	
① 유해·위험기계명 ② 신청인 ③ 형식번(기)호(설치장소) ④ 합격번호 ⑤ 검사유효기간 ⑥ 검사기관(실시기관)	
	○ ○ ○ ○ ○ ○ (직인) 검 사 원 : ○ ○ ○
고 용 노 동 부 장 관	직인생략

5. 유해 · 위험 방지계획서

1) 유해위험방지계획서 제출 대상(산업안전보건법 시행령 제42조)

   (1) 법 제42조제1항제2호에서 "대통령령으로 정하는 기계 · 기구 및 설비"란 다음 각 호의 어느 하나에 해당하는 기계 · 기구 및 설비를 말한다. 이 경우 다음 각 호에 해당하는 기계 · 기구 및 설비의 구체적인 범위는 고용노동부장관이 정하여 고시한다.

     ① 금속이나 그 밖의 광물의 용해로

     ② 화학설비

     ③ 건조설비

     ④ 가스집합 용접장치

     ⑤ 제조등금지물질 또는 허가대상물질 관련 설비

     ⑥ 분진작업 관련 설비

   (2) 법 제42조제1항제3호에서 "대통령령으로 정하는 크기 높이 등에 해당하는 건설공사"란 다음 각 호의 어느 하나에 해당하는 공사를 말한다.

     ① 지상높이가 31m 이상인 건축물 또는 인공구조물, 연면적 30,000m² 이상인 건축물 또는 연면적 5,000m² 이상의 문화 및 집회시설(전시장 및 동물원 · 식물원은 제외한다), 판매시설, 운수시설(고속철도의 역사 및 집배송시설은 제외한다), 종교시설, 의료시설 중 종합병원, 숙박시설 중 관광숙박시설, 지하도상가 또는 냉동 · 냉장창고시설의 건설 · 개조 또는 해체(이하 "건설 등"이라 한다)

     ② 연면적 5,000m² 이상의 냉동 · 냉장창고시설의 설비공사 및 단열공사

     ③ 최대지간 길이가 50m 이상인 교량건설 등 공사

     ④ 터널건설 등의 공사

     ⑤ 다목적 댐, 발전용 댐 및 저수용량 2천만톤 이상의 용수 전용댐, 지방상수도 전용댐 건설 등의 공사

     ⑥ 깊이가 10m 이상인 굴착공사

✦ Key Point

유해위험방지계획서 제출대상 사업장을 4가지 쓰시오.

   ① 지상높이가 31m 이상인 건축물

   ② 최대지간 길이가 50m 이상인 교량공사

   ③ 터널건설공사

   ④ 깊이가 10m 이상인 굴착공사

2) 제출 시 첨부서류(산업안전보건법 시행규칙 제42조)

(1) 공사 개요 및 안전보건관리계획

① 공사 개요서(별지 제45호 서식)
② 공사현장의 주변 현황 및 주변과의 관계를 나타내는 도면(매설물 현황을 포함한다)
③ 건설물, 사용 기계설비 등의 배치를 나타내는 도면
④ 전체 공정표
⑤ 산업안전보건관리비 사용계획(별지 제46호 서식)
⑥ 안전관리 조직표
⑦ 재해 발생 위험 시 연락 및 대피방법

(2) 작업 공사 종류별 유해·위험방지계획

① 건축물, 인공구조물 건설 등의 공사

작업 공사 종류	주요 작성대상	첨부서류
1. 가설공사 2. 구조물공사 3. 마감공사 4. 기계 설비공사 5. 해체공사	가. 비계 조립 및 해체 작업(외부비계 및 높이 3미터 이상 내부비계만 해당한다) 나. 높이 4미터를 초과하는 거푸집동바리[동바리가 없는 공법(무지주공법으로 데크플레이트, 호리빔 등)과 옹벽 등 벽체를 포함한다] 조립 및 해체작업 또는 비탈면 슬래브의 거푸집동바리 조립 및 해체 작업 다. 작업발판 일체형 거푸집 조립 및 해체 작업 라. 철골 및 PC(Precast Concrete) 조립 작업 마. 양중기 설치·연장·해체 작업 및 천공·항타 작업 바. 밀폐공간 내 작업 사. 해체 작업 아. 우레탄폼 등 단열재 작업[(취급장소와 인접한 장소에서 이루어지는 화기(火器) 작업을 포함한다] 자. 같은 장소(출입구를 공동으로 이용하는 장소를 말한다)에서 둘 이상의 공정이 동시에 진행되는 작업	1. 해당 작업공사 종류별 작업개요 및 재해예방계획 2. 위험물질의 종류별 사용량과 저장·보관 및 사용 시의 안전작업계획 (비고) 1. 바목의 작업에 대한 유해·위험방지계획에는 질식·화재 및 폭발 예방 계획이 포함되어야 한다. 2. 각 목의 작업과정에서 통풍이나 환기가 충분하지 않거나 가연성 물질이 있는 건축물 내부나 설비 내부에서 단열재 취급·용접·용단 등과 같은 화기작업이 포함되어 있는 경우에는 세부계획이 포함되어야 한다.

② 냉동·냉장창고시설의 설비공사 및 단열공사

작업 공사 종류	주요 작성대상	첨부서류
1. 가설공사 2. 단열공사 3. 기계 설비공사	가. 밀폐공간 내 작업 나. 우레탄폼 등 단열재 작업(취급장소와 인접한 곳에서 이루어지는 화기작업을 포함한다) 다. 설비 작업 라. 같은 장소(출입구를 공동으로 이용하는 장소를 말한다)에서 둘 이상의 공정이 동시에 진행되는 작업	1. 해당 작업공사 종류별 작업개요 및 재해예방계획 2. 위험물질의 종류별 사용량과 저장·보관 및 사용 시의 안전작업계획 (비고) 1. 가목의 작업에 대한 유해·위험방지계획에는 질식·화재 및 폭발 예방계획이 포함되어야 한다. 2. 각 목의 작업과정에서 통풍이나 환기가 충분하지 않거나 가연성 물질이 있는 건축물 내부나 설비 내부에서 단열재 취급·용접·용단 등과 같은 화기작업이 포함되어 있는 경우에는 세부계획이 포함되어야 한다.

③ 교량 건설 등의 공사

작업 공사 종류	주요 작성대상	첨부서류
1. 가설공사 2. 하부공 공사 3. 상부공 공사	가. 하부공 작업 　1) 작업발판 일체형 거푸집 조립 및 해체 작업 　2) 양중기 설치·연장·해체 작업 및 천공·항타 작업 　3) 교대·교각 기초 및 벽체 철근조립 작업 　4) 해상·하상 굴착 및 기초 작업 나. 상부공 작업 　가) 상부공 가설작업[압출공법(ILM), 캔틸레버공법(FCM), 동바리설치공법(FSM), 이동지보공법(MSS), 프리캐스트 세그먼트 가설공법(PSM) 등을 포함한다] 　나) 양중기 설치·연장·해체 작업 　다) 상부슬래브 거푸집동바리 조립 및 해체(특수작업대를 포함한다) 작업	1. 해당 작업공사 종류별 작업개요 및 재해예방계획 2. 위험물질의 종류별 사용량과 저장·보관 및 사용 시의 안전작업계획

④ 터널 건설 등의 공사

작업 공사 종류	주요 작성대상	첨부서류
1. 가설공사 2. 굴착 및 발파 공사 3. 구조물공사	가. 터널굴진공법(NATM) 　1) 굴진(갱구부, 본선, 수직갱, 수직구 등을 말한다) 및 막장내 붕괴·낙석방지 계획 　2) 화약 취급 및 발파 작업 　3) 환기 작업 　4) 작업대(굴진, 방수, 철근, 콘크리트 타설을 포함한다) 사용 작업 나. 기타 터널공법[(T.B.M)공법, 쉴드(Shield)공법, 추진(Front Jacking)공법, 침매공법 등을 포함한다] 　1) 환기 작업 　2) 막장 내 기계·설비 유지·보수 작업	1. 해당 작업공사 종류별 작업개요 및 재해예방계획 2. 위험물질의 종류별 사용량과 저장·보관 및 사용 시의 안전작업계획 (비고) 1. 나목의 작업에 대한 유해·위험방지계획에는 굴진(갱구부, 본선, 수직갱, 수직구 등을 말한다) 및 막장 내 붕괴·낙석 방지 계획이 포함되어야 한다.

⑤ 댐 건설 등의 공사

작업 공사 종류	주요 작성대상	첨부서류
1. 가설공사 2. 굴착 및 발파 공사 3. 댐 축조공사	가. 굴착 및 발파 작업 나. 댐 축조[가(假)체절 작업을 포함한다] 작업 　1) 기초처리 작업 　2) 둑 비탈면 처리 작업 　3) 본체 축조 관련 장비 작업(흙쌓기 및 다짐만 해당한다) 　4) 작업발판 일체형 거푸집 조립 및 해체 작업(콘크리트 댐만 해당한다)	1. 해당 작업공사 종류별 작업개요 및 재해예방 계획 2. 위험물질의 종류별 사용량과 저장·보관 및 사용 시의 안전작업계획

⑥ 굴착공사

작업 공사 종류	주요 작성대상	첨부서류
1. 가설공사 2. 굴착 및 발파 공사 3. 흙막이 지보공(支保工) 공사	가. 흙막이 가시설 조립 및 해체 작업(복공작업을 포함한다) 나. 굴착 및 발파 작업 다. 양중기 설치·연장·해체 작업 및 천공·항타 작업	1. 해당 작업공사 종류별 작업개요 및 재해예방 계획 2. 위험물질의 종류별 사용량과 저장·보관 및 사용 시의 안전작업계획

[비고] 작업 공사 종류란의 공사에서 이루어지는 작업으로서 주요 작성대상란에 포함되지 않은 작업에 대해서도 유해·위험방지계획을 작성하고, 첨부서류란의 해당 서류를 첨부하여야 한다.

제2장 안전기준에 관한 규칙 및 기술지침

■ Industrial Engineer Construction Safety

① 작업장의 안전기준

1. 작업면의 조도기준(안전보건규칙 제8조)

작업 구분	조도기준
초정밀작업	750럭스 이상
정밀작업	300럭스 이상
보통작업	150럭스 이상
그 밖의 작업	75럭스 이상

2. 밀폐공간 건강장해의 예방

1) 정의(안전보건규칙 제618조)

(1) 밀폐공간이란 산소결핍, 유해가스로 인한 화재·폭발 등의 위험이 있는 장소를 말한다.

(2) 유해가스란 밀폐공간에서 탄산가스·황화수소 등의 유해물질이 가스 상태로 공기 중에 발생하는 것을 말한다.

(3) 적정공기란 산소농도의 범위가 18퍼센트 이상 23.5퍼센트 미만, 탄산가스의 농도가 1.5퍼센트 미만, 황화수소의 농도가 10피피엠 미만인 수준의 공기를 말한다.

(4) 산소결핍이란 공기 중의 산소농도가 18퍼센트 미만인 상태를 말한다.

(5) 산소결핍증이란 산소가 결핍된 공기를 들이마심으로써 생기는 증상을 말한다.

✦ Key Point

적정 공기라 함은 산소농도의 범위가 (①) 이상 (②) 미만, 탄산가스의 농도가
(③) 미만, 황화수소의 농도가 (④) 미만인 수준의 공기를 말한다.

① 18%   ② 23.5%   ③ 1.5%   ④ 10ppm

---

② 기계·기구·설비에 관한 안전기준 및 기술지침

1. 원동기·회전축 등의 위험방지(안전보건규칙 제87조)

(1) 사업주는 기계의 원동기·회전축·기어·풀리·플라이휠·벨트 및 체인 등 근로자가 위험에 처할 우려가 있는 부위에 **덮개·울·슬리브 및 건널다리** 등을 설치하여야 한다.

(2) 사업주는 회전축·기어·풀리 및 플라이휠 등에 부속되는 키·핀 등의 기계요소는 묻힘형으로 하거나 해당 부위에 덮개를 설치하여야 한다.

(3) 사업주는 벨트의 이음부분에 돌출된 고정구를 사용해서는 아니 된다.

(4) 사업주는 제1항의 건널다리에는 안전난간 및 미끄러지지 아니하는 구조의 발판을 설치하여야 한다.

---

③ 양중기에 관한 안전기준 및 기술지침

1. 양중기의 종류(안전보건규칙 제32조)

1) 크레인(Crane)(호이스트 포함)

2) 이동식 크레인

3) 리프트(이삿짐 운반용 리프트의 경우에는 적재하중이 0.1ton 이상인 것)

   (1) 건설용 리프트

   (2) 자동차정비용 리프트

   (3) 이삿짐운반용 리프트

4) 곤돌라(Gondola)

5) 승강기(최대하중이 0.25ton 이상인 것)

(1) 승객용 엘리베이터

(2) 승객화물용 엘리베이터

(3) 화물용 엘리베이터

(4) 소형화물용 엘리베이터

(5) 에스컬레이터

> **Key Point**
>
> 산업안전보건법상 양중기의 종류 4가지를 쓰시오.
>
> ① 크레인[호이스트(hoist)를 포함한다]
> ② 이동식 크레인
> ③ 리프트(이삿짐운반용 리프트의 경우에는 적재하중이 0.1톤 이상인 것으로 한정)
> ④ 곤돌라
> ⑤ 승강기

> **Key Point**
>
> 승강기의 종류 4가지를 쓰시오.
>
> | ① 승객용 엘리베이터 | ② 승객화물용 엘리베이터 |
> | ③ 화물용 엘리베이터 | ④ 소형화물용 엘리베이터 |
> | ⑤ 에스컬레이터 | |

2. 양중기의 방호장치

1) 크레인

과부하 방지장치, 권과 방지장치, 비상정지장치, 브레이크, 훅해지장치

2) 리프트

과부하 방지장치, 권과 방지장치(리미트스위치)

3) 곤돌라

과부하 방지장치, 권과 방지장치, 제동장치

4) 승강기

과부하 방지장치, 파이널리미트스위치, 비상정지장치, 속도조절기, 출입문 인터록

[크레인 방호장치]

3. 하중의 정의

1) 정격하중

지브 혹은 붐의 경사각 및 길이 또는 지브의 위에 놓이는 도르래의 위치에 따라 부하시킬 수 있는 최대하중으로부터 각각 훅, 버킷 등 달아올리기 기구의 중량에 상당하는 하중을 공제한 하중을 말한다.

2) 적재하중

엘리베이터, 자동차정비용 리프트 또는 건설용 리프트의 구조 및 재료에 따라서 운반기에 사람 또는 짐을 올려놓고 승강시킬 수 있는 최대하중을 말한다.

3) 달아올리기 하중

크레인, 이동식 크레인의 재료에 따라 부하시킬 수 있는 최대하중을 말한다.

4. 양중기의 안전검사

1) 주기

크레인, 리프트 및 곤돌라는 사업장에 설치가 끝난 날부터 3년 이내에 최초 안전검사를 실시하되, 그 이후부터 매 2년 주기로 실시(건설현장에서 사용하는 것은 최초로 설치한 날부터 매 6개월)

2) 안전검사내용

(1) 과부하방지장치, 권과방지장치, 그 밖의 안전장치의 이상 유무

(2) 브레이크와 클러치의 이상 유무

(3) 와이어로프와 달기체인의 이상 유무

(4) 훅 등 달기기구의 손상 유무

(5) 배선, 집진장치, 배전반, 개폐기, 콘트롤러의 이상 유무

Key Point

양중기의 안전검사내용 3가지를 쓰시오.

안전검사 내용 (1)~(5) 항목 중 3가지 선택

5. 작업시작 전 점검사항(안전보건규칙 제35조 제2항 관련)

작업명	점검 내용
크레인을 사용하여 작업을 할 때	가. 권과방지장치·브레이크·클러치 및 운전장치의 기능 나. 주행로의 상측 및 트롤리(trolley)가 횡행하는 레일의 상태 다. 와이어로프가 통하고 있는 곳의 상태
이동식 크레인을 사용하여 작업을 할 때	가. 권과방지장치나 그 밖의 경보장치의 기능 나. 브레이크·클러치 및 조정장치의 기능 다. 와이어로프가 통하고 있는 곳 및 작업장소의 지반상태
리프트(자동차정비용 리프트를 포함한다)를 사용하여 작업을 할 때	가. 방호장치·브레이크 및 클러치의 기능 나. 와이어로프가 통하고 있는 곳의 상태

Key Point

크레인 작업시작 전 점검사항 3가지를 쓰시오.

① 권과방지장치·브레이크·클러치 및 운전장치의 기능
② 주행로의 상측 및 트롤리(trolley)가 횡행하는 레일의 상태
③ 와이어로프가 통하고 있는 곳의 상태

6. 작업계획서의 내용(안전보건규칙 제38조 제1항 관련)

작업명	작업계획서 내용
타워크레인을 설치·조립·해체하는 작업	가. 타워크레인의 종류 및 형식 나. 설치·조립 및 해체순서 다. 작업도구·장비·가설설비(假設設備) 및 방호설비 라. 작업인원의 구성 및 작업근로자의 역할범위 마. 제142조에 따른 지지방법

7. 탑승의 제한(안전보건규칙 제86조)

1) 크레인의 탑승제한

근로자를 운반하거나 근로자를 달아 올린 상태에서 작업에 종사시켜서는 아니 된다. 다만, 크레인에 전용 탑승설비를 설치하고 추락 위험을 방지하기 위하여 다음의 조치를 한 경우에는 그러하지 아니하다.

(1) 탑승설비가 뒤집히거나 떨어지지 않도록 필요한 조치를 할 것
(2) 안전대나 구명줄을 설치하고, 안전난간을 설치할 수 있는 경우에는 안전난간을 설치할 것
(3) 탑승설비를 하강시킬 때에는 동력하강방법으로 할 것

2) 곤돌라 탑승제한

곤돌라의 운반구에 근로자를 탑승시켜서는 아니 된다. 다만, 추락 위험을 방지하기 위하여 다음 각 호의 조치를 한 경우에는 그러하지 아니하다.
(1) 운반구가 뒤집히거나 떨어지지 않도록 필요한 조치를 할 것
(2) 안전대나 구명줄을 설치하고, 안전난간을 설치할 수 있는 구조인 경우이면 안전난간을 설치할 것

8. 악천후 및 강풍 시 작업 중지(안전보건규칙 제37조)

순간풍속이 초당 10미터를 초과하는 경우 타워크레인의 설치·수리·점검 또는 해체 작업을 중지하여야 하며, 순간풍속이 초당 15미터를 초과하는 경우에는 타워크레인의 운전작업을 중지하여야 한다.

9. 양중기의 와이어로프

1) 양중기의 와이어로프 안전계수의 구분(안전보건규칙 제163조)

구분	안전계수
근로자가 탑승하는 운반구를 지지하는 경우 (달기와이어로프 또는 달기체인)	10 이상
화물의 **하중을 직접 지지**하는 경우 (달기와이어로프 또는 달기체인)	5 이상
훅, 샤클, 클램프, 리프팅 빔의 경우	3 이상
그 밖의 경우	4 이상

2) 안전계수 : $\dfrac{절단하중}{최대사용하중}$ (안전보건규칙 제164조)

> **Key Point**
>
> 다음 물음에 답하시오.
> ① 근로자가 탑승하는 운반구를 지지하는 경우 : (   ) 이상
> ② 화물의 하중을 직접 지지하는 경우 : (   ) 이상
> ③ 제1호 및 2호 외의 경우 : (   ) 이상
>
> ① 10   ② 5   ③ 4

3) 와이어로프의 구성

와이어로프란 양질의 고탄소강에서 인발한 소선(Wire)을 꼬아서 가닥(Strand)으로 만들고 이 가닥을 심(Core) 주위에 일정한 피치(Pitch)로 감아서 제작한 로프를 말한다.

심강(Core)
소선
와이어로프
스트랜드(Strand)
심선

4) 부적격한 와이어로프의 사용금지(안전보건규칙 제63조 및 166조)

(1) 이음매가 있는 것

(2) 와이어로프의 한 꼬임(스트랜드)에서 끊어진 소선[素線, 필러(Pillar)선을 제외한다]의
수가 10% 이상(비자전로프의 경우에는 끊어진 소선의 수가 와이어로프 호칭지름의 6
배 길이 이내에서 4개 이상이거나 호칭지름 30배 길이 이내에서 8개 이상인 것)인 것

(3) 지름의 감소가 공칭지름의 7%를 초과하는 것

(4) 꼬인 것

(5) 심하게 변형 또는 부식된 것

(6) 열과 전기충격에 의해 손상된 것

> **◆ Key Point**
>
> 와이어로프의 사용금지기준 5가지를 쓰시오.
>
> **부적격한 와이어로프의 사용금지 (1)~(6) 항목 중 5가지 선택**

5) 섬유로프 등의 사용금지(안전보건규칙 제169조)

다음에 해당하는 섬유로프 또는 섬유벨트를 달비계에 사용해서는 아니 된다.

(1) 꼬임이 끊어진 것

(2) 심하게 손상되거나 부식된 것

6) 와이어로프의 체결법

(1) 고정방법의 종류

① 아이스플라이스고정법

② 합금고정법

③ 압축고정법

④ 클립고정법

(2) 각 고정법의 단말이음 효율

고정방법	효율
아이스플라이스고정법	70~95%
합금고정법	100%
압축고정법	100%
클립고정법	80~85%

(3) 클립고정의 방법

[적합]　　　　　　　　[부적합]　　　　　　　　[부적합]

① 클립의 새들(Saddle)은 와이어로프의 힘이 걸리는 쪽에 있어야 한다.
② 클립과의 간격은 와이어로프 지름의 6배 이상이어야 한다.

(4) 클립고정 개수

와이어로프의 지름(mm)	클립 수(개)
16 이하	4
16 초과~28 이하	5
28 초과	6

10. 승강기의 설치·조립·수리·점검 또는 해체 작업 시 조치사항(안전보건규칙 제162조)

(1) 작업을 지휘하는 사람을 선임하여 그 사람의 지휘하에 작업을 실시할 것
(2) 작업을 할 구역에 관계 근로자가 아닌 사람의 출입을 금지하고 그 취지를 보기 쉬운 장소에 표시할 것
(3) 비, 눈, 그 밖에 기상상태의 불안정으로 날씨가 몹시 나쁜 경우에는 그 작업을 중지시킬 것

---

4 차량계 하역운반기계에 관한 안전기준 및 기술지침

1. 차량계 하역운반기계에 화물적재 시 준수사항(안전보건규칙 제173조)

(1) 하중이 한쪽으로 치우치지 않도록 적재할 것
(2) 구내 운반차 또는 화물자동차의 경우 화물의 붕괴 또는 낙하에 의한 위험을 방지하기 위하여 화물에 로프를 거는 등 필요한 조치를 할 것
(3) 운전자의 시야를 가리지 않도록 화물을 적재할 것
(4) 화물을 적재하는 경우에는 최대적재량을 초과하지 아니할 것

2. 싣거나 내리는 작업을 하는 경우 작업지휘자 준수사항(안전보건규칙 제177조)

단위화물의 무게가 **100킬로그램 이상**인 **화물**을 싣는 작업 또는 내리는 작업을 하는 경우

(1) 작업순서 및 그 순서마다의 작업방법을 정하고 작업을 지휘할 것

(2) 기구와 공구를 점검하고 불량품을 제거할 것

(3) 해당 작업을 하는 장소에 관계 근로자가 아닌 사람이 출입하는 것을 금지할 것

(4) 로프 풀기 작업 또는 덮개 벗기기 작업은 적재함의 화물이 떨어질 위험이 없음을 확인한 후에 하도록 할 것

> ◆ Key Point
>
> 차량계 하역운반기계에 화물적재 시 준수사항 3가지를 쓰시오.
>
> 차량계 하역운반기계에 화물적재 시 준수사항 (1)~(4) 항목 중 3가지 선택

⑤ 컨베이어에 관한 안전기준 및 기술지침

1. 작업시작 전 점검사항(안전보건규칙 제35조 제2항 관련)

작업명	점검 내용
컨베이어 등을 사용하여 작업을 할 때	가. 원동기 및 풀리(Pulley) 기능의 이상 유무 나. 이탈 등의 방지장치 기능의 이상 유무 다. 비상정지장치 기능의 이상 유무 라. 원동기·회전축·기어 및 풀리 등의 덮개 또는 울 등의 이상 유무

⑥ 차량계 건설기계 등에 관한 안전기준 및 기술지침

1. 전도방지대책(안전보건규칙 제199조)

(1) 유도하는 사람(유도자)을 배치

(2) 지반의 부동침하 방지

(3) 갓길의 붕괴 방지
(4) 도로 폭의 유지

> ✦ **Key Point**
>
> 차량계 건설기계 작업 시 넘어지거나, 굴러떨어짐으로써 근로자가 위험해질 우려가 있는
> 경우에 조치사항 3가지를 쓰시오.
>
> **전도방지대책의 (1)~(4) 항목 중 3가지 선택**

2. 작업계획서의 내용(안전보건규칙 제38조 제1항 관련)

작업명	작업계획서 내용
차량계 건설기계를 사용하는 작업	가. 사용하는 차량계 건설기계의 종류 및 성능 나. 차량계 건설기계의 운행경로 다. 차량계 건설기계에 의한 작업방법

> ✦ **Key Point**
>
> 차량계 건설기계 작업계획에 포함해야 하는 사항을 3가지 쓰시오.
>
> ① 사용하는 차량계 건설기계의 종류 및 능력
> ② 차량계 건설기계의 운행경로
> ③ 차량계 건설기계에 의한 작업방법

3. 항타기·항발기의 안전수칙

1) 조립 시 점검사항(안전보건규칙 제207조)

(1) 본체 연결부의 풀림 또는 손상의 유무
(2) 권상용 와이어로프·드럼 및 도르래의 부착상태의 이상 유무
(3) 권상장치의 브레이크 및 쐐기장치 기능의 이상 유무
(4) 권상기 설치상태의 이상 유무
(5) 리더(leader)의 버팀 방법 및 고정상태의 이상 유무
(6) 본체·부속장치 및 부속품의 강도가 적합한지 여부
(7) 본체·부속장치 및 부속품에 심한 손상·마모·변형 또는 부식이 있는지 여부

2) 무너짐의 방지(안전보건규칙 제209조)

(1) 연약한 지반에 설치하는 경우에는 아웃트리거·받침 등 지지구조물의 침하를 방지하기 위하여 버팀목이나 깔판 등을 사용할 것

(2) 시설 또는 가설물 등에 설치하는 경우에는 그 내력을 확인하고 내력이 부족한 경우에는 그 내력을 보강할 것

(3) 아웃트리거·받침 등 지지구조물이 미끄러질 우려가 있는 경우에는 말뚝 또는 쐐기 등을 사용하여 해당 지지구조물을 고정시킬 것

(4) 궤도 또는 차로 이동하는 항타기 또는 항발기에 대하여는 불시에 이동하는 것을 방지하기 위하여 레일클램프 및 쐐기 등으로 고정시킬 것

(5) 버팀대만으로 상단부분을 안정시키는 경우에는 버팀대를 3개 이상으로 하고 그 하단부분은 견고한 버팀·말뚝 또는 철골 등으로 고정시킬 것

◆ Key Point

항타기·항발기 사용 전 점검사항을 3가지 쓰시오.

① 본체 연결부의 풀림 또는 손상의 유무
② 권상용 와이어로프·드럼 및 도르래의 부착상태의 이상 유무
③ 권상장치의 브레이크 및 쐐기장치 기능의 이상 유무
④ 권상기 설치상태의 이상 유무
⑤ 리더(leader)의 버팀 방법 및 고정상태의 이상 유무
⑥ 본체·부속장치 및 부속품의 강도가 적합한지 여부
⑦ 본체·부속장치 및 부속품에 심한 손상·마모·변형 또는 부식이 있는지 여부

3) 권상용 와이어로프의 준수사항

(1) 안전계수 조건(안전보건규칙 제211조)

와이어로프의 안전계수가 5 이상이 아니면 이를 사용하여서는 아니 된다.

(2) 사용 시 준수사항(안전보건규칙 제212조)

① 권상용 와이어로프는 추 또는 해머가 최저의 위치에 있는 경우 또는 널말뚝을 빼어내기 시작한 경우를 기준으로 하여 권상장치의 드럼에 적어도 2회 감기고 남을 수 있는 충분한 길이일 것

② 권상용 와이어로프는 권상장치의 드럼에 클램프·클립 등을 사용하여 견고하게 고정할 것

③ 항타기의 권상용 와이어로프에 있어서 추·해머 등과의 연결은 클램프·클립 등을 사용하여 견고하게 할 것

(3) 도르래의 부착 등(안전보건규칙 제216조)

① 사업주는 항타기나 항발기에 도르래나 도르래 뭉치를 부착하는 경우에는 부착부가 받는 하중에 의하여 파괴될 우려가 없는 브라켓·샤클 및 와이어로프 등으로 견고하게 부착하여야 한다.

② 사업주는 항타기 또는 항발기의 권상장치의 드럼축과 권상장치로부터 첫 번째 도르래 축과의 거리를 권상장치 드럼폭의 15배 이상으로 하여야 한다.

③ 제2항의 도르래는 권상장치 드럼의 중심을 지나야 하며 축과 수직면상에 있어야 한다.

④ 항타기나 항발기의 구조상 권상용 와이어로프가 꼬일 우려가 없는 경우에는 제2항과 제3항을 적용하지 아니한다.

---

⑦ 전기작업에 관한 안전기준 및 기술지침

1. 누전차단기에 의한 감전방지(안전보건규칙 제304조)

1) 전기기계·기구에 대하여 누전에 의한 감전위험을 방지하기 위하여 해당 전로의 정격에 적합하고 감도가 양호하며 확실하게 작동하는 감전방지용 누전차단기를 설치하여야 한다.

(1) 대지전압이 150볼트를 초과하는 이동형 또는 휴대형 전기기계·기구

(2) 물 등 도전성이 높은 액체가 있는 습윤장소에서 사용하는 저압(1,500볼트 이하 직류전압이나 1,000볼트 이하의 교류전압을 말한다)용 전기기계·기구

(3) 철판·철골 위 등 도전성이 높은 장소에서 사용하는 이동형 또는 휴대형 전기기계·기구

(4) 임시배선의 전로가 설치되는 장소에서 사용하는 이동형 또는 휴대형 전기기계·기구

2) 누전차단기를 접속하는 경우 준수사항

(1) 전기기계·기구에 설치되어 있는 누전차단기는 정격감도전류가 **30밀리암페어 이하**이고 작동시간은 **0.03초 이내**일 것. 다만, 정격전부하전류가 50암페어 이상인 전기기계·기구에 접속되는 누전차단기는 오작동을 방지하기 위하여 정격감도전류는 200밀리암페어 이하로, 작동시간은 0.1초 이내로 할 수 있다.

(2) 분기회로 또는 전기기계·기구마다 누전차단기를 접속할 것. 다만, 평상시 누설전류가 매우 적은 소용량부하의 전로에는 분기회로에 일괄하여 접속할 수 있다.

(3) 누전차단기는 배전반 또는 분전반 내에 접속하거나 꽂음접속기형 누전차단기를 콘센트에 접속하는 등 파손이나 감전사고를 방지할 수 있는 장소에 접속할 것

(4) 지락보호전용 기능만 있는 누전차단기는 과전류를 차단하는 퓨즈나 차단기 등과 조합하여 접속할 것

> **◆ Key Point**
>
> 누전 차단기 가운데 감전보호형 누전차단기는 정격감도전류의 (①) 이하, 동작시간은 (②) 이내여야 한다.
>
> ① 30mA ② 0.03초

---

8 건설작업에 관한 안전기준 및 기술지침

1. 작업시작 전 점검사항(안전보건규칙 제35조 제2항 관련)

작업명	점검 내용
공기압축기를 가동할 때	① 공기저장 압력용기의 외관 상태 ② 드레인밸브(Drain Valve)의 조작 및 배수 ③ 압력방출장치의 기능 ④ 언로드밸브(Unloading Valve)의 기능 ⑤ 윤활유의 상태 ⑥ 회전부의 덮개 또는 울 ⑦ 그 밖의 연결 부위의 이상 유무

고소작업대를 사용하여 작업을 할 때	① 비상정지장치 및 비상하강 방지장치 기능의 이상 유무 ② 과부하 방지장치의 작동 유무(와이어로프 또는 체인구동방식의 경우) ③ 아웃트리거 또는 바퀴의 이상 유무 ④ 작업면의 기울기 또는 요철 유무 ⑤ 활선작업용 장치의 경우 홈·균열·파손 등 그 밖의 손상 유무

Key Point

공기압축기 작업시작 전 점검사항 4가지를 쓰시오.(기타 연결부위의 이상 유무 제외)

공기압축기를 가동할 때 ①~⑦의 내용 중 4가지 선택

2. 작업계획서의 내용(안전보건규칙 제38조 제1항 관련)

작업명	작업계획서 내용
터널굴착작업	가. 굴착의 방법 나. 터널지보공 및 복공(覆工)의 시공방법과 용수(湧水)의 처리방법 다. 환기 또는 조명시설을 설치할 때에는 그 방법
채석작업	가. 노천굴착과 갱내굴착의 구별 및 채석방법 나. 굴착면의 높이와 기울기 다. 굴착면 소단(小段)의 위치와 넓이 라. 갱내에서의 낙반 및 붕괴방지방법 마. 발파방법 바. 암석의 분할방법 사. 암석의 가공장소 아. 사용하는 굴착기계·분할기계·적재기계 또는 운반기계 　　(이하 "굴착기계 등"이라 한다)의 종류 및 성능 자. 토석 또는 암석의 적재 및 운반방법과 운반경로 차. 표토 또는 용수(湧水)의 처리방법
건물 등의 해체작업	가. 해체의 방법 및 해체 순서도면 나. 가설설비·방호설비·환기설비 및 살수·방화설비 등의 방법 다. 사업장 내 연락방법 라. 해체물의 처분계획 마. 해체작업용 기계·기구 등의 작업계획서 바. 해체작업용 화약류 등의 사용계획서 사. 그 밖의 안전·보건에 관련된 사항

3. 구축물등의 안전 유지(안전보건규칙 제51조)

사업주는 구축물등이 고정하중, 적재하중, 시공·해체 작업 중 발생하는 하중, 적설, 풍압(風壓), 지진이나 진동 및 충격 등에 의하여 전도·폭발하거나 무너지는 등의 위험을 예방하기 위하여 설계도면, 시방서(示方書), 「건축물의 구조기준 등에 관한 규칙」 제2조 제15호에 따른 구조설계도서, 해체계획서 등 설계도서를 준수하여 필요한 조치를 해야 한다.

4. 달비계 작업

1) 작업발판의 최대적재하중(안전보건규칙 제55조)

① 비계의 구조 및 재료에 따라 작업발판의 최대적재하중을 정하고 이를 초과하여 실어서는 아니 된다.

② 달비계(곤돌라의 달비계를 제외)의 최대 적재하중을 정함에 있어 그 안전계수

구분	안전계수
달기와이어로프 및 달기강선	10 이상
달기체인 및 달기훅	5 이상
달기강대와 달비계의 하부 및 상부지점의 안전계수(강재)	2.5 이상
달기강대와 달비계의 하부 및 상부지점의 안전계수(목재)	5 이상

🔧 Key Point

달비계 작업 시 달기 와이어로프의 안전계수 기준을 쓰시오.

안전계수 10 이상

2) 달기 체인의 사용금지

① 달기 체인의 길이가 달기 체인이 제조된 때 길이의 5퍼센트를 초과한 것

② 링의 단면지름이 달기 체인이 제조된 때 해당 링 지름의 10퍼센트를 초과하여 감소한 것

③ 균열이 있거나 심하게 변형된 것

5. 구내용 운반차 사용 시 준수사항(안전보건규칙 제184조)

(1) 주행을 제동하거나 정지상태를 유지하기 위하여 유효한 제동장치를 갖출 것
(2) 경음기를 갖출 것
(3) 운전석이 차 실내에 있는 것은 좌우에 한 개씩 방향지시기를 갖출 것
(4) 전조등과 후미등을 갖출 것

6. 잠함 · 우물통의 내부에서 굴착작업 시 안전조치(안전보건규칙 제377조)

(1) 산소 결핍의 우려가 있는 경우에는 산소의 농도를 측정하는 사람을 지명하여 측정하도록 할 것
(2) 근로자가 안전하게 오르내리기 위한 설비를 설치할 것
(3) 굴착 깊이가 20미터를 초과하는 경우에는 해당 작업장소와 외부와의 연락을 위한 통신설비 등을 설치할 것

9 중량물 취급에 관한 안전기준 및 기술지침

1. 작업계획서의 내용(안전보건규칙 제38조 제1항 관련)

작업명	작업계획서 내용
중량물의 취급작업	1. 추락위험을 예방할 수 있는 안전대책 2. 낙하위험을 예방할 수 있는 안전대책 3. 전도위험을 예방할 수 있는 안전대책 4. 협착위험을 예방할 수 있는 안전대책 5. 붕괴위험을 예방할 수 있는 안전대책

Key Point

중량물 취급 작업계획서 작성 시 포함사항 3가지를 쓰시오.

가. 추락위험을 예방할 수 있는 안전대책
나. 낙하위험을 예방할 수 있는 안전대책
다. 전도위험을 예방할 수 있는 안전대책
라. 협착위험을 예방할 수 있는 안전대책
마. 붕괴위험을 예방할 수 있는 안전대책

10 하역작업에 관한 안전기준 및 기술지침

1. 화물적재 시의 조치(안전보건규칙 제173조)

(1) 하중이 한쪽으로 치우치지 않도록 적재할 것
(2) 구내운반차 또는 화물자동차의 경우 화물의 붕괴 또는 낙하에 의한 위험을 방지하기 위하여 화물에 로프를 거는 등 필요한 조치를 할 것
(3) 운전자의 시야를 가리지 않도록 화물을 적재할 것
(4) 제1항의 화물을 적재하는 경우에는 최대적재량을 초과해서는 아니 된다.

2. 섬유로프 등의 점검(안전보건규칙 제189조)

섬유로프 등을 화물자동차의 짐걸이에 사용하는 경우에는 해당 작업을 시작하기 전에 다음 각 호의 조치를 하여야 한다.

(1) 작업순서와 순서별 작업방법을 결정하고 작업을 직접 지휘하는 일
(2) 기구와 공구를 점검하고 불량품을 제거하는 일
(3) 해당 작업을 하는 장소에 관계 근로자가 아닌 사람의 출입을 금지하는 일
(4) 로프 풀기 작업 및 덮개 벗기기 작업을 하는 경우에는 적재함의 화물에 낙하 위험이 없음을 확인한 후에 해당 작업의 착수를 지시하는 일

3. 하적단의 붕괴 등에 의한 위험방지(안전보건규칙 제392조)

하적단의 붕괴 또는 화물의 낙하에 의하여 근로자가 위험해질 우려가 있는 경우 필요한 조치
(1) 그 하적단을 로프로 묶거나 망을 치는 등 위험을 방지
(2) 하적단을 쌓는 경우에는 기본형을 조성하여 쌓아야 한다.
(3) 하적간을 헐어내는 경우에는 위에서부터 순차적으로 충계를 만들면서 헐어내어야 하며, 중간에서 헐어내어서는 아니 된다.

> ● Key Point
>
> 하적단의 붕괴 또는 화물의 낙하에 의한 근로자의 위험방지대책 2가지를 쓰시오.
>
> **하적단의 붕괴 등에 의한 위험방지 (1)~(3)의 내용 중 2가지 작성**

---

11 기타 작업에 관한 안전기준 및 기술지침

1. 공사용 가설도로를 설치하는 경우 준수사항

(1) 도로는 장비와 차량이 안전하게 운행할 수 있도록 견고하게 설치할 것
(2) 도로와 작업장이 접하여 있을 경우에는 울타리 등을 설치할 것
(3) 도로는 배수를 위하여 경사지게 설치하거나 배수시설을 설치할 것
(4) 차량의 속도제한 표지를 부착할 것

2. 강렬한 소음작업 등의 관리기준

1) 소음 감소 조치(안전보건규칙 제513조)

(1) 기계 · 기구 등의 대체

(2) 시설의 밀폐 · 흡음(吸音)

(3) 소음의 격리

(4) 작업의 성질상 기술적 · 경제적으로 소음 감소를 위한 조치가 현저히 곤란하다는 관계 전문가의 의견이 있는 경우에는 그러하지 아니하다.

2) **소음 수준의 주지**(안전보건규칙 제514조)

근로자가 소음작업, 강렬한 소음작업 또는 충격소음작업에 종사하는 경우에 다음 각 호의 사항을 근로자에게 알려야 한다.

(1) 해당 작업장소의 소음 수준

(2) 인체에 미치는 영향과 증상

(3) 보호구의 선정과 착용방법

(4) 그 밖의 소음으로 인한 건강장해 방지에 필요한 사항

⊕ Key Point

소음작업 시 근로자에게 알려야 할 사항 4가지를 쓰시오.

소음 수준의 주지 (1)~(4)의 내용 작성

기출문제풀이

■ Industrial Engineer Construction Safety

2001년 1회

6. 차량계 건설기계를 사용하여 작업할 때 작성해야 하는 작업계획에 포함되어야 할 사항 3가지를 쓰시오.

→**해답** ① 사용하는 차량계 건설기계의 종류 및 능력
② 차량계 건설기계의 운행경로
③ 차량계 건설기계에 의한 작업방법

11. 산업안전보건법상 양중기의 종류 4가지를 쓰시오.

→**해답** ① 크레인[호이스트(hoist)를 포함한다]
② 이동식 크레인
③ 리프트(이삿짐운반용 리프트의 경우에는 적재하중이 0.1톤 이상인 것으로 한정)
④ 곤돌라
⑤ 승강기

2001년 2회

5. 와이어로프의 사용제한 조건 5가지를 쓰시오.

→**해답** ① 이음매가 있는 것
② 와이어로프의 한 꼬임에서 끊어진 소선의 수가 10% 이상(비자전로프의 경우에는 끊어진 소선의 수가 와이어로프 호칭지름의 6배 길이 이내에서 4개 이상이거나 호칭지름 30배 길이 이내에서 8개 이상인 것)인 것

③ 지름의 감소가 공칭지름의 7%를 초과하는 것
④ 꼬인 것
⑤ 심하게 변형 또는 부식된 것
⑥ 열과 전기충격에 의해 손상된 것

2001년 4회

2. 건설공사 수행 시 안전하고 위생적인 작업수행을 위하여 준수하여야 할 사항 2가지를 쓰시오.

해답 ① 설계도서 등에 따라 산정된 공사기간을 단축하지 아니할 것
② 공사비를 줄이기 위하여 위험성이 있는 공법을 사용하거나 정당한 사유 없이 공법을 변경하지 아니할 것

4. 항타기 또는 항발기의 권상용 와이어로프의 사용제한 조건 3가지를 쓰시오.

해답 ① 이음매가 있는 것
② 와이어로프의 한 꼬임에서 끊어진 소선의 수가 10% 이상(비자전로프의 경우에는 끊어진 소선의 수가 와이어로프 호칭지름의 6배 길이 이내에서 4개 이상이거나 호칭지름 30배 길이 이내에서 8개 이상인 것)인 것
③ 지름의 감소가 공칭지름의 7%를 초과하는 것
④ 꼬인 것
⑤ 심하게 변형 또는 부식된 것
⑥ 열과 전기충격에 의해 손상된 것

2002년 1회

5. 산업안전보건법상 안전검사 대상 유해 · 위험 기계 · 기구 등을 4가지 쓰시오.

해답 ① 프레스   ② 전단기
③ 크레인   ④ 리프트
⑤ 압력용기   ⑥ 곤돌라

6. 달비계에 사용하는 와이어로프의 사용제한 조건 4가지를 쓰시오.

   ➡[해답] ① 이음매가 있는 것
   ② 와이어로프의 한 꼬임에서 끊어진 소선의 수가 10% 이상(비자전로프의 경우에는 끊어진 소선의
   수가 와이어로프 호칭지름의 6배 길이 이내에서 4개 이상이거나 호칭지름 30배 길이 이내에서
   8개 이상인 것)인 것
   ③ 지름의 감소가 공칭지름의 7%를 초과하는 것
   ④ 꼬인 것
   ⑤ 심하게 변형 또는 부식된 것
   ⑥ 열과 전기충격에 의해 손상된 것

10. 산업안전보건법상 양중기의 종류 5가지를 쓰시오.

   ➡[해답] ① 크레인[호이스트(hoist)를 포함한다]
   ② 이동식 크레인
   ③ 리프트(이삿짐운반용 리프트의 경우에는 적재하중이 0.1톤 이상인 것으로 한정)
   ④ 곤돌라
   ⑤ 승강기

2002년 2회

5. 양중기에 설치해야 되는 방호장치의 종류 4가지를 쓰시오.

   ➡[해답] ① 과부하방지장치   ② 권과방지장치
   ③ 비상장치   ④ 제동장치

10. 차량계 건설기계의 작업계획 포함사항 3가지를 쓰시오.

   ➡[해답] ① 사용하는 차량계 건설기계의 종류 및 능력
   ② 차량계 건설기계의 운행경로
   ③ 차량계 건설기계에 의한 작업방법

2002년 4회

5. 차량계 건설기계를 사용하는 작업을 할 때 작성해야 하는 작업계획의 포함사항 3가지를 쓰시오.

➡️해답 ① 사용하는 차량계 건설기계의 종류 및 능력
② 차량계 건설기계의 운행경로
③ 차량계 건설기계에 의한 작업방법

8. 달비계 작업 시 달기 와이어로프의 안전계수 기준을 쓰시오.

➡️해답 10 이상

11. 안전검사 대상 유해 · 위험 기계 · 기구를 4가지 쓰시오.

➡️해답 ① 프레스   ② 전단기   ③ 크레인
④ 리프트   ⑤ 압력용기   ⑥ 곤돌라

2003년 1회

9. 차량계 건설기계를 사용하여 작업할 때 작성해야 하는 작업계획의 포함사항 3가지를 쓰시오.

➡️해답 ① 사용하는 차량계 건설기계의 종류 및 능력
② 차량계 건설기계의 운행경로
③ 차량계 건설기계에 의한 작업방법

2003년 2회

2. 권상용 와이어로프의 안전계수 조건을 쓰시오.

➡️해답 와이어로프의 안전계수가 5 이상이 아니면 이를 사용하여서는 아니 된다.

8. 안전검사 대상 유해·위험 기계·기구를 4가지 쓰시오.

    [해답] ① 프레스 ② 전단기 ③ 크레인
    ④ 리프트 ⑤ 압력용기 ⑥ 곤돌라

2003년 4회

7. 차량계 건설기계의 작업계획 포함사항 3가지를 쓰시오.

    [해답] ① 사용하는 차량계 건설기계의 종류 및 능력
    ② 차량계 건설기계의 운행경로
    ③ 차량계 건설기계에 의한 작업방법

10. 달비계에 사용하는 와이어로프 안전계수 기준을 쓰시오.

    [해답] 10 이상

2004년 1회

7. 산업안전보건법상 양중기의 종류를 4가지 쓰시오.

    [해답] ① 크레인[호이스트(hoist)를 포함한다]
    ② 이동식 크레인
    ③ 리프트(이삿짐운반용 리프트의 경우에는 적재하중이 0.1톤 이상인 것으로 한정)
    ④ 곤돌라
    ⑤ 승강기

8. 양중기에 사용하는 와이어로프의 사용제한 조건 5가지를 쓰시오.

> **해답** ① 이음매가 있는 것
> ② 와이어로프의 한 꼬임에서 끊어진 소선의 수가 10% 이상(비자전로프의 경우에는 끊어진 소선의
> 수가 와이어로프 호칭지름의 6배 길이 이내에서 4개 이상이거나 호칭지름 30배 길이 이내에서
> 8개 이상인 것)인 것
> ③ 지름의 감소가 공칭지름의 7%를 초과하는 것
> ④ 꼬인 것
> ⑤ 심하게 변형 또는 부식된 것
> ⑥ 열과 전기충격에 의해 손상된 것

11. 차량계 건설기계를 사용하여 작업을 할 때 기계가 넘어지거나 굴러떨어짐으로써 근로자에
게 위험을 미칠 우려가 있을 때에 취할 수 있는 조치사항을 3가지만 쓰시오.

> **해답** ① 유도하는 사람(유도자)을 배치
> ② 지반의 부동침하 방지
> ③ 갓길의 붕괴 방지
> ④ 도로 폭의 유지

2004년 2회

1. 구축물 또는 이와 유사한 시설물이 근로자에게 미칠 위험성을 미리 제거하기 위하여 안전진
단 등의 안전성 평가를 실시하여야 하는 경우를 쓰시오.

> **해답** ① 구축물 또는 이와 유사한 시설물의 인근에서 굴착·항타작업 등으로 침하·균열 등이 발생하여
> 붕괴의 위험이 예상될 경우
> ② 구축물 또는 이와 유사한 시설물에 지진, 동해(凍害), 부동침하(不同沈下) 등으로 균열·비틀림
> 등이 발생하였을 경우
> ③ 구조물, 건축물, 그 밖의 시설물이 그 자체의 무게·적설·풍압 또는 그 밖에 부가되는 하중 등으
> 로 붕괴 등의 위험이 있을 경우
> ④ 화재 등으로 구축물 또는 이와 유사한 시설물의 내력(耐力)이 심하게 저하되었을 경우
> ⑤ 오랜 기간 사용하지 아니하던 구축물 또는 이와 유사한 시설물을 재사용하게 되어 안전성을 검토
> 하여야 하는 경우
> ⑥ 그 밖의 잠재위험이 예상될 경우

6. 불도저 등 차량계 건설기계 사용 시 기계가 넘어지거나 굴러 떨어짐으로써 근로자에게 위험을 미칠 우려가 있는 때에 취할 수 있는 조치사항을 3가지만 쓰시오.

> **해답** ① 유도하는 사람(유도자)을 배치
> ② 지반의 부동침하 방지
> ③ 갓길의 붕괴 방지
> ④ 도로 폭의 유지

7. 산업안전보건법상 양중기의 종류 4가지를 쓰시오.

> **해답** ① 크레인[호이스트(hoist)를 포함한다]
> ② 이동식 크레인
> ③ 리프트(이삿짐운반용 리프트의 경우에는 적재하중이 0.1톤 이상인 것으로 한정)
> ④ 곤돌라
> ⑤ 승강기

8. 중량물 취급 작업계획서 작성 시 포함사항 3가지를 쓰시오.

> **해답** ① 추락위험을 예방할 수 있는 안전대책
> ② 낙하위험을 예방할 수 있는 안전대책
> ③ 전도위험을 예방할 수 있는 안전대책
> ④ 협착위험을 예방할 수 있는 안전대책
> ⑤ 붕괴위험을 예방할 수 있는 안전대책

9. 차량계 건설기계에서 운전자 이탈 시 준수사항 2가지를 쓰시오.

> **해답** ① 포크, 버킷, 디퍼 등의 장치를 가장 낮은 위치 또는 지면에 내려 둘 것
> ② 원동기를 정지시키고 브레이크를 확실히 거는 등 갑작스러운 주행이나 이탈을 방지하기 위한 조치를 할 것
> ③ 운전석을 이탈하는 경우에는 시동키를 운전대에서 분리시킬 것

2004년 4회

6. 차량계 건설기계의 작업계획 포함사항 3가지를 쓰시오.

> **해답** ① 사용하는 차량계 건설기계의 종류 및 능력
> ② 차량계 건설기계의 운행경로
> ③ 차량계 건설기계에 의한 작업방법

7. 항타기 또는 항발기 와이어로프의 안전계수에 관한 사항이다. 빈칸을 채우시오.

> ① 권상용 와이어로프의 안전계수 (   ) 이상
> ② 권상용 와이어로프 드럼에 감는 횟수 적어도 (   )회 감기고 남을 수 있는 충분한 길이일 것
> ③ 권상장치로부터 첫 번째 도르래 축과의 거리를 권상장치 드럼 폭의 (   )배 이상으로 하여
> 야 한다.

> **해답** ① 5   ② 2   ③ 15

2005년 1회

4. 이동식 크레인의 작업시작 전 점검사항 3가지를 쓰시오.

> **해답** ① 권과방지장치나 그 밖의 경보장치의 기능
> ② 브레이크·클러치 및 조정장치의 기능
> ③ 와이어로프가 통하고 있는 곳 및 작업장소의 지반상태

9. 하역 운반 작업 시 하적단의 붕괴 등에 의한 위험방지조치 2가지를 쓰시오.

> **해답** ① 그 하적단을 로프로 묶거나 망을 치는 등 위험을 방지
> ② 하적단을 쌓는 경우에는 기본형을 조성하여 쌓아야 한다.
> ③ 하적간을 헐어내는 경우에는 위에서부터 순차적으로 층계를 만들면서 헐어내어야 하며, 중간에
> 서 헐어내어서는 아니 된다.

2005년 2회

4. 건설업 유해·위험방지계획서를 제출해야 하는 대상사업장 5가지를 쓰시오.

해답 ① 지상높이가 31m 이상인 건축물 또는 인공구조물, 연면적 30,000m² 이상인 건축물 또는 연면적 5,000m² 이상의 문화 및 집회시설(전시장 및 동물원·식물원은 제외), 판매시설, 운수시설(고속철도의 역사 및 집배송시설은 제외), 종교시설, 의료시설 중 종합병원, 숙박시설 중 관광숙박시설, 지하도상가 또는 냉동·냉장창고시설의 건설·개조 또는 해체
② 연면적 5,000m² 이상의 냉동·냉장창고시설의 설비공사 및 단열공사
③ 최대지간 길이가 50m 이상인 교량건설 등 공사
④ 터널건설 등의 공사
⑤ 다목적 댐, 발전용 댐 및 저수용량 2천만톤 이상의 용수전용 댐, 지방상수도 전용댐 건설 등의 공사
⑥ 깊이가 10m 이상인 굴착공사

7. 크레인을 사용하는 작업 시 작업시작 전 점검사항 3가지를 쓰시오.

해답 ① 권과방지장치·브레이크·클러치 및 운전장치의 기능
② 주행로의 상측 및 트롤리(trolley)가 횡행하는 레일의 상태
③ 와이어로프가 통하고 있는 곳의 상태

2005년 4회

5. 차량계 건설기계를 사용하여 작업할 때 작성하는 작업계획 포함사항 3가지를 쓰시오.

해답 ① 사용하는 차량계 건설기계의 종류 및 능력
② 차량계 건설기계의 운행경로
③ 차량계 건설기계에 의한 작업방법

8. 달비계에 사용하는 와이어로프의 안전계수를 쓰시오.

해답 10 이상

2006년 1회

1. 다음 보기에서 산업안전보건관리비로 사용할 수 없는 내역을 고르시오.

[보기]	
① 건설용 리프트 운전자인건비	② 가설계단 시설비
③ 안전작업발판 시설비	④ 덤프트럭 신호자 인건비
⑤ 안전보조원 인건비	⑥ 청소원 인건비
⑦ 방호선반 시설비	⑧ 산소농도측정기 구입비
⑨ 전기안전대행수수료	⑩ 외부비계 설치비

➡해답 ②, ③, ⑥, ⑨, ⑩

2. 다음 빈칸을 채우시오.

> 타워크레인 순간풍속이 매초당 (①)를 초과하는 경우에는 (②)작업을 중지하여야 하며, 순간풍속이 매초당 (③)를 초과하는 경우에는 운전작업을 중지하여야 한다.

➡해답 ① 10m
② 설치·수리·점검 또는 해체
③ 15m

3. 크레인 작업시작 전 점검사항을 3가지 쓰시오.

➡해답 ① 권과방지장치·브레이크·클러치 및 운전장치의 기능
② 주행로의 상측 및 트롤리(Trolley)가 횡행하는 레일의 상태
③ 와이어로프가 통하고 있는 곳의 상태

5. 구축물 또는 이와 유사한 시설물이 근로자에게 미칠 위험성을 미리 제거하기 위하여 안전진단 등의 안전성 평가를 실시하여야 하는 경우 3가지를 쓰시오.

➡해답 ① 구축물 또는 이와 유사한 시설물의 인근에서 굴착·항타작업 등으로 침하·균열 등이 발생하여 붕괴의 위험이 예상될 경우
② 구축물 또는 이와 유사한 시설물에 지진, 동해(凍害), 부동침하(不同沈下) 등으로 균열·비틀림 등이 발생하였을 경우

③ 구조물, 건축물, 그 밖의 시설물이 그 자체의 무게·적설·풍압 또는 그 밖에 부가되는 하중 등으로 붕괴 등의 위험이 있을 경우
④ 화재 등으로 구축물 또는 이와 유사한 시설물의 내력(耐力)이 심하게 저하되었을 경우
⑤ 오랜 기간 사용하지 아니하던 구축물 또는 이와 유사한 시설물을 재사용하게 되어 안전성을 검토하여야 하는 경우
⑥ 그 밖의 잠재위험이 예상될 경우

10. 다음 빈칸을 채우시오.

> 건설공사 유해위험방지계획서는 해당 공사의 착공 (①)까지 공단에 2부를 제출하여야 하며, 접수한 한국산업안전보건공단은 (②)일 이내 심사결과 통보를 해야 한다.

➡**해답** ① 전날
② 15

12. 항타기 또는 항발기 작업에서 사용하는 와이어로프의 사용제한 조건을 3가지 쓰시오.

➡**해답** ① 이음매가 있는 것
② 와이어로프의 한 꼬임에서 끊어진 소선의 수가 10% 이상(비자전로프의 경우에는 끊어진 소선의 수가 와이어로프 호칭지름의 6배 길이 이내에서 4개 이상이거나 호칭지름 30배 길이 이내에서 8개 이상인 것)인 것
③ 지름의 감소가 공칭지름의 7%를 초과하는 것
④ 꼬인 것
⑤ 심하게 변형 또는 부식된 것
⑥ 열과 전기충격에 의해 손상된 것

2006년 2회

3. 다음은 산업안전보건관리비 항목이다. 안전관리비에 해당되지 않는 것을 모두 고르시오.

> ① 안전 관리자 인건비 ② 경비원 인건비 ③ 지하수 개발비
> ④ 가설 계단 설치비 ⑤ 안전 장갑 구입비 ⑥ 근로자 안전 회식비 등

➡**해답** ②, ③, ④, ⑥

7. 크레인을 이용하는 작업상 부득이하게 근로자를 탑승시킬 경우 추락에 의한 근로자의 위험을 방지하기 위한 조치 사항 3가지를 쓰시오.

> **→해답** ① 탑승설비가 뒤집히거나 떨어지지 않도록 필요한 조치를 할 것
> ② 안전대나 구명줄을 설치하고, 안전난간을 설치할 수 있는 구조이면 안전난간을 설치할 것
> ③ 탑승설비를 하강시킬 때에는 동력하강방법으로 할 것

9. 유해·위험방지계획서를 제출하여야 하는 건설업 사업장의 종류 5가지를 쓰시오.

> **→해답** ① 지상높이가 31m 이상인 건축물 또는 인공구조물, 연면적 30,000m² 이상인 건축물 또는 연면적 5,000m² 이상의 문화 및 집회시설(전시장 및 동물원·식물원은 제외), 판매시설, 운수시설(고속철도의 역사 및 집배송시설은 제외), 종교시설, 의료시설 중 종합병원, 숙박시설 중 관광숙박시설, 지하도상가 또는 냉동·냉장창고시설의 건설·개조 또는 해체
> ② 연면적 5,000m² 이상의 냉동·냉장창고시설의 설비공사 및 단열공사
> ③ 최대지간 길이가 50m 이상인 교량건설 등 공사
> ④ 터널건설 등의 공사
> ⑤ 다목적 댐, 발전용 댐 및 저수용량 2천만톤 이상의 용수전용 댐, 지방상수도 전용댐 건설 등의 공사
> ⑥ 깊이가 10m 이상인 굴착공사

2006년 4회

10. 크레인을 이용하여 1t의 화물을 20m/sec²의 가속도로 감아올릴 때 로프에 걸리는 하중을 구하시오.

> **→해답** 총하중(W) = 정하중(w_1) + 동하중(w_2)
>
> 동하중(w_2) = $\dfrac{w_1}{g} \times a = \dfrac{1,000\text{kg}}{9.8\text{m/sec}^2} \times 20\text{m/sec}^2 = 2,040.82\text{kg}$
>
> 총하중(W) = 1,000kg + 2,040.82kg = 3,040.82kg

13. 다음 물음에 대한 정의를 간략히 설명하시오.

> (1) 건설업 산업안전보건관리비란?
> (2) 안전관리비 대상액이란?

해답 ① 건설 사업장 및 건설업체 본사 안전전담부서에서 산업재해의 예방을 위하여 법령에 규정된 사항의 이행에 필요한 비용
② 공사원가계산서 구성항목 중 직접재료비, 간접재료비와 직접노무비를 합한 금액(발주자가 재료를 제공할 경우에는 해당 재료비를 포함한 금액)

2007년 1회

7. 양중기의 종류 4가지를 쓰시오.

해답 ① 크레인[호이스트(hoist)를 포함한다]
② 이동식 크레인
③ 리프트(이삿짐운반용 리프트의 경우에는 적재하중이 0.1톤 이상인 것으로 한정)
④ 곤돌라
⑤ 승강기

9. 불도저 등 차량계 건설기계 사용 시 기계가 넘어지거나 굴러 떨어짐으로써 근로자에게 위험을 미칠 우려가 있는 때에 취할 수 있는 조치사항을 3가지만 쓰시오.

해답 ① 유도하는 사람(유도자)을 배치
② 지반의 부동침하 방지
③ 갓길의 붕괴 방지
④ 도로 폭의 유지

14. 산업안전보건법상 안전검사대상 유해·위험 기계·기구의 종류 5가지를 쓰시오.

해답 ① 프레스 ② 전단기 ③ 크레인
④ 리프트 ⑤ 압력용기 ⑥ 곤돌라

15. 다음 (　) 안을 채우시오.

> 누전 차단기 가운데 감전보호형 누전차단기는 정격감도전류의 (①) 이하, 동작시간은 (②) 이내여야 한다.

➡️**해답** ① 30mA
　　② 0.03초

2007년 2회

2. 고소작업대 작업시작 전 점검해야 할 사항을 3가지 쓰시오.

➡️**해답** ① 비상정지장치 및 비상하강장치 기능의 이상 유무
　　② 과부하방지장치의 작동 유무
　　③ 아웃트리거 또는 바퀴의 이상 유무
　　④ 작업면의 기울기 또는 요철 유무
　　⑤ 활선작업용 장치의 경우 홈·균열·파손 등 그 밖의 손상 유무

3. 크레인을 이용하여 1t의 화물을 20m/sec²의 가속도로 감아올릴 때 로프에 걸리는 하중은 얼마인지 구하시오.

➡️**해답** 총하중(W) = 정하중(w_1) + 동하중(w_2)

$$동하중(w_2) = \frac{w_1}{g} \times a = \frac{1,000\text{kg}}{9.8\text{m/sec}^2} \times 20\text{m/sec}^2 = 2,040.82\text{kg}$$

총하중(W) = 1,000kg + 2,040.82kg = 3,040.82kg

5. 하역 운반 작업 시 하적단의 붕괴 등에 의한 위험방지조치 2가지를 쓰시오.

➡️**해답** ① 그 하적단을 로프로 묶거나 망을 치는 등 위험을 방지
　　② 하적단을 쌓는 경우에는 기본형을 조성하여 쌓아야 한다.
　　③ 하적간을 헐어내는 경우에는 위에서부터 순차적으로 층계를 만들면서 헐어내어야 하며, 중간에서 헐어내어서는 아니 된다.

11. 산업안전보건법 제34조에 따른 안전인증기준에 따른 안전인증 심사의 종류를 쓰시오.

➡해답 ① 예비심사
② 서면심사
③ 기술능력 및 생산체계 심사
④ 제품심사

2007년 4회

2. 타워크레인 방호장치의 종류 4가지를 쓰시오.

➡해답 ① 권과방지장치　　② 비상정지장치
③ 브레이크장치　　④ 과부하방지장치

8. 크레인의 작업시작 전 점검사항을 3가지 적으시오.

➡해답 ① 권과방지장치 · 브레이크 · 클러치 및 운전장치의 기능
② 주행로의 상측 및 트롤리(Trolley)가 횡행하는 레일의 상태
③ 와이어로프가 통하고 있는 곳의 상태

9. 소음을 통제하는 일반적인 소음대책 방법 3가지를 적으시오.

➡해답 ① 소음의 격리
② 시설의 밀폐, 흡음
③ 소음원의 통제
④ 소음작업이나 장소에 대하여 기계 · 기구 등의 대체

2008년 1회

2. 안전점검의 종류를 쓰고 간단히 설명하시오.

➡**해답** ① 수시점검 : 작업 전·중·후 수시로 실시하는 점검
② 정기점검 : 정해진 기간에 정기적으로 실시하는 점검
③ 임시점검 : 이상 발견 시 또는 재해발생 시 임시로 실시하는 점검
④ 특별점검 : 기계 기구의 신설 및 변경 시 고장, 수리 등에 의해 부정기적으로 실시하는 점검으로 안전강조기간 등에 실시하는 점검

4. 공기압축기 작업시작 전 점검사항 5가지를 쓰시오.

➡**해답** ① 공기저장 압력용기의 외관 상태
② 드레인밸브(Drain Valve)의 조작 및 배수
③ 압력방출장치의 기능
④ 언로드밸브(Unloading Valve)의 기능
⑤ 윤활유의 상태
⑥ 회전부의 덮개 또는 울
⑦ 그 밖의 연결 부위의 이상 유무

7. 항타기·항발기 사용 전 점검사항을 3가지 쓰시오.

➡**해답** ① 본체 연결부의 풀림 또는 손상의 유무
② 권상용 와이어로프·드럼 및 도르래의 부착상태의 이상 유무
③ 권상장치의 브레이크 및 쐐기장치 기능의 이상 유무
④ 권상기 설치상태의 이상 유무
⑤ 리더(leader)의 버팀 방법 및 고정상태의 이상 유무
⑥ 본체·부속장치 및 부속품의 강도가 적합한지 여부
⑦ 본체·부속장치 및 부속품에 심한 손상·마모·변형 또는 부식이 있는지 여부

2008년 2회

5. 차량계 건설기계 작업 시 전도, 굴러 떨어짐을 방지하기 위한 대책을 3가지 쓰시오.

해답 ① 유도하는 사람(유도자)을 배치
② 지반의 부동침하 방지
③ 갓길의 붕괴 방지
④ 도로 폭의 유지

13. 항타기 또는 항발기를 조립하는 때에 사용 전 점검사항을 4가지 쓰시오.

해답 ① 본체 연결부의 풀림 또는 손상의 유무
② 권상용 와이어로프·드럼 및 도르래의 부착상태의 이상 유무
③ 권상장치의 브레이크 및 쐐기장치 기능의 이상 유무
④ 권상기 설치상태의 이상 유무
⑤ 리더(leader)의 버팀 방법 및 고정상태의 이상 유무
⑥ 본체·부속장치 및 부속품의 강도가 적합한지 여부
⑦ 본체·부속장치 및 부속품에 심한 손상·마모·변형 또는 부식이 있는지 여부

2008년 4회

1. 차량계 건설기계 운전자가 운전위치를 이탈할 경우에 운전자가 준수해야 할 사항을 2가지
쓰시오.

해답 ① 포크, 버킷, 디퍼 등의 장치를 가장 낮은 위치 또는 지면에 내려 둘 것
② 원동기를 정지시키고 브레이크를 확실히 거는 등 갑작스러운 주행이나 이탈을 방지하기 위한
조치를 할 것
③ 운전석을 이탈하는 경우에는 시동키를 운전대에서 분리시킬 것

10. 부적격한 와이어로프의 사용금지사항을 4가지만 쓰시오.

➡해답 ① 이음매가 있는 것
② 와이어로프의 한 꼬임에서 끊어진 소선의 수가 10% 이상(비자전로프의 경우에는 끊어진 소선의 수가 와이어로프 호칭지름의 6배 길이 이내에서 4개 이상이거나 호칭지름 30배 길이 이내에서 8개 이상인 것)인 것
③ 지름의 감소가 공칭지름의 7%를 초과하는 것
④ 꼬인 것
⑤ 심하게 변형 또는 부식된 것
⑥ 열과 전기충격에 의해 손상된 것

12. 다음은 강풍 시 타워크레인의 작업제한에 대한 내용이다. ( ) 안에 알맞은 수치를 쓰시오.

(1) 순간 풍속이 (①)를 초과하는 경우에는 타워크레인의 설치·수리·점검 또는 해체 작업을 중지하여야 한다.
(2) 순간 풍속이 (②)를 초과하는 경우에는 타워크레인의 운전작업을 중지하여야 한다.

➡해답 ① 10m/s
② 15m/s

2009년 1회

1. 소음방지대책을 4가지 쓰시오.

➡해답 ① 소음의 격리
② 시설의 밀폐, 흡음
③ 소음원의 통제
④ 소음작업이나 장소에 대하여 기계·기구 등의 대체

3. 잠함 등 내부에서의 작업 중 송기설비를 설치하여야 하는 경우 2가지를 쓰시오.

⇥해답 ① 산소농도 측정결과 산소의 결핍이 인정되는 경우
② 굴착 깊이가 20m를 초과하는 경우

4. 차량계 건설기계 작업 시 운전자가 자리를 이탈할 경우 조치사항을 2가지 쓰시오.

⇥해답 ① 포크, 버킷, 디퍼 등의 장치를 가장 낮은 위치 또는 지면에 내려 둘 것
② 원동기를 정지시키고 브레이크를 확실히 거는 등 갑작스러운 주행이나 이탈을 방지하기 위한
조치를 할 것
③ 운전석을 이탈하는 경우에는 시동키를 운전대에서 분리시킬 것

8. 건설업 유해·위험방지계획서 제출 대상 공사를 4가지 쓰시오.

⇥해답 ① 지상높이가 31m 이상인 건축물 또는 인공구조물, 연면적 30,000m² 이상인 건축물 또는 연면적
5,000m² 이상의 문화 및 집회시설(전시장 및 동물원·식물원은 제외), 판매시설, 운수시설(고속
철도의 역사 및 집배송시설은 제외), 종교시설, 의료시설 중 종합병원, 숙박시설 중 관광숙박시설,
지하도상가 또는 냉동·냉장창고시설의 건설·개조 또는 해체
② 연면적 5,000m² 이상의 냉동·냉장창고시설의 설비공사 및 단열공사
③ 최대지간 길이가 50m 이상인 교량건설 등 공사
④ 터널건설 등의 공사
⑤ 다목적 댐, 발전용 댐 및 저수용량 2천만톤 이상의 용수전용 댐, 지방상수도 전용댐 건설 등의 공사
⑥ 깊이가 10m 이상인 굴착공사

11. 안전보건관리비에 해당되지 않는 것을 고르시오.

① 건설용 리프트 운전자 인건비	② 가설계단 시설비
③ 안전작업발판 시설비	④ 덤프트럭 신호자 인건비
⑤ 현장보조원 인건비	⑥ 청소원 인건비
⑦ 방호선반 인건비	⑧ 산소농도측정기구 구입비
⑨ 전기안전대행 수수료	⑩ 외부비계 설치비

⇥해답 ②, ③, ⑥, ⑨, ⑩

13. 타워크레인 작업 시 작업제한 환경조건을 쓰시오.

> 순간 풍속이 매초당 (①)를 초과하는 경우 타워크레인의 설치, 수리, 점검 등의 작업을 중지하여야 하며, 순간 풍속이 매초당 (②)를 초과하는 경우 타워크레인 운전작업을 중지하여야 한다.

━━ 해답 ① 10m   ② 15m

2009년 2회

7. 다음은 산업안전보건법상 적정 공기에 관한 사항이다. (   ) 안에 알맞게 쓰시오.

> 적정 공기라 함은 산소농도의 범위가 (①) 이상 (②) 미만, 탄산가스의 농도가 (③)미만, 황화수소의 농도가 (④) 미만인 수준의 공기를 말한다.

━━ 해답 ① 18%   ② 23.5%   ③ 1.5%   ④ 10ppm

11. 차량계 건설기계를 사용하는 작업을 함에 있어서 그 기계가 넘어지거나 굴러 떨어짐으로써 근로자에게 위험을 미칠 우려가 있는 때에 필요한 조치사항을 3가지 쓰시오.

━━ 해답 ① 유도하는 사람(유도자)을 배치
        ② 지반의 부동침하 방지
        ③ 갓길의 붕괴 방지
        ④ 도로 폭의 유지

2009년 4회

1. 다음 기계·기구에 설치하여야 할 방호장치를 쓰시오.

① 연삭기 　　　② 가스집합용접 장치 　　　③ 목재 가공용 둥급톱 기계

➡**해답** ① 덮개
② 안전기
③ 반발 예방장치와 날접촉 예방장치

6. 승강기의 종류 4가지를 쓰시오.

➡**해답** ① 승객용 엘리베이터 　　② 승객화물용 엘리베이터
③ 화물용 엘리베이터 　　④ 소형화물용 엘리베이터
⑤ 에스컬레이터

9. 크레인을 이용하여 1t의 화물을 20m/sec²의 가속도로 감아올릴 때 로프에 걸리는 하중을 구하시오.

➡**해답** 총하중(W)=정하중(w_1)+동하중(w_2)

$$동하중(w_2)=\frac{w_1}{g}\times a=\frac{1,000\text{kg}}{9.8\text{m/sec}^2}\times 20\text{m/sec}^2=2,040.82\text{kg}$$

총하중(W)=1,000kg+2,040.82kg=3,040.82kg

10. 안전검사에 관한 사항이다. 다음 물음에 답하시오.

(1) 며칠 전에 신청하여야 하는가?
(2) 건설용 리프트의 검사주기는? (단, 설치 후 최초 안전검사)
(3) 곤돌라의 검사주기는? (단, 건설현장 설치 시)

➡**해답** ① 검사 주기 만료일 30일 전
② 사업장에 설치가 끝난 날부터 3년 이내
③ 최초로 설치한 날부터 6개월마다

11. 건설업 산업안전보건관리비의 사용기준은 관련법에 적용을 받는 공사 중 총 공사금액의 얼마 이상인 공사에 적용되는지 쓰시오.

➡**해답** 총 공사금액 2천만 원 이상인 공사

2010년 1회

2. 다음은 양중기의 와이어로프 또는 달기체인의 안전계수에 관한 사항이다. 물음에 답하시오.

> ① 근로자가 탑승하는 운반구를 지지하는 경우 (　　) 이상
> ② 화물의 하중을 직접 지지하는 경우 (　　) 이상
> ③ 제1호 및 2호 외의 경우 (　　) 이상

➡**해답** ① 10　　② 5　　③ 4

3. 산업안전보건법상 차량계 하역운반기계에 화물 적재 시 준수사항을 쓰시오.

➡**해답** ① 하중이 한쪽으로 치우치지 않도록 적재할 것
② 구내운반차 또는 화물자동차의 경우 화물의 붕괴 또는 낙하에 의한 위험을 방지하기 위하여 화물에 로프를 거는 등 필요한 조치를 할 것
③ 운전자의 시야를 가리지 않도록 화물을 적재할 것
④ 화물을 적재하는 경우에는 최대적재량을 초과해서는 안 됨

4. 산업안전보건법상 차량계 하역운반기계에 단위화물중량 (　　) 이상인 화물을 싣는 작업 또는 내리는 작업을 하는 때에는 당해 작업자의 지휘자를 지정하여야 한다. (　　) 안에 알맞은 말을 쓰시오.

➡**해답** 100kg

5. 건설업 중 유해위험방지계획서 제출대상사업 5가지를 쓰시오.

➡해답 ① 지상높이가 31m 이상인 건축물 또는 인공구조물, 연면적 30,000m² 이상인 건축물 또는 연면적 5,000m² 이상의 문화 및 집회시설(전시장 및 동물원·식물원은 제외), 판매시설, 운수시설(고속철도의 역사 및 집배송시설은 제외), 종교시설, 의료시설 중 종합병원, 숙박시설 중 관광숙박시설, 지하도상가 또는 냉동·냉장창고시설의 건설·개조 또는 해체
② 연면적 5,000m² 이상의 냉동·냉장창고시설의 설비공사 및 단열공사
③ 최대지간 길이가 50m 이상인 교량건설 등 공사
④ 터널건설 등의 공사
⑤ 다목적 댐, 발전용 댐 및 저수용량 2천만톤 이상의 용수전용 댐, 지방상수도 전용댐 건설 등의 공사
⑥ 깊이가 10m 이상인 굴착공사

8. 작업장 통로의 조명은(①) 이상, 통로면으로부터 (②) 이내에는 장애물이 없어야 한다. ( ) 안에 알맞은 말을 쓰시오.

➡해답 ① 75Lux
② 2m

2010년 2회

6. 차량계 건설기계를 이용한 작업에서 작업계획에 포함해야 할 사항을 3가지만 쓰시오.

➡해답 ① 사용하는 차량계 건설기계의 종류 및 능력
② 차량계 건설기계의 운행경로
③ 차량계 건설기계에 의한 작업방법

2010년 4회

2. 산업안전보건법상 도급 작업장에서 산업재해를 예방하기 위한 조치로 경보의 운영과 수급인 및 수급인의 근로자에 대한 경보운영사항의 통보를 하여야 하는 경우 2가지를 쓰시오.

해답 ① 작업 장소에서 발파작업을 하는 경우
② 작업 장소에서 화재가 발생하거나 토석 붕괴 사고가 발생하는 경우

3. 산업안전보건법상 전기기계 · 기구 중 대지전압이 150v를 초과하는 이동식, 휴대형 전기기계 · 기구의 감전 방지를 위하여 누전 차단기를 설치하여야 하는 장소 3가지를 쓰시오.

해답 ① 물 등 도전성이 높은 액체에 의한 습윤 장소
② 철판 · 철골 위 등 도전성이 높은 장소
③ 임시배선의 전로가 설치되는 장소

6. 유해 · 위험방지계획서를 제출한 사업주는 고용노동부 장관의 확인을 받아야 한다. 건설공사 중 확인을 받아야 하는 내용을 3가지만 쓰시오.

해답 ① 유해 · 위험방지계획서의 내용과 실제공사 내용과의 부합 여부
② 유해 · 위험방지계획서 변경내용의 적정성
③ 추가적인 유해 · 위험요인의 존재 여부

12. 산업안전보건법상 잠함 · 잠수 작업 등 고기압 하에서 작업 시 근로시간을 연장하지 아니하도록 하였다. 그 작업시간을 쓰시오.

해답 1일 6시간, 1주 34시간 초과 금지

13. 다음 물음에 대하여 설명하시오.

> (1) 정기점검의 정의
> (2) 수시점검의 정의

➡해답 (1) 정기점검 : 정해진 기간에 정기적으로 실시하는 점검
　　　 (2) 수시점검 : 작업 전·중·후 수시로 실시하는 점검

2011년 1회

4. 와이어로프의 사용제한 조건을 2가지 쓰시오.

➡해답 ① 이음매가 있는 것
　　　 ② 와이어로프의 한 꼬임에서 끊어진 소선의 수가 10% 이상(비자전로프의 경우에는 끊어진 소선의
　　　　 수가 와이어로프 호칭지름의 6배 길이 이내에서 4개 이상이거나 호칭지름 30배 길이 이내에서
　　　　 8개 이상인 것)인 것
　　　 ③ 지름의 감소가 공칭지름의 7%를 초과하는 것
　　　 ④ 꼬인 것
　　　 ⑤ 심하게 변형 또는 부식된 것
　　　 ⑥ 열과 전기충격에 의해 손상된 것

10. 차량계 건설기계의 전도를 방지하기 위한 방법을 4가지 쓰시오.

➡해답 ① 유도하는 사람(유도자)을 배치
　　　 ② 지반의 부동침하 방지
　　　 ③ 갓길의 붕괴 방지
　　　 ④ 도로 폭의 유지

2011년 2회

2. 차량계 건설기계의 작업계획 내용에 포함해야 할 사항 3가지를 쓰시오.

➡**해답** ① 사용하는 차량계 건설기계의 종류 및 능력
② 차량계 건설기계의 운행경로
③ 차량계 건설기계에 의한 작업방법

3. 다음은 건설업 산업안전보건관리비 사용내역을 나열한 것이다. 안전관리비로 사용할 수 없는 항목의 번호를 4가지 쓰시오.

① 전기 안전대행 수수료	② 해상·수상공사에서 구명정 구입비용
③ 구급기재 등에 소요되는 내용	④ 현장 내 안전보건 교육장 설치비용
⑤ 일반근로자 작업복 구입비용	⑥ 터널작업의 장화 구입비용
⑦ 매설물 탐지비용	⑧ 협력업체 안전관리 진단비용

➡**해답** ①, ②, ⑤, ⑦

9. 하적단의 붕괴 또는 화물의 낙하에 의한 근로자의 위험 방지대책 2가지를 쓰시오.

➡**해답** ① 하적단을 로프로 묶거나 망을 치는 등의 작업을 통해 위험을 방지한다.
② 하적단을 쌓는 경우에는 기본형을 조성하여 쌓아야 한다.
③ 하적간을 헐어내는 경우에는 위에서부터 순차적으로 층계를 만들면서 헐어내어야 하며, 중간에서 헐어내어서는 아니 된다.

11. 공사용 가설도로 설치 시 준수사항 3가지만 쓰시오.

➡**해답** ① 도로는 장비와 차량이 안전하게 운행할 수 있도록 견고하게 설치할 것
② 도로와 작업장이 접하여 있을 경우에는 울타리 등을 설치할 것
③ 도로는 배수를 위하여 경사지게 설치하거나 배수시설을 설치할 것
④ 차량의 속도제한 표지를 부착할 것

12. 산업안전보건법상 차량계 하역운반기계에 화물 적재 시 준수사항 3가지를 쓰시오.

➡️**해답** ① 하중이 한쪽으로 치우치지 않도록 적재할 것
② 구내운반차 또는 화물자동차의 경우 화물의 붕괴 또는 낙하에 의한 위험을 방지하기 위하여 화물에 로프를 거는 등 필요한 조치를 할 것
③ 운전자의 시야를 가리지 않도록 화물을 적재할 것
④ 화물을 적재하는 경우에는 최대적재량을 초과해서는 안 됨

2011년 4회

3. 유해·위험방지계획서 심사결과 적정, 조건부적정, 부적정 3가지를 설명하시오.

➡️**해답** ① 적정 : 근로자의 안전과 보건을 위하여 필요한 조치가 구체적으로 확보되었다고 인정되는 경우
② 조건부 적정 : 근로자의 안전과 보건을 확보하기 위하여 일부 개선이 필요하다고 인정되는 경우
③ 부적정 : 기계·설비 또는 건설물이 심사기준에 위반되어 공사착공 시 중대한 위험발생의 우려가 있거나 계획에 근본적 결함이 있다고 인정되는 경우

5. 목재 가공용 기계인 둥근톱의 방호장치를 2가지 쓰시오.

➡️**해답** ① 반발 예방장치
② 날 접촉 예방장치

6. 위험방지를 위하여 크레인에 취해야 할 방호장치 4가지를 쓰시오.

➡️**해답** ① 권과방지장치 　　② 과부하방지장치
③ 비상정지장치 　　④ 브레이크장치
⑤ 훅해지장치

8. 다음 빈칸의 알맞은 숫자를 넣으시오.

> (1) 주행크레인 또는 선회 크레인과 건설물 또는 설비와의 사이에 통로를 설치하는 경우 그 폭 (①)m 이상으로 하여야 한다.
> (2) 통로 등 건설물의 기둥에 접촉하는 부분에 대하여서는 (②)m 이상으로 할 수 있다.
> (3) 크레인의 운전실 또는 운전대를 통하는 통로의 끝과 건설물 등의 벽체 간격은 (③)m로 한다.
> (4) 크레인 거더(Girder)의 통로 끝과 크레인의 거더의 간격은 (④)m 로 한다.
> (5) 크레인의 거더의 통로로 통하는 통로의 끝과 건설물 등의 벽체와의 간격은 (⑤)m 이하로 한다.

➡해답 ① 0.6   ② 0.4
     ③ 0.3   ④ 0.3
     ⑤ 0.3

9. 산업안전보건법상 보호구의 안전인증 제품에 표시해야 할 사항을 4가지 쓰시오.

➡해답 ① 형식 및 모델명
     ② 규격 또는 등급 등
     ③ 제조자명
     ④ 제조번호 및 제조연월
     ⑤ 안전인증 번호

13. 작업장의 지형, 지반, 지층 상태 등 사전조사 및 작업계획서를 작성하고 그 계획서에 따라 작업을 해야 하는 작업의 종류 4가지를 쓰시오.

➡해답 ① 차량계 건설기계를 사용하는 작업
     ② 굴착작업
     ③ 터널 굴착작업
     ④ 채석작업

2012년 1회

3. 목재용 가공기계인 둥근톱기계의 방호장치를 2가지 쓰시오.

➜**해답** ① 반발 예방장치 　　　② 날 접촉 예방장치

4. 차량계 건설기계를 사용하는 작업을 함에 있어서 그 기계가 넘어지거나 굴러 떨어짐으로써 근로자에게 위험을 미칠 우려가 있는 때에 필요한 조치사항을 3가지 쓰시오.

➜**해답** ① 유도하는 사람(유도자)을 배치
② 지반의 부동침하 방지
③ 갓길의 붕괴 방지
④ 도로 폭의 유지

7. 늘어난 달기체인의 사용금지조건을 3가지 쓰시오.

➜**해답** ① 달기 체인의 길이가 달기체인이 제조된 때의 길이의 5퍼센트를 초과한 것
② 링의 단면지름이 달기체인이 제조된 때의 해당 링의 지름의 10퍼센트를 초과하여 감소한 것
③ 균열이 있거나 심하게 변형된 것

10. 타워크레인의 설치·조립·해체 시 작업계획서의 내용 3가지를 쓰시오.

➜**해답** ① 타워크레인의 종류 및 형식
② 설치·조립 및 해체순서
③ 작업도구·장비·가설설비 및 방호설비
④ 작업인원의 구성 및 작업근로자의 역할범위
⑤ 타워크레인의 지지방법

12. 다음 (　　) 안을 채우시오.

누전 차단기 가운데 감전보호형 누전차단기는 정격감도전류의 (①) 이하, 동작시간은 (②) 이내여야 한다.

➜**해답** ① 30mA　　② 0.03초

2012년 2회

4. 산업안전보건관리비의 대상액 구성항목 3가지를 쓰시오.

> **해답** ① 직접재료비
> ② 간접재료비
> ③ 직접노무비

9. 양중기 작업 시 양중기의 안전검사내용 3가지를 쓰시오.

> **해답** ① 과부하방지장치, 권과방지장치, 그 밖의 안전장치의 이상 유무
> ② 브레이크와 클러치의 이상 유무
> ③ 와이어로프와 달기체인의 이상 유무
> ④ 훅 등 달기기구의 손상 유무
> ⑤ 배선, 집진장치, 배전반, 개폐기, 콘트롤러의 이상 유무

2012년 4회

1. 다음에 (   ) 안에 알맞은 수치를 넣으시오.

> ① 적정 산소의 농도는 (   )~(   )% 사이이다.
> ② 공기 중 탄소의 농도는 (   )%를 초과해서는 안 된다.
> ③ 공기 중 황하수소의 농도는 (   )ppm을 초과해서는 안 된다.

> **해답** ① 18, 23.5
> ② 1.5
> ③ 10

2. 1t의 하물을 두 줄 걸이 로프로 상부각도 30°/90°의 각으로 들어올릴 때 와이어로프 한선에
걸리는 하중을 구하시오.

해답 ① $2 \times T^1 \times \cos 15° = 1,000kg$

∴ $T^1 = 517.6kg$

② $2 \times T^2 \times \cos 45° = 1,000kg$

∴ $T^2 = 707.2kg$

9. 구내용 운반차 사용 시 준수해야 할 사항을 5가지 쓰시오.

해답 ① 주행을 제동하거나 정지상태를 유지하기 위하여 유효한 제동장치를 갖출 것
② 경음기를 갖출 것
③ 운전석이 차 실내에 있는 것은 좌우에 한개씩 방향지시기를 갖출 것
④ 전조등과 후미등을 갖출 것

10. 소음작업 시 근로자에게 알려야 할 내용 4가지를 쓰시오.

해답 ① 해당 작업장소의 소음 수준
② 인체에 미치는 영향과 증상
③ 보호구의 선정과 착용방법
④ 그 밖에 소음으로 인한 건강장해 방지에 필요한 사항

11. 건설업에서 산업안전보건관리비를 계상해야 하는 최소금액은 얼마인가?

해답 총 공사금액 2천만 원 이상인 공사

Subject 〇4

부록

Contents

건설안전산업기사 2002년 1회

01.
스태프(staff)형 안전조직의 장단점을 간략하게 기술하시오.

➡해답 1. 장점
① 사업장 특성에 맞는 전문적인 기술연구가 가능하다.
② 경영자에게 조언과 자문 역할을 할 수 있다.
③ 안전정보 수집이 빠르다.
2. 단점
① 안전지시나 명령이 작업자에게까지 신속 정확하게 전달되지 못한다.
② 생산부분은 안전에 대한 책임과 권한이 없다.
③ 권한 다툼이나 조정 때문에 시간과 노력이 소모된다.

02.
보일링(Boiling) 현상의 정의 및 방지대책을 설명하시오.

➡해답 (1) 정의 : 투수성이 좋은 사질토 지반을 굴착할 때 흙막이벽 배면의 지하수위가 굴착저면보다 높을 때 굴착저면 위로 모래와 지하수가 솟아오르는 현상
(2) 방지대책
① 흙막이벽 근입깊이 증가
② 흙막이벽의 차수성 증대
③ 흙막이벽 배면 지반 그라우팅 실시
④ 흙막이벽 배면 지반 지하수위 저하
⑤ 굴착토를 즉시 원상태로 매립

03.
비계의 높이가 2m 이상인 작업 장소에 설치하는 작업발판의 기준을 4가지만 쓰시오.

➡해답 ① 발판재료는 작업할 때의 하중을 견딜 수 있도록 견고한 것으로 할 것
② 작업발판의 폭은 40cm 이상으로 하고, 발판재료 간의 틈은 3cm 이하로 할 것

③ 추락의 위험성이 있는 장소에는 안전난간을 설치할 것(작업의 성질상 안전난간을 설치하는 것이 곤란한 때 및 작업의 필요상 임시로 안전난간을 해체함에 있어서 추락방호망을 치거나 근로자로 하여금 안전대를 사용하도록 하는 등 추락에 의한 위험 방지조치를 한 때에는 제외)

④ 작업발판의 지지물은 하중에 의하여 파괴될 우려가 없는 것을 사용할 것

⑤ 작업발판재료는 뒤집히거나 떨어지지 않도록 2 이상의 지지물에 연결하거나 고정시킬 것

⑥ 작업발판을 작업에 따라 이동시킬 경우에는 위험 방지에 필요한 조치를 할 것

O4.

크레인 작업 시 관리감독자를 지정해야 하는데 관리감독자의 직무사항 3가지를 쓰시오.

➡해답 ① 작업방법과 근로자 배치를 결정하고 그 작업을 지휘하는 일

② 재료의 결함 유무 또는 기구 및 공구의 기능을 점검하고 불량품을 제거하는 일

③ 작업 중 안전대 또는 안전모의 착용 상황을 감시하는 일

O5.

산업안전보건법상 안전검사 대상 유해·위험 기계·기구 등을 4가지 쓰시오.

➡해답 ① 프레스   ② 전단기

③ 크레인   ④ 리프트

⑤ 압력용기   ⑥ 곤돌라

O6.

달비계에 사용하는 와이어로프의 사용제한 조건 4가지를 쓰시오.

➡해답 ① 이음매가 있는 것

② 와이어로프의 한 꼬임에서 끊어진 소선의 수가 10% 이상(비자전로프의 경우에는 끊어진 소선의 수가 와이어로프 호칭지름의 6배 길이 이내에서 4개 이상이거나 호칭지름 30배 길이 이내에서 8개 이상인 것)인 것

③ 지름의 감소가 공칭지름의 7%를 초과하는 것

④ 꼬인 것

⑤ 심하게 변형 또는 부식된 것

⑥ 열과 전기충격에 의해 손상된 것

07.
잠함 또는 우물통의 급격한 침하로 인한 위험 방지조치 2가지를 쓰시오.

→해답 ① 침하관계도에 따라 굴착방법 및 재하량 등을 정할 것
② 바닥으로부터 천장 또는 보까지의 높이는 1.8m 이상으로 할 것

08.
터널 건설작업 중 낙반 등에 의하여 근로자에게 위험을 미칠 우려가 있을 때 조치할 수 있는 사항을 3가지 쓰시오.

→해답 ① 터널지보공 설치　　② 록볼트 설치
③ 부석의 제거　　　　④ 방호망 설치

09.
동바리로 사용하는 파이프서포트 조립 시 준수사항 3가지를 쓰시오.

→해답 ① 파이프서포트를 3본 이상 이어서 사용하지 아니하도록 할 것
② 파이프서포트를 이어서 사용할 때에는 4개 이상의 볼트 또는 전용철물을 사용하여 이을 것
③ 높이가 3.5m를 초과하는 경우에는 높이 2m 이내마다 수평연결재를 2개 방향으로 만들고 수평연결재의 변위를 방지할 것

10.
산업안전보건법상 양중기의 종류 5가지를 쓰시오.

→해답 ① 크레인[호이스트(hoist)를 포함한다]
② 이동식 크레인
③ 리프트(이삿짐운반용 리프트의 경우에는 적재하중이 0.1톤 이상인 것으로 한정)
④ 곤돌라
⑤ 승강기

11.
흙막이 공사현장 주변지반의 침하원인 3가지를 쓰시오.

→해답 ① 흙막이 배면의 토압에 의한 흙막이 변형으로 배면토 이동
② 지반의 지하수 배출로 인한 지하수위 저하로 압밀침하 발생
③ 흙막이 배면부 뒤채움 및 다짐 불량

④ 우수 및 지표수 유입
⑤ 흙막이 배면부 과재하중 적재
⑥ 히빙, 보일링 현상 발생

건설안전산업기사 2002년 2회

01.

근로자가 500명인 어느 작업장에서 2건의 재해로 인해 사망 1명, 110일 요양의 근로자 1명, 30일 요양의 근로자 1명이 발생하였다. 이 사업장의 연천인율과 강도율을 구하시오.(단, 1일 10시간 작업)

[해답] 연천인율 $= \dfrac{\text{재해자 수}}{\text{연평균 근로자 수}} \times 1,000 = \dfrac{2}{500} \times 1,000 = 4$

강도율 $= \dfrac{\text{근로손실일수}}{\text{연근로시간수}} \times 1,000 = \dfrac{7,500 + \left(140 \times \dfrac{300}{365}\right)}{500 \times 10 \times 300} \times 1,000 = 5.08$

02.

인력 굴착공사방법에 의한 기초지반을 굴착하고자 한다. 아래 도표에 따라 굴착면의 기울기 기준을 쓰시오.

지반의 종류	굴착면의 기울기
모래	(①)
연암 및 풍화암	(②)
경암	(③)
그 밖의 흙	(④)

[해답] ① 1 : 1.8, ② 1 : 1.0, ③ 1 : 0.5, ④ 1 : 1.2

03.
강관비계를 결속하는 철물 2가지를 쓰시오.

해답 ① 이음철물(단관조인트) : 마찰형, 전단형, 특수형
② 연결철물(클램프) : 고정형, 자유형, 특수형
③ 받침철물 : 고정형, 조절형
④ 벽이음 철물

04.
비계의 높이가 2m 이상인 작업 장소에 설치하는 작업발판의 기준을 4가지만 쓰시오.

해답 ① 발판재료는 작업할 때의 하중을 견딜 수 있도록 견고한 것으로 할 것
② 작업발판의 폭은 40cm 이상으로 하고, 발판재료 간의 틈은 3cm 이하로 할 것
③ 추락의 위험성이 있는 장소에는 안전난간을 설치할 것(작업의 성질상 안전난간을 설치하는 것이 곤란한 때 및 작업의 필요상 임시로 안전난간을 해체함에 있어서 추락방호망을 치거나 근로자로 하여금 안전대를 사용하도록 하는 등 추락에 의한 위험 방지조치를 한 때에는 제외)
④ 작업발판의 지지물은 하중에 의하여 파괴될 우려가 없는 것을 사용할 것
⑤ 작업발판재료는 뒤집히거나 떨어지지 않도록 2 이상의 지지물에 연결하거나 고정시킬 것
⑥ 작업발판을 작업에 따라 이동시킬 경우에는 위험방지에 필요한 조치를 할 것

05.
양중기에 설치해야 되는 방호장치의 종류 4가지를 쓰시오.

해답 ① 과부하방지장치 ② 권과방지장치
③ 비상장치 ④ 제동장치

06.
해체공법의 종류를 쓰시오.

해답 1) 기계력 : 철 해머, 대형·소형 브레이커, 절단공법
2) 전도 : 전도공법
3) 유압력 : 유압잭 공법, 압쇄공법
4) 폭발력 : 발파공법, 폭파공법
5) 기타 : 팽창압 공법, 워터제트(Water Jet) 공법

07.
폭풍, 폭우, 폭설 등의 악천후로 인하여 작업을 중지시킨 후, 비계의 조립·해체·변경 시 사업주가 작업시작 전 점검해야 할 사항 3가지를 쓰시오.

해답 ① 발판재료의 손상 여부 및 부착 또는 걸림 상태
② 해당 비계의 연결부 또는 접속부의 풀림 상태
③ 연결재료 및 연결철물의 손상 또는 부식 상태
④ 손잡이의 탈락 여부
⑤ 기둥의 침하·변형·변위 또는 흔들림 상태
⑥ 로프의 부착상태 및 매단 장치의 흔들림 상태

08.
흙막이 지보공을 설치할 때 정기점검사항 4가지를 쓰시오.

해답 ① 부재의 손상·변형·부식·변위 및 탈락의 유무와 상태
② 버팀대의 긴압의 정도
③ 부재의 접속부·부착부 및 교차부의 상태
④ 침하의 정도

09.
위험예지훈련의 4단계를 쓰시오.

해답 ① 제1단계 : 현상파악
② 제2단계 : 본질추구
③ 제3단계 : 대책수립
④ 제4단계 : 목표설정

10.
차량계 건설기계의 작업계획 포함사항 3가지를 쓰시오.

해답 ① 사용하는 차량계 건설기계의 종류 및 능력
② 차량계 건설기계의 운행경로
③ 차량계 건설기계에 의한 작업방법

11.
강관비계 조립 시 준수사항 5가지를 쓰시오.

해답 ① 비계 기둥에는 미끄러지거나 침하하는 것을 방지하기 위하여 밑받침 철물을 사용하거나 버팀목이나 깔판 등을 사용하여 밑둥잡이를 설치하는 등의 조치를 할 것
② 강관의 접속부 또는 교차부는 적합한 부속철물을 사용하여 접속하거나 단단히 묶을 것
③ 교차가새로 보강할 것
④ 외줄비계·쌍줄비계 또는 돌출비계에 대해서는 다음 각 목의 정하는 바에 따라 벽이음 및 버팀을 설치할 것
　　㉠ 강관비계의 조립간격은 아래의 기준에 적합하도록 할 것

강관비계의 종류	조립간격(단위 : m)	
	수직방향	수평방향
단관비계	5	5
틀비계(높이가 5m 미만의 것을 제외한다)	6	8

　　㉡ 강관·통나무 등의 재료를 사용하여 견고한 것으로 할 것
　　㉢ 인장재와 압축재로 구성되어 있는 때에는 인장재와 압축재의 간격을 1m 이내로 할 것
⑤ 가공전로에 근접하여 비계를 설치하는 경우에는 가공전로를 이설하거나 가공전로에 절연용 방호구를 장착하는 등 가공전로와의 접촉을 방지하기 위한 조치를 할 것

12.
잠함 또는 우물통의 급격한 침하로 인한 위험 방지조치 2가지를 쓰시오.

해답 ① 침하관계도에 따라 굴착방법 및 재하량 등을 정할 것
② 바닥으로부터 천장 또는 보까지의 높이는 1.8m 이상으로 할 것

13.
다음은 U자 걸이 전용 안전대이다. U자 걸이 안전대를 설명하시오.

해답 안전대의 죔줄을 구조물 등에 U자 모양으로 돌린 뒤 훅 또는 카라비너를 D링에, 신축조절기를 각링 등에 연결하는 걸이 방법

14.
O. J. T.를 간략히 기술하시오.

➡해답 O. J. T.(On the Job Training)
　　직속상사가 직장 내에서 작업표준을 가지고 업무상의 개별교육이나 지도훈련을 하는 것(개별교육에 적합)

건설안전산업기사 2002년 4회

O1.
다음의 특징을 갖는 안전관리조직은 무엇인가?

> • 안전지식과 기술축척이 용이하다.
> • 권한 다툼이나 조정 때문에 통제 수속이 복잡해지며, 시간과 노력이 소모된다.
> • 생산 부문은 안전에 대한 책임과 권한이 없다.

➡해답 스태프(Staff)형 안전관리조직

O2.
건설재해예방 전문지도기관의 기술지도는 특별한 사유가 없으면 월 1회 실시한다. 다만, 기술지도를 실시하지 않아도 되는 공사 3가지를 쓰시오.

➡해답 1. 공사기간이 1개월 미만인 공사
　　2. 육지와 연결되지 아니한 섬지역(제주특별자치도는 제외한다)에서 이루어지는 공사
　　3. 안전관리자의 자격을 가진 사람을 선임하여 안전관리자의 직무만을 전담하도록 하는 공사. 이 경우 사업주는 안전관리자 선임 등 보고서(건설업)를 관할 지방고용노동관서의 장에게 제출하여야 한다.
　　4. 유해·위험방지계획서를 제출하여야 하는 공사

O3.
비계의 조립 시 벽이음 설치간격에 대하여 다음 빈칸을 채우시오.

비계의 종류	설치간격(단위 : m)	
	수직방향	수평방향
통나무 비계	(①)	(②)
단관 비계	(③)	(④)
강관틀 비계	(⑤)	(⑥)

➡해답 ① 5.5 　　　　② 7.5
　　　③ 5 　　　　　④ 5
　　　⑤ 6 　　　　　⑥ 8

O4.
ABE 안전모의 용도 3가지만 쓰시오.

➡해답 ① 낙하 또는 비래위험 방지
　　　② 추락위험 방지
　　　③ 감전위험 방지

O5.
차량계 건설기계를 사용하는 작업을 할 때 작성해야 하는 작업계획의 포함사항 3가지를 쓰시오.

➡해답 ① 사용하는 차량계 건설기계의 종류 및 능력
　　　② 차량계 건설기계의 운행경로
　　　③ 차량계 건설기계에 의한 작업방법

O6.
안전표지의 종류 5가지를 쓰시오.

➡해답 ① 금지표시
　　　② 경고표지
　　　③ 지시표시
　　　④ 안내표지
　　　⑤ 관계자 외 출입금지

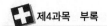

07.
건설현장에서 실시하는 무재해 운동의 3원칙을 쓰시오.

해답 ① 무의 원칙
② 참여의 원칙
③ 안전제일의 원칙(선취의 원칙)

08.
달비계 작업 시 달기 와이어로프의 안전계수 기준을 쓰시오.

해답 10 이상

09.
달비계 또는 높이 5m 이상의 비계를 조립·해체하거나 변경작업을 할 때에 사업주로서 준수하여야 할 사항을 3가지만 쓰시오.

해답 ① 관리감독자의 지휘에 따라 작업하도록 할 것
② 조립·해체 또는 변경의 시기·범위 및 절차를 그 작업에 종사하는 근로자에게 주지시킬 것
③ 조립·해체 또는 변경 작업구역에는 해당 작업에 종사하는 근로자가 아닌 사람의 출입을 금지하고 그 내용을 보기 쉬운 장소에 게시할 것
④ 비, 눈, 그 밖의 기상상태의 불안정으로 날씨가 몹시 나쁜 경우에는 그 작업을 중지시킬 것
⑤ 비계재료의 연결·해체작업을 하는 경우에는 폭 20cm 이상의 발판을 설치하고 근로자로 하여금 안전대를 사용하도록 하는 등 추락을 방지하기 위한 조치를 할 것
⑥ 재료·기구 또는 공구 등을 올리거나 내리는 경우에는 근로자가 달줄 또는 달포대 등을 사용하게 할 것

10.
비계의 높이가 2m 이상인 작업 장소에 설치하는 작업발판의 기준을 4가지만 쓰시오.

해답 ① 발판재료는 작업할 때의 하중을 견딜 수 있도록 견고한 것으로 할 것
② 작업발판의 폭은 40cm 이상으로 하고, 발판재료 간의 틈은 3cm 이하로 할 것
③ 추락의 위험성이 있는 장소에는 안전난간을 설치할 것(작업의 성질상 안전난간을 설치하는 것이 곤란한 때 및 작업의 필요상 임시로 안전난간을 해체함에 있어서 추락방호망을 치거나 근로자로 하여금 안전대를 사용하도록 하는 등 추락에 의한 위험 방지조치를 한 때에는 제외)
④ 작업발판의 지지물은 하중에 의하여 파괴될 우려가 없는 것을 사용할 것
⑤ 작업발판재료는 뒤집히거나 떨어지지 않도록 2 이상의 지지물에 연결하거나 고정시킬 것
⑥ 작업발판을 작업에 따라 이동시킬 경우에는 위험방지에 필요한 조치를 할 것

11.

안전검사 대상 유해 · 위험 기계 · 기구를 4가지 쓰시오.

→해답 ① 프레스 ② 전단기
③ 크레인 ④ 리프트
⑤ 압력용기 ⑥ 곤돌라

건설안전산업기사 2003년 1회

01.

평균 근로자 수가 400명인 어느 사업장에서 신체장해로 인한 근로손실일수가 12,300일, 의사진단에 의한 휴업일수가 500일이었다. 강도율을 계산하시오.(단, 1인당 연간 근로시간은 2,400시간임)

→해답 강도율 = $\dfrac{\text{근로손실일수}}{\text{연근로시간수}} \times 1,000 = \dfrac{12,300 + \left(500 \times \dfrac{300}{365}\right)}{400 \times 2,400} \times 1,000 = 13.24$

02.

해체공사의 공법에 따라 발생하는 소음과 진동의 예방대책을 4가지 쓰시오.

→해답 ① 공기 압축기 등은 적당한 장소에 설치하여야 하며 장비의 소음 진동 기준은 관계법에서 정하는 바에 따라서 처리하여야 한다.
② 전도공법의 경우 전도물 규모를 작게 하여 중량을 최소화하며, 전도 대상물의 높이도 되도록 작게 하여야 한다.
③ 철 해머공법의 경우 해머의 중량과 낙하높이를 가능한 한 낮게 하여야 한다.
④ 현장 내에서는 대형 부재로 해체하며 장외에서 잘게 파쇄하여야 한다.
⑤ 인접 건물에 피해를 줄이기 위해 방음, 방진 목적의 가시설을 설치하여야 한다.

03.

사업장에서 실시하는 안전보건교육의 종류와 교육시간을 쓰시오.

→해답

교육과정	교육대상		교육시간
가. 정기교육	1) 사무직 종사 근로자		매반기 6시간 이상
	2) 그 밖의 근로자	가) 판매업무에 직접 종사하는 근로자	매반기 6시간 이상
		나) 판매업무에 직접 종사하는 근로자 외의 근로자	매반기 12시간 이상

나. 채용 시 교육	1) 일용근로자 및 근로계약기간이 1주일 이하인 기간제근로자	1시간 이상
	2) 근로계약기간이 1주일 초과 1개월 이하인 기간제근로자	4시간 이상
	3) 그 밖의 근로자	8시간 이상
다. 작업내용 변경 시 교육	1) 일용근로자 및 근로계약기간이 1주일 이하인 기간제근로자	1시간 이상
	2) 그 밖의 근로자	2시간 이상

04.
비, 눈, 그 밖의 기상상태 불안정으로 날씨가 몹시 나빠서 작업중지 후 비계의 재작업 시작 전 점검해야 할 사항을 3가지 쓰시오.

해답 ① 발판재료의 손상 여부 및 부착 또는 걸림 상태
② 해당 비계의 연결부 또는 접속부의 풀림 상태
③ 연결재료 및 연결철물의 손상 또는 부식 상태
④ 손잡이의 탈락 여부
⑤ 기둥의 침하·변형·변위 또는 흔들림 상태
⑥ 로프의 부착상태 및 매단 장치의 흔들림 상태

05.
콘크리트 옹벽의 붕괴 방지를 위하여 필요한 외력에 대한 안정조건 3가지를 쓰시오.

해답 ① 활동에 대한 안정 : $F_s = \dfrac{\text{활동에 저항하려는 힘}}{\text{활동하려는 힘}} \geq 1.5$

② 전도에 대한 안정 : $F_s = \dfrac{\text{저항모멘트}}{\text{전도모멘트}} \geq 2.0$

③ 기초지반의 지지력(침하)에 대한 안정 : $F_s = \dfrac{\text{지반의 극한지지력}}{\text{지반의 최대반력}} \geq 3.0$

06.
히빙(Heaving) 현상의 방지대책 3가지를 쓰시오.

해답 ① 흙막이벽 근입깊이 증가
② 흙막이벽 배면 지표의 상재하중을 제거
③ 지반굴착 시 흙이 느슨해지지 않도록 유의
④ 지반개량으로 하부지반 전단강도 개선
⑤ 강성이 큰 흙막이 공법 선정

07.
NATM 공법의 터널공사에서 지질 및 지층에 관한 조사를 통해 확인할 사항 3가지를 쓰시오.

해답 ① 시추(보링)위치   ② 토층 분포상태   ③ 투수계수
④ 지하수위   ⑤ 지반의 지지력

08.
안전교육의 형태 중 Off the J.T.를 설명하시오.

해답 계층별·직능별로 공통된 교육대상자를 현장 이외의 한 장소에 모아 집합교육을 실시하는 교육형태(집단 교육에 적합)
① 다수의 근로자에게 조직적 훈련을 행하는 것이 가능
② 훈련에만 전념
③ 각각 전문가를 강사로 초청하는 것이 가능

09.
차량계 건설기계를 사용하여 작업할 때 작성해야 하는 작업계획의 포함사항 3가지를 쓰시오.

해답 ① 사용하는 차량계 건설기계의 종류 및 능력
② 차량계 건설기계의 운행경로
③ 차량계 건설기계에 의한 작업방법

10.

동바리로 사용하는 파이프받침 설치 시 준수사항이다. 다음 (   ) 안을 채우시오.

(1) 파이프 받침을 (①)본 이상 이어서 사용하지 아니하도록 할 것
(2) 파이프 받침을 이어서 사용할 때에는 (②)개 이상의 볼트 또는 전용철물을 사용하여 이을 것
(3) 높이가 3.5미터를 초과할 때에는 2미터 이내마다 수평연결재를 (③)개 방향으로 만들고, 수평연결재의 변위를 방지할 것

해답 ① 3   ② 4   ③ 2

11.

안전난간대의 구성요소를 쓰시오.

해답 상부 난간대, 중간 난간대, 발끝막이판 및 난간기둥으로 구성할 것

건설안전산업기사 2003년 2회

01.

철골작업을 중지해야 하는 기상상황 3가지를 쓰시오.

해답

구분	내용
강풍	풍속 10m/sec 이상
강우	1시간당 강우량이 1mm 이상
강설	1시간당 강설량이 1cm 이상

02.

권상용 와이어로프의 안전계수 조건을 쓰시오.

해답 와이어로프의 안전계수가 5 이상이 아니면 이를 사용하여서는 아니 된다.

03.
옹벽 뒷면의 흙의 단위 중량이 2,000kg/m³, 주동 토압계수가 0.7일 때 높이 4m의 옹벽에 작용하는 주동토압은 몇 t/m인지 계산하시오.

해답 $Pa = \dfrac{1}{2} \times r \times h^2 \times Ka = \dfrac{1}{2} \times 2 \times 4^2 \times 0.7 = 11.2 t/m$

여기서, r : 흙의 단위중량(t/m³)

h : 높이(m)

Ka : 토압계수

04.
Off the J.T.의 장점 4가지를 쓰시오.

해답 계층별·직능별로 공통된 교육대상자를 현장 이외의 한 장소에 모아 집합교육을 실시하는 교육형태(집단 교육에 적합)

① 다수의 근로자에게 조직적 훈련을 행하는 것이 가능

② 훈련에만 전념

③ 각각 전문가를 강사로 초청하는 것이 가능

④ 다른 부서에 종사하는 사람과 지식과 경험을 서로 교환 가능

05.
얕은 기초의 종류를 4가지 쓰시오.

해답 (1) 독립기초(Independent Footing) : 단일기둥을 기초판이 받침

(2) 복합기초(Combination Footing) : 2개 이상의 기둥을 한 기초판이 받침

(3) 연속기초(Strip Footing) : 연속된 기초판이 벽체, 기둥을 지지함

(4) 온통기초(Mat Foundation) : 건물의 하부 전체를 기초판으로 한 것

06.
거푸집 동바리 고정·해체 작업 시 관리감독자 직무사항 3가지를 쓰시오.

해답 ① 안전한 작업방법을 결정하고 당해 작업을 지휘하는 일

② 재료·기구의 결함 유무를 점검하고 불량품을 제거하는 일

③ 작업 중 안전대 및 안전모 등 보호구 착용상황을 감시하는 일

O7.
다음은 토사등이 붕괴 또는 낙하하여 근로자에게 위험을 미칠 우려가 있을 때 조치하여야 할 사항이다. ( ) 안에 알맞은 용어를 쓰시오.

> 지반은 안전한 경사로 하고 낙하의 위험이 있는 토석을 제거하거나 옹벽, (①) 등을 설치한다. 토사등의 붕괴 또는 낙하 원인이 되는 빗물이나 (②) 등을 배제시킨다.

해답 ① 흙막이 지보공
② 지하수

O8.
안전검사 대상 유해·위험 기계·기구를 4가지 쓰시오.

해답 ① 프레스 ② 전단기 ③ 크레인
④ 리프트 ⑤ 압력용기 ⑥ 곤돌라

O9.
사다리식 통로의 안전기준을 쓰시오.

해답 ① 견고한 구조로 할 것
② 심한 손상·부식 등이 없는 재료를 사용한 것
③ 발판의 간격은 일정하게 할 것
④ 발판과 벽과의 사이는 15cm 이상의 간격을 유지할 것
⑤ 폭은 30cm 이상으로 할 것
⑥ 사다리가 넘어지거나 미끄러지는 것을 방지하기 위한 조치를 할 것
⑦ 사다리의 상단은 걸쳐놓은 지점으로부터 60cm 이상 올라가도록 할 것
⑧ 사다리식 통로의 길이가 10m 이상인 경우에는 5미터 이내마다 계단참을 설치할 것
⑨ 사다리식 통로의 기울기는 75° 이하로 할 것. 다만, 고정식 사다리식 통로의 기울기는 90° 이하로 하고, 그 높이가 7m 이상인 경우에는 바닥으로부터 높이가 2.5m 되는 지점부터 등받이울을 설치할 것
⑩ 접이식 사다리 기둥은 사용 시 접혀지거나 펼쳐지지 않도록 철물 등을 사용하여 견고하게 조치할 것

10.
산업안전보건표지의 종류 5가지를 쓰시오.

→해답 ① 금지표시
② 경고표지
③ 지시표지
④ 안내표지
⑤ 관계자 외 출입금지

건설안전산업기사 2003년 4회

01.
지게차를 이용한 작업 시 작업 시작 전 점검사항 3가지를 쓰시오.

→해답 ① 제동장치 및 조종장치 기능의 이상 유무
② 하역장치 및 유압장치 기능의 이상 유무
③ 바퀴의 이상 유무
④ 전조등·후미등·방향지시기 및 경보장치 기능의 이상 유무

02.
상시 근로자 50인 이상 100명 미만 사업장 중 산업안전보건위원회 설치 대상을 쓰시오.

→해답 ① 토사석 광업
② 목재 및 나무제품 제조업(가구는 제외한다)
③ 화학물질 및 화학제품 제조업(의약품, 세제·화장품 및 광택제 제조업, 화학섬유 제조업은 제외한다)
④ 비금속 광물제품 제조업
⑤ 1차 금속 제조업
⑥ 금속가공제품 제조업(기계 및 가구는 제외한다)
⑦ 자동차 및 트레일러 제조업
⑧ 기타 기계 및 장비 제조업(사무용기기 및 장비 제조업은 제외한다), 가정용기기 제조업, 그 외 기타 전기장비 제조업
⑨ 기타 운송장비 제조업(전투용 차량 제조업은 제외한다)

03.
사업장의 화물 운반 작업 시 관리감독자의 직무를 쓰시오.

해답 ① 작업방법 및 순서를 결정하고 작업을 지휘하는 일
② 기구 및 공구를 점검하고 불량품을 제거하는 일
③ 그 작업장소에는 관계 근로자가 아닌 사람의 출입을 금지하는 일
④ 로프 등의 해체작업을 할 때에는 하대(荷臺) 위의 화물의 낙하위험 유무를 확인하고 작업의 착수를 지시하는 일

04.
비계의 조립 시 벽이음 설치간격에 대하여 다음 빈칸을 채우시오.

비계의 종류	설치간격(단위 : m)	
	수직방향	수평방향
통나무 비계	(①)	(②)
단관 비계	(③)	(④)
강관틀 비계	(⑤)	(⑥)

해답 ① 5.5 ② 7.5
③ 5 ④ 5
⑤ 6 ⑥ 8

05.
사업장 내에서 실시해야 할 안전보건교육의 종류를 쓰시오.

해답 ① 근로자 정기안전·보건교육
② 관리감독자 정기안전·보건교육
③ 채용 시의 교육 및 작업내용 변경 시의 교육
④ 특별교육

06.
터널 건설작업 중 낙반 등에 의하여 근로자에게 위험을 미칠 우려가 있을 때 조치할 수 있는 사항을 3가지 쓰시오.

해답 ① 터널지보공 설치
② 록볼트 설치
③ 부석의 제거

07.
차량계 건설기계의 작업계획 포함사항 3가지를 쓰시오.

해답 ① 사용하는 차량계 건설기계의 종류 및 능력
② 차량계 건설기계의 운행경로
③ 차량계 건설기계에 의한 작업방법

08.
사업장에서 실시하는 무재해 운동의 3원칙를 쓰시오.

해답 ① 무의 원칙
② 참여의 원칙
③ 안전제일의 원칙(선취의 원칙)

09.
T.B.M에 대해서 설명하시오.

해답 T.B.M(Tool Box Meeting) : 작업 개시 전 5~15분, 작업 종료 후 3~5분에 걸쳐 같은 작업원 5~6명이 리더를 중심으로 둘러서서 위험을 예측하고 대책을 수립하는 등 단시간 내에 의논하는 문제해결 기법

10.
달비계에 사용하는 와이어로프 안전계수 기준을 쓰시오.

해답 10 이상

11.
거푸집 동바리 등의 조립 또는 해체작업 시 준수사항 3가지를 쓰시오.

해답 ① 해당 작업을 하는 구역에는 관계 근로자가 아닌 사람의 출입을 금지할 것
② 비, 눈, 그 밖의 기상상태의 불안정으로 날씨가 몹시 나쁜 경우에는 그 작업을 중지할 것
③ 재료, 기구 또는 공구 등을 올리거나 내리는 경우에는 근로자로 하여금 달줄·달포대 등을 사용하도록 할 것
④ 낙하·충격에 의한 돌발적 재해를 방지하기 위하여 버팀목을 설치하고 거푸집 동바리 등을 인양장비에 매단 후에 작업을 하도록 하는 등 필요한 조치를 할 것

12.

다음 보기의 작업조건에 적합한 보호구를 쓰시오.

① 물체가 떨어지거나 날아올 위험 또는 근로자가 감전되거나 추락할 위험이 있는 작업
② 높이 또는 깊이 2m 이상의 추락할 위험이 있는 장소에서의 작업
③ 물체의 낙하·충격, 물체에 끼임, 감전 또는 정전기의 대전에 의한 위험이 있는 작업
④ 물체가 날아 흩어질 위험이 있는 작업
⑤ 용접 시 불꽃 또는 물체가 날아 흩어질 위험이 있는 작업
⑥ 감전의 위험이 있는 작업
⑦ 고열에 의한 화상 등의 위험이 있는 작업

해답 ① 안전모　　　　② 안전대
　　　③ 안전화　　　　④ 보안경
　　　⑤ 보안면　　　　⑥ 절연용 보호구
　　　⑦ 방열복

건설안전산업기사 2004년 1회

01.
건설업에서 재해예방기술지도 제외 대상 사업장에 대하여 쓰시오.

→해답 1. 공사기간이 1개월 미만인 공사
2. 육지와 연결되지 아니한 섬지역(제주특별자치도는 제외한다)에서 이루어지는 공사
3. 안전관리자의 자격을 가진 사람을 선임하여 안전관리자의 직무만을 전담하도록 하는 공사. 이 경우 사업주는 안전관리자 선임 등 보고서(건설업)를 관할 지방고용노동관서의 장에게 제출하여야 한다.
4. 유해·위험방지계획서를 제출하여야 하는 공사

02.
거푸집 및 동바리 시공 시 고려해야 할 하중 4가지를 쓰시오.

→해답 ① 연직방향하중 : 타설 콘크리트 고정하중, 타설시 충격하중 및 작업원 등의 작업하중
② 횡방향하중 : 작업 시 진동, 충격, 풍압, 유수압, 지진 등
③ 콘크리트 측압 : 콘크리트가 거푸집을 안쪽에서 밀어내는 압력
④ 특수하중 : 시공 중 예상되는 특수한 하중(콘크리트 편심하중 등)

03.
거푸집 동바리의 고정, 조립 및 해체작업 시 관리감독자의 직무에 대하여 쓰시오.

→해답 ① 안전한 작업방법을 결정하고 당해 작업을 지휘하는 일
② 재료·기구의 결함 유무를 점검하고 불량품을 제거하는 일
③ 작업 중 안전대 및 안전모 등 보호구 착용상황을 감시하는 일

O4.
흙막이 공사 시 붕괴재해를 일으킬 수 있는 히빙과 보일링의 정의 및 방지대책을 쓰시오.

➡해답 1) 히빙(Heaving) 현상
   ① 정의 : 연약한 점토지반을 굴착할 때 흙막이 벽체 배면에 있는 흙의 중량이 굴착 바닥면의 흙의
      중량보다 클 때 그 중량 차이로 인해 흙막이 벽체 배면의 흙이 안으로 밀려 들어와 굴착 바닥면이
      부풀어오르는 현상
   ② 방지대책
      ㉠ 흙막이벽 근입깊이 증가
      ㉡ 흙막이벽 배면 지표의 상재하중을 제거
      ㉢ 지반굴착 시 흙이 느슨해지지 않도록 유의
      ㉣ 지반개량으로 하부지반 전단강도 개선
      ㉤ 강성이 큰 흙막이 공법 선정
   2) 보일링(Boiling) 현상
   ① 정의 : 투수성이 좋은 사질토 지반을 굴착할 때 흙막이벽 배면의 지하수위가 굴착저면보다 높을
      때 굴착저면 위로 모래와 지하수가 솟아오르는 현상
   ② 방지대책
      ㉠ 흙막이벽 근입깊이 증가
      ㉡ 흙막이벽의 차수성 증대
      ㉢ 흙막이벽 배면 지반 그라우팅 실시
      ㉣ 흙막이벽 배면 지반 지하수위 저하
      ㉤ 굴착토를 즉시 원상태로 매립

O5.
지반의 굴착작업 시 빈칸에 굴착면의 기울기를 쓰시오.

지반의 종류	굴착면의 기울기
모래	(①)
연암 및 풍화암	(②)
경암	(③)
그 밖의 흙	(④)

➡해답 ① 1 : 1.8, ② 1 : 1.0, ③ 1 : 0.5, ④ 1 : 1.2

06.
사업장 내에서 실시하는 안전보건교육의 종류를 쓰시오.

➡해답 ① 근로자 정기안전·보건교육
② 관리감독자 정기안전·보건교육
③ 채용 시의 교육 및 작업내용 변경 시의 교육
④ 특별안전·보건교육

07.
산업안전보건법상 양중기의 종류를 4가지 쓰시오.

➡해답 ① 크레인[호이스트(hoist)를 포함한다]
② 이동식 크레인
③ 리프트(이삿짐운반용 리프트의 경우에는 적재하중이 0.1톤 이상인 것으로 한정)
④ 곤돌라
⑤ 승강기

08.
양중기에 사용하는 와이어로프의 사용제한 조건 5가지를 쓰시오.

➡해답 ① 이음매가 있는 것
② 와이어로프의 한 꼬임에서 끊어진 소선의 수가 10% 이상(비자전로프의 경우에는 끊어진 소선의 수가 와이어로프 호칭지름의 6배 길이 이내에서 4개 이상이거나 호칭지름 30배 길이 이내에서 8개 이상인 것)인 것
③ 지름의 감소가 공칭지름의 7%를 초과하는 것
④ 꼬인 것
⑤ 심하게 변형 또는 부식된 것
⑥ 열과 전기충격에 의해 손상된 것

09.
암질 변화구간 및 이상 암질의 출현 시 일축압축강도와 함께 사용되는 암질판별법(암반분류법) 3가지를 쓰시오.

➡해답 ① R.Q.D(%)
② 탄성파 속도(m/sec)
③ R.M.R
④ 진동치 속도(cm/sec＝Kine)

10.

굴착공사에서 흙막이 구조의 안전을 예측하기 위해 설치하여야 하는 계측기기의 종류 4가지를 쓰시오.

해답 ① 지표침하계 : 흙막이벽 배면에 동결심도보다 깊게 설치하여 지표면 침하량 측정
② 지중경사계 : 흙막이벽 배면에 설치하여 토류벽의 기울어짐 측정
③ 하중계 : Strut, Earth Anchor에 설치하여 축하중 측정으로 부재의 안정성 여부 판단
④ 간극수압계 : 굴착, 성토에 의한 간극수압의 변화 측정
⑤ 균열측정기 : 인접구조물, 지반 등의 균열부위에 설치하여 균열크기와 변화 측정
⑥ 변형률계 : Strut, 띠장 등에 부착하여 굴착작업 시 구조물의 변형을 측정
⑦ 지하수위계 : 굴착에 따른 지하수위 변동을 측정

11.

차량계 건설기계를 사용하여 작업을 할 때 기계가 넘어지거나 굴러떨어짐으로써 근로자에게 위험을 미칠 우려가 있을 때에 취할 수 있는 조치사항을 3가지만 쓰시오.

해답 ① 유도하는 사람(유도자)을 배치
② 지반의 부동침하 방지
③ 갓길의 붕괴 방지
④ 도로 폭의 유지

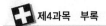

건설안전산업기사 2004년 2회

01.
구축물 또는 이와 유사한 시설물이 근로자에게 미칠 위험성을 미리 제거하기 위하여 안전진단 등의 안전성 평가를 실시하여야 하는 경우를 쓰시오.

➡해답 ① 구축물 또는 이와 유사한 시설물의 인근에서 굴착·항타작업 등으로 침하·균열 등이 발생하여 붕괴의 위험이 예상될 경우
② 구축물 또는 이와 유사한 시설물에 지진, 동해(凍害), 부동침하(不同沈下) 등으로 균열·비틀림 등이 발생하였을 경우
③ 구조물, 건축물, 그 밖의 시설물이 그 자체의 무게·적설·풍압 또는 그 밖에 부가되는 하중 등으로 붕괴 등의 위험이 있을 경우
④ 화재 등으로 구축물 또는 이와 유사한 시설물의 내력(耐力)이 심하게 저하되었을 경우
⑤ 오랜 기간 사용하지 아니하던 구축물 또는 이와 유사한 시설물을 재사용하게 되어 안전성을 검토하여야 하는 경우
⑥ 그 밖의 잠재위험이 예상될 경우

02.
다음 (   ) 안에 알맞은 내용을 쓰시오.

> (1) 낙하물 방지망 설치높이는 (①)미터 이내마다 설치하고 내민 길이는 벽면으로부터 (②)미터 이상으로 할 것
> (2) 수평면과의 각도는 (③)도 내지 (④)도를 유지할 것

➡해답 ① 10   ② 2   ③ 20   ④ 30

03.
고용노동부장관에게 보고해야 하는 중대재해 3가지를 쓰시오.

➡해답 ① 사망자가 1명 이상 발생한 재해
② 3개월 이상의 요양이 필요한 부상자가 동시에 2명 이상 발생한 재해
③ 부상자 또는 직업성 질병자가 동시에 10명 이상 발생한 재해

04.
거푸집 동바리의 조립, 해체 또는 변경작업 시 특별교육 내용 4가지를 쓰시오.

→해답 거푸집 동바리의 조립 또는 해체작업의 특별교육 내용
- 동바리의 조립방법 및 작업 절차에 관한 사항
- 조립재료의 취급방법 및 설치기준에 관한 사항
- 조립 해체 시의 사고 예방에 관한 사항
- 보호구 착용 및 점검에 관한 사항

05.
기계굴착 작업 시 사전 안전점검사항 4가지를 쓰시오.

→해답 ① 형상·지질 및 지층의 상태
② 균열·함수·용수 및 동결의 유무 또는 상태
③ 매설물 등의 유무 또는 상태
④ 지반의 지하수위 상태

06.
불도저 등 차량계 건설기계 사용 시 기계가 넘어지거나 굴러 떨어짐으로써 근로자에게 위험을 미칠 우려가 있는 때에 취할 수 있는 조치사항을 3가지만 쓰시오.

→해답 ① 유도하는 사람(유도자)을 배치
② 지반의 부동침하 방지
③ 갓길의 붕괴 방지
④ 도로 폭의 유지

07.
산업안전보건법상 양중기의 종류 4가지를 쓰시오.

→해답 ① 크레인[호이스트(hoist)를 포함한다]
② 이동식 크레인
③ 리프트(이삿짐운반용 리프트의 경우에는 적재하중이 0.1톤 이상인 것으로 한정)
④ 곤돌라
⑤ 승강기

08.

중량물 취급 작업계획서 작성 시 포함사항 3가지를 쓰시오.

해답 ① 추락위험을 예방할 수 있는 안전대책
② 낙하위험을 예방할 수 있는 안전대책
③ 전도위험을 예방할 수 있는 안전대책
④ 협착위험을 예방할 수 있는 안전대책
⑤ 붕괴위험을 예방할 수 있는 안전대책

09.

차량계 건설기계에서 운전자 이탈 시 준수사항 2가지를 쓰시오.

해답 ① 포크, 버킷, 디퍼 등의 장치를 가장 낮은 위치 또는 지면에 내려 둘 것
② 원동기를 정지시키고 브레이크를 확실히 거는 등 갑작스러운 주행이나 이탈을 방지하기 위한 조치를 할 것
③ 운전석을 이탈하는 경우에는 시동키를 운전대에서 분리시킬 것

10.

하인리히의 재해 도미노 이론을 쓰시오.

해답 하인리히의 도미노 이론
① 사회적 환경 및 유전적 요소 : 기초원인
② 개인의 결함 : 간접원인
③ 불안전한 행동 및 불안전한 상태 : 직접원인 ⇒ 제거(효과적임)
④ 사고
⑤ 재해

11.

중대재해 발생 시 관할 지방 노동관서장에게 전화 모사전송 등으로 보고해야 할 (1) 보고기간과 (2) 보고사항 3가지를 쓰시오.

해답 1. 보고기간 : 발생한 사실을 알게 된 경우 지체 없이
2. 보고사항
① 발생개요 및 피해상황
② 조치 및 전망
③ 그 밖의 중요한 사항

건설안전산업기사 2004년 4회

01.
잠함, 우물통, 수직갱, 기타 건설물 실내에서 내부 굴착작업 시 준수사항 3가지를 쓰시오.

➡️**해답** ① 산소결핍의 우려가 있는 경우에는 산소의 농도를 측정하는 자를 지명하여 측정하도록 할 것
② 근로자가 안전하게 오르내리기 위한 설비를 설치할 것
③ 굴착 깊이가 20m를 초과하는 경우에는 해당 작업장소와 외부와의 연락을 위한 통신설비 등을 설치할 것
④ 산소농도 측정결과 산소의 결핍이 인정되거나 굴착 깊이가 20m를 초과하는 경우에는 송기를 위한 설비를 설치하여 필요한 양의 공기를 송급할 것

02.
다음 보기는 건설업 안전관리자 수 및 선임방법이다. (　) 안에 알맞은 숫자를 쓰시오.

> (1) 건설업에서 공사금액 120억 원 이상 800억 원 미만 또는 상시근로자 300인 이상 600인 미만 시 안전관리자 수
> (2) 건설업에서 공사금액 800억 원 이상 또는 상시근로자 600인 이상시 안전관리자 수
> (3) 건설업에서 공사금액 800억 원을 기준으로 매 700억 원　또는 상시근로자 600인을 기준으로 매 (　)인이 추가될 때 안전관리자 (　)인씩 추가하는가?

➡️**해답** (1) 1명
(2) 2명
(3) 300, 1

03.
사업장의 안전보건관리조직 유형 3가지를 쓰시오.

➡️**해답** ① 라인형
② 스태프형
③ 라인·스태프형

04.
거푸집 동바리 등의 조립 또는 해체작업 시 준수사항 3가지를 쓰시오.

해답 ① 해당 작업을 하는 구역에는 관계 근로자가 아닌 사람의 출입을 금지할 것
② 비, 눈, 그 밖의 기상상태의 불안정으로 날씨가 몹시 나쁜 경우에는 그 작업을 중지할 것
③ 재료, 기구 또는 공구 등을 올리거나 내리는 경우에는 근로자로 하여금 달줄·달포대 등을 사용하도록 할 것
④ 낙하·충격에 의한 돌발적 재해를 방지하기 위하여 버팀목을 설치하고 거푸집 동바리 등을 인양장비에 매단 후에 작업을 하도록 하는 등 필요한 조치를 할 것

05.
비계의 조립 시 벽이음 설치간격에 대하여 다음 빈칸을 채우시오.

비계의 종류	설치간격(단위 : m)	
	수직방향	수평방향
통나무 비계	(①)	(②)
단관 비계	(③)	(④)
강관틀 비계	(⑤)	(⑥)

해답 ① 5.5 ② 7.5 ③ 5
④ 5 ⑤ 6 ⑥ 8

06.
차량계 건설기계의 작업계획 포함사항 3가지를 쓰시오.

해답 ① 사용하는 차량계 건설기계의 종류 및 능력
② 차량계 건설기계의 운행경로
③ 차량계 건설기계에 의한 작업방법

07.
항타기 또는 항발기 와이어로프의 안전계수에 관한 사항이다. 빈칸을 채우시오.

① 권상용 와이어로프의 안전계수 ( ) 이상
② 권상용 와이어로프 드럼에 감는 횟수 적어도 ( )회 감기고 남을 수 있는 충분한 길이일 것
③ 권상장치로부터 첫 번째 도르래 축과의 거리를 권상장치 드럼 폭의 ( )배 이상으로 하여야 한다.

해답 ① 5 ② 2 ③ 15

O8.
건설현장에서 추락에 의한 위험으로 부터 근로자를 보호할 수 있는 안전대의 종류를 쓰시오.

해답

종류	사용구분
벨트식 안전그네식	1개 걸이용
	U자 걸이용
	추락방지대
	안전블록

비고 : 추락방지대 및 안전블록은 안전그네식에만 적용함

O9.
건설공사의 콘크리트 구조물 시공에 사용되는 비계의 종류를 5가지만 쓰시오.

해답 ① 강관틀비계 ② 단관비계
③ 통나무비계 ④ 달비계
⑤ 말비계 ⑥ 이동식 비계

10.
동바리로 사용하는 파이프서포트 조립 시 준수사항 3가지를 쓰시오.

해답 ① 파이프서포트를 3본 이상 이어서 사용하지 아니하도록 할 것
② 파이프서포트를 이어서 사용할 때에는 4개 이상의 볼트 또는 전용철물을 사용하여 이을 것
③ 높이가 3.5m를 초과하는 경우에는 높이 2m 이내마다 수평연결재를 2개 방향으로 만들고 수평연결재의 변위를 방지할 것

11.
환산재해율 산정 시 사업자 무과실(무재해) 간주사항 3가지를 쓰시오.

해답 ① 방화, 근로자 간 또는 타인 간의 폭행에 의한 경우
② 「도로교통법」에 따라 도로에서 발생한 교통사고에 의한 경우(해당 공사의 공사용 차량·장비에 의한 사고는 제외한다)
③ 태풍·홍수·지진·눈사태 등 천재지변에 의한 불가항력적인 재해의 경우
④ 작업과 관련이 없는 제3자의 과실에 의한 경우(해당 목적물 완성을 위한 작업자 간의 과실은 제외한다)
⑤ 그 밖에 야유회, 체육행사, 취침·휴식 중의 사고 등 건설작업과 직접 관련이 없는 경우
※ 현재법에서는 사망사고만인율로 변경됨

건설안전산업기사 2005년 1회

O1.
안전대 훅·버클의 폐기기준 3가지를 쓰시오.

→해답 ① 훅 외측에 1mm 이상의 손상이 있는 것
② 이탈방지장치의 작동이 나쁜 것
③ 전체적으로 녹이 슨 것

O2.
다음은 가설통로에 대한 설치 기준이다. ( ) 안을 채우시오.

(가) 경사는 일반적으로 (①)도 이하로 하고, 경사가 (②)도를 초과할 때는 미끄러지지 않는 구조로 한다.
(나) 수직갱에 가설된 통로의 길이가 15m 이상인 때에는 (③)m 이내마다 계단참을 설치하고, 건설공사에 사용하는 높이 8m 이상인 비계다리에는 (④)m 이내마다 계단참을 설치한다.

→해답 ① 30
② 15
③ 10
④ 7

O3.
높이 2m 이상인 작업발판의 끝이나 개구부에서 작업 시 추락재해 방지대책 5가지를 쓰시오.

→해답 ① 안전난간 설치
② 울 및 손잡이 설치
③ 덮개를 설치하는 경우 뒤집히거나 떨어지지 않도록 할 것
④ 추락방호망 설치
⑤ 안전대 착용
⑥ 어두운 장소에서도 알아볼 수 있도록 개구부임을 표시

O4.
이동식 크레인의 작업시작 전 점검사항 3가지를 쓰시오.

→해답 ① 권과방지장치나 그 밖의 경보장치의 기능
② 브레이크·클러치 및 조정장치의 기능
③ 와이어로프가 통하고 있는 곳 및 작업장소의 지반상태

O5.
히빙(Heaving) 현상과 보일링(Boiling) 현상을 설명하시오.

→해답 1) 히빙(Heaving) 현상
① 정의 : 연약한 점토지반을 굴착할 때 흙막이 벽체 배면에 있는 흙의 중량이 굴착 바닥면의 흙의
중량보다 클 때 그 중량 차이로 인해 흙막이 벽체 배면의 흙이 안으로 밀려 들어와 굴착 바닥면이
부풀어오르는 현상
② 방지대책
㉠ 흙막이벽 근입깊이 증가
㉡ 흙막이벽 배면 지표의 상재하중을 제거
㉢ 지반굴착 시 흙이 느슨해지지 않도록 유의
㉣ 지반개량으로 하부지반 전단강도 개선
㉤ 강성이 큰 흙막이 공법 선정
2) 보일링(Boiling) 현상
① 정의 : 투수성이 좋은 사질토 지반을 굴착할 때 흙막이벽 배면의 지하수위가 굴착저면보다 높을
때 굴착저면 위로 모래와 지하수가 솟아오르는 현상
② 방지대책
㉠ 흙막이벽 근입깊이 증가
㉡ 흙막이벽의 차수성 증대
㉢ 흙막이벽 배면 지반 그라우팅 실시
㉣ 흙막이벽 배면 지반 지하수위 저하
㉤ 굴착토를 즉시 원상태로 매립

O6.
높이 5미터 이상의 달비계를 이용하는 작업 시 관리감독자의 직무를 쓰시오.

→해답 ① 재료의 결함 유무를 점검하고 불량품을 제거하는 일
② 기구·공구·안전대 및 안전모 등의 기능을 점검하고 불량품을 제거하는 일
③ 작업방법 및 근로자 배치를 결정하고 작업 진행 상태를 감시하는 일
④ 안전대와 안전모 등의 착용 상황을 감시하는 일

07.
강관틀비계의 조립작업 시 준수해야 할 사항 3가지를 쓰시오.

➡해답 ① 비계 기둥의 밑둥에는 밑받침 철물을 사용하여야 하며 밑받침에 고저차가 있는 경우에는 조절형 밑받침 철물을 사용하여 각각의 강관틀비계가 항상 수평 및 수직을 유지하도록 할 것
② 높이가 20미터를 초과하거나 중량물의 적재를 수반하는 작업을 할 경우에는 주틀 간의 간격을 1.8미터 이하로 할 것
③ 주틀 간에 교차 가새를 설치하고 최상층 및 5층 이내마다 수평재를 설치할 것
④ 수직방향으로 6미터, 수평방향으로 8미터 이내마다 벽이음을 할 것
⑤ 길이가 띠장 방향으로 4미터 이하이고 높이가 10미터를 초과하는 경우에는 10미터 이내마다 띠장 방향으로 버팀기둥을 설치할 것

08.
안전보건관리조직 유형 중 라인·스태프 혼합형을 간략하게 설명하시오.

➡해답 대규모사업장에 적합한 조직으로서 라인형과 스태프형의 장점만을 채택한 형태이며 안전업무를 전담하는 스태프를 두고 생산라인의 각 계층에서도 각 부서장으로 하여금 안전업무를 수행하도록 하여 스태프에서 안전에 관한 사항이 결정되면 라인을 통하여 실천하도록 편성된 조직
1) 장점
① 안전에 대한 기술 및 경험축적이 용이
② 사업장에 맞는 독자적인 안전개선책 강구
③ 안전지시나 안전대책이 신속정확하게 하달
2) 단점
① 명령계통과 조언 권고적 참여가 혼동되기 쉽다.
② 스태프의 월권 행위가 있을 수 있다.

09.
하역 운반 작업 시 하적단의 붕괴 등에 의한 위험방지조치 2가지를 쓰시오.

➡해답 ① 그 하적단을 로프로 묶거나 망을 치는 등 위험을 방지
② 하적단을 쌓는 경우에는 기본형을 조성하여 쌓아야 한다.
③ 하적간을 헐어내는 경우에는 위에서부터 순차적으로 층계를 만들면서 헐어내어야 하며, 중간에서 헐어 내어서는 아니 된다.

10.

굴착작업을 하는 때에 토사등의 붕괴 또는 낙하에 의하여 근로자의 위험을 방지하기 위하여 사업주가 해야 할 조치사항 3가지를 쓰시오.

➡해답 ① 흙막이 지보공의 설치
② 방호망의 설치
③ 근로자의 출입금지
④ 비가 올 경우를 대비하여 측구를 설치하거나 굴착사면에 비닐보강

11.

철골작업을 중지해야 하는 기상상황 3가지를 쓰시오.

➡해답

구분	내용
강풍	풍속 10m/sec 이상
강우	1시간당 강우량이 1mm 이상
강설	1시간당 강설량이 1cm 이상

건설안전산업기사 2005년 2회

01.
굴착면의 높이가 2m 이상 되는 암석의 굴착작업 시 특별교육내용 3가지를 쓰시오.

➡해답 ① 폭발물 취급요령과 대피요령에 관한 사항
② 안전거리 및 안전기준에 관한 사항
③ 방호물의 설치 및 기준에 관한 사항
④ 보호구 작업신호 등에 관한 사항

02.
다음 표의 ( ) 안에 알맞은 글이나 숫자를 쓰시오.

교육과정	교육대상		교육시간
가. 정기교육	1) 사무직 종사 근로자		매반기 6시간 이상
	2) 그 밖의 근로자	가) 판매업무에 직접 종사하는 근로자	매반기 6시간 이상
		나) 판매업무에 직접 종사하는 근로자 외의 근로자	매반기 12시간 이상
나. 채용 시 교육	1) 일용근로자 및 근로계약기간이 1주일 이하인 기간제 근로자		1시간 이상
	2) 근로계약기간이 1주일 초과 1개월 이하인 기간제근로자		4시간 이상
	3) 그 밖의 근로자		8시간 이상
다. 작업내용 변경 시 교육	1) 일용근로자 및 근로계약기간이 1주일 이하인 기간제근로자		(①)
	2) 그 밖의 근로자		(②)

➡해답 ① : 1시간 이상
② : 2시간 이상

03.
중대재해의 정의를 서술하시오.

➡해답 ① 사망자가 1명 이상 발생한 재해
② 3개월 이상의 요양을 요하는 부상자가 동시에 2명 이상 발생한 재해
③ 부상자 또는 직업성 질병자가 동시에 10명 이상 발생한 재해

O4.
건설업 유해·위험방지계획서를 제출해야 하는 대상사업장 5가지를 쓰시오.

해답 ① 지상높이가 31m 이상인 건축물 또는 인공구조물, 연면적 30,000m² 이상인 건축물 또는 연면적 5,000m²
이상의 문화 및 집회시설(전시장 및 동물원·식물원은 제외), 판매시설, 운수시설(고속철도의 역사 및
집배송시설은 제외), 종교시설, 의료시설 중 종합병원, 숙박시설 중 관광숙박시설, 지하도상가 또는 냉
동·냉장창고시설의 건설·개조 또는 해체
② 연면적 5,000m² 이상의 냉동·냉장창고시설의 설비공사 및 단열공사
③ 최대지간 길이가 50m 이상인 교량건설 등 공사
④ 터널건설 등의 공사
⑤ 다목적 댐, 발전용 댐 및 저수용량 2천만톤 이상의 용수전용 댐, 지방상수도 전용댐 건설 등의 공사
⑥ 깊이가 10m 이상인 굴착공사

O5.
굴착작업 시 사전 조사사항 4가지를 쓰시오.

해답 ① 형상·지질 및 지층의 상태
② 균열·함수·용수 및 동결의 유무 또는 상태
③ 매설물 등의 유무 또는 상태
④ 지반의 지하수위 상태

O6.
강관틀비계의 조립작업 시 준수해야 할 사항 3가지를 쓰시오.

해답 ① 비계 기둥의 밑둥에는 밑받침 철물을 사용하여야 하며 밑받침에 고저차가 있는 경우에는 조절형 밑받침
철물을 사용하여 각각의 강관틀비계가 항상 수평 및 수직을 유지하도록 할 것
② 높이가 20미터를 초과하거나 중량물의 적재를 수반하는 작업을 할 경우에는 주틀 간의 간격을 1.8미터
이하로 할 것
③ 주틀 간에 교차 가새를 설치하고 최상층 및 5층 이내마다 수평재를 설치할 것
④ 수직방향으로 6미터, 수평방향으로 8미터 이내마다 벽이음을 할 것
⑤ 길이가 띠장 방향으로 4미터 이하이고 높이가 10미터를 초과하는 경우에는 10미터 이내마다 띠장 방향
으로 버팀기둥을 설치할 것

O7.
크레인을 사용하는 작업 시 작업시작 전 점검사항 3가지를 쓰시오.

해답 ① 권과방지장치·브레이크·클러치 및 운전장치의 기능

② 주행로의 상측 및 트롤리(trolley)가 횡행하는 레일의 상태
③ 와이어로프가 통하고 있는 곳의 상태

08.
거푸집 동바리 등의 조립 또는 해체작업 시 준수사항 3가지를 쓰시오.

해답 ① 해당 작업을 하는 구역에는 관계 근로자가 아닌 사람의 출입을 금지할 것
② 비, 눈, 그 밖의 기상상태의 불안정으로 날씨가 몹시 나쁜 경우에는 그 작업을 중지할 것
③ 재료, 기구 또는 공구 등을 올리거나 내리는 경우에는 근로자로 하여금 달줄·달포대 등을 사용하도록 할 것
④ 낙하·충격에 의한 돌발적 재해를 방지하기 위하여 버팀목을 설치하고 거푸집 동바리 등을 인양장비에 매단 후에 작업을 하도록 하는 등 필요한 조치를 할 것

09.
안전난간지침에 관한 사항을 쓰시오.

해답 ① 상부 난간대·중간 난간대·발끝막이판 및 난간기둥으로 구성할 것
② 상부 난간대는 바닥면·발판 또는 경사로의 표면(이하 "바닥면 등"이라 한다)으로부터 90cm 이상 지점에 설치하고, 상부 난간대를 120cm 이하에 설치하는 경우에는 중간 난간대는 상부 난간대와 바닥면 등의 중간에 설치하여야 하며, 120cm 이상 지점에 설치하는 경우에는 중간 난간대를 2단 이상으로 균등하게 설치하고 난간의 상하 간격은 60cm 이하가 되도록 할 것. 다만, 계단의 개방된 측면에 설치된 난간기둥 간의 간격이 25cm 이하인 경우에는 중간 난간대를 설치하지 아니할 수 있다.
③ 발끝막이판은 바닥면 등으로부터 10cm 이상의 높이를 유지할 것
④ 난간기둥은 상부 난간대와 중간 난간대를 견고하게 떠받칠 수 있도록 적정 간격을 유지할 것
⑤ 상부 난간대와 중간 난간대는 난간 길이 전체에 걸쳐 바닥면 등과 평행을 유지할 것
⑥ 난간대는 지름 2.7cm 이상의 금속제 파이프나 그 이상의 강도를 가진 재료일 것
⑦ 안전난간은 구조적으로 가장 취약한 지점에서 가장 취약한 방향으로 작용하는 100kg 이상의 하중에 견딜 수 있는 튼튼한 구조일 것

10.
건설현장에서 사용하는 안전보건표지 중 금지표지의 종류를 쓰시오.

해답 ① 출입표시   ② 보행표지
③ 차량통행금지   ④ 사용금지
⑤ 탑승금지   ⑥ 금연
⑦ 화기금지   ⑧ 물체이동금지

11.
사다리식 통로의 안전기준을 쓰시오.

해답 ① 견고한 구조로 할 것
② 심한 손상·부식 등이 없는 재료를 사용할 것
③ 발판의 간격은 일정하게 할 것
④ 발판과 벽과의 사이는 15cm 이상의 간격을 유지할 것
⑤ 폭은 30cm 이상으로 할 것
⑥ 사다리가 넘어지거나 미끄러지는 것을 방지하기 위한 조치를 할 것
⑦ 사다리의 상단은 걸쳐놓은 지점으로부터 60cm 이상 올라가도록 할 것
⑧ 사다리식 통로의 길이가 10m 이상인 경우에는 5미터 이내마다 계단참을 설치할 것
⑨ 사다리식 통로의 기울기는 75° 이하로 할 것. 다만, 고정식 사다리식 통로의 기울기는 90° 이하로 하고, 그 높이가 7m 이상인 경우에는 바닥으로부터 높이가 2.5m 되는 지점부터 등받이울을 설치할 것
⑩ 접이식 사다리 기둥은 사용 시 접혀지거나 펼쳐지지 않도록 철물 등을 사용하여 견고하게 조치할 것

건설안전산업기사 2005년 4회

01.
거푸집 및 동바리에 사용할 재료 선정 시 고려사항 5가지를 쓰시오.

해답 ① 강도
② 강성
③ 내구성
④ 작업성
⑤ 타설 콘크리트의 영향
⑥ 경제성

02.
T.B.M에 대하여 설명하시오.

해답 T.B.M(Tool Box Meeting) : 작업 개시 전 5~15분, 작업 종료 후 3~5분에 걸쳐 같은 작업원 5~6명이 리더를 중심으로 둘러서서 위험을 예측하고 대책을 수립하는 등 단시간 내에 의논하는 문제해결 기법

03.
강관비계의 벽이음 또는 버팀을 설치하는 간격을 빈칸에 쓰시오.

관비계의 종류	조립간격(단위 : m)	
	수직방향	수평방향
단관비계	(①)	(②)
틀비계(높이가 5m 미만의 것을 제외한다)	(③)	(④)

해답 ① 5 　　　　　② 5
③ 6 　　　　　④ 8

04.
건설현장에 설치하여야 할 안전보건 표지의 종류를 쓰시오.

해답 ① 금지표시
② 경고표지

③ 지시표시
④ 안내표지
⑤ 관계자 외 출입금지

O5.
차량계 건설기계를 사용하여 작업할 때 작성하는 작업계획 포함사항 3가지를 쓰시오.

해답 ① 사용하는 차량계 건설기계의 종류 및 능력
② 차량계 건설기계의 운행경로
③ 차량계 건설기계에 의한 작업방법

O6.
발파작업 시 관리감독자의 유해·위험 방지업무 4가지를 쓰시오.

해답 ① 점화 전에 점화작업에 종사하는 근로자 외의 자의 대피를 지시하는 일
② 점화작업에 종사하는 근로자에 대하여 대피장소 및 경로를 지시하는 일
③ 점화 전에 위험구역 내에서 근로자가 대피한 것을 확인하는 일
④ 점화순서 및 방법에 대하여 지시하는 일
⑤ 점화신호하는 일
⑥ 점화작업에 종사하는 근로자에 대하여 대피신호를 하는 일
⑦ 발파 후 터지지 아니한 장약이나 남은 장약의 유무, 용수 유무 및 암석·토사의 낙하 유무 등을 점검하는 일
⑧ 점화하는 사람을 정하는 일
⑨ 공기압축기의 안전밸브 작동 유무를 점검하는 일
⑩ 안전모 등 보호구의 착용상황을 감시하는 일

O7.
건설현장에서 실시하는 무재해 운동의 3원칙을 쓰시오.

해답 ① 무의 원칙
② 참여의 원칙
③ 안전제일의 원칙(선취의 원칙)

08.
달비계에 사용하는 와이어로프의 안전계수를 쓰시오.

해답 10 이상

09.
강아치 지보공의 조립 시 위험예방을 위한 안전조치사항을 3가지 쓰시오.

해답 ① 조립간격은 조립도에 따를 것
② 주재가 아치작용을 충분히 할 수 있도록 쐐기를 박는 등 필요한 조치를 할 것
③ 연결볼트 및 띠장 등을 사용하여 주재 상호 간을 튼튼하게 연결할 것
④ 터널 등의 출입구 부분에는 받침대를 설치할 것
⑤ 낙하물에 의하여 근로자에게 위험을 미칠 우려가 있는 때에는 널판 등을 설치할 것

10.
이동식 사다리의 구조 기준이다. (   ) 안을 채우시오.

> 가) 길이가 (①)m를 초과해서는 안 된다.
> 나) 다리의 벌림은 벽 높이의 (②)정도 또는 경사각 (③)도 정도가 적당하다.
> 다) 벽면 상부로부터 최소한 (④)cm 이상의 여장길이가 있다.

해답 ① 6   ② 1/4
③ 75   ④ 60

11.
중대재해 분류기준(종류) 3가지를 쓰시오.

해답 ① 사망자가 1명 이상 발생한 재해
② 3개월 이상의 요양을 요하는 부상자가 동시에 2명 이상 발생한 재해
③ 부상자가 또는 직업성 질병자가 동시에 10명 이상 발생한 재해

건설안전산업기사 2006년 1회

01.
다음 보기에서 산업안전보건관리비로 사용할 수 없는 내역을 고르시오.

[보기]	
① 건설용 리프트 운전자인건비	② 가설계단 시설비
③ 안전작업발판 시설비	④ 덤프트럭 신호자 인건비
⑤ 안전보조원 인건비	⑥ 청소원 인건비
⑦ 방호선반 시설비	⑧ 산소농도측정기 구입비
⑨ 전기안전대행수수료	⑩ 외부비계 설치비

➡️해답 ②, ③, ⑥, ⑨, ⑩

02.
다음 빈칸을 채우시오.

타워크레인 순간풍속이 매초당 (①)를 초과하는 경우에는 (②) 작업을 중지하여야 하며, 순간 풍속이 매초당 (③)를 초과하는 경우에는 운전작업을 중지하여야 한다.

➡️해답 ① 10m
② 설치 · 수리 · 점검 또는 해체
③ 15m

03.
크레인 작업시작 전 점검사항을 3가지 쓰시오.

➡️해답 ① 권과방지장치 · 브레이크 · 클러치 및 운전장치의 기능
② 주행로의 상측 및 트롤리(Trolley)가 횡행하는 레일의 상태
③ 와이어로프가 통하고 있는 곳의 상태

04.

강관비계의 조립간격을 (   ) 안에 쓰시오.

강관비계의 종류	조립간격(단위 : m)	
	수직방향	수평방향
단관비계	(①)	(②)
틀비계(높이가 5m 미만의 것을 제외한다)	(③)	(④)

→해답 ① 5 ② 5
③ 6 ④ 8

05.

구축물 또는 이와 유사한 시설물이 근로자에게 미칠 위험성을 미리 제거하기 위하여 안전진단 등의 안전성 평가를 실시하여야 하는 경우 3가지를 쓰시오.

→해답 ① 구축물 또는 이와 유사한 시설물의 인근에서 굴착·항타작업 등으로 침하·균열 등이 발생하여 붕괴의 위험이 예상될 경우
② 구축물 또는 이와 유사한 시설물에 지진, 동해(凍害), 부동침하(不同沈下) 등으로 균열·비틀림 등이 발생하였을 경우
③ 구조물, 건축물, 그 밖의 시설물이 그 자체의 무게·적설·풍압 또는 그 밖에 부가되는 하중 등으로 붕괴 등의 위험이 있을 경우
④ 화재 등으로 구축물 또는 이와 유사한 시설물의 내력(耐力)이 심하게 저하되었을 경우
⑤ 오랜 기간 사용하지 아니하던 구축물 또는 이와 유사한 시설물을 재사용하게 되어 안전성을 검토하여야 하는 경우
⑥ 그 밖의 잠재위험이 예상될 경우

06.

산업안전보건법상 사업장 내 안전보건교육의 종류 4가지를 쓰시오.

→해답 ① 근로자 정기안전·보건교육
② 관리감독자 정기안전·보건교육
③ 채용 시의 교육 및 작업내용 변경 시의 교육
④ 특별교육

O7.
철근콘크리트 구조물의 해체공법을 4가지 쓰시오.

[해답] 1) 기계력 : 철 해머, 대형·소형 브레이커, 절단공법
2) 전도 : 전도공법
3) 유압력 : 유압잭 공법, 압쇄공법
4) 폭발력 : 발파공법, 폭파공법
5) 기타 : 팽창압 공법, 워터제트(Water Jet) 공법

O8.
다음 (　　) 안에 들어갈 내용을 숫자로 채워 넣으시오.

통나무 비계의 비계 기둥의 이음이 겹침 이음인 경우에는 이음 부분에서 (①)m 이상을 서로 겹쳐서 (②) 군데 이상을 묶고, 맞댄이음인 경우에는 비계 기둥을 쌍기둥틀로 하거나 (③)m 이상의 덧댐목을 사용하여 (④)군데 이상을 묶을 것

[해답] ① 1　　　　② 2　　　　③ 1.8　　　　④ 4

O9.
500인의 근로자가 일하는 건설현장에서 1년 동안 15건의 산업재해가 발생했다. 이 사업장의 도수율을 구하시오.(연간 노동일수 300일, 1일 8시간)

[해답] 도수율 $= \dfrac{재해발생건수}{연근로시간수} \times 1,000,000$

$= \dfrac{15}{500 \times 300 \times 8} \times 1,000,000$

$= 12.5$

10.
다음 빈칸을 채우시오.

건설공사 유해위험방지계획서는 해당 공사의 착공 (①)까지 공단에 2부를 제출하여야 하며, 접수한 한국산업안전보건공단은 (②)일 이내 심사결과 통보를 해야 한다.

[해답] ① 전날　　　　② 15일

11.
추락방지용 추락방호망의 사용제한 조건을 3가지 쓰시오.

➡해답 ① 방망사가 규정한 강도 이하인 방망
② 인체 또는 이와 동등 이상의 무게를 갖는 낙하물에 대해여 충격을 받은 방망
③ 파손한 부분을 보수하지 않은 방망
④ 강도가 명확하지 않는 방망

12.
항타기 또는 항발기 작업에서 사용하는 와이어로프의 사용제한 조건을 3가지 쓰시오.

➡해답 ① 이음매가 있는 것
② 와이어로프의 한 꼬임에서 끊어진 소선의 수가 10% 이상(비자전로프의 경우에는 끊어진 소선의 수가
와이어로프 호칭지름의 6배 길이 이내에서 4개 이상이거나 호칭지름 30배 길이 이내에서 8개 이상인
것)인 것
③ 지름의 감소가 공칭지름의 7%를 초과하는 것
④ 꼬인 것
⑤ 심하게 변형 또는 부식된 것
⑥ 열과 전기충격에 의해 손상된 것

13.
사다리식 통로 설치 시 준수해야 할 사항을 3가지 쓰시오.

➡해답 ① 견고한 구조로 할 것
② 심한 손상·부식 등이 없는 재료를 사용할 것
③ 발판의 간격은 일정하게 할 것
④ 발판과 벽과의 사이는 15cm 이상의 간격을 유지할 것
⑤ 폭은 30cm 이상으로 할 것
⑥ 사다리가 넘어지거나 미끄러지는 것을 방지하기 위한 조치를 할 것
⑦ 사다리의 상단은 걸쳐놓은 지점으로부터 60cm 이상 올라가도록 할 것
⑧ 사다리식 통로의 길이가 10m 이상인 경우에는 5미터 이내마다 계단참을 설치할 것
⑨ 사다리식 통로의 기울기는 75° 이하로 할 것. 다만, 고정식 사다리식 통로의 기울기는 90° 이하로 하고,
그 높이가 7m 이상인 경우에는 바닥으로부터 높이가 2.5m 되는 지점부터 등받이울을 설치할 것
⑩ 접이식 사다리 기둥은 사용 시 접혀지거나 펼쳐지지 않도록 철물 등을 사용하여 견고하게 조치할 것

건설안전산업기사 2006년 2회

01.
사업장의 안전보건 관리조직의 유형을 쓰시오.

➡**해답** ① 라인형
② 스태프형
③ 라인·스태프형

02.
다음 ( ) 안을 채우시오.

건설 공사에서 건설금액이 (①) 이상이면 안전관리자 2인 이상을 선임하여야 하고, 공사 금액 (②) 추가 시 안전 관리자 1인을 추가하여야 한다.

➡**해답** ① 800억 원 ② 700억 원

03.
다음은 산업안전보건관리비 항목이다. 안전관리비에 해당되지 않는 것을 모두 고르시오.

① 안전 관리자 인건비 ② 경비원 인건비 ③ 지하수 개발비
④ 가설 계단 설치비 ⑤ 안전 장갑 구입비 ⑥ 근로자 안전 회식비 등

➡**해답** ②, ③, ④, ⑥

04.
다음은 낙하물방지망 설치기준이다. ( ) 안을 채우시오.

(1) 낙하물 방지망 설치높이는 (①)미터 이내마다 설치하고 내민길이는 벽면으로부터 (②)미터 이상으로 할 것
(2) 수평면과의 각도는 (③)도 내지 (④)도를 유지할 것

➡**해답** ① 10 ② 2
③ 20 ④ 30

05.
히빙(Heaving) 현상과 보일링(Boiling) 현상을 설명하시오.

해답 1) 히빙(Heaving) 현상
① 정의 : 연약한 점토지반을 굴착할 때 흙막이 벽체 배면에 있는 흙의 중량이 굴착 바닥면의 흙의 중량보다 클 때 그 중량 차이로 인해 흙막이 벽체 배면의 흙이 안으로 밀려 들어와 굴착 바닥면이 부풀어오르는 현상
② 방지대책
  ㉠ 흙막이벽 근입깊이 증가
  ㉡ 흙막이벽 배면 지표의 상재하중을 제거
  ㉢ 지반굴착 시 흙이 느슨해지지 않도록 유의
  ㉣ 지반개량으로 하부지반 전단강도 개선
  ㉤ 강성이 큰 흙막이 공법 선정
2) 보일링(Boiling) 현상
① 정의 : 투수성이 좋은 사질토 지반을 굴착할 때 흙막이벽 배면의 지하수위가 굴착저면보다 높을 때 굴착저면 위로 모래와 지하수가 솟아오르는 현상
② 방지대책
  ㉠ 흙막이벽 근입깊이 증가
  ㉡ 흙막이벽의 차수성 증대
  ㉢ 흙막이벽 배면 지반 그라우팅 실시
  ㉣ 흙막이벽 배면 지반 지하수위 저하
  ㉤ 굴착토를 즉시 원상태로 매립

06.
산업안전보건법상 흙막이 지보공 설치 시 흙막이 지보공의 점검사항을 3가지 쓰시오.

해답 ① 부재의 손상·변형·부식·변위 및 탈락의 유무와 상태
② 버팀대의 긴압의 정도
③ 부재의 접속부·부착부 및 교차부의 상태
④ 침하의 정도

07.
크레인을 이용하는 작업상 부득이하게 근로자를 탑승시킬 경우 추락에 의한 근로자의 위험을 방지하기 위한 조치 사항 3가지를 쓰시오.

해답 ① 탑승설비가 뒤집히거나 떨어지지 않도록 필요한 조치를 할 것
② 안전대나 구명줄을 설치하고, 안전난간을 설치할 수 있는 구조이면 안전난간을 설치할 것
③ 탑승설비를 하강시킬 때에는 동력하강방법으로 할 것

08.
크레인을 사용하는 작업 시 관리감독자가 하여야 하는 사항을 3가지 쓰시오.

해답 ① 작업방법과 근로자의 배치를 결정하고 당해 작업을 지휘하는 일
② 재료의 결함 유무 또는 기구 및 공구의 기능을 점검하고 불량품을 제거하는 일
③ 작업 중 안전대와 안전모의 착용상황을 감시하는 일

09.
유해 · 위험방지계획서를 제출하여야 하는 건설업 사업장의 종류 5가지를 쓰시오.

해답 ① 지상높이가 31m 이상인 건축물 또는 인공구조물, 연면적 30,000m² 이상인 건축물 또는 연면적 5,000m² 이상의 문화 및 집회시설(전시장 및 동물원 · 식물원은 제외), 판매시설, 운수시설(고속철도의 역사 및 집배송시설은 제외), 종교시설, 의료시설 중 종합병원, 숙박시설 중 관광숙박시설, 지하도상가 또는 냉동 · 냉장창고시설의 건설 · 개조 또는 해체
② 연면적 5,000m² 이상의 냉동 · 냉장창고시설의 설비공사 및 단열공사
③ 최대지간 길이가 50m 이상인 교량건설 등 공사
④ 터널건설 등의 공사
⑤ 다목적 댐, 발전용 댐 및 저수용량 2천만톤 이상의 용수전용 댐, 지방상수도 전용댐 건설 등의 공사
⑥ 깊이가 10m 이상인 굴착공사

10.
다음의 내용을 보고 빈칸을 채우시오.

> 굴착작업에 있어서 토사등의 붕괴 또는 낙하에 의하여 근로자에게 위험을 미칠 우려가 있는 경우에는 미리 (①)의 설치, (②)의 설치 및 근로자의 출입 금지 등 그 위험을 방지하기 위하여 필요한 조치를 하여야 한다.

해답 ① 흙막이 지보공
② 방호망

11.
지반의 굴착 시 사전조사하여야 하는 사항을 3가지 쓰시오.

해답 ① 형상 · 지질 및 지층의 상태
② 균열 · 함수 · 용수 및 동결의 유무 또는 상태
③ 매설물 등의 유무 또는 상태
④ 지반의 지하수위 상태

12.
안전대의 종류를 각각 구분하여 쓰시오.

➡해답

종류	사용구분
벨트식 안전그네식	1개 걸이용
	U자 걸이용
	추락방지대
	안전블록

비고 : 추락방지대 및 안전블록은 안전그네식에만 적용함

건설안전산업기사 2006년 4회

01.
강관비계의 조립간격을 ( ) 안에 쓰시오.

강관비계의 종류	조립간격(단위 : m)	
	수직방향	수평방향
단관비계	(①)	(②)
틀비계(높이가 5m 미만의 것을 제외한다)	(③)	(④)

➡해답 ① 5   ② 5   ③ 6   ④ 8

02.
다음 표는 사업장 내 안전보건교육을 나타낸 것이다. 표의 빈칸을 채우시오.

교육과정	교육대상	사업 내 안전보건교육 시간
정기교육	사무직 종사 근로자	(①)
채용 시의 교육	일용 근로자	(②)
특별 교육	특별교육 대상작업에 종사하는 일용 근로자	(③)

➡해답 ① 매반기 6시간 이상 ② 1시간 이상 ③ 2시간 이상

03.
차량계 건설기계를 이용하는 작업 시 작업계획서에 포함해야 할 사항을 쓰시오.

➡해답 ① 사용하는 차량계 건설기계의 종류 및 능력
② 차량계 건설기계의 운행경로
③ 차량계 건설기계에 의한 작업방법

04.
연평균 1,500여 명의 근로자가 있는 어느 작업장에서 안전보건관리조직을 구성하려고 한다. 라인스태프형의 안전조직을 간략히 설명하시오.

해답 대규모사업장에 적합한 조직으로서 라인형과 스태프형의 장점만을 채택한 형태이다. 안전업무를 전담하는 스태프를 두고 생산라인의 각 계층에서도 각 부서장으로 하여금 안전업무를 수행하도록 하여 스태프에서 안전에 관한 사항이 결정되면 라인을 통하여 실천하도록 편성된 조직이다.
1) 장점
① 안전에 대한 기술 및 경험축적이 용이
② 사업장에 맞는 독자적인 안전개선책 강구
③ 안전지시나 안전대책이 신속 정확하게 하달
2) 단점
① 명령계통과 조언 권고적 참여가 혼동되기 쉽다.
② 스태프의 월권 행위가 있을 수 있다.

05.
사업장에서 중대재해 발생 시 지방고용노동관서의 장에게 보고해야 할 사항과 보고의 시기를 쓰시오.

해답 1. 보고해야 할 사항
① 발생 개요 및 피해 상황
② 조치 및 전망
③ 그 밖에 중요한 사항
2. 보고시기 : 발생한 사실을 알게 된 경우 지체 없이

06.
잠함 또는 우물통 등의 내부에서 굴착작업을 하는 때, 잠함 또는 우물통 등의 급격한 침하에 의한 위험 방지를 위한 조치사항을 쓰시오.

해답 ① 침하관계도에 따라 굴착방법 및 재하량 등을 정할 것
② 바닥으로부터 천장 또는 보까지의 높이는 1.8m 이상으로 할 것

07.
철골작업 시 건립기계를 선정할 때 검토해야 할 사항을 3가지 쓰시오.

해답 ① 입지조건 ② 주변영향
③ 구조물의 형태 ④ 인양하중
⑤ 작업반경

08.

달비계 또는 높이 5미터 이상의 비계를 조립·해체하거나 변경하는 작업을 할 때 사업주로서 준수하여야 할 사항을 4가지만 쓰시오.

해답 ① 관리감독자의 지휘에 따라 작업하도록 할 것
② 조립·해체 또는 변경의 시기·범위 및 절차를 그 작업에 종사하는 근로자에게 주지시킬 것
③ 조립·해체 또는 변경 작업구역에는 해당 작업에 종사하는 근로자가 아닌 사람의 출입을 금지하고 그 내용을 보기 쉬운 장소에 게시할 것
④ 비, 눈, 그 밖의 기상상태의 불안정으로 날씨가 몹시 나쁜 경우에는 그 작업을 중지시킬 것
⑤ 비계재료의 연결·해체작업을 하는 경우에는 폭 20cm 이상의 발판을 설치하고 근로자로 하여금 안전대를 사용하도록 하는 등 추락을 방지하기 위한 조치를 할 것
⑥ 재료·기구 또는 공구 등을 올리거나 내리는 경우에는 근로자가 달줄 또는 달포대 등을 사용하게 할 것

09.

비계의 높이가 2m 이상인 작업 장소에 설치하는 작업발판의 기준을 4가지만 쓰시오.

해답 ① 발판재료는 작업할 때의 하중을 견딜 수 있도록 견고한 것으로 할 것
② 작업발판의 폭은 40cm 이상으로 하고, 발판재료 간의 틈은 3cm 이하로 할 것
③ 추락의 위험성이 있는 장소에는 안전난간을 설치할 것(작업의 성질상 안전난간을 설치하는 것이 곤란한 때 및 작업의 필요상 임시로 안전난간을 해체함에 있어서 추락방호망을 치거나 근로자로 하여금 안전대를 사용하도록 하는 등 추락에 의한 위험 방지조치를 한 때에는 제외)
④ 작업발판의 지지물은 하중에 의하여 파괴될 우려가 없는 것을 사용할 것
⑤ 작업발판재료는 뒤집히거나 떨어지지 않도록 2 이상의 지지물에 연결하거나 고정시킬 것
⑥ 작업발판을 작업에 따라 이동시킬 경우에는 위험 방지에 필요한 조치를 할 것

10.

크레인을 이용하여 1t의 화물을 20m/sec²의 가속도로 감아올릴 때 로프에 걸리는 하중을 구하시오.

해답 총하중(W) = 정하중(w_1) + 동하중(w_2)

동하중(w_2) = $\dfrac{w_1}{g} \times a = \dfrac{1,000\text{kg}}{9.8\text{m/sec}^2} \times 20\text{m/sec}^2 = 2,040.82\text{kg}$

총하중(W) = 1,000kg + 2,040.82kg = 3,040.82kg

11.

다음은 통나무비계 사용에 관한 사항이다. (   ) 안에 알맞게 쓰시오.

> 통나무 비계의 비계 기둥의 이음이 겹침 이음인 경우에는 이음 부분에서 (①) 이상을 서로 겹쳐서 (②) 이상을 묶고, 맞댄이음인 경우에는 비계 기둥을 쌍기둥틀로 하거나 (③) 이상의 덧댐목을 사용하여 (④) 이상을 묶을 것

➡해답 ① 1m
② 2군데
③ 1.8m
④ 4군데

12.

차량계 건설기계의 운전자가 운전석을 이탈하고자 할 경우 준수해야 할 사항을 쓰시오.

➡해답 ① 포크, 버킷, 디퍼 등의 장치를 가장 낮은 위치 또는 지면에 내려 둘 것
② 원동기를 정지시키고 브레이크를 확실히 거는 등 갑작스러운 주행이나 이탈을 방지하기 위한 조치를 할 것
③ 운전석을 이탈하는 경우에는 시동키를 운전대에서 분리시킬 것. 다만, 운전석에 잠금장치를 하는 등 운전자가 아닌 사람이 운전하지 못하도록 조치한 경우에는 그러하지 아니하다.

13.

다음 물음에 대한 정의를 간략히 설명하시오.

> (1) 건설업 산업안전보건관리비란?
> (2) 안전관리비 대상액이란?

➡해답 ① 건설 사업장 및 건설업체 본사 안전전담부서에서 산업재해의 예방을 위하여 법령에 규정된 사항의 이행에 필요한 비용
② 공사원가계산서 구성항목 중 직접재료비, 간접재료비와 직접노무비를 합한 금액(발주자가 재료를 제공할 경우에는 해당 재료비를 포함한 금액)

건설안전산업기사 2007년 1회

01.
흙막이 지보공을 설치할 때 정기점검사항 4가지를 쓰시오.

➡해답 ① 부재의 손상·변형·부식·변위 및 탈락의 유무와 상태
② 버팀대의 긴압의 정도
③ 부재의 접속부·부착부 및 교차부의 상태
④ 침하의 정도

02.
사업장의 안전보건개선 계획서 작성 시 반드시 포함되어야 할 사항을 쓰시오.

➡해답 ① 시설
② 안전보건교육
③ 안전보건관리체계
④ 산업재해예방 및 작업환경개선을 위해 필요한 사항

03.
근로자가 500명인 어느 작업장에서 재해가 2건이 발생하여 사망 1명, 110일 요양의 근로자 1명, 30일 요양의 근로자 1명이 발생하였다. 이 사업장의 연천인율과 강도율을 구하시오.(단, 1일 10시간 작업)

➡해답 연천인율 $= \dfrac{\text{재해자수}}{\text{연평균 근로자수}} \times 1,000 = \dfrac{2}{500} \times 1,000 = 4$

강도율 $= \dfrac{\text{근로손실일수}}{\text{연근로시간수}} \times 1,000 = \dfrac{7,500 + \left(140 \times \dfrac{300}{365}\right)}{500 \times 10 \times 300} \times 1,000 = 5.08$

04.
점성토 지반의 굴착 시 흙막이벽 근입 부분의 흙이 부풀어오르는 현상을 무엇이라 하는지 쓰시오.

해답 히빙(Heaving) 현상
① 정의 : 연약한 점토지반을 굴착할 때 흙막이 벽체 배면에 있는 흙의 중량이 굴착 바닥면의 흙의 중량보다 큰 경우 그 중량 차이로 인해 흙막이 벽체 배면의 흙이 안으로 밀려 들어와 굴착 바닥면이 부풀어오르는 현상
② 방지대책
   ㉠ 흙막이벽 근입깊이 증가
   ㉡ 흙막이벽 배면 지표의 상재하중을 제거
   ㉢ 지반굴착 시 흙이 느슨해지지 않도록 유의
   ㉣ 지반개량으로 하부지반 전단강도 개선
   ㉤ 강성이 큰 흙막이 공법 선정

05.
거푸집 동바리의 조립·해체 작업 시 실시해야 할 특별교육의 내용을 쓰시오.

해답 거푸집 동바리의 조립 또는 해체작업의 특별교육 내용
- 동바리의 조립방법 및 작업 절차에 관한 사항
- 조립재료의 취급방법 및 설치기준에 관한 사항
- 조립 해체 시의 사고 예방에 관한 사항
- 보호구 착용 및 점검에 관한 사항

06.
깊이가 10.5m 이상인 작업 장소의 굴착작업 시 계측기기를 설치하여 흙막이 구조의 안전을 예측하여야 한다. 그 계측기기의 종류를 4가지 쓰시오.

해답 ① 지표침하계 : 흙막이벽 배면에 동결심도보다 깊게 설치하여 지표면 침하량 측정
② 지중경사계 : 흙막이벽 배면에 설치하여 토류벽의 기울어짐 측정
③ 하중계 : Strut, Earth Anchor에 설치하여 축하중 측정으로 부재의 안정성 여부 판단
④ 간극수압계 : 굴착, 성토에 의한 간극수압의 변화 측정
⑤ 균열측정기 : 인접구조물, 지반 등의 균열부위에 설치하여 균열크기와 변화 측정
⑥ 변형률계 : Strut, 띠장 등에 부착하여 굴착작업 시 구조물의 변형 측정
⑦ 지하수위계 : 굴착에 따른 지하수위 변동 측정

07.
양중기의 종류 4가지를 쓰시오.

➡️**해답** ① 크레인[호이스트(hoist)를 포함한다]
② 이동식 크레인
③ 리프트(이삿짐운반용 리프트의 경우에는 적재하중이 0.1톤 이상인 것으로 한정)
④ 곤돌라
⑤ 승강기

08.
이동식 크레인의 작업 전 점검사항을 쓰시오.

➡️**해답** ① 권과방지장치나 그 밖의 경보장치의 기능
② 브레이크·클러치 및 조정장치의 기능
③ 와이어로프가 통하고 있는 곳 및 작업장소의 지반상태

09.
불도저 등 차량계 건설기계 사용 시 기계가 넘어지거나 굴러 떨어짐으로써 근로자에게 위험을 미칠 우려가 있는 때에 취할 수 있는 조치사항을 3가지만 쓰시오.

➡️**해답** ① 유도하는 사람(유도자)을 배치
② 지반의 부동침하 방지
③ 갓길의 붕괴 방지
④ 도로 폭의 유지

10.
콘크리트 타설작업 시 준수사항 3가지를 쓰시오.

➡️**해답** 1. 당일의 작업을 시작하기 전에 해당 작업에 관한 거푸집 및 동바리의 변형·변위 및 지반의 침하 유무 등을 점검하고 이상이 있으면 보수할 것
2. 작업 중에는 감시자를 배치하는 등의 방법으로 거푸집 및 동바리의 변형·변위 및 침하 유무 등을 확인해야 하며, 이상이 있으면 작업을 중지하고 근로자를 대피시킬 것
3. 콘크리트 타설작업 시 거푸집 붕괴의 위험이 발생할 우려가 있으면 충분한 보강조치를 할 것
4. 설계도서상의 콘크리트 양생기간을 준수하여 거푸집 및 동바리를 해체할 것
5. 콘크리트를 타설하는 경우에는 편심이 발생하지 않도록 골고루 분산하여 타설할 것

11.
안전인증대상 보호구의 종류를 쓰시오.

[해답] ① 추락 및 감전 위험방지용 안전모 ② 안전화
③ 안전장갑 ④ 방진마스크
⑤ 방독마스크 ⑥ 송기마스크
⑦ 전동식 호흡보호구 ⑧ 보호복
⑨ 안전대

12.
터널 안에서 굴착작업 시 터널 거푸집 지보공의 조립, 콘크리트 작업을 하는 때에 실시해야 할 특별교육의 내용을 쓰시오.

[해답] ① 작업환경의 점검요령과 방법에 관한 사항
② 붕괴 방지용 구조물 설치 및 안전 작업방법에 관한 사항
③ 재료의 운반 및 취급 설치의 안전 기준에 관한 사항
④ 보호구의 종류 및 사용에 관한 사항
⑤ 소화설비의 설치장소 및 사용방법에 관한 사항

13.
작업장에서 실시하는 5~6인의 소집단으로 편성하여 작업장 내의 안전한 장소에서 실시하는 단시간 미팅 훈련을 무엇이라 하는지 쓰시오.

[해답] TMB(Tool Box Meeting)

14.
산업안전보건법상 안전검사대상 유해·위험 기계·기구의 종류 5가지를 쓰시오.

[해답] ① 프레스 ② 전단기
③ 크레인 ④ 리프트
⑤ 압력용기 ⑥ 곤돌라

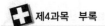

15.
다음 ( ) 안을 채우시오.

> 누전 차단기 가운데 감전보호형 누전차단기는 정격감도전류의 (①) 이하, 동작시간은 (②) 이
> 내여야 한다.

➡해답 ① 30mA
　　　 ② 0.03초

건설안전산업기사 2007년 2회

01.
거푸집의 조립순서를 쓰시오.

▶해답 (1) 기초 → (2) 기둥 → (3) 내력벽 → (4) 큰 보 → (5) 작은 보 → (6) 바닥판 → (7) 계단 →
(8) 외벽

02.
고소작업대 작업시작 전 점검해야 할 사항을 3가지 쓰시오.

▶해답 ① 비상정지장치 및 비상하강장치 기능의 이상 유무
② 과부하방지장치의 작동 유무
③ 아웃트리거 또는 바퀴의 이상 유무
④ 작업면의 기울기 또는 요철 유무
⑤ 활선작업용 장치의 경우 홈·균열·파손 등 그 밖의 손상 유무

03.
크레인을 이용하여 1t의 화물을 20m/sec²의 가속도로 감아올릴 때 로프에 걸리는 하중은 얼마인지 구하시오.

▶해답 총하중(W) = 정하중(w_1) + 동하중(w_2)

동하중(w_2) = $\dfrac{w_1}{g} \times a = \dfrac{1,000\text{kg}}{9.8\text{m/sec}^2} \times 20\text{m/sec}^2 = 2,040.82\text{kg}$

총하중(W) = 1,000kg + 2,040.82kg = 3,040.82kg

04.
크레인 작업 시 유해·위험 방지를 위한 관리감독자의 직무 사항 3가지를 쓰시오.

▶해답 ① 작업방법과 근로자의 배치를 결정하고 그 작업을 지휘하는 일
② 재료의 결함 유무 또는 기구 및 공구의 기능을 점검하고 불량품을 제거하는 일
③ 작업 중 안전대 또는 안전모의 착용상황을 감시하는 일

05.
하역 운반 작업 시 하적단의 붕괴 등에 의한 위험방지조치 2가지를 쓰시오.

해답 ① 그 하적단을 로프로 묶거나 망을 치는 등 위험을 방지
② 하적단을 쌓는 경우에는 기본형을 조성하여 쌓아야 한다.
③ 하적간을 헐어내는 경우에는 위에서부터 순차적으로 층계를 만들면서 헐어내어야 하며, 중간에서 헐어내어서는 아니 된다.

06.
보기의 ( ) 안에 알맞은 내용을 쓰시오.

터널 건설작업에 있어서 터널의 내부의 시계가 배기가스나 (①) 등에 의하여 현저하게 제한되는 상태에 있는 때에는 (②)를 하거나 물을 뿌려 시계를 양호하게 유지시켜야 한다.

해답 ① 분진
② 환기

07.
다음 빈칸을 채우시오.

사다리식 통로의 길이가 (①) 이상인 경우에는 (②) 이내마다 계단참을 설치할 것

해답 ① 10m
② 5m

08.
사다리식 통로의 안전기준을 쓰시오.

해답 ① 견고한 구조로 할 것
② 심한 손상·부식 등이 없는 재료를 사용할 것
③ 발판의 간격은 일정하게 할 것
④ 발판과 벽과의 사이는 15cm 이상의 간격을 유지할 것
⑤ 폭은 30cm 이상으로 할 것
⑥ 사다리가 넘어지거나 미끄러지는 것을 방지하기 위한 조치를 할 것
⑦ 사다리의 상단은 걸쳐놓은 지점으로부터 60cm 이상 올라가도록 할 것
⑧ 사다리식 통로의 길이가 10m 이상인 경우에는 5미터 이내마다 계단참을 설치할 것

⑨ 사다리식 통로의 기울기는 75° 이하로 할 것. 다만, 고정식 사다리식 통로의 기울기는 90° 이하로 하고, 그 높이가 7m 이상인 경우에는 바닥으로부터 높이가 2.5m 되는 지점부터 등받이울을 설치할 것

⑩ 접이식 사다리 기둥은 사용 시 접혀지거나 펼쳐지지 않도록 철물 등을 사용하여 견고하게 조치할 것

09.
다음은 근로자별 안전교육시간을 나타낸 표이다. 해당 빈칸을 채우시오.

교육과정	교육대상	교육시간
정기교육	사무직 종사 근로자	매반기 (①)시간 이상
	판매업무에 직접 종사하는 근로자 외의 근로자	매반기 (②)시간 이상
채용 시 교육	일용근로자	(③)시간 이상

➡해답 ① 6, ② 12, ③ 1

10.
안전보건관리총괄책임자의 선임대상 사업의 종류를 쓰시오.

➡해답 ① 1차 금속 제조업
② 선박 및 보트 건조업
③ 토사석 광업
④ 제조업(① 및 ② 업종은 제외한다)
⑤ 서적, 잡지 및 기타 인쇄물 출판업
⑥ 음악 및 기타 오디오물 출판업
⑦ 금속 및 비금속 원료 재생업

11.
산업안전보건법 제34조에 따른 안전인증기준에 따른 안전인증 심사의 종류를 쓰시오.

➡해답 ① 예비심사
② 서면심사
③ 기술능력 및 생산체계 심사
④ 제품심사

12.
중대재해의 정의를 쓰시오.

해답 ① 사망자가 1명 이상 발생한 재해
② 3개월 이상의 요양을 요하는 부상자가 동시에 2명 이상 발생한 재해
③ 부상자 또는 직업성 질병자가 동시에 10명 이상 발생한 재해

13.
깊이 20m의 잠함, 우물통 굴착 시 조치사항을 2가지 쓰시오.

해답 ① 산소결핍의 우려가 있는 경우에는 산소의 농도를 측정하는 자를 지명하여 측정하도록 할 것
② 근로자가 안전하게 오르내리기 위한 설비를 설치할 것
③ 굴착 깊이가 20m를 초과하는 경우에는 해당 작업장소와 외부와의 연락을 위한 통신설비 등을 설치할 것
④ 산소농도 측정결과 산소의 결핍이 인정되거나 굴착 깊이가 20m를 초과하는 경우에는 송기를 위한 설비를 설치하여 필요한 양의 공기를 송급할 것

14.
Fail-safe와 Fool Proof의 정의를 쓰시오.

해답 ① Fail-safe : 기계의 과오나 오작동이 있어도 사고 및 재해가 발생하지 않도록 2중, 3중으로 안전장치를 한 시스템
② Fool Proof : 근로자가 기계 등의 취급을 잘못해도 사고로 연결되는 일이 없도록 하는 안전기구 즉, 인간과오(Human Error)를 방지하기 위한 것

건설안전산업기사 2007년 4회

01.
비계, 거푸집 동바리 조립작업과 관련한 사업장 내 안전, 보건교육의 종류와 교육시간을 쓰시오.(일용 근로자 대상)

해답 ① 채용 시의 교육 : 1시간 이상
② 작업내용 변경시의 교육 : 1시간 이상
③ 특별교육 : 2시간 이상
④ 건설업 기초 안전보건교육 : 4시간

02.
타워크레인 방호장치의 종류 4가지를 쓰시오.

해답 ① 권과방지장치　　② 비상정지장치
③ 브레이크장치　　④ 과부하방지장치

03.
터널 굴착작업 시 낙반, 용수 등에 의한 근로자 위험 방지를 위해 미리 조사해야 하는 사항 3가지를 쓰시오.

해답 ① 시추(보링) 위치　② 토층 분포상태
③ 투수계수　　　　④ 지하수위
⑤ 지반의 지지력

04.
보일링(Boiling)과 히빙(Heaving)을 방지하기 위한 대책을 4가지 쓰시오.

해답 1) 히빙 방지대책
① 흙막이벽 근입깊이 증가
② 흙막이벽 배면 지표의 상재하중을 제거
③ 지반굴착 시 흙이 느슨해지지 않도록 유의
④ 지반개량으로 하부지반 전단강도 개선
⑤ 강성이 큰 흙막이 공법 선정
2) 보일링 방지대책
① 흙막이벽 근입깊이 증가

② 흙막이벽의 차수성 증대
③ 흙막이벽 배면 지반 그라우팅 실시
④ 흙막이벽 배면 지반 지하수위 저하

O5.
산업안전보건법상 "안전보건표지" 중 "금지표지"의 종류 5가지를 적으시오.

해답 ① 출입표시   ② 보행표지
③ 차량통행금지   ④ 사용금지
⑤ 탑승금지   ⑥ 금연
⑦ 화기금지   ⑧ 물체이동금지

O6.
달비계 작업 시 최대하중을 정함에 있어 다음 보기의 안전계수를 쓰시오.

(1) 달기 와이어로프 및 달기 강선의 안전계수 : (①) 이상
(2) 달기 체인 및 달기 훅의 안전계수 : (②) 이상
(3) 달기 강대와 달비계의 하부 및 상부지점의 안전계수 : 강재의 경우 (③) 이상, 목재의 경우 (④) 이상

해답 ① 10   ② 5
③ 2.5   ④ 5

O7.
철골작업 시 작업을 중지하여야 하는 기상상황을 나태낸 표이다. ( ) 안을 채우시오.

구분	내용
강풍	풍속 (①) 이상
강우	1시간당 강우량이 (②) 이상
강설	1시간당 강설량이 (③) 이상

해답 ① 10m/sec
② 1mm
③ 1cm

O8.
크레인의 작업시작 전 점검사항을 3가지 적으시오.

해답 ① 권과방지장치·브레이크·클러치 및 운전장치의 기능
② 주행로의 상측 및 트롤리(Trolley)가 횡행하는 레일의 상태
③ 와이어로프가 통하고 있는 곳의 상태

O9.
소음을 통제하는 일반적인 소음대책 방법 3가지를 적으시오.

해답 ① 소음의 격리
② 시설의 밀폐, 흡음
③ 소음원의 통제
④ 소음작업이나 장소에 대하여 기계·기구 등의 대체

1O.
다음 (   ) 안에 알맞은 말을 쓰시오.

건설업체의 산업재해발생률은 환산재해율로 산출하며, 환산재해자수를 산출할 때에 재해자 중 사망자에 대해 부여할 수 있는 가중치는 부상재해자의 (   )배로 한다.

해답 5
※ 현재법에서는 사망사고만인율로 변경됨

11.
안전인증대상 기계·기구 등을 제조·수입·양도·대여하는 자에게 고용노동부령으로 정하는 바에 따라 그 안전인증대상 기계·기구 등을 수거하거나 파기할 것을 명할 수 있는 경우 2가지를 쓰시오.

해답 1. 안전인증을 받지 아니한 경우(안전인증이 전부 면제되는 경우는 제외한다)
2. 고용노동부장관이 정하여 고시하는 안전인증기준에 맞지 아니하게 된 경우
3. 안전인증이 취소되거나 안전인증표시의 사용 금지 명령을 받은 경우

12.
건물 등의 해체작업 시 해체계획에 포함되는 사항 3가지를 쓰시오.

해답 ① 해체의 방법 및 해체순서 도면
② 가설설비, 방호설비, 환기설비 및 살수·방화설비 등의 방법
③ 사업장 내 연락방법
④ 해체물의 처분계획
⑤ 해체작업용 기계·기구 등의 작업계획서
⑥ 해체작업용 화약류 등의 사용계획서
⑦ 기타 안전·보건에 관련된 사항

13.
이동형 또는 휴대용 전기기계, 기구를 사용 시 누전에 의한 감전위험을 방지하기 위하여 당해 전로의 정격에 적합하고 감도가 양호하며, 확실하게 작동하는 감전 방지용 누전차단기를 접속하여야 하는 장소 3가지를 쓰시오.

해답 ① 물 등 도전성이 높은 액체가 있는 습윤장소
② 철판·철골 위 등 도전성이 높은 장소
③ 임시배선의 전로가 설치되는 장소

14.
잠함 또는 우물통의 내부에서 굴착작업 시 위험 방지를 위한 조치사항을 쓰시오.

(1) 잠함 또는 우물통의 급격한 침하로 인한 위험 방지를 위해 바닥으로부터 천장 또는 보까지의 높이는 (①) 이상으로 할 것
(2) 굴착 깊이가 (②)를 초과하는 경우에는 해당 작업장소와 외부와의 연락을 위한 통신설비 등을 설치할 것

해답 ① 1.8m
② 20m

건설안전산업기사 2008년 1회

01.
정기교육 시 관리감독자 교육내용을 2가지 쓰시오.

해답 • 산업안전 및 사고 예방에 관한 사항
• 산업보건 및 직업병 예방에 관한 사항
• 위험성평가에 관한 사항
• 유해·위험 작업환경 관리에 관한 사항
• 산업안전보건법령 및 산업재해보상보험 제도에 관한 사항
• 직무스트레스 예방 및 관리에 관한 사항
• 직장 내 괴롭힘, 고객의 폭언 등으로 인한 건강장해 예방 및 관리에 관한 사항
• 작업공정의 유해·위험과 재해 예방대책에 관한 사항
• 사업장 내 안전보건관리체제 및 안전·보건조치 현황에 관한 사항
• 표준안전 작업방법 결정 및 지도·감독 요령에 관한 사항
• 현장근로자와의 의사소통능력 및 강의능력 등 안전보건교육 능력 배양에 관한 사항
• 비상시 또는 재해 발생 시 긴급조치에 관한 사항
• 그 밖의 관리감독자의 직무에 관한 사항

02.
안전점검의 종류를 쓰고 간단히 설명하시오.

해답 ① 수시점검 : 작업 전·중·후 수시로 실시하는 점검
② 정기점검 : 정해진 기간에 정기적으로 실시하는 점검
③ 임시점검 : 이상 발견 시 또는 재해발생 시 임시로 실시하는 점검
④ 특별점검 : 기계 기구의 신설 및 변경 시 고장, 수리 등에 의해 부정기적으로 실시하는 점검으로 안전강
조기간 등에 실시하는 점검

03.
다음의 재해발생형태를 설명하시오.

(1) 추락	(2) 낙하비래
(3) 협착	(4) 전도

[해답] (1) 추락 : 사람이 인력(중력)에 의하여 건축물, 구조물, 가설물, 수목, 사다리 등의 높은 장소에서 떨어지는 것
   (2) 낙하비래 : 구조물, 기계 등에 고정되어 있던 물체가 중력, 원심력, 관성력 등에 의하여 고정부에서 이탈하거나 또는 설비 등으로부터 물질이 분출되어 사람을 가해하는 경우
   (3) 협착 : 두 물체 사이의 움직임에 의하여 일어난 것으로 직선 운동하는 물체 사이의 협착, 회전부와 고정체 사이의 끼임, 롤러 등 회전체 사이에 물리거나 또는 회전체·돌기부 등에 감긴 경우
   (4) 전도 : 사람이 거의 평면 또는 경사면, 층계 등에서 구르거나 넘어짐 또는 미끄러진 경우와 물체가 전도·전복된 경우

04.
공기압축기 작업시작 전 점검사항 5가지를 쓰시오.

[해답] ① 공기저장 압력용기의 외관 상태　　② 드레인밸브(Drain Valve)의 조작 및 배수
   ③ 압력방출장치의 기능　　　　　　　 ④ 언로드밸브(Unloading Valve)의 기능
   ⑤ 윤활유의 상태　　　　　　　　　　 ⑥ 회전부의 덮개 또는 울
   ⑦ 그 밖의 연결 부위의 이상 유무

05.
알더퍼의 이론에서 ERG란 무엇인지 쓰시오.

[해답] 1) E(Existence) : 존재의 욕구
   2) R(Relation) : 관계욕구
   3) G(Growth) : 성장욕구

06.
암반의 분류에 필요한 요소 4가지를 쓰시오.

[해답] ① 암석의 강도, ② R.Q.D(%), ③ 절리의 간격, ④ 절리의 상태, ⑤ 지하수 상태

O7.
항타기 · 항발기 사용 전 점검사항을 3가지 쓰시오.

해답 ① 본체 연결부의 풀림 또는 손상의 유무
② 권상용 와이어로프 · 드럼 및 도르래의 부착상태의 이상 유무
③ 권상장치의 브레이크 및 쐐기장치 기능의 이상 유무
④ 권상기 설치상태의 이상 유무
⑤ 리더(leader)의 버팀 방법 및 고정상태의 이상 유무
⑥ 본체 · 부속장치 및 부속품의 강도가 적합한지 여부
⑦ 본체 · 부속장치 및 부속품에 심한 손상 · 마모 · 변형 또는 부식이 있는지 여부

O8.
지반 굴착작업 시 토사등의 붕괴 또는 낙하에 의하여 근로자에게 위험을 미칠 우려가 있을 때 조치사항을 3가지 쓰시오.

해답 ① 흙막이 지보공의 설치
② 방호망의 설치
③ 근로자의 출입금지
④ 비가 올 경우를 대비하여 측구를 설치하거나 굴착사면에 비닐보강

O9.
사다리식 통로의 안전기준을 쓰시오.

해답 ① 견고한 구조로 할 것
② 심한 손상 · 부식 등이 없는 재료를 사용할 것
③ 발판의 간격은 일정하게 할 것
④ 발판과 벽과의 사이는 15cm 이상의 간격을 유지할 것
⑤ 폭은 30cm 이상으로 할 것
⑥ 사다리가 넘어지거나 미끄러지는 것을 방지하기 위한 조치를 할 것
⑦ 사다리의 상단은 걸쳐놓은 지점으로부터 60cm 이상 올라가도록 할 것
⑧ 사다리식 통로의 길이가 10m 이상인 경우에는 5미터 이내마다 계단참을 설치할 것
⑨ 사다리식 통로의 기울기는 75° 이하로 할 것. 다만, 고정식 사다리식 통로의 기울기는 90° 이하로 하고, 그 높이가 7m 이상인 경우에는 바닥으로부터 높이가 2.5m 되는 지점부터 등받이울을 설치할 것
⑩ 접이식 사다리 기둥은 사용 시 접혀지거나 펼쳐지지 않도록 철물 등을 사용하여 견고하게 조치할 것

10.

비, 눈, 그 밖의 기상상태 불안정으로 날씨가 몹시 나빠서 작업 중지 후 비계작업을 재시작할 경우 작업 시작 전 점검해야 할 사항을 3가지 쓰시오.

→해답 ① 발판재료의 손상 여부 및 부착 또는 걸림 상태
② 해당 비계의 연결부 또는 접속부의 풀림 상태
③ 연결재료 및 연결철물의 손상 또는 부식 상태
④ 손잡이의 탈락 여부
⑤ 기둥의 침하·변형·변위 또는 흔들림 상태
⑥ 로프의 부착 상태 및 매단 장치의 흔들림 상태

11.

금지표지의 종류를 6가지 쓰시오.

→해답 ① 출입표시 ② 보행표지 ③ 차량통행금지
④ 사용금지 ⑤ 탑승금지 ⑥ 금연
⑦ 화기금지 ⑧ 물체이동금지

12.

안전대의 종류를 쓰시오.

→해답

종류	사용구분
벨트식 안전그네식	1개 걸이용
	U자 걸이용
	추락방지대
	안전블록

비고 : 추락방지대 및 안전블록은 안전그네식에만 적용함

건설안전산업기사 2008년 2회

01.
위험예지훈련의 4단계를 쓰시오.

해답 ① 제1단계 : 현상파악
② 제2단계 : 본질추구
③ 제3단계 : 대책수립
④ 제4단계 : 목표설정

02.
다음 보기는 위험물에 대한 안전관리대책을 나타낸 것이다. 안전관리 순서를 적극적인 대책에서부터 번호대로 나열하시오.

| ① 위험물 격리 | ② 위험물 방호 |
| ③ 위험물 제거 | ④ 보호구 착용 |

해답 ③-①-②-④

03.
다음 지반의 종류에 따른 굴착면의 기울기 기준을 쓰시오.

지반의 종류	굴착면의 기울기
모래	(①)
연암 및 풍화암	(②)
경암	(③)
그 밖의 흙	(④)

해답 ① 1 : 1.8, ② 1 : 1.0, ③ 1 : 0.5, ④ 1 : 1.2

04.
레빈(Lewin)의 법칙을 나타내는 식과 기호의 의미를 쓰시오.

해답 식 : $B = f(P \cdot E)$
여기서, B : Behavior(인간의 행동)
f : function(함수관계)
P : Person(개체 : 연령, 경험, 심신상태, 성격, 지능 등)
E : Environment(심리적 환경 : 인간관계, 작업환경 등)

05.
차량계 건설기계 작업 시 전도, 굴러 떨어짐을 방지하기 위한 대책을 3가지 쓰시오.

해답 ① 유도하는 사람(유도자)을 배치
② 지반의 부동침하 방지
③ 갓길의 붕괴 방지
④ 도로 폭의 유지

06.
다음은 동바리로 사용하는 파이프받침 설치 시 준수사항이다. ( ) 안을 채우시오.

(1) 파이프 받침을 (①)본 이상 이어서 사용하지 아니하도록 할 것
(2) 파이프 받침을 이어서 사용할 때에는 (②)개 이상의 볼트 또는 전용철물을 사용하여 이을 것
(3) 높이가 3.5미터를 초과할 때에는 2미터 이내마다 수평 연결재를 (③)개 방향으로 만들고 수평연결재의 변위를 방지할 것

해답 ① 3
② 4
③ 2

07.
안전관리자를 정수 이상으로 증원하거나 교체할 것을 명할 수 있는 경우를 3가지 쓰시오.

해답 1. 해당 사업장의 연간재해율이 같은 업종의 평균재해율의 2배 이상인 경우
2. 중대재해가 연간 2건 이상 발생한 경우
3. 관리자가 질병 기타의 사유로 3개월 이상 직무를 수행할 수 없게 된 경우
4. 화학적 인자로 인한 직업성 질병자가 연간 3명 이상 발생한 경우

08.

터널공사 등의 건설작업 시 가연성 가스가 존재하여 폭발 또는 화재가 발생할 위험이 있는 때에는 필요한 장소에 당해 가연성 가스 농도의 이상 상승을 조기에 파악하기 위하여 필요한 자동경보장치를 설치하여야 한다. 자동경보장치에 대하여 당일의 작업 시작 전에 점검할 사항을 3가지 쓰시오.

해답 ① 계기의 이상 유무
② 검지부의 이상 유무
③ 경보장치의 작동상태

09.

거푸집 동바리 등의 조립 또는 해체작업 시 준수사항 3가지를 쓰시오.

해답 ① 해당 작업을 하는 구역에는 관계 근로자가 아닌 사람의 출입을 금지할 것
② 비, 눈, 그 밖의 기상상태의 불안정으로 날씨가 몹시 나쁜 경우에는 그 작업을 중지할 것
③ 재료, 기구 또는 공구 등을 올리거나 내리는 경우에는 근로자로 하여금 달줄·달포대 등을 사용하도록 할 것
④ 낙하·충격에 의한 돌발적 재해를 방지하기 위하여 버팀목을 설치하고 거푸집 동바리 등을 인양장비에 매단 후에 작업을 하도록 하는 등 필요한 조치를 할 것

10.

이동식 비계의 작업발판의 최대적재하중은 얼마를 초과하지 않아야 하는지 쓰시오.

해답 250kg

11.

다음의 작업조건에 적합한 보호구를 쓰시오.

(1) 물체가 떨어지거나 날아올 위험 또는 근로자가 감전되거나 추락할 위험이 있는 작업
(2) 높이 또는 깊이 2m 이상의 추락할 위험이 있는 장소에서의 작업
(3) 용접 시 불꽃 또는 물체가 날아 흩어질 위험이 있는 작업
(4) 고열에 의한 화상 등의 위험이 있는 작업
(5) 감전의 위험이 있는 작업

해답 (1) 안전모　　(2) 안전대
(3) 보안면　　(4) 방열복
(5) 절연용 보호구

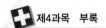

12.
다음은 재해발생의 형태를 설명한 것이다. 각 설명에 알맞는 재해형태를 쓰시오.

> (1) 사람이 건축물, 비계, 사다리, 계단, 경사면 등에서 떨어지는 것
> (2) 사람이 평면상으로 넘어졌을 때를 말함
> (3) 전기접촉이나 방전에 의해 사람이 충격을 받는 경우
> (4) 물건이 주체가 되어 사람이 맞은 경우

해답 (1) 추락　　　　(2) 전도
　　　 (3) 감전　　　　(4) 낙하·비래

13.
항타기 또는 항발기를 조립하는 때에 사용 전 점검사항을 4가지 쓰시오.

해답 ① 본체 연결부의 풀림 또는 손상의 유무
　　　 ② 권상용 와이어로프·드럼 및 도르래의 부착상태의 이상 유무
　　　 ③ 권상장치의 브레이크 및 쐐기장치 기능의 이상 유무
　　　 ④ 권상기 설치상태의 이상 유무
　　　 ⑤ 리더(leader)의 버팀 방법 및 고정상태의 이상 유무
　　　 ⑥ 본체·부속장치 및 부속품의 강도가 적합한지 여부
　　　 ⑦ 본체·부속장치 및 부속품에 심한 손상·마모·변형 또는 부식이 있는지 여부

건설안전산업기사 2008년 4회

O1.
차량계 건설기계 운전자가 운전위치를 이탈할 경우에 운전자가 준수해야 할 사항을 2가지 쓰시오.

해답 ① 포크, 버킷, 디퍼 등의 장치를 가장 낮은 위치 또는 지면에 내려 둘 것
② 원동기를 정지시키고 브레이크를 확실히 거는 등 갑작스러운 주행이나 이탈을 방지하기 위한 조치를 할 것
③ 운전석을 이탈하는 경우에는 시동키를 운전대에서 분리시킬 것

O2.
도급사업에 있어서 산업재해예방을 위하여 경보를 통일해야 할 경우를 3가지 쓰시오.

해답 (1) 발파작업을 하는 경우
(2) 화재가 발생하는 경우
(3) 토석 붕괴 사고가 발생하는 경우

O3.
연평균근로자수가 250명인 사업장에 연간재해발생건수가 9건, 근로손실일수가 40일, 휴업일수가 100일 때 강도율과 빈도율(도수율)을 구하시오.(단 사업장의 연근무일수는 310일, 1일 근로시간은 9시간이다.)

해답 강도율 $= \dfrac{근로손실일수}{연근로시간수} \times 1,000 = \dfrac{40 + 100 \times \frac{300}{365}}{250 \times 310 \times 9} \times 1,000 = 0.18$

도수율(빈도율) $= \dfrac{재해발생건수}{연근로시간수} \times 1,000,000 = \dfrac{9}{250 \times 310 \times 9} \times 1,000,000 = 12.9$

O4.
터널 등의 건설작업에 있어서 낙반 등에 의한 위험 방지조치 사항을 2가지 쓰시오.

해답 ① 터널지보공 설치　　② 록볼트 설치
③ 부석의 제거

05.
보일링(Boiling) 현상의 뜻을 간략히 설명하시오.

[해답] ① 정의 : 투수성이 좋은 사질토 지반을 굴착할 때 흙막이벽 배면의 지하수위가 굴착저면보다 높을 때
굴착저면 위로 모래와 지하수가 솟아오르는 현상

ⓛ 방지대책
ㄱ 흙막이벽 근입깊이 증가
ㄴ 흙막이벽의 차수성 증대
ㄷ 흙막이벽 배면 지반 그라우팅 실시
ㄹ 흙막이벽 배면 지반 지하수위 저하
ㅁ 굴착토를 즉시 원상태로 매립

06.
터널공사 등의 건설작업 시 가연성 가스가 존재하여 폭발 또는 화재가 발생할 위험이 있는 때에는
필요한 장소에 당해 가연성 가스 농도의 이상 상승을 조기에 파악하기 위하여 필요한 자동경보장치를
설치하여야 한다. 자동경보장치에 대하여 당일의 작업 시작 전에 점검할 사항을 3가지 쓰시오.

[해답] ① 계기의 이상 유무
② 검지부의 이상 유무
③ 경보장치의 작동상태

07.
산업안전보건관리비의 적용범위는 산업재해보상보험법의 적용을 받는 공사 중 총 공사금액이 얼마
이상인 공사에 적용되는가?

[해답] 2천만 원

08.
안전관리자 또는 보건관리자를 정수 이상으로 증원하거나 교체할 것을 명할 수 있는 경우를 3가지
쓰시오.

[해답] 1. 해당 사업장의 연간재해율이 같은 업종의 평균재해율의 2배 이상인 경우
2. 중대재해가 연간 2건 이상 발생한 경우
3. 관리자가 질병 기타의 사유로 3개월 이상 직무를 수행할 수 없게 된 경우
4. 화학적 인자로 인한 직업성 질병자가 연간 3명 이상 발생한 경우

09.

작업발판에 대한 다음 설명 중 (   ) 안에 알맞은 수치를 쓰시오.

> (1) 비계의 높이가 2m 이상인 작업장소에 설치하는 작업발판의 폭은 (①)cm 이상으로 하고 발판 재료 간의 틈은 3cm 이하로 할 것
> (2) 비계재료의 연결·해체작업을 하는 경우에는 폭 (②)cm 이상의 발판을 설치하고 근로자로 하여금 안전대를 사용하도록 하는 등 추락을 방지하기 위한 조치를 할 것
> (3) 슬레이트, 선라이트(Sunlight) 등 강도가 약한 재료로 덮은 지붕 위에서 작업을 할 때에 발이 빠지는 등 근로자가 위험해질 우려가 있는 경우 폭 (③)cm 이상의 발판을 설치하거나 추락방호망을 치는 등 위험을 방지하기 위하여 필요한 조치를 할 것

➡️해답 ① 40
　　　② 20
　　　③ 30

10.

부적격한 와이어로프의 사용금지사항을 4가지만 쓰시오.

➡️해답 ① 이음매가 있는 것
　　　② 와이어로프의 한 꼬임에서 끊어진 소선의 수가 10% 이상(비자전로프의 경우에는 끊어진 소선의 수가 와이어로프 호칭지름의 6배 길이 이내에서 4개 이상이거나 호칭지름 30배 길이 이내에서 8개 이상인 것)인 것
　　　③ 지름의 감소가 공칭지름의 7%를 초과하는 것
　　　④ 꼬인 것
　　　⑤ 심하게 변형 또는 부식된 것
　　　⑥ 열과 전기충격에 의해 손상된 것

11.

콘크리트 타설 시 거푸집에 가해지는 하중을 3가지 쓰시오.

➡️해답 ① 연직방향하중 : 타설 콘크리트 고정하중, 타설시 충격하중 및 작업원 등의 작업하중
　　　② 횡방향하중 : 작업 시 진동, 충격, 풍압, 유수압, 지진 등
　　　③ 콘크리트 측압 : 콘크리트가 거푸집을 안쪽에서 밀어내는 압력
　　　④ 특수하중 : 시공 중 예상되는 특수한 하중(콘크리트 편심하중 등)

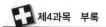

12.

다음은 강풍 시 타워크레인의 작업제한에 대한 내용이다. (   ) 안에 알맞은 수치를 쓰시오.

> (1) 순간 풍속이 (①)를 초과하는 경우에는 타워크레인의 설치 · 수리 · 점검 또는 해체 작업을 중지하여야 한다.
> (2) 순간 풍속이 (②)를 초과하는 경우에는 타워크레인의 운전작업을 중지하여야 한다.

해답 ① 10m/s
② 15m/s

건설안전산업기사 2009년 1회

01.
소음방지대책을 4가지 쓰시오.

해답 ① 소음의 격리
② 시설의 밀폐, 흡음
③ 소음원의 통제
④ 소음작업이나 장소에 대하여 기계·기구 등의 대체

02.
지게차를 이용한 작업 시 작업시작 전 점검사항 3가지를 쓰시오.

해답 ① 제동장치 및 조종장치 기능의 이상 유무
② 하역장치 및 유압장치 기능의 이상 유무
③ 바퀴의 이상 유무
④ 전조등·후미등·방향지시기 및 경보장치 기능의 이상 유무

03.
잠함 등 내부에서의 작업 중 송기설비를 설치하여야 하는 경우 2가지를 쓰시오.

해답 ① 산소농도 측정결과 산소의 결핍이 인정되는 경우
② 굴착 깊이가 20m를 초과하는 경우

04.
차량계 건설기계 작업 시 운전자가 자리를 이탈할 경우 조치사항을 2가지 쓰시오.

해답 ① 포크, 버킷, 디퍼 등의 장치를 가장 낮은 위치 또는 지면에 내려 둘 것
② 원동기를 정지시키고 브레이크를 확실히 거는 등 갑작스러운 주행이나 이탈을 방지하기 위한 조치를 할 것
③ 운전석을 이탈하는 경우에는 시동키를 운전대에서 분리시킬 것

05.
바이오리듬의 3요소를 쓰시오.

해답 ① 육체적 리듬
② 감성적 리듬
③ 지성적 리듬

06.
연평균 근로자 수가 500명인 현장에서 3건의 추락 재해가 발생하여 1명이 사망하고, 110일과 30일의 휴업을 요하는 근로자 2명이 발생하였다. 이 사업장의 연천인율과 강도율을 구하시오.(단, 근로시간은 1일 10시간, 연간 300일 근무한다.)

해답 연천인율 $= \dfrac{재해자수}{연평균근로자수} \times 10^3 = \dfrac{3}{500} \times 10^3 = 6.00$

강도율 $= \dfrac{근로손실일수}{연근로시간수} \times 10^3 = \dfrac{7,500 + \left(140 \times \dfrac{300}{365}\right)}{500 \times 10 \times 300} \times 10^3 = 5.08$

07.
다음 빈칸에 해당하는 근로자 교육시간을 쓰시오.

교육과정	교육대상	교육시간
정기교육	사무직 종사 근로자	(①)
채용 시 교육	일용근로자	(②)
작업내용 변경 시 교육	일용 근로자를 제외한 근로자	(③)

해답 ① 매반기 6시간 이상, ② 1시간 이상, ③ 1시간 이상

08.

건설업 유해 · 위험방지계획서 제출 대상 공사를 4가지 쓰시오.

해답 ① 지상높이가 31m 이상인 건축물 또는 인공구조물, 연면적 30,000m² 이상인 건축물 또는 연면적 5,000m² 이상의 문화 및 집회시설(전시장 및 동물원 · 식물원은 제외), 판매시설, 운수시설(고속철도의 역사 및 집배송시설은 제외), 종교시설, 의료시설 중 종합병원, 숙박시설 중 관광숙박시설, 지하도상가 또는 냉동 · 냉장창고시설의 건설 · 개조 또는 해체
② 연면적 5,000m² 이상의 냉동 · 냉장창고시설의 설비공사 및 단열공사
③ 최대지간 길이가 50m 이상인 교량건설 등 공사
④ 터널건설 등의 공사
⑤ 다목적 댐, 발전용 댐 및 저수용량 2천만톤 이상의 용수전용 댐, 지방상수도 전용댐 건설 등의 공사
⑥ 깊이가 10m 이상인 굴착공사

09.

발파작업 시 관리감독자의 임무 4가지를 쓰시오.

해답 ① 점화 전에 점화작업에 종사하는 근로자가 아닌 사람에게 대피를 지시하는 일
② 점화순서 및 방법에 대하여 지시하는 일
③ 점화하는 사람을 정하는 일
④ 안전모 등 보호구 착용 상황을 감시하는 일

10.

안전색채 4가지를 쓰고 그것이 무엇을 가리키는지 쓰시오.

해답 ① 빨간색 : 금지(정지신호, 소화설비 및 그 장소, 유해행위의 금지)
② 노란색 : 경고(화학물질 취급장소에서의 유해 · 위험경고 이외의 위험경고, 주의표지 또는 기계 방호물)
③ 파란색 : 지시(특정 행위의 지시 및 사실의 고지)
④ 녹색 : 안내(비상구 및 피난소, 사람 또는 차량의 통행표지)

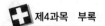

11.
안전보건관리비에 해당되지 않는 것을 고르시오.

> ① 건설용 리프트 운전자 인건비   ② 가설계단 시설비
> ③ 안전작업발판 시설비   ④ 덤프트럭 신호자 인건비
> ⑤ 현장보조원 인건비   ⑥ 청소원 인건비
> ⑦ 방호선반 인건비   ⑧ 산소농도측정기구 구입비
> ⑨ 전기안전대행 수수료   ⑩ 외부비계 설치비

➡ 해답 ②, ③, ⑥, ⑨, ⑩

12.
안전관리자의 직무사항을 쓰시오.

➡ 해답 1. 산업안전보건위원회 또는 법 제75조제1항에 따른 안전 및 보건에 관한 노사협의체에서 심의 · 의결한 업무와 해당 사업장의 안전보건관리규정 및 취업규칙에서 정한 업무
2. 위험성평가에 관한 보좌 및 지도 · 조언
3. 안전인증대상기계등과 자율안전확인대상기계등 구입 시 적격품의 선정에 관한 보좌 및 지도 · 조언
4. 해당 사업장 안전교육계획의 수립 및 안전교육 실시에 관한 보좌 및 지도 · 조언
5. 사업장 순회점검, 지도 및 조치 건의
6. 산업재해 발생의 원인 조사 · 분석 및 재발 방지를 위한 기술적 보좌 및 지도 · 조언
7. 산업재해에 관한 통계의 유지 · 관리 · 분석을 위한 보좌 및 지도 · 조언
8. 법 또는 법에 따른 명령으로 정한 안전에 관한 사항의 이행에 관한 보좌 및 지도 · 조언
9. 업무 수행 내용의 기록 · 유지
10. 그 밖에 안전에 관한 사항으로서 고용노동부장관이 정하는 사항

13.
타워크레인 작업 시 작업제한 환경조건을 쓰시오.

> 순간 풍속이 매초당 (①)를 초과하는 경우 타워크레인의 설치, 수리, 점검 등의 작업을 중지하여야 하며, 순간 풍속이 매초당 (②)를 초과하는 경우 타워크레인 운전작업을 중지하여야 한다.

➡ 해답 ① 10m
② 15m

건설안전산업기사 2009년 2회

01.
폭풍, 폭우, 폭설 등의 악천후로 인하여 작업을 중지시킨 후, 비계의 조립·해체·변경 시 사업주가 작업시작 전 점검해야 할 사항 3가지를 쓰시오.

→해답 ① 발판재료의 손상 여부 및 부착 또는 걸림 상태
② 해당 비계의 연결부 또는 접속부의 풀림 상태
③ 연결재료 및 연결철물의 손상 또는 부식 상태
④ 손잡이의 탈락 여부
⑤ 기둥의 침하·변형·변위 또는 흔들림 상태
⑥ 로프의 부착상태 및 매단 장치의 흔들림 상태

02.
계단 및 계단참의 설치기준이다. 빈칸을 채우시오.

(1) 계단 및 계단참을 설치하는 때에는 (①) 이상의 하중에 견딜 수 있는 강도를 가진 구조
(2) 높이 3m를 초과하는 계단에는 높이 (②) 이내마다 너비 (③)이상의 계단참을 설치
(3) 바닥 면으로부터 높이 (④) 이내의 공간에 장애물이 없도록 할 것

→해답 ① $500kg/m^2$　　② 3m
③ 1.2m　　　　④ 2m

03.
근로자가 500명인 어느 작업장에서 2건의 재해로 인해 사망자 1명, 110일 요양의 근로자 1명, 30일 요양의 근로자 1명이 발생하였다. 이 사업장의 연천인율과 강도율을 구하시오.(단, 1일 10시간 작업)

→해답 연천인율 $= \dfrac{\text{재해자수}}{\text{연평균근로자수}} \times 1,000 = \dfrac{2}{500} \times 1,000 = 4.00$

강도율 $= \dfrac{\text{근로손실일수}}{\text{근로총시간수}} \times 1,000 = \dfrac{7,500 + \left(140 \times \dfrac{300}{365}\right)}{500 \times 10 \times 300} \times 1,000 = 5.08$

04.
굴착작업 시 암질변화구간, 이상암질의 출현 시 반드시 암질 판별을 실시하여야 한다. 암질 판별의 기준을 쓰시오.

➡해답 ① R.Q.D(%) ② 탄성파 속도(m/sec)
　　　③ R.M.R ④ 진동치 속도(cm/sec＝Kine)

05.
차량계 하역운반기계인 지게차 헤드가드가 갖추어야 할 사항 4가지를 쓰시오.

➡해답 ① 강도는 지게차의 최대하중의 2배 값(4톤을 넘는 값에 대해서는 4톤으로 한다)의 등분포정하중에 견딜 수 있을 것
　　　② 상부틀 각 개구의 폭 또는 길이가 16cm 미만일 것
　　　③ 운전자가 앉아서 조작하는 방식의 지게차의 경우에는 운전자의 좌석 윗면에서 헤드가드의 상부틀 아랫면까지의 높이가 1m 이상일 것
　　　④ 운전자가 서서 조작하는 방식의 지게차의 경우에는 운전석의 바닥면에서 헤드가드의 상부틀 하면까지의 높이가 2m 이상일 것

06.
충전전로의 선간전압이 88kv 초과 121kv 이하일 때의 접근한계거리를 쓰시오.

➡해답 130cm

07.
다음은 산업안전보건법상 적정 공기에 관한 사항이다. (　　) 안에 알맞게 쓰시오.

적정 공기라 함은 산소농도의 범위가 (①) 이상 (②) 미만, 탄산가스의 농도가 (③)미만, 황화수소의 농도가 (④) 미만인 수준의 공기를 말한다.

➡해답 ① 18% ② 23.5%
　　　③ 1.5% ④ 10ppm

08.
지시표시의 종류를 쓰시오.

➡️해답 보안경 착용, 방독마스크 착용, 방진마스크 착용, 보안면 착용 등

09.
작업시작 전·후에 5~6인의 근로자가 모여 행하는 위험예지훈련은 무엇인지 쓰시오.

➡️해답 T.B.M(Tool Box Meeting)

10.
환산재해율 산출식을 쓰고 환산재해율 산출식에서 상시 근로자의 산출식을 쓰시오.

➡️해답 환산재해율 $=\left(\dfrac{환산재해자수}{상시근로자수}\right)\times100$

상시 근로자수 $=\left(\dfrac{연간국내공사실적액\times노무비율}{건설업 월평균임금\times12}\right)$

※ 현재법에서는 사망사고만인율로 변경됨

11.
차량계 건설기계를 사용하는 작업을 함에 있어서 그 기계가 넘어지거나 굴러 떨어짐으로써 근로자에게 위험을 미칠 우려가 있는 때에 필요한 조치사항을 3가지 쓰시오.

➡️해답 ① 유도하는 사람(유도자)을 배치
② 지반의 부동침하 방지
③ 갓길의 붕괴 방지
④ 도로 폭의 유지

12.
NATM공사에서 재해 방지를 위하여 실시해야 하는 지질 및 지층에 관한 조사사항을 쓰시오.

➡️해답 ① 시추(보링)위치
② 토층 분포상태
③ 투수계수
④ 지하수위
⑤ 지반의 지지력

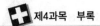

13.
산업재해는 그 예방이 최우선이다. 재해예방의 4원칙을 쓰시오.

해답 ① 손실우연의 원칙
② 원인계기의 원칙
③ 예방가능의 원칙
④ 대책선정의 원칙

건설안전산업기사 2009년 4회

O1.
다음 기계·기구에 설치하여야 할 방호장치를 쓰시오.

① 연삭기	② 가스집합용접 장치	③ 목재 가공용 둥글톱 기계

➡해답 ① 덮개
② 안전기
③ 반발 예방장치와 날접촉 예방장치

O2.
채석작업을 하고자 하는 때에는 지반붕괴, 굴착기계의 전도, 굴러 떨어짐 등에 의한 근로자의 위험 방지를 위하여 작업계획을 세워야 한다. 채석작업 시 작업계획에 포함되어야 할 사항을 쓰시오.

➡해답 ① 노천굴착과 갱내굴착의 구별 및 채석방법
② 굴착면의 높이와 기울기
③ 굴착면 소단의 위치와 넓이
④ 갱 내에서의 낙반 및 붕괴 방지방법
⑤ 발파방법
⑥ 암석의 분할방법
⑦ 암석의 가공장소
⑧ 사용하는 굴착기계·분할기계·적재기계 또는 운반기계의 종류 및 성능
⑨ 토석 또는 암석의 적재 및 운반방법과 운반경로
⑩ 표토 또는 용수의 처리방법

O3.
거푸집동바리의 조립 시 동바리의 침하 방지를 위한 조치사항을 쓰시오.

➡해답 ① 받침목이나 깔판 사용
② 콘크리트 타설
③ 말뚝박기

04.
안전대 종류 4가지를 쓰시오.

해답

종류	사용구분
벨트식 안전그네식	1개 걸이용
	U자 걸이용
	추락방지대
	안전블록

비고 : 추락방지대 및 안전블록은 안전그네식에만 적용함

05.
다음은 가설공사에 관한 사항이다. (   ) 안에 알맞게 쓰시오.

(1) 안전난간의 상부 난간대를 (①) 이상 지점에 설치하는 경우 중간 난간대를 (②) 이상으로 균등하게 설치할 것
(2) 가설통로 설치 시 경사는 (③) 이하로 하고, 경사가 (④)를 초과하는 경우 미끄러지지 않는 구조로 할 것

해답 ① 120cm   ② 2단
③ 30°   ④ 15°

06.
승강기의 종류 4가지를 쓰시오.

해답 ① 승객용 엘리베이터   ② 승객화물용 엘리베이터
③ 화물용 엘리베이터   ④ 소형화물용 엘리베이터
⑤ 에스컬레이터

07.
근로자 채용 및 작업내용 변경 시의 안전보건교육 내용을 쓰시오.

해답 • 산업안전 및 사고 예방에 관한 사항
• 산업보건 및 직업병 예방에 관한 사항
• 위험성 평가에 관한 사항
• 산업안전보건법령 및 산업재해보상보험 제도에 관한 사항

- 직무스트레스 예방 및 관리에 관한 사항
- 직장 내 괴롭힘, 고객의 폭언 등으로 인한 건강장해 예방 및 관리에 관한 사항
- 기계·기구의 위험성과 작업의 순서 및 동선에 관한 사항
- 작업 개시 전 점검에 관한 사항
- 정리정돈 및 청소에 관한 사항
- 사고 발생 시 긴급조치에 관한 사항
- 물질안전보건자료에 관한 사항

08.
다음은 동바리로 사용하는 파이프받침 설치 시 준수사항이다. ( ) 안을 채우시오.

(1) 파이프 받침을 (①)본 이상 이어서 사용하지 아니하도록 할 것
(2) 파이프 받침을 이어서 사용할 때에는 (②)개 이상의 볼트 또는 전용 철물을 사용하여 이을 것
(3) 높이가 3.5미터를 초과할 때에는 2미터 이내마다 수평 연결재를 (③)개 방향으로 만들고 수평연결재의 변위를 방지할 것

➡**해답** ① 3, ② 4, ③ 2

09.
크레인을 이용하여 1t의 화물을 20m/sec²의 가속도로 감아올릴 때 로프에 걸리는 하중을 구하시오.

➡**해답** 총하중(W) = 정하중(w_1) + 동하중(w_2)

$$동하중(w_2) = \frac{w_1}{g} \times a = \frac{1,000kg}{9.8m/sec^2} \times 20m/sec^2 = 2,040.82kg$$

총하중(W) = 1,000kg + 2,040.82kg = 3,040.82kg

10.
안전검사에 관한 사항이다. 다음 물음에 답하시오.

(1) 며칠 전에 신청하여야 하는가?
(2) 건설용 리프트의 검사주기는?(단, 설치 후 최초 안전검사)
(3) 곤돌라의 검사주기는?(단, 건설현장 설치 시)

➡**해답** ① 검사 주기 만료일 30일 전
② 사업장에 설치가 끝난 날부터 3년 이내
③ 최초로 설치한 날부터 6개월마다

11.
건설업 산업안전보건관리비의 사용기준은 관련법에 적용을 받는 공사 중 총 공사금액의 얼마 이상인 공사에 적용되는지 쓰시오.

해답 총 공사금액 2천만 원 이상인 공사

12.
강말뚝의 부식 방지대책을 3가지 쓰시오.

해답 ① 콘크리트 피복에 의한 방법
② 도장에 의한 방법
③ 말뚝 두께를 증가하는 방법
④ 전기방식 방법

13.
히빙 현상에 대하여 설명하고 이를 방지하기 위한 대책을 2가지 쓰시오.

해답 ① 정의 : 연약한 점토지반을 굴착할 때 흙막이 벽체 배면에 있는 흙의 중량이 굴착 바닥면의 흙의 중량보다
클 때 그 중량 차이로 인해 흙막이 벽체 배면의 흙이 안으로 밀려 들어와 굴착바닥면이 부풀어오르는
현상
② 방지대책
㉠ 흙막이벽 근입깊이 증가
㉡ 흙막이벽 배면 지표의 상재하중을 제거
㉢ 지반굴착 시 흙이 느슨해지지 않도록 유의
㉣ 지반개량으로 하부지반 전단강도 개선
㉤ 강성이 큰 흙막이 공법 선정

건설안전산업기사 2010년 1회

O1.
사업장 건설용 리프트 조립, 해체 시 작업지휘자가 해야 할 직무 사항 2가지를 쓰시오.

➡️**해답** ① 작업방법과 근로자의 배치를 결정하고 당해 작업을 지휘하는 일
② 재료의 결함유무 또는 기구 및 공구의 기능을 점검하고 불량품을 제거하는 일
③ 작업 중 안전대 등 보호구의 착용 상황을 감시하는 일

O2.
다음은 양중기의 와이어로프 또는 달기체인의 안전계수에 관한 사항이다. 물음에 답하시오.

① 근로자가 탑승하는 운반구를 지지하는 경우 ( ) 이상
② 화물의 하중을 직접 지지하는 경우 ( ) 이상
③ 제1호 및 2호 외의 경우 ( ) 이상

➡️**해답** ① 10
② 5
③ 4

O3.
산업안전보건법상 차량계 하역운반기계에 화물 적재 시 준수사항을 쓰시오.

➡️**해답** ① 하중이 한쪽으로 치우치지 않도록 적재할 것
② 구내운반차 또는 화물자동차의 경우 화물의 붕괴 또는 낙하에 의한 위험을 방지하기 위하여 화물에 로프를 거는 등 필요한 조치를 할 것
③ 운전자의 시야를 가리지 않도록 화물을 적재할 것
④ 화물을 적재하는 경우에는 최대적재량을 초과해서는 안 됨

04.

산업안전보건법상 차량계 하역운반기계에 단위화물중량 (   ) 이상인 화물을 싣는 작업 또는 내리는 작업을 하는 때에는 당해 작업자의 지휘자를 지정하여야 한다. (   ) 안에 알맞은 말을 쓰시오.

➡해답 100kg

05.

건설업 중 유해위험방지계획서 제출대상사업 5가지를 쓰시오.

➡해답 ① 지상높이가 31m 이상인 건축물 또는 인공구조물, 연면적 30,000m² 이상인 건축물 또는 연면적 5,000m² 이상의 문화 및 집회시설(전시장 및 동물원·식물원은 제외), 판매시설, 운수시설(고속철도의 역사 및 집배송시설은 제외), 종교시설, 의료시설 중 종합병원, 숙박시설 중 관광숙박시설, 지하도상가 또는 냉동·냉장창고시설의 건설·개조 또는 해체
② 연면적 5,000m² 이상의 냉동·냉장창고시설의 설비공사 및 단열공사
③ 최대지간 길이가 50m 이상인 교량건설 등 공사
④ 터널건설 등의 공사
⑤ 다목적 댐, 발전용 댐 및 저수용량 2천만톤 이상의 용수전용 댐, 지방상수도 전용댐 건설 등의 공사
⑥ 깊이가 10m 이상인 굴착공사

06.

작업발판에 대한 다음 설명 중 (   ) 안에 알맞은 수치를 쓰시오.

(1) 비계의 높이가 2m 이상인 작업장소에 설치하는 작업발판의 폭은 (①)cm 이상으로 하고 발판 재료 간의 틈은 3cm 이하로 할 것
(2) 비계재료의 연결·해체작업을 하는 경우에는 폭 (②)cm 이상의 발판을 설치하고 근로자로 하여금 안전대를 사용하도록 하는 등 추락을 방지하기 위한 조치를 할 것
(3) 슬레이트, 선라이트(sunlight) 등 강도가 약한 재료로 덮은 지붕 위에서 작업을 할 때에 발이 빠지는 등 근로자가 위험해질 우려가 있는 경우 폭 (③)cm 이상의 발판을 설치하거나 추락 방호망을 치는 등 위험을 방지하기 위하여 필요한 조치를 할 것

➡해답 ① 40
② 20
③ 30

07.
흙막이 오픈 컷(Open Cut) 공법의 예를 들고 안전상 유의사항을 쓰시오.

해답 ① 자립식 공법 : 흙막이벽 근입부분의 수평저항이 충분하고 토압에 견딜 수 있는 지반이어야 한다.
② 버팀대 공법 : 굴착토량을 최소화할 수 있고 부지를 효율적으로 이용할 수 있으나 경사 오픈 컷에 비하여 공사비가 많이 들며 버팀대 및 띠장, 지주 등의 강성이 확보되어야 한다.
③ 어스앵커 : 앵커강재의 강도검토 및 장시간 사용 시 부식에 유의해야 한다.

08.
작업장 통로의 조명은(①) 이상, 통로면으로부터 (②) 이내에는 장애물이 없어야 한다. ( ) 안에 알맞은 말을 쓰시오.

해답 ① 75Lux
② 2m

09.
버드의 최신연쇄성 이론을 쓰시오.

해답 ① 통제의 부족(관리) : 관리의 소홀, 전문기능 결함
② 기본원인(기원) : 개인적 또는 과업과 관련된 요인
③ 직접원인(징후) : 불안전한 행동 및 불안전한 상태
④ 사고(접촉)
⑤ 상해(손해, 손실)

10.
안전인증대상 보호구 중 추락 및 감전 위험 방지용 안전모의 성능 시험의 종류를 쓰시오.

해답 ① 내관통성 시험
② 충격 흡수성 시험
③ 내전압성 시험
④ 내수성 시험
⑤ 난연성 시험
⑥ 턱끈 풀림 시험

11.

A사업장의 강도율이 1.20, 연평균 근로 총 시간이 100,000시간일 때 근로손실일수를 구하시오.

해답 강도율 $= \dfrac{\text{근로손실일수}}{\text{연근로시간수}} \times 1,000$

$$1.20 = \frac{x}{100,000} \times 1,000$$

여기서 $x = 120$일
따라서 근로손실일수는 120일이다.

12.

토공사에서 비탈면 보호공법의 종류를 3가지 쓰시오.

해답 ① 식생공 : 떼붙임공, 식생 Mat공, 식수공
② 뿜어붙이기공 : 콘크리트 또는 시멘트 모르타르를 뿜어 붙임
③ 블록공 : 사면에 블록붙임
④ 돌쌓기공 : 견치석 쌓기
⑤ 배수공 : 지표수 배제공, 지하수 배제공

13.

연평균 근로자 수가 500명인 현장에서 3건의 재해로 인해 1명이 사망하고, 110일과 30일의 휴업을 요하는 근로자 2명이 발생하였다. 연천인율과 강도율을 구하시오.(단, 근로시간은 1일 10시간 300일 근무다.)

해답 연천인율 $= \dfrac{\text{재해자수}}{\text{연평균근로자수}} \times 1000 = \dfrac{3}{500} \times 1,000 = 6.00$

$$\text{강도율} = \frac{\text{근로손실일수}}{\text{연근로시간수}} \times 1000 = \frac{7,500 + 140 \times \dfrac{300}{365}}{500 \times 10 \times 300} \times 1,000 = 5.08$$

건설안전산업기사 2010년 2회

01.
다음은 말비계에 관한 사항이다. (   ) 안에 알맞게 쓰시오.

> (1) 지주부재의 하단에는 (①)를 하고, 양측 끝부분에 올라서서 작업하지 않도록 할 것
> (2) 지주부재와 수평면과의 기울기를 (②) 이하로 하고, 지주부재와 지주부재 사이를 고정시키는 보조부재를 설치할 것
> (3) 말비계의 높이가 (③)를 초과할 경우에는 작업발판의 폭을 (④) 이상으로 할 것

해답 ① 미끄럼 방지장치　② 75°
③ 2m　④ 40cm

02.
높이 5m 이상의 달비계를 조립하고자 한다. 와이어로프의 사용 제한조건을 쓰시오.

해답 ① 이음매가 있는 것
② 와이어로프의 한 꼬임(스트랜드)에서 끊어진 소선[素線, 필러(Pillar)선은 제외]의 수가 10% 이상(비자전로프의 경우에는 끊어진 소선의 수가 와이어로프 호칭지름의 6배 길이 이내에서 4개 이상이거나 호칭지름 30배 길이 이내에서 8개 이상)인 것
③ 지름의 감소가 공칭지름의 7%를 초과하는 것
④ 꼬인 것
⑤ 심하게 변형 또는 부식된 것
⑥ 열과 전기충격에 의해 손상된 것

03.
높이 2m 이상인 장소에서 작업 시 안전조치사항을 4가지 쓰시오.

해답 ① 안전난간 설치
② 울 및 손잡이 설치
③ 덮개를 설치하는 경우 뒤집히거나 떨어지지 않도록 할 것
④ 추락방호망 설치
⑤ 안전대 착용
⑥ 어두운 장소에서도 알아볼 수 있도록 개구부임을 표시

04.
고용노동부 장관에게 보고해야 하는 중대재해의 종류 3가지를 쓰시오.

해답 ① 사망자가 1명 이상 발생한 재해
② 3개월 이상의 요양을 요하는 부상자가 동시에 2명 이상 발생한 재해
③ 부상자가 또는 직업성 질병자가 동시에 10명 이상 발생한 재해

05.
지반의 굴착작업 시 사전 토질조사 사항 4가지를 쓰시오.

해답 ① 형상·지질 및 지층의 상태
② 균열·함수·용수 및 동결의 유무 또는 상태
③ 매설물 등의 유무 또는 상태
④ 지반의 지하수위 상태

06.
차량계 건설기계를 이용한 작업에서 작업계획에 포함해야 할 사항을 3가지만 쓰시오.

해답 ① 사용하는 차량계 건설기계의 종류 및 능력
② 차량계 건설기계의 운행경로
③ 차량계 건설기계에 의한 작업방법

07.
구조물을 해체할 때에는 미리 해체 구조물의 조사 결과에 따른 해체계획을 작성하고 그 해체계획에 의하여 작업하도록 하여야 한다. 이때 해체계획에 포함되어야 할 사항을 3가지만 쓰시오.

해답 ① 해체의 방법 및 해체순서 도면
② 가설설비, 방호설비, 환기설비 및 살수·방화설비 등의 방법
③ 사업장 내 연락방법
④ 해체물의 처분계획
⑤ 해체작업용 기계·기구 등의 작업계획서
⑥ 해체작업용 화약류 등의 사용계획서
⑦ 기타 안전·보건에 관련된 사항

08.
근로자 수 400명, 1일 작업시간 8시간, 연간 가동일수 300일, 지각·조퇴시간 500시간, 잔업시간 10,000시간, 재해건수 2건, 재해로 인한 휴업일수 27일인 사업장의 강도율을 구하시오.

해답 강도율 $= \dfrac{근로손실일수}{연근로시간수} \times 1,000 = \dfrac{27 \times \frac{300}{365}}{(400 \times 8 \times 300) + 10,000 - 500} \times 1,000 = 0.02$

09.
인간의 욕구단계에 대한 매슬로, 허즈버그, 알더퍼의 이론을 쓰시오.

해답 ① 매슬로 : 생리적 욕구, 안전의 욕구, 사회적 욕구, 존경의 욕구, 자아실현의 욕구
② 허즈버그 : 위생이론, 동기이론
③ 알더퍼 : 생존욕구, 관계욕구, 성장욕구

10.
흙막이 공사 시 붕괴재해를 일으킬 수 있는 히빙과 보일링의 정의를 쓰시오.

해답 1) 히빙(Heaving) 현상
① 정의 : 연약한 점토지반을 굴착할 때 흙막이 벽체 배면에 있는 흙의 중량이 굴착 바닥면의 흙의 중량보다 클 때 그 중량 차이로 인해 흙막이 벽체 배면의 흙이 안으로 밀려 들어와 굴착 바닥면이 부풀어오르는 현상
② 방지대책
㉠ 흙막이벽 근입깊이 증가
㉡ 흙막이벽 배면 지표의 상재하중을 제거
㉢ 지반굴착 시 흙이 느슨해지지 않도록 유의
㉣ 지반개량으로 하부지반 전단강도 개선
㉤ 강성이 큰 흙막이 공법 선정
2) 보일링(Boiling) 현상
① 정의 : 투수성이 좋은 사질토 지반을 굴착할 때 흙막이벽 배면의 지하수위가 굴착저면보다 높을 때 굴착저면 위로 모래와 지하수가 솟아오르는 현상
② 방지대책
㉠ 흙막이벽 근입깊이 증가
㉡ 흙막이벽의 차수성 증대
㉢ 흙막이벽 배면 지반 그라우팅 실시
㉣ 흙막이벽 배면 지반 지하수위 저하
㉤ 굴착토를 즉시 원상태로 매립

11.
사업장 안전보건관리의 4단계를 순서대로 쓰시오.

해답 계획(Plan), 실시(Do), 검토(Check), 조치(Action)

12.
터널 등의 건설작업에 있어서 낙반 등에 의하여 근로자에게 위험을 미칠 우려가 있는 때 사업주가 위험을 방지하기 위하여 조치할 사항을 2가지만 쓰시오.

해답 ① 터널지보공 설치 ② 록볼트 설치 ③ 부석의 제거

건설안전산업기사 2010년 4회

01.
터널 굴착작업 시 작업계획에 포함되는 내용을 쓰시오.

해답 ① 굴착의 방법
② 터널지보공 및 복공의 시공방법과 용수의 처리방법
③ 환기 또는 조명시설을 하는 때에는 그 방법

02.
산업안전보건법상 도급 작업장에서 산업재해를 예방하기 위한 조치로 경보의 운영과 수급인 및 수급인의 근로자에 대한 경보운영사항의 통보를 하여야 하는 경우 2가지를 쓰시오.

해답 ① 작업 장소에서 발파작업을 하는 경우
② 작업 장소에서 화재가 발생하거나 토석 붕괴 사고가 발생하는 경우

03.
산업안전보건법상 전기기계·기구 중 대지전압이 150v를 초과하는 이동식, 휴대형 전기기계·기구의 감전 방지를 위하여 누천 차단기를 설치하여야 하는 장소 3가지를 쓰시오.

해답 ① 물 등 도전성이 높은 액체에 의한 습윤 장소
② 철판·철골 위 등 도전성이 높은 장소
③ 임시배선의 전로가 설치되는 장소

04.
달비계 또는 높이 5m 이상의 비계를 조립·해체하거나 변경작업을 할 때에 사업주로서 준수하여야 할 사항을 3가지만 쓰시오.

해답 ① 관리감독자의 지휘에 따라 작업하도록 할 것
② 조립·해체 또는 변경의 시기·범위 및 절차를 그 작업에 종사하는 근로자에게 주지시킬 것
③ 조립·해체 또는 변경 작업구역에는 해당 작업에 종사하는 근로자가 아닌 사람의 출입을 금지하고 그 내용을 보기 쉬운 장소에 게시할 것

④ 비, 눈, 그 밖의 기상상태의 불안정으로 날씨가 몹시 나쁜 경우에는 그 작업을 중지시킬 것
⑤ 비계재료의 연결·해체작업을 하는 경우에는 폭 20cm 이상의 발판을 설치하고 근로자로 하여금 안전대를 사용하도록 하는 등 추락을 방지하기 위한 조치를 할 것
⑥ 재료·기구 또는 공구 등을 올리거나 내리는 경우에는 근로자가 달줄 또는 달포대 등을 사용하게 할 것

O5.
높이 5m 이상의 달비계를 이용하는 작업 시 관리감독자의 직무를 쓰시오.

➡해답 ① 재료의 결함 유무를 점검하고 불량품을 제거하는 일
② 기구·공구·안전대 및 안전모 등의 기능을 점검하고 불량품을 제거하는 일
③ 작업방법 및 근로자 배치를 결정하고 작업 진행 상태를 감시하는 일
④ 안전대와 안전모 등의 착용 상황을 감시하는 일

O6.
유해·위험방지계획서를 제출한 사업주는 고용노동부 장관의 확인을 받아야 한다. 건설공사 중 확인을 받아야 하는 내용을 3가지만 쓰시오.

➡해답 ① 유해·위험방지계획서의 내용과 실제공사 내용과의 부합 여부
② 유해·위험방지계획서 변경내용의 적정성
③ 추가적인 유해·위험요인의 존재 여부

O7.
500명을 고용하는 A사업장에서 연간 6명의 재해자가 발생되었다. A사업장의 재해율 중 연천인율과 도수율을 구하시오.

➡해답 연천인율 $= \dfrac{재해자수}{연평균근로자수} \times 1,000 = \dfrac{6}{500} \times 1,000 = 12$

도수율 $= \dfrac{재해발생건수}{연근로시간수} \times 1,000,000 = \dfrac{6}{500 \times 8 \times 300} \times 1,000,000 = 5.00$

08.
다음은 작업 조건에 따라 착용해야 할 보호구를 나타낸 것이다. 각 항에 알맞은 보호구를 쓰시오.

> (1) 물체가 떨어지거나 날아올 위험 또는 근로자가 감전되거나 추락할 위험이 있는 작업
> (2) 물체의 낙하, 충격, 물체에의 끼임, 감전 또는 정전기의 대전에 의한 위험이 있는 작업
> (3) 감전의 위험이 있는 작업
> (4) 용접 시 불꽃 또는 물체가 날아 흩어질 위험이 있는 작업
> (5) 고열에 의한 화상 등의 위험이 있는 작업

해답 (1) 안전모   (2) 안전화   (3) 절연용 보호구
     (4) 보안면   (5) 방열복

09.
기초지반의 공학적 성질을 개량하는 지반개량공법을 4가지 쓰시오.

해답 1) 점성토 연약지반 개량공법
    ① 치환공법 : 연약지반을 양질의 흙으로 치환하는 공법으로 굴착, 활동, 폭파 치환
    ② 재하공법(압밀공법) : 프리로딩 공법(Pre-Loading), 압성토공법(Surcharge), 사면선단 재하공법
    ③ 탈수공법 : 연약지반에 모래말뚝, 페이퍼드레인, 팩을 설치하여 물을 배제시켜 압밀을 촉진하는 것으로 샌드드레인·페이퍼드레인·팩드레인 공법
    ④ 배수공법 : 중력배수(집수정, Deep Well), 강제배수(Well Point, 진공 Deep Well)
    ⑤ 고결공법 : 생석회 말뚝공법, 동결공법, 소결공법
   2) 사질토 연약지반 개량공법
    ① 진동다짐공법(Vibro Floatation) : 봉상진동기를 이용, 진동과 물다짐을 병용
    ② 동다짐(압밀)공법 : 무거운 추를 자유 낙하시켜 지반충격으로 다짐효과를 얻음
    ③ 약액주입공법 : 지반 내 화학약액(LW, Bentonite, Hydro)을 주입하여 지반고결
    ④ 폭파다짐공법 : 인공지진을 발생시켜 모래지반을 다짐
    ⑤ 전기충격공법 : 지반 속에서 고압방전을 일으켜 발생하는 충격력으로 지반다짐
    ⑥ 모래다짐말뚝공법 : 충격, 진동, 타입에 의해 모래를 압입시켜 모래말뚝을 형성하여 다짐에 의한 지지력을 향상

10.
안전보건표지의 종류와 형태를 쓰시오.

해답 ① 금지표지 : 사용금지, 탑승금지, 화기금지
     ② 경고표지 : 인화성 물질경고, 위험장소경고, 방사성 물질경고

③ 지시표지 : 방진마스크착용, 보안면착용, 안전모착용
④ 안내표지 : 응급구호표지, 들것, 세안장치

11.
매슬로의 인간욕구 5단계를 쓰시오.

➡️**해답** ① 생리적 욕구
② 안전의 욕구
③ 사회적 욕구
④ 존경의 욕구
⑤ 자아실현의 욕구

12.
산업안전보건법상 잠함·잠수 작업 등 고기압 하에서 작업 시 근로시간을 연장하지 아니하도록 하였다. 그 작업시간을 쓰시오.

➡️**해답** 1일 6시간, 1주 34시간 초과 금지

13.
다음 물음에 대하여 설명하시오.

① 정기점검의 정의
② 수시점검의 정의

➡️**해답** ① 정기점검 : 정해진 기간에 정기적으로 실시하는 점검
② 수시점검 : 작업 전·중·후 수시로 실시하는 점검

건설안전산업기사 2011년 1회

O1.
굴착작업 시 사전조사 후 굴착시기와 작업순서를 정하여야 한다. 굴착작업 시의 사전조사 내용을 3가지 쓰시오.

→해답 ① 형상·지질 및 지층의 상태
② 균열·함수·용수 및 동결의 유무 또는 상태
③ 매설물 등의 유무 또는 상태
④ 지반의 지하수위 상태

O2.
리프트 설치, 조립, 수리, 점검 또는 해체 시 작업지휘자의 직무를 3가지 쓰시오.

→해답 ① 작업방법과 근로자의 배치를 결정하고 당해 작업을 지휘하는 일
② 재료의 결함유무 또는 기구 및 공구의 기능을 점검하고 불량품을 제거하는 일
③ 작업 중 안전대 등 보호구의 착용 상황을 감시하는 일

O3.
라인형 조직, 라인·스태프형 조직의 장단점을 각 1가지씩 쓰시오.

→해답 1) 라인형 조직
① 장점 : 안전에 관한 지시 및 명령계통이 철저하고 대책의 실시가 신속하다.
② 단점 : 안전에 대한 지식 및 기술축적이 어렵다.
2) 라인·스태프형 조직
① 장점 : 안전에 대한 기술 및 경험축적이 용이하다.
② 단점 : 명령계통과 조언 권고적 참여가 혼동되기 쉽다.

04.
와이어로프의 사용제한 조건을 2가지 쓰시오.

해답 ① 이음매가 있는 것
② 와이어로프의 한 꼬임에서 끊어진 소선의 수가 10% 이상(비자전로프의 경우에는 끊어진 소선의 수가 와이어로프 호칭지름의 6배 길이 이내에서 4개 이상이거나 호칭지름 30배 길이 이내에서 8개 이상인 것)인 것
③ 지름의 감소가 공칭지름의 7%를 초과하는 것
④ 꼬인 것
⑤ 심하게 변형 또는 부식된 것
⑥ 열과 전기충격에 의해 손상된 것

05.
어느 공장의 도수율이 13이고, 강도율이 1.2일 때 이 공장에 근무하는 근로자가 입사부터 정년퇴직까지 몇 회의 부상과 며칠의 근로손실일수를 갖는 상태가 되겠는가?

해답 환산강도율＝강도율×100＝1.2×100＝120
환산강도율은 근로자가 입사하여 퇴직할 때까지 잃을 수 있는 근로손실일수를 말하므로 근로손실일수는 120이다.

06.
다음 ( ) 안에 알맞은 안전보건표지의 색채를 쓰시오.

색채	용도	사용예
노란색	경고	화학물질 취급장소에서의 유해, 위험경고 그 밖의 위험경고, 주위표지 또는 기계방호물
(①)	지시	특정 행위의 지시 및 사실의 고지
(②)	안내	비상구 및 피난소, 사람 또는 차량의 통행 표지
(③)		파란색 또는 녹색에 대한 보조색
(④)		문자 및 빨간색 또는 노란색에 대한 보조색

해답 ① 파란색   ② 녹색
③ 흰색   ④ 검은색

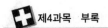

07.
금속의 용접, 용단 또는 가열에 사용되는 가스용기 취급 시 준수사항 5가지를 쓰시오.

해답 ① 용기의 온도를 섭씨 40도 이하로 유지할 것
② 전도의 위험이 없도록 할 것
③ 충격을 가하지 않도록 할 것
④ 운반하는 경우에는 캡을 씌울 것
⑤ 사용하는 경우에는 용기의 마개에 부착되어 있는 유류 및 먼지를 제거할 것
⑥ 밸브의 개폐는 서서히 할 것
⑦ 사용 전 또는 사용 중인 용기와 그 밖의 용기를 명확히 구별하여 보관할 것
⑧ 용해아세틸렌의 용기는 세워 둘 것
⑨ 용기의 부식·마모 또는 변형상태를 점검한 후 사용할 것

08.
사다리식 통로의 안전기준을 4가지 쓰시오.

해답 ① 견고한 구조로 할 것
② 심한 손상·부식 등이 없는 재료를 사용할 것
③ 발판의 간격은 일정하게 할 것
④ 발판과 벽과의 사이는 15cm 이상의 간격을 유지할 것
⑤ 폭은 30cm 이상으로 할 것
⑥ 사다리가 넘어지거나 미끄러지는 것을 방지하기 위한 조치를 할 것
⑦ 사다리의 상단은 걸쳐놓은 지점으로부터 60cm 이상 올라가도록 할 것
⑧ 사다리식 통로의 길이가 10m 이상인 경우에는 5미터 이내마다 계단참을 설치할 것
⑨ 사다리식 통로의 기울기는 75° 이하로 할 것. 다만, 고정식 사다리식 통로의 기울기는 90° 이하로 하고, 그 높이가 7m 이상인 경우에는 바닥으로부터 높이가 2.5m 되는 지점부터 등받이울을 설치할 것
⑩ 접이식 사다리 기둥은 사용 시 접혀지거나 펼쳐지지 않도록 철물 등을 사용하여 견고하게 조치할 것

09.
안전난간 설치 시 준수하여야 할 사항을 4가지 쓰시오.

해답 ① 상부 난간대·중간 난간대·발끝막이판 및 난간기둥으로 구성할 것
② 상부 난간대는 바닥면·발판 또는 경사로의 표면(이하 "바닥면 등"이라 한다)으로부터 90cm 이상 지점에 설치하고, 상부 난간대를 120cm 이하에 설치하는 경우에는 중간 난간대는 상부 난간대와 바닥면 등의 중간에 설치하여야 하며, 120cm 이상 지점에 설치하는 경우에는 중간 난간대를 2단 이상으로 균등하게 설치하고 난간의 상하 간격은 60cm 이하가 되도록 할 것. 다만, 계단의 개방된 측면에 설치된 난간기둥 간의 간격이 25cm 이하인 경우에는 중간 난간대를 설치하지 아니할 수 있다.
③ 발끝막이판은 바닥면 등으로부터 10cm 이상의 높이를 유지할 것

④ 난간기둥은 상부 난간대와 중간 난간대를 견고하게 떠받칠 수 있도록 적정간격을 유지할 것
⑤ 상부 난간대와 중간 난간대는 난간길이 전체에 걸쳐 바닥면 등과 평행을 유지할 것
⑥ 난간대는 지름 2.7cm 이상의 금속제 파이프나 그 이상의 강도를 가진 재료일 것
⑦ 안전난간은 구조적으로 가장 취약한 지점에서 가장 취약한 방향으로 작용하는 100kg 이상의 하중에 견딜 수 있는 튼튼한 구조일 것

10.
차량계 건설기계의 전도를 방지하기 위한 방법을 4가지 쓰시오.

해답 ① 유도하는 사람(유도자)을 배치
② 지반의 부동침하 방지
③ 갓길의 붕괴 방지
④ 도로 폭의 유지

11.
청각장치와 시각장치 중 청각장치를 사용하는 경우를 3가지 쓰시오.

해답 ① 신호음 자체가 음일 때
② 무선거리 신호, 항로정보 등과 같이 연속적으로 변하는 정보를 제시할 때
③ 음성통신 경로가 전부 사용되고 있을 때
④ 정보가 즉각적인 행동을 요구하는 경우
⑤ 조명으로 인해 시각을 이용하기 어려운 경우

12.
재해예방 4원칙을 쓰시오.

해답 ① 손실우연의 원칙
② 원인계기의 원칙
③ 예방가능의 원칙
④ 대책선정의 원칙

13.
히빙(Heaving) 현상의 방지대책 3가지를 쓰시오.

해답
① 흙막이벽 근입깊이 증가
② 흙막이벽 배면 지표의 상재하중을 제거
③ 지반굴착 시 흙이 느슨해지지 않도록 유의
④ 지반개량으로 하부지반 전단강도 개선
⑤ 강성이 큰 흙막이 공법 선정

건설안전산업기사 2011년 2회

01.
안전보건총괄책임자 지정 대상 사업의 종류 4가지와 안전보건총괄책임자의 직무 4가지를 쓰시오.

➡해답 1) 지정 대상 사업의 종류
　　① 1차 금속 제조업
　　② 선박 및 보트 건조업
　　③ 토사석 광업
　　④ 서적, 잡지 및 기타 인쇄물 출판업
　2) 직무사항
　　① 위험성평가의 실시에 관한 사항
　　② 산업재해 및 중대재해 발생에 따른 작업의 중지
　　③ 도급 시 산업재해 예방조치
　　④ 산업안전보건관리비의 관계수급인 간의 사용에 관한 협의·조정 및 그 집행의 감독
　　⑤ 안전인증대상기계등과 자율안전확인대상기계등의 사용 여부 확인

02.
차량계 건설기계의 작업계획 내용에 포함해야 할 사항 3가지를 쓰시오.

➡해답 ① 사용하는 차량계 건설기계의 종류 및 능력
　　② 차량계 건설기계의 운행경로
　　③ 차량계 건설기계에 의한 작업방법

03.
다음은 건설업 산업안전보건관리비 사용내역을 나열한 것이다. 안전관리비로 사용할 수 없는 항목의
번호를 4가지 쓰시오.

① 전기 안전대행 수수료　　② 해상·수상공사에서 구명정 구입비용
③ 구급기재 등에 소요되는 내용　　④ 현장 내 안전보건 교육장 설치비용
⑤ 일반근로자 작업복 구입비용　　⑥ 터널작업의 장화 구입비용
⑦ 매설물 탐지비용　　⑧ 협력업체 안전관리 진단비용

➡해답 ①, ②, ⑤, ⑦

04.

한 사업장에서 근로자 500명이 근무하던 중 산업재해가 3건 발생하여 1명이 사망하고, 1명이 110일, 1명이 30일의 휴업일수를 발생시켰다. 이 사업장의 연천인율과 강도율을 구하시오.(단, 종업원의 근무 시간은 1일 10시간, 근무일수 300일이다.)

→해답 연천인율 $= \dfrac{\text{재해자수}}{\text{근로자수}} \times 1,000 = \dfrac{3}{500} \times 1,000 = 6$

강도율 $= \dfrac{\text{근로손실일수}}{\text{근로총시간수}} \times 1,000 = \dfrac{7500 + (140 \times \dfrac{300}{365})}{500 \times 10 \times 300} \times 1,000 = 5.08$

05.

다음 보기 예와 같이 산업안전보건표지 4가지를 그리시오.

→해답

101 출입금지	215 위험장소 경고	301 보안경 착용	501 허가대상물질 작업장

관계자외 출입금지
(허가물질 명칭) 제조/사용/보관 중

보호구/보호복 착용
흡연 및 음식물
섭취 금지

06.

다음 (   ) 안에 알맞은 말을 쓰시오.

목재 경사로 설치 시 경사로의 폭은 최소 (①) 이상, 비탈면의 경사각은 (②) 이내로 하고, 경사로 지지기둥은 (③) 이내마다 설치하여야 한다.

→해답 ① 90cm   ② 30°   ③ 3m

07.

다음 보기에 알맞은 내용을 쓰시오.

> 사업주는 산업재해로 사망자가 발생하여 (①) 이상의 휴업이 필요한 부상 또는 질병에 걸린자가
> 발생할 경우 재해가 발생한 날부터 (②) 이내에 (③)를 작성, 관할 지방고용노동관서의장에게
> 제출하여야 한다.

➡️**해답** ① 3일　　　　　　② 1개월　　　　　　③ 산업재해조사표

08.

오랫동안 사용하지 않은 구조물 등 밀폐공간 작업 시 실시하여야 할 교육내용을 4가지 쓰시오.

➡️**해답** ① 산소농도 측정 및 작업환경에 관한 사항
　　② 사고 시 응급조치 및 비상시 구출에 관한 사항
　　③ 보호구 착용 및 사용방법에 관한 사항
　　④ 밀폐공간 작업 및 안전작업방법에 관한 사항

09.

하적단의 붕괴 또는 화물의 낙하에 의한 근로자의 위험 방지대책 2가지를 쓰시오.

➡️**해답** ① 하적단을 로프로 묶거나 망을 치는 등의 작업을 통해 위험을 방지한다.
　　② 하적단을 쌓는 경우에는 기본형을 조성하여 쌓아야 한다.
　　③ 하적간을 헐어내는 경우에는 위에서부터 순차적으로 층계를 만들면서 헐어내어야 하며, 중간에서 헐어
　　　내어서는 아니 된다.

10.

비, 눈, 그 밖의 기상상태 불안정으로 인해 작업중지 후 비계의 조립·해체·변경작업 시 작업 시작
전 점검해야 할 사항을 쓰시오.

➡️**해답** ① 발판재료의 손상 여부 및 부착 또는 걸림 상태
　　② 해당 비계의 연결부 또는 접속부의 풀림 상태
　　③ 연결재료 및 연결철물의 손상 또는 부식 상태
　　④ 손잡이의 탈락 여부
　　⑤ 기둥의 침하·변형·변위 또는 흔들림 상태
　　⑥ 로프의 부착상태 및 매단 장치의 흔들림 상태

11.
공사용 가설도로 설치 시 준수사항 3가지만 쓰시오.

→해답 ① 도로는 장비와 차량이 안전하게 운행할 수 있도록 견고하게 설치할 것
② 도로와 작업장이 접하여 있을 경우에는 울타리 등을 설치할 것
③ 도로는 배수를 위하여 경사지게 설치하거나 배수시설을 설치할 것
④ 차량의 속도제한 표지를 부착할 것

12.
산업안전보건법상 차량계 하역운반기계에 화물 적재 시 준수사항 3가지를 쓰시오.

→해답 ① 하중이 한쪽으로 치우치지 않도록 적재할 것
② 구내운반차 또는 화물자동차의 경우 화물의 붕괴 또는 낙하에 의한 위험을 방지하기 위하여 화물에 로프를 거는 등 필요한 조치를 할 것
③ 운전자의 시야를 가리지 않도록 화물을 적재할 것
④ 화물을 적재하는 경우에는 최대적재량을 초과해서는 안 됨

13.
강관비계의 벽이음 또는 버팀을 설치하는 간격을 답란의 빈칸에 쓰시오.

강관비계의 종류	조립간격(단위 : m)	
	수직방향	수평방향
단관비계	(①)	(②)
틀비계(높이가 5m 미만의 것을 제외한다)	(③)	(④)

→해답 ① 5 ② 5
③ 6 ④ 8

건설안전산업기사 2011년 4회

01.
거푸집 동바리의 조립 또는 해체작업 시 특별교육 내용을 4가지 쓰시오.

해답 거푸집 동바리의 조립 또는 해체작업의 특별교육 내용
- 동바리의 조립방법 및 작업 절차에 관한 사항
- 조립재료의 취급방법 및 설치기준에 관한 사항
- 조립 해체 시의 사고 예방에 관한 사항
- 보호구 착용 및 점검에 관한 사항

02.
다음은 산업안전보건법 관련 보기의 빈칸을 채우시오.

> (1) 공사금액이 800억 원 이상 또는 상시 근로자 600명 이상 시 안전관리자 수 (　　)명
> (2) 공사금액이 800억 원 이하 및 상시 근로자 300명 이상 600명 미만 시 안전관리자 (　　)명
> (3) 공사금액 800억 원을 기준으로 매 (　　)억 원 또는 상시 근로자 (　　)명을 기준으로 매 (　　)명 추가될 때마다 1명씩 추가
> (4) 상시 근로자 600명 이상의 건설업 안전관리자는 (　　)명

해답 (1) 2　　　　　(2) 1　　　　　(3) 700, 600, 300　　　　　(4) 2

03.
유해·위험방지계획서 심사결과 적정, 조건부적정, 부적정을 설명하시오.

해답 ① 적정 : 근로자의 안전과 보건을 위하여 필요한 조치가 구체적으로 확보되었다고 인정되는 경우
② 조건부 적정 : 근로자의 안전과 보건을 확보하기 위하여 일부 개선이 필요하다고 인정되는 경우
③ 부적정 : 기계·설비 또는 건설물이 심사기준에 위반되어 공사착공 시 중대한 위험발생의 우려가 있거나 계획에 근본적 결함이 있다고 인정되는 경우

04.

안전보건진단을 받아 안전보건개선계획을 제출하도록 명령할 수 있는 사업장 3가지를 쓰시오.

해답 ① 산업재해율이 같은 업종의 규모별 평균 산업재해율보다 높은 사업장
② 사업주가 필요한 안전조치 또는 보건조치를 이행하지 아니하여 중대재해가 발생한 사업장
③ 직업성 질병자가 연간 2명 이상 발생한 사업장
④ 유해인자의 노출기준을 초과한 사업장

05.

목재 가공용 기계인 둥근톱의 방호장치를 2가지 쓰시오.

해답 ① 반발 예방장치
② 날 접촉 예방장치

06.

위험방지를 위하여 크레인에 취해야 할 방호장치 4가지를 쓰시오.

해답 ① 권과방지장치
② 과부하방지장치
③ 비상정지장치
④ 브레이크장치
⑤ 훅해지장치

07.

이동식 비계의 조립 시 준수해야 할 사항을 3가지 쓰시오.

해답 ① 이동식 비계의 바퀴에는 뜻밖의 갑작스러운 이동 또는 전도를 방지하기 위하여 브레이크·쐐기 등으로
바퀴를 고정시킨 다음 비계의 일부를 견고한 시설물에 고정하거나 아웃트리거(Outrigger)를 설치하는
등 필요한 조치를 할 것
② 승강용 사다리는 견고하게 설치할 것
③ 비계의 최상부에서 작업을 하는 경우에는 안전난간을 설치할 것
④ 작업발판은 항상 수평을 유지하고 작업발판 위에서 안전난간을 딛고 작업을 하거나 받침대 또는 사다리
를 사용하여 작업하지 않도록 할 것
⑤ 작업발판의 최대적재하중은 250kg을 초과하지 않도록 할 것

08.

다음 빈칸의 알맞은 숫자를 넣으시오.

> • 주행크레인 또는 선회 크레인과 건설물 또는 설비와의 사이에 통로를 설치하는 경우 그 폭 (①)m 이상으로 하여야 한다.
> • 통로 등 건설물의 기둥에 접촉하는 부분에 대하여서는 (②)m 이상으로 할 수 있다.
> • 크레인의 운전실 또는 운전대를 통하는 통로의 끝과 건설물 등의 벽체 간격은 (③)m로 한다.
> • 크레인 거더(Girder)의 통로 끝과 크레인의 거더의 간격은 (④)m로 한다.
> • 크레인의 거더의 통로로 통하는 통로의 끝과 건설물 등의 벽체와의 간격은 (⑤)m 이하로 한다.

➡해답 ① 0.6 ② 0.4 ③ 0.3
④ 0.3 ⑤ 0.3

09.

산업안전보건법상 보호구의 안전인증 제품에 표시해야 할 사항을 4가지 쓰시오.

➡해답 ① 형식 및 모델명
② 규격 또는 등급 등
③ 제조자명
④ 제조번호 및 제조연월
⑤ 안전인증 번호

10.

시각적 표시 장치보다 청각적 표시장치가 유리한 경우를 쓰시오.

➡해답 ① 신호음 자체가 음일 때
② 무선거리 신호, 항로정보 등과 같이 연속적으로 변하는 정보를 제시할 때
③ 음성통신 경로가 전부 사용되고 있을 때
④ 정보가 즉각적인 행동을 요구하는 경우
⑤ 조명으로 인해 시각을 이용하기 어려운 경우

11.

달비계에 사용해서는 안 되는 섬유로프 또는 섬유벨트를 쓰시오.

➡해답 ① 꼬임이 끊어진 것
② 심하게 손상되거나 부식된 것

12.

한 사업장에서 근로자 500명이 근무하던 중 산업재해가 3건 발생하여 1명이 사망하고, 1명이 110일, 1명이 30일의 휴업일수를 발생시켰다. 이 사업장의 연천인율과 강도율을 구하시오.(단, 종업원의 근무시간은 1일 10시간, 근무일수 300일이다.)

해답 연천인율 $= \dfrac{\text{재해자수}}{\text{근로자수}} \times 1,000 = \dfrac{3}{500} \times 1,000 = 6$

강도율 $= \dfrac{\text{근로손실일수}}{\text{근로총시간수}} \times 1,000 = \dfrac{7500 + \left(140 \times \dfrac{300}{365}\right)}{500 \times 10 \times 300} \times 1,000 = 5.08$

13.

작업장의 지형, 지반, 지층 상태 등 사전조사 및 작업계획서를 작성하고 그 계획서에 따라 작업을 해야 하는 작업의 종류 4가지를 쓰시오.

해답 ① 차량계 건설기계를 사용하는 작업
② 굴착작업
③ 터널 굴착작업
④ 채석작업

건설안전산업기사 2012년 1회

01.
안전난간을 설치해야 하는 장소를 3가지 쓰시오.

➡해답 ① 작업발판 단부
② 통로의 끝
③ 개구부

02.
다음 안전난간의 기준에 관한 내용에서 (   ) 안에 알맞은 말을 쓰시오.

> (1) 상부 난간대는 바닥면·발판 또는 경사로의 표면(이하 "바닥면 등"이라 한다)으로부터 (①) 이상 지점에 설치하고, 상부 난간대를 120cm 이하에 설치하는 경우에는 중간 난간대는 상부 난간대와 바닥면 등의 중간에 설치할 것.다만, 계단의 개방된 측면에 설치된 난간기둥 간의 간격이 25cm 이하인 경우에는 중간 난간대를 설치하지 아니할 수 있다.
> (2) 발끝막이판은 바닥면 등으로부터 (②) 이상의 높이를 유지할 것
> (3) 난간대는 지름 (③) 이상의 금속제 파이프나 그 이상의 강도를 가진 재료일 것
> (4) 안전난간은 구조적으로 가장 취약한 지점에서 가장 취약한 방향으로 작용하는 (④) 이상의 하중에 견딜 수 있는 튼튼한 구조일 것

➡해답 ① 90cm   ② 10cm
③ 2.7cm   ④ 100kg

03.
목재용 가공기계인 둥근톱기계의 방호장치를 2가지 쓰시오.

➡해답 ① 반발 예방장치
② 날 접촉 예방장치

04.
차량계 건설기계를 사용하는 작업을 함에 있어서 그 기계가 넘어지거나 굴러 떨어짐으로써 근로자에게 위험을 미칠 우려가 있는 때에 필요한 조치사항을 3가지 쓰시오.

➡해답 ① 유도하는 사람(유도자)을 배치
② 지반의 부동침하 방지
③ 갓길의 붕괴 방지
④ 도로 폭의 유지

05.
연평균근로자수가 250명인 사업장에 연간재해발생건수가 9건, 근로손실일수가 40일, 휴업일수가 100일 때 강도율과 빈도율(도수율)을 구하시오.(단, 사업장의 연근무일수는 310일, 1일 근로시간은 9시간이다.)

➡해답 강도율 $= \dfrac{근로손실일수}{연근로시간수} \times 1,000 = \dfrac{40 + 100 \times \frac{310}{365}}{250 \times 310 \times 9} \times 1,000 = 0.18$

도수율(빈도율) $= \dfrac{재해발생건수}{연근로시간수} \times 1,000,000 = \dfrac{9}{250 \times 310 \times 9} \times 1,000,000 = 12.9$

06.
차량계 하역운반기계인 지게차의 헤드가드가 갖추어야 할 사항 4가지를 쓰시오.

➡해답 ① 강도는 지게차의 최대하중의 2배 값(4톤을 넘는 값에 대해서는 4톤으로 한다)의 등분포정하중에 견딜 수 있을 것
② 상부틀의 각 개구의 폭 또는 길이가 16cm 미만일 것
③ 운전자가 앉아서 조작하는 방식의 지게차의 경우에는 운전자의 좌석 윗면에서 헤드가드의 상부틀 아랫면까지의 높이가 1m 이상일 것
④ 운전자가 서서 조작하는 방식의 지게차의 경우에는 운전석의 바닥면에서 헤드가드의 상부틀 하면까지의 높이가 2m 이상일 것

07.
늘어난 달기체인의 사용금지조건을 3가지 쓰시오.

➡해답 ① 달기 체인의 길이가 달기체인이 제조된 때의 길이의 5퍼센트를 초과한 것
② 링의 단면지름이 달기체인이 제조된 때의 해당 링의 지름의 10퍼센트를 초과하여 감소한 것
③ 균열이 있거나 심하게 변형된 것

08.
히빙 현상의 정의와 그 방지대책을 쓰시오.

해답 ① 정의 : 연약한 점토지반을 굴착할 때 흙막이 벽체 배면에 있는 흙의 중량이 굴착 바닥면의 흙의 중량보다
클 때 그 중량 차이로 인해 흙막이 벽체 배면의 흙이 안으로 밀려 들어와 굴착 바닥면이 부풀어오르는
현상
② 방지대책
㉠ 흙막이벽 근입깊이 증가
㉡ 흙막이벽 배면 지표의 상재하중을 제거
㉢ 지반굴착 시 흙이 느슨해지지 않도록 유의
㉣ 지반개량으로 하부지반 전단강도 개선
㉤ 강성이 큰 흙막이 공법 선정

09.
콘크리트 비빔시험의 종류 4가지를 쓰시오.

해답 ① 블리딩시험
② 염화물량시험
③ 공기량시험
④ 슬럼프시험(Slump Test)

10.
타워크레인의 설치·조립·해체 시 작업계획서의 내용 3가지를 쓰시오.

해답 ① 타워크레인의 종류 및 형식
② 설치·조립 및 해체순서
③ 작업도구·장비·가설설비 및 방호설비
④ 작업인원의 구성 및 작업근로자의 역할범위
⑤ 타워크레인의 지지방법

11.
인간-기계 개체관리를 쓰시오.

해답 인간(Man), 기계(Machine), 작업매체(Media), 관리(Management)

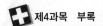

12.
다음 (   ) 안을 채우시오.

누전 차단기 가운데 감전보호형 누전차단기는 정격감도전류의 (①) 이하, 동작시간은 (②)이내여
야 한다.

해답 ① 30mA
② 0.03초

건설안전산업기사 2012년 2회

01.
다음 표에서 강관비계의 조립간격을 (　) 안에 쓰시오.

강관비계의 종류	조립간격(단위 : m)	
	수직방향	수평방향
단관비계	(①)	(②)
틀비계(높이가 5m 미만의 것을 제외한다)	(③)	(④)

해답 ① 5　　　② 5
③ 6　　　④ 8

02.
이동식 크레인의 작업 전 점검사항을 쓰시오.

해답 ① 권과방지장치나 그 밖의 경보장치의 기능
② 브레이크·클러치 및 조정장치의 기능
③ 와이어로프가 통하고 있는 곳 및 작업장소의 지반상태

03.
재해예방의 4원칙을 쓰고 간단히 설명하시오.

해답 ① 손실우연의 원칙
② 원인계기의 원칙
③ 예방가능의 원칙
④ 대책선정의 원칙

04.
산업안전보건관리비의 대상액 구성항목 3가지를 쓰시오.

해답 ① 직접재료비
② 간접재료비
③ 직접노무비

05.
다음은 사업장에서 실시하는 안전보건교육의 종류 및 교육대상에 대한 교육시간을 나타낸 표이다.
( ) 안에 알맞은 내용을 쓰시오.

교육과정	교육대상		교육시간
가. 정기교육	1) 사무직 종사 근로자		매반기 (①)시간 이상
	2) 그 밖의 근로자	가) 판매업무에 직접 종사하는 근로자	매반기 (②)시간 이상
		나) 판매업무에 직접 종사하는 근로자 외의 근로자	매반기 (③)시간 이상
나. 채용 시 교육	1) 일용근로자 및 근로계약기간이 1주일 이하인 기간제근로자		1시간 이상
	2) 근로계약기간이 1주일 초과 1개월 이하인 기간제근로자		4시간 이상
	3) 그 밖의 근로자		(④)시간 이상
다. 작업내용 변경 시 교육	1) 일용근로자 및 근로계약기간이 1주일 이하인 기간제근로자		1시간 이상
	2) 그 밖의 근로자		(⑤)시간 이상

➡해답 ① 6, ② 6, ③ 12, ④ 8 ⑤ 2

06.
터널 지보공 설치 시 수시점검사항 3가지를 쓰시오.

➡해답 ① 부재의 손상·변형·부식·변위, 탈락의 유무 및 상태
② 부재의 긴압의 정도
③ 부재의 접속부 및 교차부의 상태
④ 기둥침하의 유무 및 상태

07.
비계의 조립 시 벽이음 설치간격에 대하여 다음 빈칸을 채우시오.

비계의 종류	설치간격(단위 : m)	
	수직방향	수평방향
통나무 비계	(①)	(②)
단관 비계	(③)	(④)
강관틀 비계	(⑤)	(⑥)

➡해답 ① 5.5 ② 7.5 ③ 5
④ 5 ⑤ 6 ⑥ 8

08.
터널공사의 용접작업 시 화재예방을 위한 안전대책 3가지를 쓰시오.

→해답) ① 충전부 방호조치   ② 이동전선의 절연상태 확인
      ③ 감시인 배치   ④ 소화기 배치
      ⑤ 인화성, 가연성 물질 제거   ⑥ 불티비산 방지조치

09.
양중기 작업 시 양중기의 안전검사내용 3가지를 쓰시오.

→해답) ① 과부하방지장치, 권과방지장치, 그 밖의 안전장치의 이상 유무
      ② 브레이크와 클러치의 이상 유무
      ③ 와이어로프와 달기체인의 이상 유무
      ④ 훅 등 달기기구의 손상 유무
      ⑤ 배선, 집진장치, 배전반, 개폐기, 콘트롤러의 이상 유무

10.
다음 빈칸을 채우시오.

(1) 가스집합장치에 대해서는 화기를 사용하는 설비로부터 (①) 이상 떨어진 장소에 설치하여야 한다.
(2) 용해아세틸렌의 가스집합용접장치의 배관 및 부속기구는 구리나 구리 함유량이 (②) 이상인 합금을 사용해서는 아니 된다.

→해답) ① 5m
      ② 70%

11.
자율안전 보호구 제품에 표시해야 할 사항을 쓰시오.

→해답) ① 형식 또는 모델명
      ② 규격 또는 등급 등
      ③ 제조자명
      ④ 제조번호 및 제조연월
      ⑤ 자율안전확인 번호

12.

채석작업을 하는 때에는 채석 작업계획을 작성하고 그 계획에 의하여 작업을 실시하도록 하여야 한다. 채석 작업계획의 작성내용 5가지를 쓰시오.

▶해답 ① 노천굴착과 갱내굴착의 구별 및 채석방법
② 굴착면의 높이와 기울기
③ 굴착면 소단의 위치와 넓이
④ 갱내에서의 낙반 및 붕괴 방지방법
⑤ 발파방법
⑥ 암석의 분할방법
⑦ 암석의 가공장소
⑧ 사용하는 굴착기계·분할기계·적재기계 또는 운반기계의 종류 및 성능
⑨ 토석 또는 암석의 적재 및 운반방법과 운반경로
⑩ 표토 또는 용수의 처리방법

13.

상시 근로자 산출방법을 쓰시오.

▶해답 상시 근로자 수 $= \dfrac{\text{연간 국내공사 실적액} \times \text{노무비율}}{\text{건설업 월평균임금} \times 12}$

건설안전산업기사 2012년 4회

01.
다음에 ( ) 안에 알맞은 수치를 넣으시오.

① 적정 산소의 농도는 ( )~( )% 사이이다.
② 공기 중 탄소의 농도는 ( )%를 초과해서는 안 된다.
③ 공기 중 황하수소의 농도는 ( )ppm을 초과해서는 안 된다.

➡️**해답** ① 18, 23.5　　　② 1.5　　　③ 10

02.
1t의 하물을 두 줄 걸이 로프로 상부각도 30°/90°의 각으로 들어올릴 때 와이어로프 한선에 걸리는 하중을 구하시오.

➡️**해답** ① $2 \times T^1 \times \cos 15° = 1,000kg$

$\therefore T^1 = 517.6kg$

② $2 \times T^2 \times \cos 45° = 1,000kg$

$\therefore T^2 = 707.2kg$

03.
재해 발생 시 사업장에서 보관해야 할 항목 3가지를 쓰시오.

➡️**해답** ① 사업장의 개요 및 근로자의 인적사항
② 재해발생 일시 및 장소
③ 재해 발생원인 및 과정
④ 재해 재발 방지계획

04.
하인리히의 도미노 이론, 버드의 최신 도미노 이론, 아담스의 사고 연쇄성 이론을 나열하시오.

➡️**해답** ① 하인리히 : 사회적 환경 및 유전적 요소 – 개인의 결함 – 불안전한 행동 및 불안전한 상태 – 사고 – 재해
② 버드 : 통제의 부족 – 기본원인 – 직접원인 – 사고 – 상해
③ 아담스 : 관리구조 – 작전적에러 – 전술적에러 – 사고 – 상해

O5.
다음 빈칸을 채우시오.

구분	안전계수
근로자가 탑승하는 운반구를 지지하는 달기와이어로프 또는 달기체인의 경우	(①) 이상
화물의 하중을 직접 지지하는 달기와이어로프 또는 달기체인의 경우	(②) 이상
훅, 샤클, 클램프, 리프팅 빔의 경우	(③) 이상
그 밖의 경우	(④) 이상

해답 ① 10   ② 5
③ 3   ④ 4

O6.
다음 빈칸에 해당하는 사람의 보수교육 시간을 쓰시오.

교육대상	교육시간	
	신규교육	보수교육
안전보건관리책임자	(①)시간 이상	(②)시간 이상
안전관리자	(③)시간 이상	(④)시간 이상
건설재해예방 전문지도기관 종사자	34시간 이상	(⑤)시간 이상

해답 ① 6   ② 6
③ 34   ④ 24
⑤ 24

O7.
터널 건설공사에서 NATM 공법과 쉴드(Shield) 공법에 대하여 설명하시오.

해답 (1) NATM : 록볼트와 숏크리트 같은 보강재를 사용하여 암반과 일체화된 구조체를 형성함으로서 터널에 작용하는 하중에 대하여 저항하는 안정성이 크고, 경제성이 우수한 터널 공법
(2) 쉴드 공법 : 철제로 된 원통형의 쉴드를 수직구 안에 투입시켜 커터헤드를 회전시키면서 터널을 굴착하고, 쉴드 뒤쪽에서 세그먼트를 반복해 설치하면서 터널을 만들어 가는 공법

08.
다음에 알맞은 안전보건표지의 색을 쓰시오.

> (1) 경고표시 중 화학물질 취급장소에서의 유해·위험 경고 : (　　　)
> (2) 특정 행위의 지시 및 사실의 고지 : (　　　)
> (3) 파란색 또는 녹색에 대한 보조색 : (　　　)
> (4) 문자 및 빨간색 또는 노란색에 대한 보조색 : (　　　)

➡해답) (1) 빨간색　　　　　(2) 파란색
　　　　(3) 흰색　　　　　　(4) 검은색

09.
구내용 운반차 사용 시 준수해야 할 사항을 5가지 쓰시오.

➡해답) ① 주행을 제동하거나 정지상태를 유지하기 위하여 유효한 제동장치를 갖출 것
　　　　② 경음기를 갖출 것
　　　　③ 운전석이 차 실내에 있는 것은 좌우에 한개씩 방향지시기를 갖출 것
　　　　④ 전조등과 후미등을 갖출 것

10.
소음작업 시 근로자에게 알려야 할 내용 4가지를 쓰시오.

➡해답) ① 해당 작업장소의 소음 수준
　　　　② 인체에 미치는 영향과 증상
　　　　③ 보호구의 선정과 착용방법
　　　　④ 그 밖에 소음으로 인한 건강장해 방지에 필요한 사항

11.
건설업에서 산업안전보건관리비를 계상해야 하는 최소금액은 얼마인가?

➡해답) 총 공사금액 2천만 원 이상인 공사

12.
흙막이 공사 시 설치되는 계측기의 종류와 설치해야 하는 장소를 3가지 쓰시오.

해답 ① 지표침하계 : 흙막이벽 배면에 동결심도보다 깊게 설치
② 지중경사계 : 흙막이벽 배면에 설치
③ 하중계 : Strut, Earth Anchor에 설치
④ 균열측정기 : 인접구조물, 지반 등의 균열부위에 설치
⑤ 변형률계 : Strut, 띠장 등에 부착

13.
교육의 학습지도 원리 3가지를 쓰시오.

해답 ① 자발성의 원리　　② 개별화의 원리
③ 사회화의 원리　　④ 통합의 원리
⑤ 직관의 원리

건설안전산업기사 2013년 1회

01.

연 근로자가 250명인 사업장에서 25건의 재해와 250명의 재해자가 발생하였다. 재해손실일수는 300일 때 연천인율과, 도수율을 구하시오.(단, 근로시간은 1일 8시간 280일 근무한다.)

(1) 연천인율
(2) 도수율

[해답] (1) 연천인율 $= \dfrac{\text{재해자수}}{\text{연평균 근로자 수}} \times 1,000 = \dfrac{25}{250} \times 1,000 = 100$

(2) 도수율 $= \dfrac{\text{재해발생건수}}{\text{연근로시간수}} \times 1,000,000 = \dfrac{25}{250 \times 8 \times 280} \times 1,000,000 = 44.64$

02.

하인리히와 버드의 재해구성비율을 쓰고 약술하시오.

(1) 하인리히의 법칙
(2) 버드의 법칙

[해답] (1) 하인리히의 법칙(1 : 29 : 300)

330회의 사고 가운데 중상 또는 사망 1회, 경상 29회, 무상해사고 300회의 비율로 사고가 발생

(2) 버드의 법칙(1 : 10 : 30 : 600)

600회의 사고 가운데 중상 또는 폐질 1회, 경상(인적, 물적상태)10회, 무상해사고(물적손실 발생) 30회, 무상해무사고 고장(위험순간) 600회의 비율로 발생

03.
다음 물음에 대한 정의를 간략히 설명하시오.

(1) 건설업 산업안전보건관리비
(2) 안전관리비 대상액

➡️해답 ① 건설 사업장 및 건설업체 본사 안전전담부서에서 산업재해의 예방을 위하여 법령에 규정된 사항의 이행에 필요한 비용
② 공사원가계산서 구성항목 중 직접재료비, 간접재료비와 직접노무비를 합한 금액(발주자가 재료를 제공할 경우에는 해당 재료비를 포함한 금액)

04.
다음 문제에 해당하는 공법의 이름을 쓰시오.

(1) 비탈면 경사를 보호하거나 배수로 등을 설치하여 안전한 법면구매를 형성하면서 굴착하는 공법
(2) Concrete Panel을 지중에 연속적으로 설치하여 벽체를 형성하는 것으로 진동, 소음이 적은 굴착 공법
(3) 중앙부를 먼저 굴착하고, 건물의 기초 등을 축조하여 이것을 이용하여 터파기 주위의 널말뚝에 비스듬히 버팀대를 대고 주변부를 굴착하는 공법

➡️해답 (1) 오픈 컷(Open Cut) 공법
(2) 지하연속벽(Slurry Wall) 공법
(3) 아일랜드 컷(Island Cut) 공법

05.
다음에 해당하는 빈칸을 채우시오.

관리감독자 정기교육시간	(①)
채용시 일용직 근로자 교육시간	(②)
작업내용 변경 시 일용직 근로자 교육시간	(③)
작업내용 변경 시 리프트작업자 교육시간	(④)

➡️해답 ① 16시간 이상   ② 1시간 이상
③ 1시간 이상   ④ 2시간 이상

06.
유해 · 위험방지계획서를 제출해야 하는 사업장을 쓰시오.

해답 ① 지상높이가 31m 이상인 건축물 또는 인공구조물, 연면적 30,000m² 이상인 건축물 또는 연면적 5,000m² 이상의 문화 및 집회시설(전시장 및 동물원 · 식물원은 제외), 판매시설, 운수시설(고속철도의 역사 및 집배송시설은 제외), 종교시설, 의료시설 중 종합병원, 숙박시설 중 관광숙박시설, 지하도상가 또는 냉동 · 냉장창고시설의 건설 · 개조 또는 해체
② 연면적 5,000m² 이상의 냉동 · 냉장창고시설의 설비공사 및 단열공사
③ 최대지간 길이가 50m 이상인 교량건설 등 공사
④ 터널건설 등의 공사
⑤ 다목적 댐, 발전용 댐 및 저수용량 2천만톤 이상의 용수 전용댐, 지방상수도 전용댐 건설 등의 공사
⑥ 깊이가 10m 이상인 굴착공사

07.
발파작업에 종사하는 근로자가 준수하여야 할 사항에 대한 설명이다. ( ) 안에 알맞은 내용을 넣으시오.

(1) 전기뇌관에 의한 발파의 경우 점화하기 전에 화약류를 장전한 장소부터 (①)m 이상 떨어진 안전한 장소에서 전선에 대하여 저항측정 및 도통시험을 하고 그 결과를 기록 · 관리하도록 할 것
(2) 전기뇌관에 의한 때에는 발파모선을 점화기에서 떼어 그 끝을 단락시켜 놓는 등 재 점화되지 아니하도록 조치하고 그때부터 (②)분 이상 경과한 후가 아니면 화약류의 장전장소에 접근시키지 아니하도록 할 것
(3) 전기뇌관 외의 것에 의한 때에는 점화한 때부터 (③)분 이상 경과한 후가 아니면 화약류의 장전장소에 접근시키지 아니하도록 할 것

해답 ① 30   ② 5   ③ 15

08.
잠함, 우물통, 수직갱, 그 밖에 이와 유사한 건설물 또는 설비의 내부에서 굴착 작업시 굴착깊이가 20m를 초과할 때 준수사항 2가지를 쓰시오.

해답 ① 산소결핍의 우려가 있는 경우에는 산소의 농도를 측정하는 자를 지명하여 측정하도록 할 것
② 근로자가 안전하게 오르내리기 위한 설비를 설치할 것
③ 굴착 깊이가 20m를 초과하는 경우에는 해당 작업장소와 외부와의 연락을 위한 통신설비 등을 설치할 것
④ 산소농도 측정결과 산소의 결핍이 인정되거나 굴착 깊이가 20m를 초과하는 경우에는 송기를 위한 설비를 설치하여 필요한 양의 공기를 송급

09.

강관비계의 벽이음 또는 버팀을 설치하는 간격을 빈칸에 쓰시오.

강관비계의 종류	조립간격(단위 : m)	
	수직방향	수평방향
단관비계	(①)	(②)
틀비계(높이가 5m 미만의 것을 제외한다.)	(③)	(④)

➡해답 ① 5   ② 5
③ 6   ④ 8

10.

부두·안벽 등 하역작업 시 준수사항 및 다음 (   ) 안에 알맞은 말을 쓰시오.

(1) 준수사항
(2) 화물을 취급하는 작업 등에 사업주는 바닥으로부터 높이가 2m 이상 되는 하적단과 인접 하적단 사이의 간격을 하적단의 밑부분을 기준하여 (   ) 이상으로 하여야 한다.

➡해답 (1) 준수사항
      ① 작업장 및 통로의 위험한 부분에는 안전하게 작업할 수 있는 조명을 유지할 것
      ② 부두 또는 안벽의 선을 따라 통로를 설치하는 경우에는 폭을 90cm 이상으로 할 것
      ③ 육상에서의 통로 및 작업장소로서 다리 또는 선거 갑문을 넘는 보도 등의 위험한 부분에는 안전난간 또는 울타리 등을 설치할 것
   (2) 10cm

11.

다음 (   ) 안에 알맞은 안전점검 횟수를 쓰시오.

(1) 건설현장 안전점검 : (   )개월마다 (   )회 이상
(2) 토사석광업 : 매 분기별로 (   )회 이상

➡해답 (1) 2, 1
   (2) 1

12.
비계설치에 관한 내용이다. 다음 빈칸을 채우시오.

> (1) 달대비계에 철근을 사용할 때에는 (①)mm 이상을 사용한다.
> (2) 이동식비계를 조립하여 사용함에 있어 비계의 최대높이는 밑변 최소폭의 (②)배 이하여야 한다.
> (3) 강관틀비계를 조립하여 사용함에 있어 전체높이는 (③)m를 초과할 수 없다.

⇒해답 ① 19
② 4
③ 40

13.
다음 빈칸에 알맞은 숫자를 넣으시오.

> (1) 주행 크레인 또는 선회 크레인과 건설물 또는 설비와의 사이에 통로를 설치하는 경우 그 폭을 (①)m 이상으로 하여야 한다.
> (2) 크레인의 운전실 또는 운전대를 통과하는 통로의 끝과 건설물 등의 벽체의 간격을 (②)m 이하로 한다.
> (3) 크레인 거더의 통로 끝과 크레인 거더의 간격을 (③)m 이하로 한다.

⇒해답 ① 0.6
② 0.3
③ 0.3

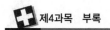

건설안전산업기사 2013년 2회

01.

다음은 타워크레인 작업 시 강풍에 따른 작업 중지에 관한 내용이다. (   ) 안에 알맞은 말이나 숫자를 쓰시오.

> 순간풍속이 (①)m/s를 초과하는 경우 타워크레인의 (②) 작업을 중지하여야 하며, 순간풍속이 (③)m/s를 초과하는 경우에는 타워크레인의 운전작업을 중지하여야 한다.

해답 ① 10
② 설치 · 수리 · 점검 또는 해체
③ 15

02.

근로자 350명이 근무하는 사업장에서 산업재해가 15건 발생하였고, 재해자 수가 18명 발생했다. 이때, 도수율과 연천인율을 구하시오.(단, 근로시간은 1일 9시간, 250일이다.)

해답 ① 도수율 $= \dfrac{\text{재해건수}}{\text{연근로시간수}} \times 1,000,000 = \dfrac{15}{350 \times 9 \times 250} \times 1,000,000 = 19.047 = 19.05$

② 연천인율 $= \dfrac{\text{재해자 수}}{\text{평균근로자 수}} \times 1,000 = \dfrac{18}{350} \times 1,000 = 51.428 = 51.43$

03.

안전보건규칙에서 거푸집동바리 등을 조립하는 경우 준수하여야 할 사항이다. 다음 빈칸을 채우시오.

> 1. 동바리로 사용하는 강관에 대해서는 높이 (①)m 이내마다 수평연결재를 2개 방향으로 만들고 수평연결재의 변위는 방지할 것
> 2. 동바리로 사용하는 파이프 서포트에 대해서는 높이가 3.5m를 초과하는 경우에는 높이 (②)m 이내마다 수평연결재를 2개 방향으로 만들고 수평연결재의 변위를 방지할 것
> 3. 동바리로 사용하는 강관틀에 대해서는 최상층 및 5층 이내마다 거푸집 동바리의 측면과 틀면의 방향 및 교차가새의 방향에서 (③)개 이내마다 수평연결재를 설치하고 수평연결재의 변위를 방지할 것
> 4. 동바리로 사용하는 조립강주에 대해서는 높이가 4m를 초과하는 경우에는 높이 (④)m 이내마다 수평연결재를 2개 방향으로 설치하고 수평연결재의 변위를 방지할 것

해답 ① 2　　② 2　　③ 5　　④ 4

04.
산업안전보건법상 전담 안전관리자가 수행하여야 할 직무사항 5가지를 쓰시오.

해답 ① 해당 사업장 안전교육계획의 수립 및 실시
② 사업장 순회점검 · 지도 및 조치의 건의
③ 산업재해 발생의 원인 조사 및 재발 방지를 위한 기술적 지도 · 조언
④ 산업재해에 관한 통계의 유지 · 관리를 위한 지도 · 조언
⑤ 안전인증대상 기계 · 기구등과 자율안전확인대상 기계 · 기구 등 구입 시 적격품의 선정

05.
이동식 크레인을 사용하여 작업을 하는 경우 작업 시작 전 점검사항 3가지를 쓰시오.

해답 ① 권과 방지장치, 그 밖의 경보장치의 기능
② 브레이크 · 클러치 및 조정장치의 기능
③ 와이어로프가 통하고 있는 곳 및 작업장소의 지반상태

06.
깊이 10.5m 이상의 굴착의 경우 흙막이 구조의 안전을 예측하기 위하여 설치하는 계측기기의 종류 4가지를 쓰시오.

해답 ① 수위계   ② 경사계   ③ 하중 및 침하계   ④ 응력계

07.
잠함 등의 내부에서 굴착작업을 금지해야 하는 경우를 2가지 쓰시오.

해답 ① 근로자가 안전하게 오르내리기 위한 설비에 고장이 있는 경우
② 잠함 등의 내부에 많은 양의 물 등이 스며들 우려가 있는 경우
③ 굴착 깊이가 20m를 초과하는 경우에는 해당 작업장소와 외부와의 연락을 위한 통신설비 등에 고장이 있는 경우

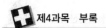

08.

차량계 하역운반기계(지게차, 고소작업대 등)의 운전자가 운전위치를 이탈하는 경우 해당 운전자가 준수하여야 할 사항을 3가지 쓰시오.

해답 ① 포크, 버킷, 디퍼 등의 장치를 가장 낮은 위치 또는 지면에 내려 둘 것
② 원동기를 정지시키고 브레이크를 확실히 거는 등 갑작스러운 주행이나 이탈을 방지하기 위한 조치를 할 것
③ 운전석을 이탈하는 경우에는 시동키를 운전대에서 분리시킬 것

09.

다음에서 설명하고 있는 지반의 이상 현상은 각각 무엇인지 쓰시오.

① 연약한 점토지반을 굴착할 때 흙막이 벽체 배면에 있는 흙의 중량이 굴착 바닥면의 흙의 중량보다 클 때 그 중량 차이로 인해 흙막이 벽체 배면의 흙이 안으로 밀려 들어와 굴착 바닥면이 부풀어오르는 현상
② 투수성이 좋은 사질토 지반을 굴착할 때 흙막이벽 배면의 지하수위가 굴착저면보다 높을 때 굴착저면 위로 모래와 지하수가 솟아오르는 현상

해답 ① 히빙현상   ② 보일링현상

10.

(1) 라인형 조직, (2) 라인-스태프형 조직의 장단점을 각각 2가지씩 쓰시오.

해답 (1) 라인형 조직
① 장점
• 안전에 관한 지시 및 명령계통이 철저
• 안전대책의 실시가 신속
② 단점
• 안전에 대한 지식 및 기술 축적이 어려움
• 안전에 대한 정보수집 및 신기술 개발이 미흡
(2) 라인-스태프형
① 장점
• 안전에 대한 정보수집 및 경험 축적이 용이
• 안전지시나 안전대책이 신속정확하게 하달
② 단점
• 명령계통과 조언 권고적 참여가 혼동되기 쉬움
• 스태프의 월권행위가 있을 수 있음

11.
유해·위험방지계획서의 심사결과 판정기준 3가지를 쓰시오.

해답 ① 적정　　② 조건부 적정　　③ 부적정

12.
늘어난 달기체인 등의 사용금지 조건 3가지를 쓰시오.

해답 ① 달기 체인의 길이가 달기 체인이 제조된 때의 길이의 5%를 초과한 것
② 링의 단면지름이 달기 체인이 제조된 때의 해당 링의 지름의 10%를 초과하여 감소한 것
③ 균열이 있거나 심하게 변형된 것

13.
다음은 보호구 안전인증고시에서 규정하고 있는 내용이다. 빈칸에 알맞은 말이나 숫자를 쓰시오.

- 안전대 벨트의 두께는 (①)mm 이상일 것
- 안전블록의 줄은 합성섬유로프, 웨빙, 와이어로프이어야 하며, 와이어로프인 경우 최소지름이 (②)mm 이상일 것
- 고정된 추락방지대의 수직구명줄은 와이어로프 등으로 하며 최소지름이 (③)mm 이상일 것
- 안전블록이란 안전그네와 연결하여 추락발생 시 추락을 억제할 수 있는 (④)장치가 갖추어져 있고 죔줄이 자동적으로 수축되는 장치를 말한다.

해답 ① 2　　② 4　　③ 8　　④ 자동잠김

건설안전산업기사 2013년 4회

01.

산업안전보건법상 사업장에서 실시하는 안전보건교육의 과정별 교육시간을 쓰시오.

① 일용근로자 채용 시 교육 : (   )시간 이상
② 건설업 기초안전보건교육 : (   )시간
③ 2m 이상인 구축물 파쇄 작업에서 하는 특별교육 : (   )시간 이상

해답 ① 1   ② 4   ③ 2

02.

연근로시간수 및 연간재해발생건수가 다음과 같을 때 종합재해지수를 구하시오.

- 연근로시간수 : 257,600일
- 근로손실일수 : 420일
- 연간재해발생건수 : 17건
- 휴업일수 : 34일

해답
- 도수율 $= \dfrac{\text{재해발생건수}}{\text{연근로시간수}} \times 10^6 = \dfrac{17}{257,600} \times 10^6 = 65.993 = 65.99$

- 강도율 $= \dfrac{\text{총근로손실일수}}{\text{연근로시간수}} \times 1,000 = \dfrac{420 + 34 \times \dfrac{300}{365}}{257,600} \times 1,000 = 1.738 = 1.74$

- 종합재해지수 $= \sqrt{\text{도수율} \times \text{강도율}} = \sqrt{65.99 \times 1.74} = 10.716 = 10.72$

03.

다음 보기를 화재의 분류기준에 따라 A~D급 화재로 구분하여 쓰시오.

누전	섬유	마그네슘	석유	목재	나트륨

해답 ① A급 화재(일반화재) : 목재, 섬유
② B급 화재(유류화재) : 석유
③ C급 화재(전기화재) : 누전
④ D급 화재(금속화재) : 나트륨, 마그네슘

04.
건설용 리프트의 설치 · 조립 · 수리 및 점검 또는 해체 시 작업지휘가 해야 할 직무사항을 3가지 쓰시오.

해답 ① 작업방법과 근로자의 배치를 결정하고 당해 작업을 지휘하는 일
② 재료의 결함 유무 또는 기구 및 공구의 기능을 점검하고 불량품을 제거하는 일
③ 작업 중 안전대 등 보호구의 착용 상황을 감시하는 일

05.
공기압축기 작업 시작 전 점검사항 3가지를 쓰시오.

해답 ① 공기저장 압력용기의 외관 상태
② 드레인밸브(Drain Valve)의 조작 및 배수
③ 압력방출장치의 기능
④ 언로드밸브(Unloading Valve)의 기능
⑤ 윤활유의 상태
⑥ 회전부의 덮개 또는 울
⑦ 그 밖의 연결 부위의 이상 유무

06.
흙의 동상현상 방지대책을 3가지 쓰시오.

해답 ① 동결심도 아래에 배수층 설치
② 배수구 등을 설치하여 지하수위 저하
③ 동결깊이 상부의 흙을 동결이 잘 되지 않는 재료로 치환
④ 모관수 상승을 차단하는 층을 두어 동상 방지

07.
자율안전확인대상 기계 · 기구 등의 방호장치를 5가지 쓰시오.

해답 ① 아세틸렌 용접장치용 또는 가스집합 용접장치용 안전기
② 교류아크 용접기용 자동전격방지기
③ 롤러기 급정지장치
④ 연삭기 덮개
⑤ 목재가공용 둥근톱 반발 예방장치와 날접촉 예방장치
⑥ 산업용 로봇 안전매트

08.
운전자가 운전위치를 이탈하게 해서는 아니 되는 기계의 종류 3가지를 쓰시오.

➡**해답** ① 양중기
② 항타기 또는 항발기(권상장치에 하중을 건 상태)
③ 양화장치(화물을 적재한 상태)

09.
차량계 건설기계를 사용하여 작업을 할 때에는 작업계획을 작성하고 그 작업계획에 따라 작업을 하도록 하여야한다. 작업계획에 포함되어야 할 사항을 2가지 쓰시오.

➡**해답** ① 사용하는 차량계 건설기계의 종류 및 능력
② 차량계 건설기계의 운행경로
③ 차량계 건설기계에 의한 작업방법

10.
화물을 취급하는 작업 등에서 사업주는 바닥으로부터 높이가 (①)m 이상 되는 하적단과 인접 하적단 사이의 간격을 하적단의 밑부분을 기준하여 (②)cm 이상으로 하여야 한다. 빈칸에 알맞은 숫자를 쓰시오.

➡**해답** ① 2   ② 10

11.
거푸집의 설치·해체, 철근 조립, 콘크리트 타설, 콘크리트 면처리 작업 등을 위하여 거푸집을 작업발판과 일체로 제작하여 사용하는 작업발판 일체형 거푸집의 종류를 4가지 쓰시오.

➡**해답** ① 갱폼   ② 슬라이드 폼
③ 클라이밍 폼   ④ 터널 라이닝 폼

12.
굴착작업 시 암질변화구간, 이상암질의 출현 시 암질판별의 기준을 4가지 쓰시오.

➡**해답** ① R.Q.D(%)
② 탄성파 속도(m/sec)
③ R.M.R
④ 진동치 속도(cm/sec=Kine)

13.
다음과 같은 재해가 발생하였을 때 기인물이 무엇인지 쓰시오.

> ① 외부요인이 없는 상태에서 사람이 걷다가 발목을 접질러 다쳤다.
> ② 트럭과 지게차가 운전 중 정면충돌하여 지게차 운전자가 사망하였다.
> ③ 이동하는 차량에 치여 벽에 부딪힌 사고가 발생하였다.

해답 ① 사람
② 지게차
③ 차량

건설안전산업기사(2014년 4월 20일)

01.
크레인(이동식 크레인 제외)의 작업시작 전 점검사항을 3가지 쓰시오.

해답 ① 권과방지장치·브레이크·클러치 및 운전장치의 기능
② 주행로의 상측 및 트롤리(trolley)가 횡행하는 레일의 상태
③ 와이어로프가 통하고 있는 곳의 상태

02.
안전관리조직의 종류 3가지와 대형건설사에 적합한 안전조직의 장점 1가지를 쓰시오.

해답 (1) 종류
① 직계식 조직
② 참모식 조직
③ 직계·참모식 조직
(2) 직계·참모식 조직의 장점
① 안전에 대한 기술 및 경험 축적이 용이
② 안전지시나 안전대책을 신속하게 하달

03.
근로자 500명인 A사업장에서 산업재해가 3건 발생하여 사망 1명, 각각 휴업일수가 110일, 30일 발생하였다. 연천인율과 강도율을 구하시오.(단, 종업원의 근무시간은 1일 10시간이며, 근무일수는 300일로 한다.)

해답 연천인율 $= \dfrac{\text{재해자수}}{\text{연평균근로자수}} \times 1,000 = \dfrac{3}{500} \times 1,000 = 6$

강도율 $= \dfrac{\text{총근로손실일수}}{\text{연근로시간수}} \times 1,000 = \dfrac{7500 + (110 + 30) \times \dfrac{300}{365}}{500 \times 10 \times 300} \times 1,000 = 5.076 = 5.08$

04.
지반을 기계굴착작업할 때 사전 안전점검사항 4가지를 쓰시오.

해답 ① 형상·지질 및 지층의 상태
② 균열·함수·용수 및 동결의 유무 또는 상태
③ 매설물 등의 유무 또는 상태
④ 지반의 지하수위 상태

05.
인력으로 지반을 굴착할 때 일일 준비사항을 쓰시오.

해답 ① 근로자를 적절히 배치하여야 한다.
② 사용하는 기기, 공구 등을 근로자에게 확인시켜야 한다.
③ 작업 전에 반드시 작업장소의 불안전한 상태 유무를 점검하고 미비점이 있을 경우 즉시 조치하여야
한다.
④ 근로자에게 당일의 작업량, 작업방법을 설명하고, 작업의 단계별 순서와 안전상의 문제에 대하여 교육
하여야 한다.

06.
재해예방의 기본원칙 4가지를 쓰시오.

해답 ① 손실우연의 원칙   ② 원인계기의 원칙
③ 예방가능의 원칙   ④ 대책선정의 원칙

07.
건설공사에 사용되는 양중기의 종류 4가지를 쓰시오.

해답 ① 크레인[호이스트(hoist)를 포함한다]
② 이동식 크레인
③ 리프트(이삿짐운반용 리프트의 경우에는 적재하중이 0.1톤 이상인 것으로 한정)
④ 곤돌라
⑤ 승강기

○8.
중대재해가 발생한 때에는 산업안전보건법 규정에 의해 지정된 기한 내에 관할 지방고용노동관서의장에게 전화, 팩스 또는 그 밖에 적절한 방법에 의해 보고해야 한다. 보고기간과 보고사항 2가지를 쓰시오.

→해답 (1) 보고기간 : 지체 없이 보고
　　　(2) 보고사항
　　　　　① 발생개요 및 피해상황
　　　　　② 조치 및 전망
　　　　　③ 그 밖의 중요한 사항

○9.
거푸집동바리 조립작업 시 침하방지를 위한 조치사항을 3가지 쓰시오.

→해답 ① 받침목이나 깔판 사용
　　　　② 콘크리트 타설
　　　　③ 말뚝박기

10.
차량계 건설기계를 사용하여 작업을 할 때에는 작업계획서를 작성하고 그 작업계획에 의해 작업하도록 하여야 한다. 차량계 건설기계 작업계획에 포함해야 하는 사항을 3가지 쓰시오.

→해답 ① 사용하는 차량계 건설기계의 종류 및 능력
　　　　② 차량계 건설기계의 운행경로
　　　　③ 차량계 건설기계에 의한 작업방법

11.
건설작업 중 낙하물에 의한 낙하·비래위험시 안전대책 3가지를 쓰시오.

→해답 ① 낙하물 방지망 설치
　　　　② 수직보호망 설치
　　　　③ 낙하물 방호선반 설치
　　　　④ 출입금지구역 설정
　　　　⑤ 인양작업 시 달줄, 달포대 사용

12.
강관틀비계의 조립 시 준수사항이다. 다음 빈칸을 채우시오.

> (1) 높이가 20m를 초과하거나 중량물의 적재를 수반하는 작업을 할 경우에는 주틀 간의 간격을 (①)m 이하로 할 것
> (2) 수직방향으로 (②)m, 수평방향으로 (③)m 이내마다 벽이음을 할 것
> (3) 길이가 띠장방향으로 4m 이하이고, 높이가 (④)m를 초과하는 경우에는 10m 이내마다 버팀기둥을 설치 할 것

해답 ① 1.8
　　　② 6
　　　③ 8
　　　④ 10

13.
터널굴착작업에 있어 근로자 위험방지를 위한 사전조사 후 작업계획서에 포함하여야 하는 사항을 3가지 쓰시오.

해답 ① 굴착의 방법
　　　② 터널지보공 및 복공의 시공방법과 용수의 처리방법
　　　③ 환기 또는 조명시설을 하는 때에는 그 방법

건설안전산업기사(2014년 7월 6일)

01.
건설업 중 건설공사 유해·위험방지계획서의 첨부서류를 2가지 쓰시오.

해답 ① 공사개요 및 안전보건관리계획
② 작업공사 종류별 유해·위험방지계획

02.
PDCA 2단계의 명칭을 쓰시오.

해답 P(계획) : 계획을 세운다.
D(실시) : 계획대로 실시한다.
C(검토) : 결과를 검토한다.
A(조치) : 검토결과에 의해 조치를 취한다.

03.
위험예지훈련의 4단계를 쓰시오.

해답 ① 제1단계 : 현상파악
② 제2단계 : 본질추구
③ 제3단계 : 대책수립
④ 제4단계 : 목표설정

04.
인간의 주의에 대한 특성을 3가지 쓰시오.

해답 (1) 선택성 : 여러 종류의 자극을 지각할 때 소수의 특정한 것에 한하여 선택한다.
(2) 변동성 : 인간은 한 점에 계속하여 주의를 집중할 수는 없으며 주의에는 주기적으로 부주의적 리듬이 존재한다.
(3) 방향성 : 시선의 초점이 맞았을 때 쉽게 인지된다.(주시점만 인지하는 기능)

05.
리프트의 설치, 조립, 수리, 점검 또는 해체 시 작업 지휘자가 이행해야 할 사항을 쓰시오.

➡️해답 ① 작업방법과 근로자의 배치를 결정하고 당해 작업을 지휘하는 일
② 재료의 결함 유무 또는 기구 및 공구의 기능을 점검하고 불량품을 제거하는 일
③ 작업 중 안전대 등 보호구의 착용 상황을 감시하는 일

06.
크레인(이동식 크레인 제외)을 사용하는 작업 시 작업시작 전 점검사항 3가지를 쓰시오.

➡️해답 ① 권과방지장치·브레이크·클러치 및 운전장치의 기능
② 주행로의 상측 및 트롤리(Trolley)가 횡행하는 레일의 상태
③ 와이어로프가 통하고 있는 곳의 상태

07.
하역작업을 할 때 화물운반용 또는 고정용으로 사용할 수 없는 섬유로프의 금지조건 2가지를 쓰시오.

➡️해답 ① 꼬임이 끊어진 것
② 심하게 손상되거나 부식된 것

08.
거푸집동바리로 사용하는 파이프서포트를 조립할 때 준수사항 3가지를 쓰시오.

➡️해답 ① 파이프서포트를 3본 이상 이어서 사용하지 아니하도록 할 것
② 파이프서포트를 이어서 사용할 때에는 4개 이상의 볼트 또는 전용철물을 사용하여 이을 것
③ 높이가 3.5m를 초과하는 경우에는 높이 2m 이내마다 수평연결재를 2개 방향으로 만들고 수평연결재의 변위를 방지할 것

09.
다음 빈칸에 강관비계 조립 시 벽이음 또는 버팀을 설치하는 간격을 쓰시오.

관비계의 종류	조립간격(단위 : m)	
	수직방향	수평방향
단관비계	(①)	(②)
틀비계(높이가 5m 미만의 것을 제외한다.)	(③)	(④)

➡해답 ① 5   ② 5
        ③ 6   ④ 8

10.
흙막이 지보공을 설치할 때 정기적으로 점검하여야 할 사항 4가지를 쓰시오.

➡해답 ① 부재의 손상·변형·부식·변위 및 탈락의 유무와 상태
        ② 버팀대의 긴압의 정도
        ③ 부재의 접속부·부착부 및 교차부의 상태
        ④ 침하의 정도

11.
지반의 이상 현상의 한 종류인 보일링 현상의 방지대책을 3가지 쓰시오.

➡해답 ① 흙막이벽 근입깊이 증가
        ② 흙막이벽의 차수성 증대
        ③ 흙막이벽 배면 지반 그라우팅 실시
        ④ 흙막이벽 배면 지반 지하수위 저하
        ⑤ 굴착토를 즉시 원상태로 매립

12.
다음은 사다리식 통로의 안전기준에 대한 설명이다. 빈칸에 알맞은 숫자를 쓰시오.

가. 사다리의 상단은 걸쳐놓은 지점으로부터 (①)cm 이상 올라가도록 할 것
나. 사다리식 통로의 길이가 10m 이상인 경우에는 (②)m 이내마다 계단참을 설치할 것

➡해답 ① 60   ② 5

13.
다음 그림의 신뢰도를 구하시오.

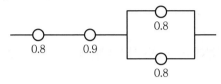

해답 $R(t) = 0.8 \times 0.9 \times 1 - (1-0.8)(1-0.8) = 0.68$

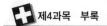

건설안전산업기사(2014년 11월 2일)

01.
하적단의 붕괴 또는 화물의 낙하에 의해 근로자가 위험해질 우려가 있는 경우 방지대책을 2가지 쓰시오.

→해답 ① 하적단을 로프로 묶거나 망을 치는 등의 작업을 통해 위험을 방지한다.
② 하적단을 쌓는 경우에는 기본형을 조성하여 쌓아야 한다.
③ 하적단을 헐어내는 경우에는 위에서부터 순차적으로 층계를 만들면서 헐어내야 하며, 중간에서 헐어내서는 안 된다.

02.
터널공사 등의 건설작업 시 가연성 가스가 존재하여 폭발 또는 화재가 발생할 위험이 있는 때에는 필요한 장소에 당해 가연성 가스 농도의 이상 상승을 조기에 파악하기 위하여 필요한 자동경보장치를 설치하여야 한다. 이러한 자동경보장치에 대하여 당일의 작업 시작 전에 점검하여야 할 사항 3가지를 쓰시오.

→해답 ① 계기의 이상 유무
② 검지부의 이상 유무
③ 경보장치의 작동상태

03.
안전모의 성능시험 항목 5가지를 쓰시오.

→해답 ① 내관통성시험
② 충격흡수성시험
③ 내전압성시험
④ 내수성시험
⑤ 난연성시험
⑥ 턱끈풀림시험

04.
구축물 또는 이와 유사한 시설물이 근로자에게 미칠 위험성을 미리 제거하기 위하여 안전진단 등의 안전성 평가를 실시하여야 하는 경우를 쓰시오.

→해답 ① 구축물 또는 이와 유사한 시설물의 인근에서 굴착·항타작업 등으로 침하·균열 등이 발생하여 붕괴의 위험이 예상될 경우
② 구축물 또는 이와 유사한 시설물에 지진, 동해(凍害), 부동침하(不同沈下) 등으로 균열·비틀림 등이 발생하였을 경우
③ 구조물, 건축물, 그 밖의 시설물이 그 자체의 무게·적설·풍압 또는 그 밖에 부가되는 하중 등으로 붕괴 등의 위험이 있을 경우
④ 화재 등으로 구축물 또는 이와 유사한 시설물의 내력(耐力)이 심하게 저하되었을 경우
⑤ 오랜 기간 사용하지 아니하던 구축물 또는 이와 유사한 시설물을 재사용하게 되어 안전성을 검토하여야 하는 경우
⑥ 그 밖의 잠재위험이 예상될 경우

05.
건설공사 유해·위험 방지계획서의 제출시기와 심사결과의 구분 3가지를 쓰시오.

→해답 (1) 제출시기 : 공사착공 전일까지
(2) 심사결과의 구분
① 적정 : 근로자의 안전과 보건을 위하여 필요한 조치가 구체적으로 확보되었다고 인정되는 경우
② 조건부 적정 : 근로자의 안전과 보건을 확보하기 위하여 일부 개선이 필요하다고 인정되는 경우
③ 부적정 : 기계·설비 또는 건설물이 심사기준에 위반되어 공사착공 시 중대한 위험발생의 우려가 있거나 계획에 근본적 결함이 있다고 인정되는 경우

06.
통나무비계에서 비계기둥의 이음방법 2가지를 쓰시오.

→해답 ① 겹침이음인 경우 1m 이상 서로 겹쳐서 2개소 이상 묶는다.
② 맞댄이음을 하는 경우 쌍기둥틀로 하거나 1.8m 이상의 덧댐목을 대고 4개소 이상을 묶는다.

07.
강관비계를 조립 시 비계기둥이 미끄러지거나 침하하는 것을 방지하기 위하여 준수하여야 할 사항 2가지를 쓰시오.

→해답 ① 밑받침철물을 사용
② 버팀목이나 깔판 등을 사용하여 밑둥잡이를 설치

08.
작업자가 시야를 가릴 만큼 부피가 큰 짐을 운반하던 중 덮개 없는 개구부로 떨어지는 사고를 당하였다. 다음의 재해를 상세히 기술하시오.

① 재해형태	② 가해물	③ 기인물
④ 불안전한 행동	⑤ 불안전한 상태	

➜해답 ① 재해형태 : 추락
　　② 가해물 : 바닥
　　③ 기인물 : 부피가 큰 짐
　　④ 불안전한 행동 : 전방의 시야를 확인할 수 없는 큰 짐을 들고 이동
　　⑤ 불안전한 상태 : 개구부 덮개 미설치

09.
절토법면의 토사의 붕괴를 예방하기 위한 점검사항을 3가지 쓰시오.

➜해답 ① 전 지표면의 답사
　　② 경사면의 지층 변화부 상황 확인
　　③ 부석의 상황 변화의 확인
　　④ 결빙과 해빙에 대한 상황의 확인

건설안전산업기사(2015년 1회)

01.

빗버팀대 흙막이 공법의 순서를 번호로 나열하시오.

① 줄파기   ② 규준띠 대기   ③ 널말뚝 박기
④ 중앙부 흙파기   ⑤ 띠장 대기   ⑥ 버팀 말뚝 및 버팀대 대기
⑦ 주변부 흙파기

➡해답 ① → ② → ③ → ④ → ⑤ → ⑥ → ⑦

02.

청각장치와 시각장치 사용 중 시각장치를 사용하는 것이 더 좋은 경우 4가지를 쓰시오.

➡해답 ① 경고나 메시지가 복잡하다.
② 경고나 메시지가 길다.
③ 경고나 메시지가 후에 재참조된다.
④ 경고나 메시지가 공간적인 위치를 다룬다.

03.

다음은 터널 내 환기에 관한 내용이다. 빈칸을 채우시오.

가) 발파 후 유해가스, 분진 및 내연기관의 배기가스 등을 신속히 환기시켜야 하며 발파 후 (①)분 이내에 배기, 송기가 완료되도록 하여야 한다.
나) 환기가스 처리장치가 없는 (②)기관은 터널 내의 투입을 금하여야 한다.
다) 터널 내의 기온은 (③)℃ 이하가 되도록 신선한 공기로 환기시켜야 하며, 근로자의 작업조건에 유해하지 아니한 상태를 유지하여야 한다.

➡해답 ① 30   ② 디젤   ③ 37

04.
안전관리자를 정수 이상으로 증원·교체 임명할 수 있는 사유 3가지를 쓰시오.

➡️**해답** (1) 해당 사업장의 연간 재해율이 동종 업종 평균재해율의 2배 이상일 때
　　　(2) 중대재해가 연간 2건 이상 발생할 때
　　　(3) 관리자가 질병 및 기타 사유로 3개월 이상 직무를 수행할 수 없게 될 때

05.
노사협의체의 정기회의 개최주기 및 회의록 내용 2가지를 쓰시오.(단, 개최 일시 및 장소, 그 밖의 토의사항 제외)

➡️**해답** ① 개최주기 : 2개월마다
　　　② 회의록 내용 : ㉠ 출석위원, ㉡ 심의 내용 및 의결·결정 사항

06.
달비계의 적재하중을 정하고자 한다. 다음 빈칸에 알맞은 안전계수를 쓰시오.

> 가) 달기 와이어로프 및 달기 강선의 안전계수 : (①) 이상
> 나) 달기체인 및 달기훅의 안전계수 : (②) 이상
> 다) 달기강대와 달비계의 하부 및 상부 지점의 안전계수는 강재의 경우 2.5 이상, 목재의 경우 (③) 이상

➡️**해답** ① 10　　② 5　　③ 5

07.
안전검사에 관한 내용이다. (　) 안에 알맞은 내용을 쓰시오.

> 가) 안전검사를 받아야 하는 자는 안전검사 신청서 검사 주기 만료일 (①)일 전에 안전검사기관에 제출해야 한다.
> 나) 크레인(이동식 크레인은 제외한다), 리프트(이삿짐운반용 리프트는 제외한다) 및 곤돌라 : 사업장에 설치가 끝난 날부터 3년 이내에 최초 안전검사를 실시하되, 그 이후부터 (②)년마다(건설현장에서 사용하는 것은 최초로 설치한 날부터 (③)개월마다)

➡️**해답** ① 30　　② 2　　③ 6

08.

어느 공장의 도수율이 4.0이고 강도율이 1.5일 때 이 공장에 근무하는 근로자는 입사부터 정년퇴직까지 몇 회의 부상 및 얼마의 근로손실 일수를 갖는 상태가 되겠는가?

해답 ① 평균강도율 $= \dfrac{강도율}{도수율} \times 1,000 = \dfrac{1.5}{4} \times 1,000 = 375$회

② 환산강도율 = 강도율×100 = 1.5×100 = 150일

09.

"출입금지표지"를 그리고, 표지판의 색과 문자의 색을 적으시오.

해답

바　탕 : 흰색

도　형 : 빨간색

화살표 : 검은색

10.

달비계 또는 높이 5m 이상의 비계를 조립·해체하거나 변경하는 작업을 하는 경우 준수사항을 5가지 쓰시오.

해답 ① 관리감독자의 지휘에 따라 작업하도록 할 것

② 조립·해체 또는 변경의 시기·범위 및 절차를 그 작업에 종사하는 근로자에게 주지시킬 것

③ 조립·해체 또는 변경작업 구역에는 해당 작업에 종사하는 근로자가 아닌 사람의 출입을 금지하고 그 내용을 보기 쉬운 장소에 게시할 것

④ 비, 눈, 그 밖의 기상상태의 불안정으로 날씨가 몹시 나쁜 경우에는 그 작업을 중지시킬 것

⑤ 비계재료의 연결·해체작업을 하는 경우에는 폭 20cm 이상의 발판을 설치하고 근로자로 하여금 안전대를 사용하도록 하는 등 추락을 방지하기 위한 조치를 할 것

⑥ 재료·기구 또는 공구 등을 올리거나 내리는 경우에는 근로자가 달줄 또는 달포대 등을 사용하게 할 것

11.

흙막이 지보공을 조립하는 경우 흙막이판·말뚝·버팀대·띠장 등의 조립도에 기록할 내용을 2가지 쓰시오.

해답 ① 부재의 배치　② 부재의 치수　③ 부재의 재질　④ 설치방법　⑤ 설치순서

12.
다음 보기의 ( ) 안에 알맞은 말이나 숫자를 쓰시오.

> 가) 상부 난간대는 바닥면·발판 또는 경사로의 표면으로부터 90cm 이상 지점에 설치하고, 상부 난간대를
> 120cm 이하에 설치하는 경우에는 중간 난간대는 상부 난간대와 바닥면 등의 중간에 설치하여야 하며,
> 120cm 이상의 지점에 설치하는 경우에는 중간 난간대를 2단 이상으로 균등하게 설치하고 난간의 상하
> 간격은 (①)cm 이하가 되도록 할 것. 다만, 계단의 개방된 측면에 설치된 난간기둥 간의 간격이 25cm
> 이하인 경우에는 중간 난간대를 설치하지 아니할 수 있다.
> 나) 발끝막이판은 바닥면 등으로부터 (②)cm 이상의 높이를 유지할 것
> 다) 난간대는 지름 (③)cm 이상의 금속제 파이프나 그 이상의 강도가 있는 재료일 것
> 라) 안전난간은 구조적으로 가장 취약한 지점에서 가장 취약한 방향으로 작용하는 (④)kg 이상의 하중에
> 견딜 수 있는 튼튼한 구조일 것

해답 ① 60   ② 10   ③ 2.7   ④ 100

13.
다음 설명에 해당하는 용어를 쓰시오.

> 흙막이 벽에 작용하는 토압에 의한 휨모멘트와 전단력에 저항하도록 설치하는 부재로서 흙막이벽에 가해지
> 는 토압을 버팀대 등에 전달하기 위하여 흙막이벽에 수평으로 설치하는 부재를 말한다.

해답 띠장

건설안전산업기사(2015년 2회)

01.
다음은 터널 건설작업에 관한 내용이다. 빈칸을 채우시오.

> 사업주는 터널 등의 건설작업을 할 때에 터널 등의 출입구 부근의 지반 붕괴나 토석 낙하에 의하여 근로자가 위험해질 우려가 있는 경우에는 (①)이나 (②)을 설치하는 등 위험을 방지하기 위하여 필요한 조치를 하여야 한다.

→해답 ① 흙막이 지보공
② 방호망

02.
수중굴착 및 구조물의 기초바닥 등과 같은 협소하고 상당히 깊은 범위의 굴착과 호퍼작업에 가장 적당한 굴착기계를 쓰시오.

→해답 클램셸(Clamshell)

03.
항타기 또는 항발기의 권상용 와이어로프 사용금지 기준 4가지를 쓰시오.

→해답 ① 이음매가 있는 것
② 와이어로프의 한 꼬임에서 끊어진 소선의 수가 10% 이상(비자전로프의 경우에는 끊어진 소선의 수가 와이어로프 호칭지름의 6배 길이 이내에서 4개 이상이거나 호칭지름 30배 길이 이내에서 8개 이상인 것)인 것
③ 지름의 감소가 공칭지름의 7%를 초과하는 것
④ 꼬인 것
⑤ 심하게 변형 또는 부식된 것
⑥ 열과 전기충격에 의해 손상된 것

O4.
건설현장에 사용하는 양중기의 종류 4가지를 쓰시오.

▶해답 ① 크레인[호이스트(hoist)를 포함한다]
　　　② 이동식 크레인
　　　③ 리프트(이삿짐운반용 리프트의 경우에는 적재하중이 0.1톤 이상인 것으로 한정)
　　　④ 곤돌라
　　　⑤ 승강기

O5.
차량계 건설기계를 사용하여 작업을 할 때에는 작업계획을 작성하고 그 작업계획에 따라 작업을 실시하도록 하여야 한다. 이 작업계획에 포함되어야 할 사항을 3가지 쓰시오.

▶해답 ① 사용하는 차량계 건설기계의 종류 및 능력
　　　② 차량계 건설기계의 운행경로
　　　③ 차량계 건설기계에 의한 작업방법

O6.
강관비계 조립 시 벽이음 또는 버팀을 설치하는 간격을 답란의 빈칸에 쓰시오.

강관비계의 종류	조립간격(단위 : m)	
	수직방향	수평방향
단관비계	(①)	(②)
틀비계(높이가 5m 미만의 것을 제외한다.)	(③)	(④)

▶해답 ① 5　　② 5　　③ 6　　④ 8

O7.
작업 개시 전, 종료 후 같은 작업원 5~6명이 리더를 중심으로 둘러앉아 3~5분에 걸쳐 작업 중 발생할 수 있는 위험을 예측하고 사전에 점검하여 대책을 수립하는 등 단시간 내에 의논하는 문제해결 기법을 쓰시오.

▶해답 T.B.M(Tool Box Meeting)

08.
잠함 또는 우물통의 내부에서 근로자가 굴착작업을 하는 경우에 잠함 또는 우물통의 급격한 침하에 의한 위험을 방지하기 위하여 사업주가 준수하여야 할 사항을 2가지 쓰시오.

해답 ① 침하관계도에 따라 굴착방법 및 재하량 등을 정할 것
② 바닥으로부터 천장 또는 보까지의 높이는 1.8m 이상으로 할 것

09.
안전대의 사용 구분에 따른 종류 4가지를 쓰시오.

해답

종류	사용 구분
벨트식, 안전그네식	1개 걸이용
	U자 걸이용
	추락방지대
	안전블록

비고 : 추락방지대 및 안전블록은 안전그네식에만 적용함

10.
지반 굴착 시 굴착면의 기울기에 대한 다음 표의 빈칸을 채우시오.

지반의 종류	굴착면의 기울기
모래	(①)
연암 및 풍화암	(②)
경암	(③)
그 밖의 흙	(④)

해답 ① 1 : 1.8, ② 1 : 1.0, ③ 1 : 0.5, ④ 1 : 1.2

11.

건설현장에서 작업자 B가 평균 9[kcal]의 에너지를 소모하는 작업을 수행하는 경우 ① 휴식시간, ② 작업시간을 각각 구하시오.(단, 작업에 대한 권장 에너지 소비량은 분당 5[kcal])

해답 ① 휴식시간 $R = \dfrac{60(E-5)}{E-1.5} = \dfrac{60(9-5)}{9-1.5} = 32[분]$

② 작업시간 : 60-32=28[분]

12.

다음은 근로시간 연장의 제한에 관한 내용이다. 빈칸을 채우시오.

> 근로시간이 제한되는 작업인 잠함 또는 잠수작업 등 높은 기압에서 하는 작업에 종사하는 근로자에게는 1일 (①)시간, 1주 (②)시간을 초과하여 근로하게 하여서는 아니 된다.

해답 ① 6   ② 34

13.

산업안전보건법 시행규칙에 의하면 안전관리자에 선임된 후 3개월 이내에 직무를 수행하는 데 필요한 신규교육과 신규교육 이수 후 2년이 되는 날의 3개월 전부터 2년이 되는 날 사이에 보수교육을 받아야 한다. 이때 교육대상별 받아야 하는 교육시간을 각각 쓰시오.

교 육 대 상	보수 교육시간
안전보건관리책임자	(①)시간 이상
안전관리자, 안전관리전문기관의 종사자	(②)시간 이상
보건관리자, 보건관리전문기관의 종사자	(③)시간 이상
건설재해예방전문지도기관 종사자	(④)시간 이상

해답 ① 6   ② 24   ③ 24   ④ 24

14.

터널 굴착작업 시 낙반·출수·가스폭발 등에 의한 근로자 위험 방지를 위해 보일링 등 미리 조사해야 하는 사항을 3가지 적으시오.

해답 ① 지형 조사   ② 지질 조사   ③ 지층상태 조사

건설안전산업기사(2015년 4회)

01.
산업재해가 발생할 급박한 위험이 있을 때 또는 중대재해가 발생하였을 때 사업주 대책 2가지를 쓰시오.

➡해답 ① 즉시 작업을 중지시킨다.
② 근로자를 작업장소로부터 대피시킨다.

02.
안전보건총괄책임자를 선임하는 도급사업 시의 안전·보건조치 사항을 2가지 쓰시오.

➡해답 ① 도급인과 수급인을 구성원으로 하는 안전 및 보건에 관한 협의체의 구성 및 운영
② 작업장 순회점검
③ 관계수급인이 근로자에게 하는 제29조제1항부터 제3항까지의 규정에 따른 안전보건교육을 위한 장소 및 자료의 제공 등 지원
④ 관계수급인이 근로자에게 하는 제29조제3항에 따른 안전보건교육의 실시 확인
⑤ 다음 각 목의 어느 하나의 경우에 대비한 경보체계 운영과 대피방법 등 훈련
　가. 작업 장소에서 발파작업을 하는 경우
　나. 작업 장소에서 화재·폭발, 토사·구축물 등의 붕괴 또는 지진 등이 발생한 경우
⑥ 위생시설 등 고용노동부령으로 정하는 시설의 설치 등을 위하여 필요한 장소의 제공 또는 도급인이 설치한 위생시설 이용의 협조

03.
불도저를 이송할 때 전도 또는 굴러 떨어짐에 의한 위험을 방지하기 위해 준수하여야 할 사항을 3가지 쓰시오.

➡해답 ① 싣거나 내리는 작업은 평탄하고 견고한 장소에서 할 것
② 발판을 사용하는 경우에는 충분한 길이·폭 및 강도를 가진 것을 사용하고 적당한 경사를 유지하기 위하여 견고하게 설치할 것
③ 자루·가설대 등을 사용하는 경우에는 충분한 폭 및 강도와 적당한 경사를 확보할 것

04.
흙막이벽 개굴착의 장점 3가지를 쓰시오.

➡해답 ① 부지의 효율적 이용
② 경제성
③ 공기 단축

O5.
히빙의 발생 현상 2가지를 쓰시오.

➡해답 ① 지보공 파괴
② 배면 토사 붕괴
③ 굴착 저면의 솟아오름

O6.
연근로시간수 및 연간 재해발생건수가 다음과 같을 때 종합재해지수를 구하시오.

- 연근로시간수 : 257,600일
- 근로손실일수 : 420일
- 연간 재해발생건수 : 17건
- 휴업일수 : 34일

➡해답 • 도수율 $= \dfrac{\text{재해발생건수}}{\text{연근로시간수}} \times 10^6 = \dfrac{17}{257,600} \times 10^6 = 65.993 = 65.99$

• 강도율 $= \dfrac{\text{총 근로손실일수}}{\text{연근로시간수}} \times 1,000 = \dfrac{420 + 34 \times \dfrac{300}{365}}{257,600} \times 1,000 = 1.738 = 1.74$

∴ 종합재해지수 $= \sqrt{\text{도수율} \times \text{강도율}} = \sqrt{65.99 \times 1.74} = 10.716 = 10.72$

O7.
차량계 건설기계를 사용하여 작업을 할 때 기계가 넘어지거나 굴러 떨어짐으로써 근로자에게 위험을 줄 우려가 있는 경우에 취할 수 있는 조치사항을 3가지만 쓰시오.

➡해답 ① 유도하는 사람(유도자)을 배치
② 지반의 부동침하 방지
③ 갓길의 붕괴 방지
④ 도로 폭의 유지

O8.
크레인의 설치·조립·수리·점검 또는 해체작업 시 조치사항을 3가지 쓰시오.

➡해답 ① 작업순서를 정하고 그 순서에 따라 작업을 할 것
② 들어 올리거나 내리는 기자재는 균형을 유지하면서 작업을 하도록 할 것
③ 규격품인 조립용 볼트를 사용하고 대칭되는 곳을 차례로 결합하고 분해할 것
④ 비, 눈, 그 밖에 기상상태의 불안정으로 날씨가 몹시 나쁜 경우에는 그 작업을 중지시킬 것

O9.
산업안전보건법상 안전보건표지에 있어 경고표지의 종류를 5가지 쓰시오.

해답 ① 인화성 물질 경고
② 산화성 물질 경고
③ 폭발성 물질 경고
④ 부식성 물질 경고
⑤ 낙하물 경고

1O.
작업발판의 끝이나 개구부로서 근로자가 추락할 위험이 있는 장소에서 작업 시 추락 방지대책을 3가지 쓰시오.

해답 ① 안전난간 설치
② 울 및 손잡이 설치
③ 덮개를 설치하는 경우 뒤집히거나 떨어지지 않도록 할 것
④ 추락방호망 설치
⑤ 안전대 착용
⑥ 어두운 장소에서도 알아볼 수 있도록 개구부임을 표시

11.
다음의 경우 양중기의 와이어로프 안전계수를 (　)안에 쓰시오.

> 가) 근로자가 탑승하는 운반구를 지지하는 달기와이어로프 또는 달기체인의 경우 : (①) 이상
> 나) 화물의 하중을 직접 지지하는 달기와이어로프 또는 달기체인의 경우 : (②) 이상
> 다) 그 밖의 경우 : (③) 이상

해답 ① 10
② 5
③ 4

12.
사다리식 통로 등을 설치하는 경우 준수사항 4가지를 쓰시오.

해답 ① 견고한 구조로 할 것
② 심한 손상·부식 등이 없는 재료를 사용할 것
③ 발판의 간격은 일정하게 할 것
④ 발판과 벽 사이는 15cm 이상의 간격을 유지할 것
⑤ 폭은 30cm 이상으로 할 것
⑥ 사다리가 넘어지거나 미끄러지는 것을 방지하기 위한 조치를 할 것
⑦ 사다리의 상단은 걸쳐놓은 지점으로부터 60cm 이상 올라가도록 할 것
⑧ 사다리식 통로의 길이가 10m 이상인 경우에는 5미터 이내마다 계단참을 설치할 것
⑨ 사다리식 통로의 기울기는 75° 이하로 할 것. 다만, 고정식 사다리식 통로의 기울기는 90° 이하로 하고, 그 높이가 7m 이상인 경우에는 바닥으로부터 높이가 2.5m 되는 지점부터 등받이울을 설치할 것
⑩ 접이식 사다리 기둥은 사용 시 접히거나 펼쳐지지 않도록 철물 등을 사용하여 견고하게 조치할 것

13.
지게차를 사용하여 작업을 하는 때 작업 시작 전 점검사항 4가지를 쓰시오.

해답 ① 제동장치 및 조종장치 기능의 이상 유무
② 하역장치 및 유압장치 기능의 이상 유무
③ 바퀴의 이상 유무
④ 전조등·후미등·방향지시기 및 경보장치 기능의 이상 유무

건설안전산업기사(2016년 1회)

01.
다음 내용을 읽고 각각의 기인물을 쓰시오.

> ① 이동차량에 치여 벽에 부딪히는 사고가 발생하였다.
> ② 외부요인이 없는 상태에서 사람이 걷다가 발목을 겹질려 다쳤다.
> ③ 트럭과 지게차가 운전 중 정면충돌하여 지게차 운전자가 사망하였다.

➡해답 ① 차량
　　　② 사람
　　　③ 지게차

02.
산업안전보건기준에 관한 규칙에 제시된 추락방호망 설치기준이다. 다음 빈칸을 채우시오.

> • 추락방호망의 설치위치는 가능하면 작업면으로부터 가까운 지점에 설치하여야 하며, 작업면으로부터 망의 설치지점까지의 수직거리는 (①)m를 초과하지 아니할 것
> • 추락방호망은 수평으로 설치하고, 망의 처짐은 짧은 변 길이의 (②)% 이상이 되도록 할 것
> • 건축물 등의 바깥쪽으로 설치하는 경우 망의 내민 길이는 벽면으로부터 (③)m 이상 되도록 할 것

➡해답 ① 10
　　　② 12
　　　③ 3

03.
크레인 등에 대한 위험 방지를 위하여 취해야 할 안전조치를 3가지 쓰시오.

➡해답 과부하방지장치, 권과방지장치, 비상정지장치

04.
연약한 점토지반을 굴착할 때 흙막이 벽체 배면에 있는 흙의 중량이 굴착 바닥면의 흙의 중량보다 큰 경우 중량 차이로 인해 흙막이 벽체 배면의 흙이 안으로 밀려들어와 바닥면이 부풀어오르는 현상의 명칭을 쓰시오.

해답 히빙현상

05.
이동식 비계 조립 작업 시 준수사항을 4가지 쓰시오.

해답 ① 승강용 사다리는 견고하게 설치할 것
② 비계의 최상부에서 작업을 하는 경우에는 안전난간을 설치할 것
③ 작업발판의 최대적재하중은 250kg을 초과하지 않도록 할 것
④ 작업발판은 항상 수평을 유지하고 작업발판 위에서 안전난간을 딛고 작업을 하거나 받침대 또는 사다리를 사용하여 작업하지 않도록 할 것

06.
다음은 강관비계에 관한 내용이다. ( ) 안에 알맞은 말이나 숫자를 쓰시오.

> 비계기둥의 제일 윗부분으로부터 (①)m 되는 지점 밑부분의 비계기둥은 (②)개의 강관으로 묶어 세울 것

해답 ① 31
② 2

07.
목재 가공용 둥근톱 기계의 방호장치를 2가지 쓰시오.

해답 반발예방장치, 톱날접촉예방장치

08.
산업안전보건법상의 건설업 중 유해·위험방지계획서 제출사업 4가지를 쓰시오.

해답 ① 연면적 5천 m² 이상의 냉동·냉장창고시설의 설비공사 및 단열공사
② 터널 건설 등의 공사
③ 깊이 10m 이상인 굴착공사
④ 최대 지간길이가 50m 이상인 교량 건설 등의 공사
⑤ 다목적댐, 발전용댐 및 저수용량 2천만 ton 이상의 용수 전용 댐, 지방 상수도 전용 댐 건설 등의 공사

09.
종합재해지수를 구하시오.

- 연근로시간수 : 257,600일
- 근로손실일수 : 420일
- 연간 재해발생건수 : 17건
- 휴업일수 : 34일

해답 ① 도수율 $=\dfrac{재해건수}{연근로시간}\times1,000,000=\dfrac{7}{257,600}\times1,000,000=65.993=65.99$

② 강도율 $=\dfrac{총\ 근로손실일수}{연근로시간수}\times1,000=\dfrac{420+34\times\dfrac{300}{365}}{357,600}=1,000=1.738=1.74$

∴ 종합재해지수 $=\sqrt{도수율\times강도율}=\sqrt{65.99\times1.74}=10.715=10.72$

10.
산업안전보건관리비의 적용범위는 산업재해보상보험법의 적용을 받는 공사 중 총 공사금액이 얼마 이상인 공사에 적용되는지 쓰시오.

해답 2천만 원

11.
어느 사업장에서 해당 연도에 6건의 사망 사고가 발생하였다. 하인리히의 재해발생비율 법칙에 의한다면 경상해의 발생건수는 몇 건이 되는지 쓰시오.

해답 6×29=174건
- 하인리히
  1(사망 또는 중상) : 29(경미한 사고) : 300(무상해 사고)

12.
해체 공사의 공법에 따라 발생하는 소음과 진동의 예방대책을 3가지 쓰시오.

➡해답 ① 철 해머 공법의 경우 해머의 중량과 낙하높이를 가능한 한 낮게 하여야 한다.
② 현장 내에서는 대형 부재로 해체하며 장외에서 잘게 파쇄해야 한다.
③ 인접건물의 피해를 줄이기 위해 방음, 방진 목적의 가시설을 설치하여야 한다.
④ 전도공법의 경우 전도물 규모를 작게 하여 중량을 최소화하며 전도대상의 높이도 되도록 낮게 하여야 한다.

13.
사다리식 통로 등의 설치 시 준수사항이다. 빈칸을 채우시오.

사다리식 통로의 기울기는 (   )도 이하로 할 것

➡해답 75

건설안전산업기사 2016년 2회

01.
산업안전보건법에서 정하는 와이어로프 사용금지 기준을 3가지 쓰시오.(단, 꼬인 것, 부식된 것, 변형된 것, 열과 전기충격에 의해 손상된 것 제외)

해답 ① 이음매가 있는 것
② 와이어로프 한 꼬임에서 끊어진 소선의 수가 10퍼센트 이상인 것
③ 지름의 감소가 공칭지름의 7퍼센트를 초과하는 것

02.
강관틀 비계의 조립 시 준수사항이다. 다음 빈칸을 채우시오.

(가) 높이가 20m를 초과하거나 중량물의 적재를 수반하는 작업을 할 경우에는 주틀 간의 간격을 (①) 이하로 할 것
(나) 수직방향으로 (②), 수평방향으로 (③) 이내마다 벽이음을 할 것
(다) 길이가 띠장 방향으로 4m 이하이고 높이가 10m를 초과하는 경우에는 (④) 이내마다 띠장 방향으로 버팀기둥을 설치할 것

해답 ① 1.8m
② 6m
③ 8m
④ 10m

03.
안전관리조직을 효율적으로 운영하기 위한 형태 3가지를 쓰시오.

해답 ① 직계식 조직
② 참모식 조직
③ 직계-참모식 조직

04.
말비계를 조립하여 사용할 시 준수사항이다. 다음 빈칸을 채우시오.

> (가) 지주부재의 하단에는 (①)를 하고, 근로자가 양측 끝부분에 올라서서 작업하지 않도록 할 것
> (나) 지주부재와 수평면의 기울기를 (②)도 이하로 하고, 지주부재와 지주부재 사이를 고정시키는 보조부재를 설치할 것
> (다) 말비계의 높이가 (③)m를 초과하는 경우 작업발판의 폭을 (④)cm 이상으로 할 것

해답 ① 미끄럼 방지장치　　② 75
　　　③ 2　　　　　　　　④ 40

05.
산업안전보건법상 건설업 유해·위험방지계획서의 제출사업 4가지를 쓰시오.

해답 ① 연면적 5천 제곱미터 이상의 냉동·냉장창고시설의 설비공사 및 단열공사
　　　② 터널 건설 등의 공사
　　　③ 깊이 10미터 이상인 굴착공사
　　　④ 최대 지간길이가 50미터 이상인 교량 건설 등 공사
　　　⑤ 다목적댐, 발전용댐 및 저수용량 2천만 톤 이상의 용수 전용 댐, 지방 상수도 전용 댐 건설 등의 공사

06.
보일링 현상의 정의를 쓰시오.

해답 사질토 지반에서 굴착저면과 흙막이 배면과의 수위 차이로 인해 굴착저면의 흙과 물이 함께 위로 솟구쳐 오르는 현상

07.
산업안전보건법에서 작업으로 인하여 낙하물이 근로자에게 떨어질 위험이 있는 경우의 조치사항을 4가지 쓰시오.

해답 ① 낙하물방지망 설치
　　　② 수직보호망 설치
　　　③ 방호선반 설치
　　　④ 출입금지구역 설정

08.
하인리히의 재해 코스트 방식에 대해 다음 물음에 해당하는 답을 쓰시오.

> (가) 직접비 : 간접비
> (나) 직접비에 해당하는 항목 4가지

해답 (가) 1:4
(나) 휴업급여, 장해급여, 유족급여, 장의비, 유족특별급여

09.
다음 강관비계의 설치 간격을 쓰시오.

> (가) 띠장 방향
> (나) 장선 방향

해답 (가) 1.85m 이하
(나) 1.5m 이하

10.
추락 시 로프의 지지점에서 최하단까지의 거리 h를 구하시오.(단, 로프 길이 150cm, 로프 신장률 30%, 근로자의 신장 170cm)

해답 거리(h) = 로프의 길이 + 로프의 늘어난 길이 + 신장/2 = 150 + (150×0.3) + (170/2) = 280cm

11.
기계가 서 있는 지반보다 높은 곳을 굴착할 때 쓰는 기계의 명칭을 쓰시오.

해답 파워 셔블

12.
안전활동 단계를 순서대로 쓰시오.

해답 계획 – 실시 – 검토 – 조치

13.

비계 작업 시 비, 눈, 그 밖의 기상상태의 불안정으로 날씨가 몹시 나빠서 작업을 중지시킨 후 다시 그 비계에서 작업을 할 때 점검사항을 4가지 쓰시오.

➡해답 ① 발판재료의 손상 여부 및 부착 또는 걸림 상태
② 해당 비계의 연결부 또는 접속부의 풀림 상태
③ 연결재료 및 연결철물의 손상 또는 부식 상태
④ 손잡이의 탈락 여부

건설안전산업기사 2016년 4회

01.
다음의 교육 시간을 쓰시오.

> ① 일용근로자 채용 시 교육
> ② 건설업 기초안전·보건교육
> ③ 2m 이상인 구축물 파쇄 작업에서 하는 특별교육

➡️**해답** ① 1시간 이상
　　② 4시간 이상
　　③ 2시간 이상

02.
PDCA 4단계의 명칭을 쓰시오.

➡️**해답** ① P : 계획
　　② D : 실시
　　③ C : 검토
　　④ A : 조치

03.
차량용 건설기계 중 도저형 건설기계와 천도용 건설기계를 각각 2가지씩 쓰시오.

➡️**해답** ① 도저형 : 불도저, 스트레이트도저
　　② 천공용 : 어스드릴, 어스오거

04.
산업안전보건법에서 작업으로 인하여 낙하물이 근로자에게 미칠 우려가 있는 경우 조치사항을 4가지 쓰시오.

➡️**해답** ① 낙하물 방지망 설치
　　② 수직보호망 설치
　　③ 방호선반 설치
　　④ 출입금지구역 설정

05.

하인리히의 재해예방 대책 5단계를 순서대로 쓰시오.

➡️**해답** ① 안전관리조직 → ② 사실의 발견 → ③ 분석평가 → ④ 시정책 선정 → ⑤ 시정책 적용

06.

차량계 하역운반기계 등에 단위화물의 무게가 100kg 이상인 화물을 싣는 작업 또는 내리는 작업을 하는 경우 해당 작업 지휘자의 준수사항을 쓰시오.

➡️**해답** ① 작업순서 및 그 순서마다의 작업방법을 정하고 작업을 지휘할 것
② 기구와 공구를 점검하고 불량품을 제거할 것
③ 해당 작업을 하는 장소에 관계 근로자가 아닌 사람이 출입하는 것을 금지할 것
④ 로프 풀기 작업 또는 덮개 벗기기 작업은 적재함의 화물이 떨어질 위험이 없음을 확인한 후에 하도록 할 것

07.

거푸집 동바리를 조립하고자 할 때 동바리를 사용하는 파이프서포트에 대한 설치기준을 3가지 쓰시오.

➡️**해답** ① 파이프서포트를 3개 이상 이어서 사용하지 아니하도록 할 것
② 파이프서포트를 이어서 사용할 때에는 4개 이상의 볼트 또는 전용철물을 사용하여 이을 것
③ 높이가 3.5m를 초과할 때에는 높이 2m 이내마다 수평연결재를 2개 방향으로 만들고 수평연결재의 변위를 방지할 것

08.

다음은 사다리식 통로의 안전기준에 대한 사항이다. 빈칸에 알맞은 숫자를 쓰시오.

> (가) 사다리의 상단은 걸쳐놓은 지점으로부터 (①)cm 이상 올라가도록 할 것
> (나) 사다리식 통로의 길이가 10m 이상인 경우에는 (②)m 이내마다 계단참을 설치할 것

➡️**해답** ① 60   ② 5

09.
환산재해율에서 상시근로자 산출식을 쓰시오.

해답 상시근로자 수 $= \dfrac{\text{연간 국내공사 실적액} \times \text{노무비율}}{\text{건설업 월평균임금} \times 12}$

※ 현재법에서는 사망사고만인율로 변경됨

10.
통나무 비계 구조에 관한 내용이다. 다음 빈칸을 채우시오.

통나무 비계는 지상높이 (①)층 이하 또는 (②)m 이하인 건축물·공작물 등의 건조·해체 및 조립 등의 작업에만 사용할 수 있다.

해답 ① 4
② 12

11.
다음 유해위험기계·기구의 방호장치를 쓰시오.

| ① 예초기 | ② 원심기 | ③ 공기압축기 |

해답 ① 날접촉 예방장치
② 회전체 접촉 예방장치
③ 압력 방출장치

12.
다음 (   ) 안에 알맞은 안전보건표지의 색채를 쓰시오.

색채	용도	사용 예
(①)	금지	정지신호, 소화설비 및 그 장소, 유해행위의 금지
(②)	안내	비상구 및 피난소, 사람 또는 차량의 통행표지
(③)		파락색 또는 녹색에 대한 보조색
(④)		문자 및 빨간색 또는 노란색에 대한 보조색

해답 ① 빨간색　② 파란색
③ 흰색　④ 검정색

13.

다음 표는 와이어로프의 클립에 관한 내용이다. 빈칸을 채우시오.

와이어로프의 직경(mm)	클립 수
32	(①)
24	(②)
9~16	(③)

해답 ① 6
② 5
③ 4

건설안전산업기사(2017년 1회)

01.

안전관리조직 3가지 형태를 쓰시오.

➡**해답** ① 라인형 ② 스태프형 ③ 라인·스태프형

02.

부적격한 와이어로프의 사용 금지사항을 4가지 쓰시오.

➡**해답** ① 이음매가 있는 것
② 와이어로프의 한 꼬임(스트랜드)에서 끊어진 소선(素線, 필러(Pillar)선은 제외)의 수가 10% 이상(비자전로프의 경우에는 끊어진 소선의 수가 와이어로프 호칭지름의 6배 길이 이내에서 4개 이상이거나 호칭지름 30배 길이 이내에서 8개 이상)인 것
③ 지름의 감소가 공칭지름의 7%를 초과하는 것
④ 꼬인 것
⑤ 심하게 변형 또는 부식된 것
⑥ 열과 전기충격에 의해 손상된 것

03.

건설업 중 유해위험방지계획서 제출대상사업 5가지를 쓰시오.

➡**해답** ① 지상높이가 31m 이상인 건축물 또는 인공구조물, 연면적 30,000m² 이상인 건축물 또는 연면적 5,000m² 이상의 문화 및 집회시설(전시장 및 동물원·식물원은 제외), 판매시설, 운수시설(고속철도의 역사 및 집배송시설은 제외), 종교시설, 의료시설 중 종합병원, 숙박시설 중 관광숙박시설, 지하도상가 또는 냉동·냉장창고시설의 건설·개조 또는 해체
② 연면적 5,000m² 이상의 냉동·냉장창고시설의 설비공사 및 단열공사
③ 최대지간 길이가 50m 이상인 교량건설 등 공사
④ 터널건설 등의 공사
⑤ 다목적 댐, 발전용 댐 및 저수용량 2천만 톤 이상의 용수전용 댐, 지방상수도 전용댐 건설 등의 공사
⑥ 깊이가 10m 이상인 굴착공사

04.
다음 내용에 알맞는 흙의 이상현상의 종류를 쓰시오.

> ① 연약한 하부지반의 흙파기에서 흙막이(sheet pile) 외부의 흙의 중량과 지표면 재해중량에 의해
> 저면 흙이 붕괴되고 흙막이 외부 흙이 내부로 밀려 볼록하게 되는 현상
> ② 사질토 지반에서 굴착저면과 흙막이 배면과의 수위 차이로 인해 굴착저면의 흙과 물이 함께
> 위로 솟구쳐 오르는 현상

➡**해답** ① 히빙현상(heaving failure)
　　　② 보일링(boiling)

05.
고용부 장관에게 보고해야 하는 중대재해 3가지를 쓰시오.

➡**해답** ① 사망자가 1명 이상 발생한 재해
　　　② 3개월 이상의 요양이 필요한 부상자가 동시에 2명 이상 발생한 재해
　　　③ 부상자 또는 직업성 질병자가 동시에 10명 이상 발생한 재해

06.
콘크리트 타설작업을 하기 위하여 콘크리트타설장비 이용 작업 시 준수사항 3가지를 쓰시오.

➡**해답** 1　작업을 시작하기 전에 콘크리트타설장비를 점검하고 이상을 발견하였으면 즉시 보수할 것
　　　2. 건축물의 난간 등에서 작업하는 근로자가 호스의 요동·선회로 인하여 추락하는 위험을 방지하기 위하
　　　여 안전난간 설치 등 필요한 조치를 할 것
　　　3. 콘크리트타설장비의 붐을 조정하는 경우에는 주변의 전선 등에 의한 위험을 예방하기 위한 적절한 조치
　　　를 할 것
　　　4. 작업 중에 지반의 침하나 아웃트리거 등 콘크리트타설장비 지지구조물의 손상 등에 의하여 콘크리트타
　　　설장비가 넘어질 우려가 있는 경우에는 이를 방지하기 위한 적절한 조치를 할 것

07.
시각장치와 청각장치 사용 중 청각장치를 사용하는 경우 특징 3가지를 쓰시오.

➡**해답** ① 경고나 메시지가 간단하다.
　　　② 경고나 메시지가 짧다.
　　　③ 경고나 메시지가 후에 재참조되지 않는다.

④ 경고나 메시지가 시간적인 사상을 다룬다.

⑤ 경고나 메시지가 즉각적인 행동을 요구한다.

⑥ 수신자의 시각 계통이 과부하 상태일 때

⑦ 수신장소가 너무 밝거나 암조응 유지가 필요할 때

⑧ 직무상 수신자가 자주 움직이는 경우

08.

이동식 크레인을 사용하여 작업을 할 경우 작업시작 전 점검사항을 3가지만 쓰시오.

➡️**해답** ① 권과 방지장치나 그 밖의 경보장치의 기능

② 브레이크 · 클러치 및 조정장치의 기능

③ 와이어로프가 통하고 있는 곳 및 작업장소의 지반상태

09.

연 근로자가 400명인 사업장에서 재해손실일수가 1,030일이고 의사의 진단으로 250일의 휴업일수가 발생하였다. 강도율을 구하시오.

➡️**해답** 강도율 $= \dfrac{근로손실일수}{연근로시간수} \times 1,000 = \dfrac{1,235.48}{400 \times 8 \times 300} \times 1,000 = 1.29$

① 근로손실일수 $=$ 휴업일수 $\times \dfrac{300}{365} = 250 \times \dfrac{300}{365} = 205.48(일)$

② 재해손실일수 $= 1,030$

총 근로손실일수 $=$ ① $+$ ② $= 205.48 + 1,030 = 1,235.48(일)$

10.

양중기 종류 4가지를 쓰시오.

➡️**해답** ① 크레인[호이스트(hoist)를 포함한다]

② 이동식 크레인

③ 리프트(이삿짐운반용 리프트의 경우에는 적재하중이 0.1톤 이상인 것으로 한정)

④ 곤돌라

⑤ 승강기

11.

산업안전보건법령상 다음 경우에 해당하는 양중기 와이어로프(또는 달기체인)의 안전계수를 밑줄 친 빈칸에 써 넣으시오.

> • 근로자가 탑승하는 운반구를 지지하는 경우 : ___①___ 이상
> • 화물의 하중을 직접 지지하는 경우 : ___②___ 이상
> • 훅(Hook), 샤클(Shackle), 클램프(Clamp), 리프팅 빔(Lifting beam)의 경우 : ___③___ 이상
> • 그 밖의 경우 : ___④___ 이상

➥**해답** ① 10   ② 5   ③ 3   ④ 4

12.

연천인율이 50일 경우 의미는 무엇인지 쓰시오.

➥**해답** 근로자 1,000인당 1년간 발생하는 재해 발생자 수가 50명이다.

13.

다음 (   )에 알맞은 내용을 쓰시오.

> (1) 파이프서포트를 (①)개 이상 이어서 사용하지 아니하도록 할 것
> (2) 파이프서포트를 이어서 사용하는 경우에는 (②)개 이상의 볼트 또는 전용철물을 사용하여 이을 것. 높이가 3.5[m]를 초과할 때에는 높이 (③)[m] 이내마다 수평연결재를 (④)개 방향으로 만들고 수평연결재의 변위를 방지할 것

➥**해답** ① 3   ② 4   ③ 2   ④ 2

건설안전산업기사(2017년 2회)

O1.

셔블계 건설기계를 작업에 사용할 경우 지켜야 할 안전수칙 4가지를 쓰시오.

[해답] ① 유도자 배치 ② 지반의 부등침하 및 갓길의 붕괴 방지
③ 인접한 고압선 방호조치 ④ 작업반경 확보
⑤ 주용도 외 사용제한

O2.

H사업장의 평균 근로자 수가 500명, 작업 시 연간재해자가 6명 발생했다. 연천인율 및 도수율을 계산하시오.

[해답] • 연천인율 $= \dfrac{\text{재해자수}}{\text{연평균근로자수}} \times 1{,}000 = \dfrac{6}{500} \times 1{,}000 = 12$

• 도수율 $= \dfrac{\text{연천인율}}{2.4} = \dfrac{12}{2.4} = 5$

O3.

차량계 건설기계의 붐·암 등을 올리고 그 밑에서 수리·점검작업 등을 하는 경우에는 붐·암 등이 갑자기 하강함으로써 발생하는 위험을 방지하기 위하여 사용하는 것은?

[해답] ① 안전지지대 사용 ② 안전블록 사용

O4.

채석작업계획에 포함사항 3가지를 쓰시오.

[해답] ① 노천굴착과 갱내굴착의 구별 및 채석방법
② 굴착면의 높이와 기울기
③ 굴착면 소단의 위치와 넓이
④ 갱내에서의 낙반 및 붕괴방지 방법
⑤ 발파방법
⑥ 암석의 분할방법
⑦ 암석의 가공장소
⑧ 사용하는 굴착기계·분할기계·적재기계 또는 운반기계의 종류 및 성능
⑨ 토석 또는 암석의 적재 및 운반방법과 운반경로
⑩ 표토 또는 용수의 처리방법

05.
중량물 취급 시 예방대책을 수립해야 할 재해유형 4가지를 쓰시오.

→해답 ① 추락   ② 낙하   ③ 전도   ④ 협착

06.
작업 개시 전 5~15분, 작업 종료 후 3~5분에 걸쳐 같은 작업원 5~6명이 리더를 중심으로 둘러앉아 (또는 서서) 위험을 예측하고 대책을 수립하는 등 단시간 내에 의논하는 문제해결 기법은?

→해답 T.B.M(TOOL BOX MEETING)

07.
히빙(Heaving) 현상과 보일링(Boiling) 현상을 설명하시오.

→해답 1) 히빙(Heaving) 현상
　　① 정의 : 연약한 점토지반을 굴착할 때 흙막이 벽체 배면에 있는 흙의 중량이 굴착 바닥면의 흙의 중량보다 클 때 그 중량 차이로 인해 흙막이 벽체 배면의 흙이 안으로 밀려 들어와 굴착 바닥면이 부풀어오르는 현상
　　② 방지대책
　　　㉠ 흙막이벽 근입깊이 증가
　　　㉡ 흙막이벽 배면 지표의 상재하중을 제거
　　　㉢ 지반굴착 시 흙이 느슨해지지 않도록 유의
　　　㉣ 지반개량으로 하부지반 전단강도 개선
　　　㉤ 강성이 큰 흙막이 공법 선정
　　2) 보일링(Boiling) 현상
　　① 정의 : 투수성이 좋은 사질토 지반을 굴착할 때 흙막이벽 배면의 지하수위가 굴착저면보다 높을 때 굴착저면 위로 모래와 지하수가 솟아오르는 현상
　　② 방지대책
　　　㉠ 흙막이벽 근입깊이 증가
　　　㉡ 흙막이벽의 차수성 증대
　　　㉢ 흙막이벽 배면 지반 그라우팅 실시
　　　㉣ 흙막이벽 배면 지반 지하수위 저하
　　　㉤ 굴착토를 즉시 원상태로 매립

08.
비계의 작업발판에 대한 다음 (   ) 안에 알맞은 숫자를 쓰시오.

> 비계의 높이가 2m 이상인 작업장소에 설치하는 작업발판의 폭은 (①) 이상으로 하고, 발판재료 간의 틈은 (②) 이하로 할 것

해답 ① 40cm   ② 3cm

09.
안전관리자를 정수 이상으로 증원하게 하거나 교체하여 임명할 수 있는 사유를 3가지 쓰시오.

해답 ① 해당 사업장의 연간재해율이 같은 업종의 평균재해율의 2배 이상인 경우
② 중대재해가 연간 2건 이상 발생한 경우
③ 관리자가 질병 기타의 사유로 3개월 이상 직무를 수행할 수 없게 된 경우
④ 화학적 인자로 인한 직업성 질병자가 연간 3명 이상 발생한 경우

10.
크레인에 전용 탑승설비 설치 후 근로자를 탑승시켜 작업할 경우 위험방지 대책 2가지를 쓰시오.

해답 ① 탑승설비가 뒤집히거나 떨어지지 않도록 필요한 조치를 할 것
② 안전대나 구명줄을 설치하고, 안전난간을 설치할 수 있는 경우에는 안전난간을 설치할 것
③ 탑승설비를 하강시킬 때에는 동력하강방법으로 할 것

11.
달비계에 사용되는 섬유로프 또는 섬유벨트의 사용금지 기준 2가지를 쓰시오.

해답 ① 꼬임이 끊어진 것
② 심하게 손상되거나 부식된 것

12.
흙막이 지보공을 설치할 때 정기점검사항 4가지를 쓰시오.

➡️**해답** ① 부재의 손상·변형·부식·변위 및 탈락의 유무와 상태
② 버팀대의 긴압 정도
③ 부재의 접속부·부착부 및 교차부의 상태
④ 침하 정도

13.
터널 건설작업 중 낙반 등에 의하여 근로자에게 위험을 미칠 우려가 있을 때 조치할 수 있는 사항을 3가지 쓰시오.

➡️**해답** ① 터널지보공 설치   ② 록볼트 설치
③ 부석 제거   ④ 방호망 설치

건설안전산업기사(2017년 4회)

01.
건설공사 유해위험방지계획서 제출 시 첨부서류 중 공사개요 및 안전보건관리계획에 해당되는 사항 3가지를 쓰시오

➡️**해답** ① 공사 개요서(별지 제45호 서식)
② 공사현장의 주변 현황 및 주변과의 관계를 나타내는 도면(매설물 현황을 포함한다)
③ 건설물, 사용 기계설비 등의 배치를 나타내는 도면
④ 전체 공정표
⑤ 산업안전보건관리비 사용계획(별지 제46호 서식)
⑥ 안전관리 조직표
⑦ 재해 발생 위험 시 연락 및 대피방법

02.

다음 보기의 (   )에 알맞은 말이나 숫자를 쓰시오.

(1) 비계기둥에는 미끄러지거나 침하하는 것을 방지하기 위하여 밑받침철물을 사용하거나 (①) 등을 사용하여 밑둥잡이를 설치하는 등의 조치를 할 것
(2) 비계기둥의 간격은 띠장 방향에서는 (②)m, 장선 방향에서는 1.5m 이하로 할 것
(3) 띠장간격은 (③)m 이하로 설치할 것
(4) 비계기둥의 최고부로부터 (④)m 되는 지점 밑부분의 비계기둥은 (⑤)개의 강관으로 묶어 세울 것
(5) 비계기둥 간의 적재하중은 (⑥)kg을 초과하지 아니하도록 할 것

해답 ① 버팀목이나 깔판   ② 1.85   ③ 2   ④ 31   ⑤ 2   ⑥ 400

03.

비, 눈 그 밖의 기상상태 불안정으로 날씨가 몹시 나빠서 작업을 중지한 후 비계의 작업을 다시 시작할 때, 작업 시작 전 점검해야 할 사항을 4가지 쓰시오.

해답 ① 발판재료의 손상 여부 및 부착 또는 걸림상태
② 해당 비계의 연결부 또는 접속부의 풀림상태
③ 연결재료 및 연결철물의 손상 또는 부식상태
④ 손잡이의 탈락 여부
⑤ 기둥의 침하·변형·변위 또는 흔들림 상태
⑥ 로프의 부착상태 및 매단 장치의 흔들림 상태

04.

근로자 500명이 근무하는 사업장에서 12건의 산업재해가 발생하였고, 15명의 재해자가 발생하여 600일의 근로손실일이 발생하였다. 도수율, 강도율, 연천인율을 구하시오.(단, 근로시간은 1일 9시간 270일 근무이다)

해답 • 도수율 $= \dfrac{\text{재해건수}}{\text{연 근로시간 수}} \times 10^6 = \dfrac{12}{500 \times 9 \times 270} \times 10^6 = 9.876 = 9.88$

• 강도율 $= \dfrac{\text{총 근로손실일수}}{\text{연 근로시간 수}} \times 1{,}000 = \dfrac{600}{500 \times 9 \times 270} \times 1{,}000 = 0.493 = 0.49$

• 연천인율 $= \dfrac{\text{연간 재해자 수}}{\text{연평균 근로자 수}} \times 1{,}000 = \dfrac{15}{500} \times 1{,}000 = 30$

O5.
감전 시 인체에 미치는 주된 영향인자 3가지를 쓰시오.

해답 ① 통전전류의 크기(가장 근본적인 원인이며 감전피해의 위험도에 가장 큰 영향을 미침)
② 통전시간
③ 통전경로
④ 전원의 종류(교류 또는 직류)
⑤ 주파수 및 파형
⑥ 전격인가위상(심장 맥동주기의 어느 위상(T파에서 가장 위험)에서의 통전 여부)
⑦ 기타 간접적으로는 인체저항과 전압의 크기 등이 관계함

O6.
차단기의 정격감도전류, 작동시간을 쓰시오.

전기기계·기구에 설치되어 있는 누전차단기 : 정격감도전류(①)mA 이하, 작동시간(②)초 이내

해답 ① 30   ② 0.03

O7.
사업장에서 재해 발생 시 관할 지방고용노동관서의 장에게 보고해야 할 중대재해 3가지를 쓰시오.

해답 ① 사망자가 1명 이상 발생한 재해
② 3개월 이상의 요양이 필요한 부상자가 동시에 2명 이상 발생한 재해
③ 부상자 또는 직업성 질병자가 동시에 10명 이상 발생한 재해

O8.
인력굴착 작업 시 준수해야 할 사항을 3가지 쓰시오.

해답 ① 지반의 종류에 따라서 정해진 굴착면의 높이와 기울기로 진행
② 굴착 토사나 자재 등을 경사면 및 토류벽 천단부 주변에 쌓아두어서는 안 됨
③ 용수 등의 유입수가 있는 경우 반드시 배수 시설을 한 뒤에 작업진행
④ 상·하부 동시작업은 원칙적으로 금지하여야 하나 부득이한 경우 견고한 낙하물 방호시설 설치, 부석 제거, 불필요한 기계 등의 방치금지, 신호수 및 담당자 배치 후 작업
⑤ 제3자가 근처를 통행할 가능성이 있는 경우에는 가설울타리 등 안전시설과 안전표지판 설치

O9.
재해로 인해 의도치 않게 발생되는 손실비용을 무엇이라 하는지 쓰시오.

해답 총재해코스트

10.
거푸집 동바리 시공 시 고려해야 할 하중 4가지를 쓰시오.

해답 ① 연직방향하중 : 타설 콘크리트 고정하중, 타설 시 충격하중 및 작업원 등의 작업하중
② 횡방향하중 : 작업 시 진동, 충격, 풍압, 유수압, 지진 등
③ 콘크리트 측압 : 콘크리트가 거푸집을 안쪽에서 밀어내는 압력
④ 특수하중 : 시공 중 예상되는 특수한 하중(콘크리트 편심하중 등)

11.
안전모의 재료를 3가지 쓰시오.

해답 ① 합성수지(모체)
② 발포스티로폼(충격흡수재)
③ 합성섬유, 가죽(착장체 및 턱끈)

12.
터널 건설작업을 할 때에 그 터널 등의 내부에서 금속의 용접·용단 또는 가열작업을 하는 경우에는 화재를 예방하기 위하여 어떤 조치를 해야 하는지 3가지를 쓰시오.

해답 ① 부근에 있는 넝마, 나무부스러기, 종이부스러기, 그 밖의 인화성 액체를 제거하거나, 그 인화성 액체에 불연성 물질의 덮개를 하거나, 그 작업에 수반하는 불티 등이 날아 흩어지는 것을 방지하기 위한 격벽을 설치할 것
② 해당 작업에 종사하는 근로자에게 소화설비의 설치장소 및 사용방법을 주지시킬 것
③ 해당 작업 종료 후 불티 등에 의하여 화재가 발생할 위험이 있는지를 확인할 것

13.
달비계 작업 시 최대하중을 정함에 있어 다음 보기의 안전계수를 쓰시오.

(1) 달기 와이어로프 및 달기 강선의 안전계수 : (①) 이상
(2) 달기 체인 및 달기 훅의 안전계수 : (②) 이상
(3) 달기 강대와 달비계의 하부 및 상부지점의 안전계수 : 강재의 경우 (③) 이상, 목재의 경우 (④) 이상

해답 ① 10 ② 5 ③ 2.5 ④ 5

건설안전산업기사(2018년 1회)

01.
근로자가 작업발판 위에서 전기용접작업을 하다가 지면으로 떨어져 부상을 당했다. 재해분석을 하시오.

(1) 발생형태	(2) 기인물	(3) 가해물

➡️**해답** (1) 추락　　　　(2) 작업발판　　　　(3) 지면

02.
근로자 500명, 하루평균작업시간 8시간, 연간근무일수 280일, 재해건수 10건, 휴업일수 159일 때 종합재해지수를 구하시오.

➡️**해답** 도수율 $= \dfrac{\text{재해발생건수}}{\text{연근로시간수}} \times 1,000,000 = \dfrac{10}{500 \times 8 \times 280} \times 1,000,000 = 8.93$

강도율 $= \dfrac{\text{근로손실일수}}{\text{연근로시간수}} \times 1,000 = \dfrac{159 \times \dfrac{280}{365}}{500 \times 8 \times 280} \times 1,000 = 0.11$

종합재해지수(FSI) $= \sqrt{\text{도수율}(F.R) \times \text{강도율}(S.R)} = \sqrt{8.93 \times 0.11} = 0.99$

03.
승강기에 설치하여 유효하게 작동될 수 있도록 미리 조정하여 두어야 하는 방호장치 3가지를 쓰시오.

➡️**해답** ① 과부하방지장치　　　　② 파이널리밋스위치
　　　③ 비상정지장치　　　　　④ 속도 조절기
　　　⑤ 출입문 인터록

04.
건설재해예방 전문지도기관의 기술지도 제외대상 3가지를 쓰시오.

[해답] ① 공사기간이 1개월 미만인 공사
② 육지와 연결되지 아니한 섬지역(제주특별자치도는 제외한다)에서 이루어지는 공사
③ 안전관리자의 자격을 가진 사람을 선임하여 안전관리자의 직무만을 전담하도록 하는 공사. 이 경우 사업주는 안전관리자 선임 등 보고서(건설업)를 관할 지방고용노동관서의 장에게 제출하여야 한다.
④ 유해·위험방지계획서를 제출하여야 하는 공사

05.
지반 굴착을 위한 굴착공법 4가지를 쓰시오.

[해답] ① 오픈컷공법
② 아일랜드컷 공법
③ 어스앵커공법
④ 스트러트공법

06.
차량계 건설기계를 사용하는 작업 시 전도방지 대책 3가지를 쓰시오.

[해답] ① 유도하는 사람(유도자)을 배치
② 지반의 부동침하 방지
③ 갓길의 붕괴 방지
④ 도로 폭의 유지

07.
둥근톱기계의 방호장치 2가지를 쓰시오.

[해답] ① 반발 예방장치
② 날접촉 예방장치

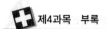

O8.
철골작업을 중지해야 하는 기상상황 3가지를 쓰시오.

▶해답

구분	내용
강풍	풍속 10m/sec 이상
강우	1시간당 강우량이 1mm 이상
강설	1시간당 강설량이 1cm 이상

O9.
밀폐공간작업 시 특별교육내용 3가지를 쓰시오.

▶해답 ① 산소농도측정 및 작업환경에 관한 사항
② 사고 시의 응급처치 및 비상시 구출에 관한 사항
③ 보호구 착용 및 사용방법에 관한 사항
④ 밀폐공간작업의 안전작업방법에 관한 사항
⑤ 그 밖에 안전보건관리에 필요한 사항

10.
계단 및 계단참의 설치기준이다. 빈칸을 채우시오.

(1) 계단 및 계단참을 설치하는 때에는 (①) 이상의 하중에 견딜 수 있는 강도를 가진 구조
(2) 높이가 3m를 초과하는 계단에는 높이 (②) 이내마다 너비 (③) 이상의 계단참을 설치
(3) 바닥 면으로부터 높이 (④) 이내의 공간에 장애물이 없도록 할 것

▶해답 ① 500kg/m²
② 3m
③ 1.2m
④ 2m

11.
깊이 10.5m 이상의 굴착의 경우 흙막이 구조의 안전을 예측하기 위해 설치하여야 하는 계측기기의 종류 4가지를 쓰시오.

▶해답 ① 지표침하계 : 흙막이벽 배면에 동결심도보다 깊게 설치하여 지표면 침하량 측정
② 지중경사계 : 흙막이벽 배면에 설치하여 토류벽의 기울어짐 측정

③ 하중계 : Strut, Earth Anchor에 설치하여 축하중 측정으로 부재의 안정성 여부 판단
④ 간극수압계 : 굴착, 성토에 의한 간극수압의 변화 측정
⑤ 균열측정기 : 인접구조물, 지반 등의 균열부위에 설치하여 균열 크기와 변화 측정
⑥ 변형률계 : Strut, 띠장 등에 부착하여 굴착작업시 구조물의 변형 측정
⑦ 지하수위계 : 굴착에 따른 지하수위 변동 측정

12.
섬유로프 또는 섬유벨트의 사용금지 기준 2가지를 쓰시오.

해답 1) 로프의 꼬임이 끊어진 것
2) 심하게 손상되었거나 부식된 것

13.
다음 표의 강관비계의 조립간격을 (   )에 쓰시오.

강관비계의 종류	조립간격(단위 : m)	
	수직방향	수평방향
단관비계	(①)	(②)
틀비계(높이가 5m 미만의 것을 제외한다)	(③)	(④)

해답 ① 5   ② 5   ③ 6   ④ 8

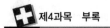

건설안전산업기사(2018년 2회)

O1.
굴착작업 시 지반의 붕괴 또는 매설물 손괴 등에 의하여 근로자에게 위험을 미칠 우려가 있을 때 조사 사항 3가지를 쓰시오.

→해답 ① 형상·지질 및 지층의 상태
② 균열·함수·용수 및 동결의 유무 또는 상태
③ 매설물 등의 유무 또는 상태
④ 지반의 지하수위 상태

O2.
안전모의 종류 3가지와 용도를 쓰시오.

→해답 ① AB형 : 물체의 낙하 또는 비래 및 추락에 의한 위험을 방지 또는 경감시키기 위한 것
② AE형 : 물체의 낙하 또는 비래에 의한 위험을 방지 또는 경감하고, 머리부위 감전에 의한 위험을 방지하기 위한 것
③ ABE형 : 물체의 낙하 또는 비래 및 추락에 의한 위험을 방지 또는 경감하고, 머리부위 감전에 의한 위험을 방지하기 위한 것

O3.
산소결핍이라 함은 공기 중의 산소농도가 어떠한 상태에 있는 것인가?

→해답 공기 중 산소농도가 18% 미만인 상태

O4.
옹벽의 활동에 대한 안전을 위해서 활동에 대한 저항력이 수평력의 몇 배 이상이 되어야 하는가?

→해답 활동에 대한 안정 : $F_s = \dfrac{\text{활동에 저항하려는힘}}{\text{활동하려는 힘}} \geq 1.5$

05.
작업발판 및 통로의 끝이나 개구부 주변에서 작업 시 추락방지조치 3가지를 쓰시오.

해답 ① 안전난간 설치
② 울타리 설치
③ 수직형 추락방망의 설치
④ 개구부 덮개 설치

06.
산업안전보건법상 건설업 중 유해위험방지계획서를 작성 제출하여야 하는 사업장 종류 4가지를 쓰시오.

해답 ① 지상높이가 31m 이상인 건축물 또는 인공구조물, 연면적 30,000m² 이상인 건축물 또는 연면적 5,000m²
　이상의 문화 및 집회시설(전시장 및 동물원·식물원은 제외), 판매시설, 운수시설(고속철도의 역사 및
　집배송시설은 제외), 종교시설, 의료시설 중 종합병원, 숙박시설 중 관광숙박시설, 지하도상가 또는 냉
　동·냉장창고시설의 건설·개조 또는 해체
② 연면적 5,000m² 이상의 냉동·냉장창고시설의 설비공사 및 단열공사
③ 최대지간 길이가 50m 이상인 교량건설 등 공사
④ 터널건설 등의 공사
⑤ 다목적 댐, 발전용 댐 및 저수용량 2천만톤 이상의 용수전용 댐, 지방상수도 전용댐 건설 등의 공사
⑥ 깊이가 10m 이상인 굴착공사

07.
근로자수 500명, 1일 9시간 작업, 연간 300일 근로하는 동안 8건의 재해가 발생하였으며, 총 휴업일수가 300일이었다. 도수율은 5.93이고 강도율은 0.18일 경우 종합재해지수(FSI)를 구하시오.

해답 종합재해지수$(FSI) = \sqrt{도수율(FR) \times 강도율(SR)} = \sqrt{5.93 \times 0.18} = 1.03$

08.
근로자 400명이 1일 8시간, 연간 300일 작업하는 어떤 작업장에 연간 10건의 재해가 발생하였다. 2건은 사망, 8건은 신체장애등급 14급일 때 연천인율, 강도율, 도수율을 구하시오.

해답 연천인율 $= \dfrac{연간재해자수}{연평균근로자수} \times 1,000 = \dfrac{10}{400} \times 1,000 = 25$

　강도율(S.R) $= \dfrac{근로손실일수}{연간총근로시간수} \times 1,000 = \dfrac{(7,500 \times 2) + (50 \times 8)}{400 \times 8 \times 300} \times 1,000 = 16.042$

　도수율(F.R) $= \dfrac{재해건수}{연간총근로시간수} \times 1,000,000 = \dfrac{10}{400 \times 8 \times 300} \times 10^6 = 10.42$

09.
중량물 취급시 작업계획에 포함시켜야 하는 사항 3가지를 쓰시오.

해답 가. 추락위험을 예방할 수 있는 안전대책
　　 나. 낙하위험을 예방할 수 있는 안전대책
　　 다. 전도위험을 예방할 수 있는 안전대책
　　 라. 협착위험을 예방할 수 있는 안전대책
　　 마. 붕괴위험을 예방할 수 있는 안전대책

10.
크레인 작업 시작 전 점검사항을 3가지 쓰시오.

해답 ① 권과방지장치·브레이크·클러치 및 운전장치의 기능
　　 ② 주행로의 상측 및 트롤리(trolley)가 횡행하는 레일의 상태
　　 ③ 와이어로프가 통하고 있는 곳의 상태

11.
로프로 매단 버킷을 이용하여 강바닥의 모래나 자갈을 끌어올리는 셔블 계통의 굴착기는 무엇인가?

해답 클램셸(Clamshell)

12.
소음을 통제하는 방법 3가지를 쓰시오.

해답 (1) 기계·기구 등의 대체　　　　(2) 시설의 밀폐·흡음(吸音)
　　 (3) 소음의 격리

13.
높이 2m 이상인 작업발판의 끝이나 개구부에서 작업 시 추락재해 방지대책 5가지를 쓰시오.

해답 ① 안전난간 설치
　　 ② 울 및 손잡이 설치
　　 ③ 덮개를 설치하는 경우 뒤집히거나 떨어지지 않도록 할 것
　　 ④ 추락방호망 설치
　　 ⑤ 안전대 착용
　　 ⑥ 어두운 장소에서도 알아볼 수 있도록 개구부임을 표시

건설안전산업기사(2018년 4회)

01.
다음 괄호 안에 알맞은 답안을 쓰시오.

교육과정	교육대상		교육시간
가. 정기교육	1) 사무직 종사 근로자		매반기 6시간 이상
	2) 그 밖의 근로자	가) 판매업무에 직접 종사하는 근로자	(①)
		나) 판매업무에 직접 종사하는 근로자 외의 근로자	(②)
나. 채용 시 교육	1) 일용근로자 및 근로계약기간이 1주일 이하인 기간제근로자		1시간 이상
	2) 근로계약기간이 1주일 초과 1개월 이하인 기간제근로자		4시간 이상
	3) 그 밖의 근로자		(③)
다. 작업내용 변경 시 교육	1) 일용근로자 및 근로계약기간이 1주일 이하인 기간제근로자		1시간 이상
	2) 그 밖의 근로자		(④)

➡️**해답** ① 매반기 6시간 이상, ② 매반기 12시간 이상, ③ 8시간 이상, ④ 2시간 이상

02.
추락 시 로프의 지지점에서 최하단까지의 거리 h를 구하시오.(단, 로프 길이 150cm, 로프 신장률 30%, 근로자의 신장 170cm)

➡️**해답** 거리(h) = 로프의 길이 + 로프의 늘어난 길이 + 신장/2 = 150 + (150×0.3) + (170/2) = 280cm

03.
인력 굴착공사방법에 의한 기초지반을 굴착하고자 한다. 아래 도표에 따라 굴착면의 기울기 기준을 쓰시오.

지반의 종류	굴착기의 기울기
모래	(①)
연암 및 풍화암	(②)
경암	(③)
그 밖의 흙	(④)

➡️**해답** ① 1 : 1.8, ② 1 : 1.0, ③ 1 : 0.5, ④ 1 : 1.2

04.
산업안전보건법상 안전보건 표지 중 "응급구호표지"를 그리시오.(단, 색상 표시는 글자로 나타내도록 하고, 크기에 대한 기준은 표시하지 않아도 된다.)

➡해답 바탕 : 녹색, 관련부호 : 흰색

05.
고소작업대 작업시 준수사항을 쓰시오.

➡해답 ① 작업자가 안전모·안전대 등의 보호구를 착용하도록 할 것
② 관계자가 아닌 사람이 작업구역에 들어오는 것을 방지하기 위하여 필요한 조치를 할 것
③ 안전한 작업을 위하여 적정수준의 조도를 유지할 것
④ 전로에 근접하여 작업을 하는 경우에는 작업감시자를 배치하는 등 감전사고를 방지하기 위하여 필요한 조치를 할 것
⑤ 작업대를 정기적으로 점검하고 붐·작업대 등 각 부위의 이상 유무를 확인할 것
⑥ 전환스위치는 다른 물체를 이용하여 고정하지 말 것
⑦ 작업대는 정격하중을 초과하여 물건을 싣거나 탑승하지 말 것
⑧ 작업대의 붐대를 상승시킨 상태에서 탑승자는 작업대를 벗어나지 말 것. 다만, 작업대에 안전대 부착설비를 설치하고 안전대를 연결하였을 때에는 그러하지 아니하다.

06.
승강기 종류를 4가지 쓰시오.

➡해답 ① 승객용 엘리베이터
② 승객화물용 엘리베이터
③ 화물용 엘리베이터
④ 소형화물용 엘리베이터
⑤ 에스컬레이터

07.

근로손실일수 사망 1명(7,500일), 14급(50일) 4명으로 총근로손실일수가 7,700일일 때 도수율과 강도율을 구하시오.(근로자수 100인, 1일 8시간, 연 300일 근무 기준)

해답 도수율 $= \dfrac{\text{재해발생건수}}{\text{연근로시간수}} \times 1{,}000{,}000 = \dfrac{5}{100 \times 8 \times 300} \times 1{,}000{,}000 = 20.83$

강도율 $= \dfrac{\text{근로손실일수}}{\text{연근로시간수}} \times 1{,}000 = \dfrac{7{,}700}{100 \times 8 \times 300} \times 1{,}000 = 32.08$

08.

목재가공용 둥근톱기계를 사용하는 목재가공공장에서 근로자의 안전을 유지하기 위하여 설치하여야 하는 방호장치를 2가지만 쓰시오.

해답 반발예방장치
톱날접촉예방장치

09.

셔블(Shovel)계 건설기계 중 기계장치가 위치한 지면보다 높은 곳의 땅을 파는 데 적합한 굴착기계를 쓰시오.

해답 파워셔블(Power Shovel)

10.

강관틀비계 설치 시 벽이음 간격기준을 쓰시오.

해답 ① 수직방향에서 6m 이내
② 수평방향에서 8m 이내

11.

굴착공사에서 토사 붕괴재해 예방을 위한 안전점검사항 4가지를 쓰시오.

해답 ① 전 지표면의 답사
② 경사면의 지층 변화부 상황 확인
③ 부석의 상황 변화의 확인
④ 결빙과 해빙에 대한 상황의 확인

12.
산업안전보건법령상 명예산업안전감독관의 임기를 쓰시오.

➡해답 2년

13.
굴착공사 시 보일링(Boiling) 현상 방지대책 3가지를 쓰시오.

➡해답 ① 흙막이벽 근입깊이 증가
② 흙막이벽의 차수성 증대
③ 흙막이벽 배면 지반 그라우팅 실시
④ 흙막이벽 배면 지반 지하수위 저하
⑤ 굴착토를 즉시 원상태로 매립

건설안전산업기사(2019년 1회)

01.

발파작업 시 발파공의 충진재료로 사용할 수 있는 것 2가지를 쓰시오

→해답 점토, 모래

02.

다음 보기의 ( )에 알맞은 말이나 숫자를 쓰시오.

(1) 비계기둥에는 미끄러지거나 침하하는 것을 방지하기 위하여 밑받침철물을 사용하거나 (①) 등을 사용하여 밑둥잡이를 설치하는 등의 조치를 할 것
(2) 비계기둥의 간격은 띠장 방향에서는 (②)m, 장선 방향에서는 1.5m 이하로 할 것
(3) 띠장간격은 (③)m 이하로 설치할 것
(4) 비계기둥의 최고부로부터 (④)m 되는 지점 밑부분의 비계기둥은 (⑤)본의 강관으로 묶어 세울 것
(5) 비계기둥 간의 적재하중은 (⑥)kg을 초과하지 아니하도록 할 것

→해답 ① 버팀목이나 깔판   ② 1.85   ③ 2   ④ 31   ⑤ 2   ⑥ 400

03.

위험예지훈련 4라운드의 진행방식을 쓰시오.

→해답 문제해결 4단계(4라운드)
- 제1단계 : 현상파악
- 제2단계 : 본질추구
- 제3단계 : 대책수립
- 제4단계 : 목표설정

04.

상시근로자 500명인 사업장에서 근무하던 중 산업재해 사고가 15건 발생하고, 18명이 재해를 입어 120일의 근로손실과 43일의 휴업일수가 발생하였다. 연천인율, 빈도율(도수율), 강도율을 구하시오. (단, 종업원의 근무시간은 1일 8시간, 근무일수는 280일이다.)

해답

- 도수율 $= \dfrac{\text{재해건수}}{\text{연 근로시간 수}} \times 10^6 = \dfrac{15}{500 \times 8 \times 280} \times 10^6 = 13.39$

- 강도율 $= \dfrac{\text{총 근로손실일수}}{\text{연 근로시간 수}} \times 1{,}000 = \dfrac{120 + \left(43 \times \dfrac{300}{365}\right)}{500 \times 8 \times 280} \times 1{,}000 = 0.138 ≒ 0.14$

- 연천인율 $= \dfrac{\text{연간 재해자 수}}{\text{연평균 근로자 수}} \times 1{,}000 = \dfrac{18}{500} \times 1{,}000 = 36$

05.

터널 굴착작업 시 작업계획에 포함되는 내용을 쓰시오.

해답
① 굴착의 방법
② 터널지보공 및 복공의 시공방법과 용수의 처리방법
③ 환기 또는 조명시설을 하는 때에는 그 방법

06.

흙막이 구조의 안전을 예측하기 위하여 설치하는 계측기기의 종류 4가지를 쓰시오.

해답 ① 수위계 ② 경사계 ③ 하중 및 침하계 ④ 응력계

07.

하인리히 및 버드의 재해구성비율에 대해 설명하시오.

해답
- 하인리히
  1(사망 또는 중상) : 29(경미한 사고) : 300(무상해 사고)
- 버드
  1(중상 또는 폐질) : 10(경상, 물적 또는 인적 상해) : 30(무상해 사고, 물적 손실) : 600(무상해, 무사고 고장)

08.
달비계의 적재하중을 정하고자 한다. 다음 빈칸에 알맞은 안전계수를 쓰시오.

> 가) 달기 와이어로프 및 달기강선의 안전계수 : (①) 이상
> 나) 달기체인 및 달기훅의 안전계수 : (②) 이상
> 다) 달기강대와 달비계의 하부 및 상부 지점의 안전계수는 강재의 경우 2.5 이상, 목재의 경우
>   (③) 이상

➡해답 ① 10   ② 5   ③ 5

09.
양중기에 사용하는 권상용 와이어로프의 사용금지사항을 3가지 쓰시오.

➡해답 ① 이음매가 있는 것
② 꼬인 것
③ 심하게 변형 부식된 것
④ 와이어로프의 한 꼬임 에서 끊어진 소선의 수가 10% 이상인 것
⑤ 지름의 감소가 공칭지름의 7%를 초과하는 것

10.
연질점토 지반에서 굴착에 의한 흙막이 내·외면의 흙의 중량 차이로 인해 굴착저면이 부풀어 올라오는 현상을 무엇이라고 하는가?

➡해답 히빙 현상

11.
차량용 건설기계 중 도저형 건설기계와 천공형 건설기계를 각각 2가지씩 쓰시오

➡해답 (1) 도저형 건설기계
• 불도저(bulldozer)
• 스트레이트 도저(straight dozer)
• 앵글 도저(angle dozer)
• 틸트 도저(tilt dozer)
• 버킷 도저

(2) 천공형 건설기계
- 어스 오거(earth auger)
- 어스 드릴(earth drill)
- 크롤러 드릴
- 점보 드릴

12.
다음 (   ) 안에 알맞은 안전보건표지의 색채를 쓰시오.

색채	용도	사용 예
(①)	금지	정지신호, 소화설비 및 그 장소, 유해행위의 금지
(②)	안내	비상구 및 피난소, 사람 또는 차량의 통행표지
(③)	지시	파란색 또는 녹색에 대한 보조색
(④)	경고	문자 및 빨간색 또는 노란색에 대한 보조색

➡해답 ① 빨간색   ② 파란색   ③ 흰색   ④ 검은색

13.
풍화암 굴착면의 안전기울기를 쓰시오.

➡해답 1 : 1.0

건설안전산업기사(2019년 2회)

O1.
산업안전보건법상 크레인에 설치할 방호장치의 종류 3가지를 쓰시오

➡해답 ① 과부하 방지 장치
② 권과 방지 장치
③ 비상 정지 장치

O2.
채석 작업하는 경우 채석작업 계획에 포함되는 사항 4가지를 쓰시오.

➡해답 ① 발파방법
② 암석의 분할방법
③ 암석의 가공장소
④ 굴착면의 높이와 기울기
⑤ 표토 또는 용수의 처리방법

O3.
산업안전보건법상 특별교육 중 "거푸집 동바리의 조립 또는 해체작업" 대상 작업에 대한 교육내용에서 개별내용에 포함하여야 할 사항 3가지를 쓰시오

➡해답 ① 동바리의 조립방법 및 작업절차에 관한 사항
② 조립재료의 취급방법 및 설치기준에 관한 사항
③ 조립 해체 시의 사고 예방에 관한 사항
④ 보호구 착용 및 점검에 관한 사항

O4.
잠함, 우물통, 수직갱 또는 이와 비슷한 건설물이나 설비의 내부에서 굴착작업을 할 때 사업주가 준수하여야 할 사항을 3가지 쓰시오.

➡해답 ① 산소 결핍 우려가 있는 경우에는 산소의 농도를 측정하는 사람을 지명하여 측정하도록 할 것
② 근로자가 안전하게 오르내리기 위한 설비를 설치할 것
③ 굴착 깊이가 20m를 초과하는 경우에는 해당 작업장소와 외부와의 연락을 위한 통신 설비 등을 설치할 것

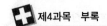

05.

무재해운동기법 중 "작업시간 전 10명 이하의 소수 인원이 적합하여, 미팅 시간은 10분 정도가 좋다."와 관련된 위험예지훈련법을 쓰시오.

→해답 T.B.M(Tool Box Meeting) 위험예지훈련
① 소요시간은 10분 정도가 바람직하다.
② 인원은 10명 이하로 구성한다.
③ 과정

제1단계	도입
제2단계	정비점검
제3단계	작업지시
제4단계	위험예측
제5단계	확인

06.

다음은 사다리식 통로의 안전기준에 대한 사항이다. 빈칸을 채우시오.

가) 사다리의 상단은 걸쳐놓은 지점으로부터 (①)cm 이상 올라가도록 할 것
나) 사다리식 통로의 길이가 10m 이상인 경우에는 (②)m 이내마다 계단참을 설치할 것

→해답 ① 60
② 5

07.

산업안전보건법령상 다음 경우에 해당하는 양중기의 와이어로프의 안전계수를 빈칸에 써 넣으시오.

가) 근로자가 탑승하는 운반구를 지지하는 달기와이어로프 또는 달기체인의 경우 : (①) 이상
나) 화물의 하중을 직접 지지하는 달기와이어로프 또는 달기체인의 경우 : (②) 이상
다) 훅, 샤클, 클램프, 리프팅 빔의 경우 : (③) 이상
라) 그 밖의 경우 : (④) 이상

→해답 ① 10
② 5
③ 3
④ 4

08.
히빙 방지 대책 3가지를 쓰시오.

→해답 ① 흙막이벽 근입깊이 증가
② 흙막이벽 배면 지표의 상재하중을 제거
③ 지반굴착 시 흙이 느슨해지지 않도록 유의
④ 지반개량으로 하부지반 전단강도 개선
⑤ 강성이 큰 흙막이 공법 선정

09.
유해·위험방지계획서 심사결과 ① 적정 ② 조건부 적정 ③ 부적정을 판정하시오.

→해답 ① 적정 : 근로자의 안전과 보건을 위하여 필요한 조치가 구체적으로 확보되었다고 인정되는 경우
② 조건부 적정 : 근로자의 안전과 보건을 확보하기 위하여 일부 개선이 필요하다고 인정되는 경우
③ 부적정 : 건설물·기계·기구 및 설비 또는 건설공사가 심사기준에 위반되어 공사착공 시 중대한 위험이 발생할 우려가 있거나 해당 계획에 근본적 결함이 있다고 인정되는 경우

10.
동바리로 사용하는 파이프서포트 설치 시 준수사항으로 (   ) 안에 알맞은 것을 쓰시오.

높이가 3.5m를 초과할 때에는 높이 2m 이내마다 (   )를 2개 방향으로 만들고 수평연결재의 변위를 방지할 것

→해답 수평연결재

11.
작업발판의 끝이나 개구부로서 근로자가 추락할 위험이 있는 장소에서 작업 시 추락 방지 대책 3가지를 쓰시오.

→해답 ① 안전난간 설치
② 울타리 설치
③ 수직형 추락방망 설치
④ 개구부 덮개 설치

12.
산업안전보건법령상 고용노동부 장관이 명예산업안전감독관을 해촉할 수 있는 경우를 2가지만 쓰시오.

➡️**해답** ① 근로자대표가 사업주의 의견을 들어 위촉된 명예산업안전감독관의 해촉을 요청한 경우
② 위촉된 명예산업안전감독관이 해당 단체 또는 그 산하조직으로부터 퇴직하거나 해임된 경우
③ 명예산업안전감독관의 업무와 관련하여 부정한 행위를 한 경우
④ 질병이나 부상 등의 사유로 명예산업안전감독관의 업무 수행이 곤란하게 된 경우

13.
평균 근로자 수가 50명인 어느 사업장에서 5명의 재해자가 발생하여 근로손실일수가 40일에 해당하고, 1명의 직원이 사망할 경우 강도율을 계산하시오.(단, 1인당 하루 9시간 및 연간 250일 근무)

➡️**해답** 강도율 $= \dfrac{\text{총 근로손실일수}}{\text{연 근로시간 수}} \times 1,000 = \dfrac{7,500+40}{50 \times 9 \times 250} \times 1,000 = 67.02$

건설안전산업기사(2019년 4회)

01.
산업안전보건법상 건설업 중 유해·위험방지계획서 제출 대상 사업과 관련된 내용의 빈칸을 채우시오.

- 지상높이가 (①)m 이상인 건축물 또는 인공구조물 공사
- 최대 지간길이가 (②)m 이상인 교량 건설 등 공사
- 깊이 (③)m 이상인 굴착공사
- 연면적 (④)m² 이상의 냉동·냉장창고시설의 설비공사 및 단열공사

➡ **해답** ① 31
② 50
③ 10
④ 5,000

02.
화물자동차의 작업 시작 전 점검사항 3가지를 쓰시오.

➡ **해답** ① 제동장치 및 조종장치의 기능
② 하역장치 및 유압장치의 기능
③ 바퀴의 이상 유무

03.
히빙이 인접 지반 및 흙막이 지보공에 영향을 미치는 현상을 2가지 쓰시오.

➡ **해답** ① 흙막이 지보공 파괴
② 흙막이벽 배면 토사 침하, 붕괴
③ 굴착 저면이 솟아오름

04.
이동식 크레인을 사용하여 작업을 하는 때에 작업 시작 전 점검사항을 3가지만 쓰시오.

➡ **해답** ① 권과방지장치 그 밖의 경보장치의 기능
② 브레이크·클러치 및 조정장치의 기능
③ 와이어로프가 통하고 있는 곳 및 작업장소의 지반상태

05.
계단에서 굴러 떨어지는 사고가 발생되었다. 사고유형, 가해물 및 기인물을 쓰시오.

➡️해답 • 사고유형 : 전도
   • 가해물 : 바닥
   • 기인물 : 계단

06.
사다리 설치 기준 관련 빈칸을 채우시오.

> 가) 발판과 벽과의 사이는 (   )cm 이상의 간격을 유지할 것
> 나) 사다리의 상단은 걸쳐놓은 지점으로부터 (   ) cm 이상 올라가도록 할 것
> 다) 사다리식 통로의 길이가 (   )m 이상인 경우에는 (   )m 이내마다 계단참을 설치할 것

➡️해답 가) 15
   나) 60
   다) 10, 5

07.
작업발판의 끝이나 개구부로서 근로자가 추락할 위험이 있는 장소에서 작업 시 추락 방지 대책 3가지를 쓰시오.

➡️해답 ① 안전난간 설치
   ② 울타리 설치
   ③ 수직형 추락방망 설치
   ④ 개구부 덮개 설치

08.
산업안전보건법상 양중기의 종류를 3가지 쓰시오.

➡️해답 ① 크레인[호이스트(hoist)를 포함한다]
   ② 이동식 크레인
   ③ 리프트(이삿짐운반용 리프트의 경우에는 적재하중이 0.1톤 이상인 것으로 한정한다)
   ④ 곤돌라
   ⑤ 승강기

09.
산업안전보건법상 안전보건표지에 있어 경고표지의 종류를 5가지 쓰시오.

➡️**해답** ① 인화성 물질 경고
② 산화성 물질 경고
③ 폭발성 물질 경고
④ 부식성 물질 경고
⑤ 낙하물 경고

10.
잠함, 우물통, 수직갱 또는 이와 비슷한 건설물이나 설비의 내부에서 굴착작업을 할 때 잠함 등의 내부에서 굴착작업을 하도록 해서는 안 되는 조건 2가지를 쓰시오.

➡️**해답** ① 승강설비, 통신설비, 송기설비에 고장이 있는 경우
② 잠함 등의 내부에 다량의 물 등이 침투할 우려가 있는 경우

11.
사면 붕괴 방지를 위해 설치하거나 조치하여야 할 사항 3가지를 쓰시오.

➡️**해답** ① 적절한 경사면의 기울기 계획(굴착면 기울기 기준 준수)
② 경사면의 기울기가 당초 계획과 차이 발생 시 즉시 재검토하여 계획 변경
③ 활동할 가능성이 있는 토석은 제거
④ 경사면의 하단부에 압성토 등 보강공법으로 활동에 대한 저항대책 강구
⑤ 말뚝(강관, H형강, 철근콘크리트)을 타입하여 지반 강화
⑥ 지표수와 지하수의 침투 방지

12.
Off-JT의 정의는?

➡️**해답** 'Off-the-Job Training'의 준말로 사업장 외에서 실시하는 교육으로서, 일정 장소에 다수의 근로자를 집합시켜 실시하는 보다 체계적인 집체 교육 방식

13.
어느 공장의 도수율이 4.0이고 강도율이 1.5일 때, 다음을 구하시오.

- 평균강도율
- 환산강도율

해답
- 평균강도율 $= \dfrac{강도율}{도수율} \times 1{,}000 = \dfrac{1.5}{4} \times 1{,}000 = 375$
- 환산강도율 $= 강도율 \times 100 = 1.5 \times 100 = 150$

건설안전산업기사(2020년 1회)

01.
작업발판에 대한 다음 (   ) 안에 알맞은 수치를 쓰시오.

> 가) 비계의 높이가 2m 이상인 작업장소에 설치하는 작업발판의 폭은 (①)cm 이상으로 하고, 발판재료 간의 틈은 (②)cm 이하로 할 것

해답 ① 40 ② 3

02.
차량계 건설기계 작업 시 기계가 넘어지거나 굴러 떨어짐으로써 위험을 미칠 우려가 있다. 이때 안전대책 3가지를 쓰시오.

해답 ① 유도자 배치　　② 지반의 부동침하 방지
　　 ③ 갓길의 붕괴 방지　　④ 도로 폭 유지

03.
굴착작업을 하는 때에 토사등의 붕괴 또는 낙하에 의하여 근로자의 위험을 방지하기 위하여 사업주가 해야 할 조치사항 3가지를 쓰시오.

해답 ① 흙막이 지보공의 설치
　　 ② 방호망의 설치
　　 ③ 근로자의 출입금지
　　 ④ 비가 올 경우를 대비하여 측구를 설치하거나 굴착사면에 비닐보강

04.

안전보건표지의 종류에 대한 색채기준을 아래 [표]의 (   ) 안에 써 넣으시오.

내용	바탕색	기본 모형
금지	흰색	(①)
지시	(②)	흰색
안내	흰색	(③)
출입금지	바탕(④)	관련 부호 및 그림(⑤)

→ 해답 ① 빨간색
② 파란색
③ 녹색
④ 흰색
⑤ 흑색

05.

차량계 건설기계를 사용하여 작업을 할 때에는 작업계획을 작성하고 그 작업계획에 따라 작업을 실시하도록 하여야 한다. 이 작업계획에 포함되어야 할 사항을 3가지 쓰시오.

→ 해답 ① 사용하는 차량계 건설기계의 종류 및 능력
② 차량계 건설기계의 운행경로
③ 차량계 건설기계에 의한 작업방법

06.

다음 빈칸을 채우시오.

적정공기란 산소농도의 범위가 (①)% 이상 (②)% 미만, 탄산가스의 농도가 (②)% 미만, 일산화탄소의 농도가 30ppm 미만, 황화수소의 농도가 (③)ppm 미만인 수준의 공기를 말한다.

→ 해답 ① 18
② 23.5
③ 1.5
④ 10

07.
보일링 현상을 설명하시오.

해답 ① 정의 : 투수성이 좋은 사질토 지반을 굴착할 때 흙막이벽 배면의 지하수위가 굴착저면보다 높을 때 굴착저면 위로 모래와 지하수가 솟아오르는 현상
② 방지대책
  ㉠ 흙막이벽의 근입장 깊이를 경질지반까지 연장
  ㉡ 굴착주변의 상재하중을 제거
  ㉢ 시멘트, 약액주입공법 등으로 Grouting 실시
  ㉣ Well Point, Deep Well 공법으로 지하수위 저하
  ㉤ 굴착토를 즉시 원상태로 매립

08.
건설공사 유해·위험 방지계획서의 제출시기와 심사결과의 구분 3가지를 쓰시오.

해답 ① 제출시기 : 공사착공 전날까지
② 심사결과의 구분
  ㉠ 적정 : 근로자의 안전과 보건을 위하여 필요한 조치가 구체적으로 확보되었다고 인정되는 경우
  ㉡ 조건부 적정 : 근로자의 안전과 보건을 확보하기 위하여 일부 개선이 필요하다고 인정되는 경우
  ㉢ 부적정 : 기계·설비 또는 건설물이 심사기준에 위반되어 공사착공 시 중대한 위험발생의 우려가 있거나 계획에 근본적 결함이 있다고 인정되는 경우

09.
다음은 강관비계에 관한 내용이다. 다음 빈칸을 채우시오.

비계기둥의 제일 윗부분으로부터 (   )m 되는 지점 밑부분의 비계기둥은 2개의 강관으로 묶어 세울 것

해답 31

10.
하인리히가 제시한 재해예방의 4원칙을 쓰시오.

해답 ① 손실우연의 원칙   ② 원인계기의 원칙
③ 예방가능의 원칙   ④ 대책선정의 원칙

11.

안전관리자를 정수 이상으로 증원하게 하거나 교체하여 임명할 수 있는 사유를 3가지 쓰시오.

해답 1. 해당 사업장의 연간재해율이 같은 업종의 평균재해율의 2배 이상인 경우
　　　2. 중대재해가 연간 2건 이상 발생한 경우
　　　3. 관리자가 질병 기타의 사유로 3개월 이상 직무를 수행할 수 없게 된 경우
　　　4. 화학적 인자로 인한 직업성 질병자가 연간 3명 이상 발생한 경우

12.

작업으로 인하여 물체가 떨어지거나 날아올 위험이 있는 경우 위험방지를 위하여 취해야 할 조치사항 3가지를 쓰시오.

해답 ① 낙하물 방지망
　　　② 수직보호망 또는 방호선반의 설치
　　　③ 출입금지구역의 설정
　　　④ 보호구의 착용

13.

환산재해율 산정 시 상시근로자 산출 식을 쓰시오.

해답 $$상시근로자수 = \frac{연간국내공사실적액 \times 노무비율}{건설업 월평균임금 \times 12}$$

　　　※ 현재법에서는 사망사고만인율로 변경됨

건설안전산업기사(2020년 2회)

01.
NATM공법과 Shield 공법을 설명하시오.

해답 ① NATM : 록볼트와 숏크리트 같은 보강재를 사용하여 암반과 일체화된 구조체를 형성함으로써 터널에 작용하는 하중에 대하여 저항하는 안정성이 크고, 경제성이 우수한 터널 공법
② 쉴드(Shield) : 철제로 된 원통형의 쉴드를 수직구 안에 투입시켜 커터헤드를 회전시키면서 터널을 굴착하고, 쉴드 뒤쪽에서 세그먼트를 반복해 설치하면서 터널을 형성하는 공법

02.
작업으로 인하여 물체가 떨어지거나 날아올 위험이 있는 경우 위험방지를 위하여 취해야 할 조치사항 3가지를 쓰시오.

해답 ① 낙하물 방지망
② 수직보호망 또는 방호선반의 설치
③ 출입금지구역의 설정
④ 보호구의 착용

03.
안전관리자가 수행하여야 할 직무사항 4가지를 쓰시오.

해답 ① 산업안전보건위원회 또는 안전 및 보건에 관한 노사협의체에서 심의·의결한 업무와 해당 사업장의 안전보건관리규정 및 취업규칙에서 정한 업무
② 위험성평가에 관한 보좌 및 지도·조언
③ 안전인증대상기계 등과 자율안전확인대상기계 등 구입 시 적격품의 선정에 관한 보좌 및 지도·조언
④ 해당 사업장 안전교육계획의 수립 및 안전교육 실시에 관한 보좌 및 지도·조언
⑤ 사업장 순회점검, 지도 및 조치 건의
⑥ 산업재해 발생의 원인 조사·분석 및 재발 방지를 위한 기술적 보좌 및 지도·조언
⑦ 산업재해에 관한 통계의 유지·관리·분석을 위한 보좌 및 지도·조언
⑧ 법 또는 법에 따른 명령으로 정한 안전에 관한 사항의 이행에 관한 보좌 및 지도·조언
⑨ 업무 수행 내용의 기록·유지
⑩ 그 밖에 안전에 관한 사항으로서 고용노동부장관이 정하는 사항

04.
산업안전보건법상 도급사업 시 정기 안전·보건점검의 실시 횟수를 다음 괄호 안에 쓰시오.

> 건설업 : (①)개월에 1회 이상
> 토사석광업 : 분기에 (②)회 이상

해답 ① 2   ② 1

05.
동바리로 사용하는 파이프서포트 설치시 준수사항으로 (   ) 안에 알맞은 것을 쓰시오.

> • 파이프서포트를 (①)개 이상 이어서 사용하지 아니하도록 할 것
> • 파이프서포트를 이어서 사용할 때에는 (②)개 이상의 볼트 또는 전용철물을 사용하여 이을 것
> • 높이가 (③)m를 초과할 때에는 높이 2m 이내마다 수평연결재를 (④)개 방향으로 만들고 수평연결재의 변위를 방지할 것

해답 ① 3   ② 4   ③ 3.5   ④ 2

06.
강풍 시 타워크레인의 작업제한에 대한 다음 (   ) 안에 알맞은 수치를 쓰시오.

> • 순간풍속이 (①)m/s를 초과하는 경우 타워크레인의 설치·수리·점검 또는 해체 작업을 중지한다.
> • 순간풍속이 (②)m/s를 초과하는 경우에는 타워크레인의 운전작업을 중지한다.

해답 ① 10   ② 15

07.
근로자 400명이 근무하던 중 산업재해가 30건 발생하였고, 재해자 수가 32명 발생했다. 도수율과 연천인율을 구하시오. (단 근로시간은 1일 8시간 280일 근무한다.)

해답 도수율 $= \dfrac{\text{재해발생건수}}{\text{연근로시간수}} \times 1,000,000 = \dfrac{30}{400 \times 8 \times 280} \times 1,000,000 = 33.48$

연천인율 $= \dfrac{\text{연간 재해자수}}{\text{연평균 근로자수}} \times 1,000 = \dfrac{32}{400} \times 1,000 = 80$

08.

연질점토 지반에서 굴착에 의한 흙막이 내·외면의 흙의 중량차이로 인해 굴착저면이 부풀어 올라오는 현상을 무엇이라고 하는가?

해답 히빙(Heaving)

09.

안전관리자를 정수 이상으로 증원하게 하거나 교체하여 임명할 수 있는 사유를 3가지 쓰시오.

해답 1. 해당 사업장의 연간재해율이 같은 업종의 평균재해율의 2배 이상인 경우
2. 중대재해가 연간 2건 이상 발생한 경우
3. 관리자가 질병 기타의 사유로 3개월 이상 직무를 수행할 수 없게 된 경우
4. 화학적 인자로 인한 직업성 질병자가 연간 3명 이상 발생한 경우

10.

라인(Line)형 조직 및 라인·스태프(Line·Staff)형 조직의 장단점 각 2가지를 쓰시오

해답 ① 라인형 조직
　　㉠ 장점
　　　• 안전에 관한 지시 및 명령계통이 철저
　　　• 안전대책의 실시가 신속
　　　• 명령과 보고가 상하관계뿐이므로 간단 명료
　　㉡ 단점
　　　• 안전에 대한 지식 및 기술 축적이 어려움
　　　• 안전에 대한 정보수집 및 신기술 개발이 미흡
　　　• 라인에 과중한 책임을 지우기 쉬움
② 라인·스태프형 조직
　　㉠ 장점
　　　• 안전에 대한 기술 및 경험축적이 용이
　　　• 사업장에 맞는 독자적인 안전개선책 강구
　　　• 안전지시나 안전대책이 신속·정확하게 하달
　　㉡ 단점
　　　• 명령계통과 조언 권고적 참여가 혼동되기 쉬움
　　　• 스태프의 월권 행위가 있을 수 있음

11.
산업안전보건법에 따른 안전인증대상 보호구 5가지를 쓰시오. (단, 산업안전보건법에 명시된 용어를 명확히 쓸 것)

➡해답 ① 추락 및 감전 위험방지용 안전모
　　　② 안전화
　　　③ 안전장갑
　　　④ 방진마스크
　　　⑤ 방독마스크
　　　⑥ 송기마스크
　　　⑦ 전동식 호흡보호구
　　　⑧ 보호복
　　　⑨ 안전대
　　　⑩ 차광 및 비산물 위험방지용 보안경
　　　⑪ 용접용 보안면
　　　⑫ 방음용 귀마개 또는 귀덮개

12.
흙막이 지보공을 설치할 때 정기점검사항 4가지를 쓰시오.

➡해답 ① 부재의 손상·변형·부식·변위 및 탈락의 유무와 상태
　　　② 버팀대의 긴압의 정도
　　　③ 부재의 접속부·부착부 및 교차부의 상태
　　　④ 침하의 정도

13.
산업재해 발생 시 산업재해 기록 등 3년간 기록 보존해야 하는 항목 3가지를 쓰시오. (단, 재해 재발방지계획은 제외한다.)

➡해답 ① 사업장의 개요
　　　② 근로자의 인적사항
　　　③ 재해발생 일시 및 장소
　　　④ 재해 발생원인 및 과정

건설안전산업기사(2020년 3회)

01.
다음 보기의 교육에 알맞은 교육시간을 쓰시오.

(1) 정기교육 – 관리감독자의 지위에 있는 사람
(2) 작업내용 변경 시의 교육 – 일용근로자
(3) 건설업 기초안전·보건교육

해답 ① 연간 16시간 이상
② 1시간 이상
③ 4시간

02.
중대재해 분류기준(종류) 3가지를 쓰시오.

해답 ① 사망자가 1명 이상 발생한 재해
② 3개월 이상의 요양을 요하는 부상자가 동시에 2명 이상 발생한 재해
③ 부상자 또는 직업성 질병자가 동시에 10명 이상 발생한 재해

03.
타워크레인에 사용하는 와이어로프의 사용금지 기준을 4가지 쓰시오.

해답 타워크레인에 사용하는 와이어로프 사용금지 기준
① 이음매가 있는 것
② 와이어로프의 한 꼬임(스트랜드(strand)를 말한다. 이하 같다)에서 끊어진 소선(素線, 필러(pillar)선은 제외한다)의 수가 10퍼센트 이상인 것. 다만, 비자전 로프의 경우 끊어진 소선의 수가 와이어 로프 호칭지름의 6배 길이 이내에서 4개 이상이거나 호칭지름 30배 길이 이내에서 8개 이상인 것이어야 한다.
③ 지름의 감소가 공칭지름의 7퍼센트를 초과하는 것
④ 꼬인 것
⑤ 심하게 변형되거나 부식된 것
⑥ 열과 전기충격에 의해 손상된 것

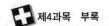

04.
굴착공사에서 토사붕괴의 발생을 예방하기 위한 안전점검 사항 2가지를 쓰시오.

➡해답 ① 전 지표면의 답사
② 경사면 지층의 상황변화 확인
③ 부석의 상황변화 확인
④ 용수의 발생 유무 또는 용수량의 변화 확인
⑤ 결빙과 해빙에 대한 상황의 확인
⑥ 각종 경사면 보호공의 변위, 탈락 유무 확인
⑦ 점검시기 : 작업 전·중·후, 비온 후, 인접작업구역에서 발파한 경우

05.
비계기둥의 간격에 관한 내용이다.

- 띠장간격은 (①)m 이하의 위치에 설치할 것
- 비계기둥의 제일 윗부분으로부터 (②)m 되는 지점 밑부분의 비계기둥은 2개의 강관으로 묶어 세울 것
- 비계기둥 간의 적재하중은 (③)kg을 초과하지 않도록 할 것
- 비계기둥의 장선 방향 간격 : (④)m 이하

➡해답 ① 2   ② 31   ③ 400   ④ 1.5

06.
다음 안전모에 대한 설명에 알맞은 명칭을 쓰시오.

(1) 착용자의 머리부위를 덮는 주된 물체로서 단단하고 매끄럽게 마감된 재료
(2) 머리받침끈, 머리고정대 및 머리받침고리로 구성되어 추락 및 감전 위험방지용 안전모 머리부위에 고정시켜주며, 안전모에 충격이 가해졌을 때 착용자의 머리부위에 전해지는 충격을 완화시켜주는 기능을 갖는 부품

➡해답 (1) 모체
(2) 착장체

07.
고소작업 중인 작업자가 작업대에서 떨어져 지면에 닿아 상해를 입었을 때, ① 재해의 발생 형태, ② 기인물 및 ③ 가해물을 각각 쓰시오.

➡해답 ① 추락(떨어짐)   ② 작업대   ③ 지면

08.

산업안전보건법상 안전보건표지의 종류에 대한 색채기준을 (   )에 넣으시오.

색채 사용예시
(①) : 화학물질 취급 장소에서의 유해·위험 경고
(②) : 비상구 및 피난소, 사람 또는 차량의 통행 표지
(③) : 파란색 또는 녹색에 대한 보조색
(④) : 문자 및 빨간색 또는 노란색에 대한 보조색

➡해답 ① 빨간색   ② 녹색   ③ 흰색   ④ 검은색

09.

차량계 건설기계 작업 시 기계가 넘어지거나 굴러 떨어짐으로써 위험을 미칠 우려가 있다. 이때 안전대책 3가지를 쓰시오.

➡해답 ① 유도자 배치
② 지반의 부동침하 방지
③ 갓길의 붕괴 방지
④ 도로 폭 유지

10.

작업발판의 끝이나 개구부로서 근로자가 추락할 위험이 있는 장소에서 작업시 추락 방지 대책 3가지를 쓰시오.

➡해답 ① 안전난간 설치
② 추락방호망의 설치
③ 안전대 착용

11.

인력으로 중량물 취급 작업 시 재해형태 4가지를 쓰시오.

➡해답 ① 추락
② 전도
③ 협착
④ 낙하

12.
달비계(곤돌라의 달비계를 제외)의 최대 적재하중을 정함에 있어 그 안전계수는?

해답

구분	안전계수
달기와이어로프 및 달기강선	10 이상
달기체인 및 달기훅	5 이상
달기강대와 달비계의 하부 및 상부지점의 안전계수(강재)	2.5 이상
달기강대와 달비계의 하부 및 상부지점의 안전계수(목재)	5 이상

13.
터널 지보공 설치 시 수시점검사항 3가지를 쓰시오.

해답 ① 부재의 손상·변형·부식·변위, 탈락의 유무 및 상태
② 부재의 긴압의 정도
③ 부재의 접속부 및 교차부의 상태
④ 기둥침하의 유무 및 상태

건설안전산업기사(2020년 4회)

O1.
흙의 동상현상 방지대책 3가지를 쓰시오.

➡해답 ① 동결심도 아래에 배수층 설치
② 배수구 등을 설치하여 지하수위 저하
③ 동결 깊이 상부의 흙을 동결이 잘 되지 않는 재료로 치환
④ 모관수 상승을 차단하는 층을 두어 동상 방지

O2.
차량계 하역운반기계 등에 단위화물의 무게가 100kg 이상인 화물을 싣는 작업 또는 내리는 작업 시 작업 지휘자의 준수 사항 3가지를 쓰시오.

➡해답 ① 작업순서 및 그 순서마다의 작업방법을 정하고 작업을 지휘할 것
② 기구와 공구를 점검하고 불량품을 제거할 것
③ 해당 작업을 하는 장소에 관계 근로자가 아닌 사람이 출입하는 것을 금지할 것
④ 로프 풀기 작업 또는 덮개 벗기기 작업은 적재함의 화물이 떨어질 위험이 없음을 확인한 후에 하도록 할 것

O3.
보호구 자율안전확인 고시 내 안전모의 시험성능기준 항목 3가지를 쓰시오.

항목	시험성능 기준
내관통성	AE, ABE종 안전모는 관통거리가 9.5mm 이하이고, AB종 안전모는 관통거리가 11.1mm 이하이어야 한다.
충격흡수성	최고전달충격력이 4,450N을 초과해서는 안 되며, 모체와 착장체의 기능이 상실되지 않아야 한다.
내전압성	AE, ABE종 안전모는 교류 20kV에서 1분간 절연파괴 없이 견뎌야 하고, 이때 누설되는 충전전류는 10mA 이하이어야 한다.
내수성	AE, ABE종 안전모는 질량증가율이 1% 미만이어야 한다.
난연성	모체가 불꽃을 내며 5초 이상 연소되지 않아야 한다.
턱끈풀림	150N 이상 250N 이하에서 턱끈이 풀려야 한다.

04.

토공사의 비탈면 보호공법의 종류를 4가지만 쓰시오.

▶해답 ① 식생공 : 떼붙임공, 식생 Mat공, 식수공
② 뿜어붙이기공 : 콘크리트 또는 시멘트 모르타르를 뿜어 붙임
③ 블록공 : 사면에 블록 붙임
④ 돌쌓기공 : 견치석 쌓기
⑤ 돌망태공 : 돌망태에 호박돌 또는 잡석 채움
⑥ 배수공 : 지표수 배제공, 지하수 배제공

05.

대통령령으로 정하는 크기, 높이 등에 해당하는 건설공사를 착공하려는 경우, 유해위험방지계획서 관련해서 (   )를 채우시오.

> 사업주가 유해위험방지계획서를 제출할 때에는 건설공사 유해위험방지계획서에 관련 서류를 첨부하여 해당 작업 시작 (①)까지 공단에 (②)부를 제출해야 한다.

▶해답 ① 전날   ② 2

06.

산소결핍이라 함은 공기 중의 산소농도가 어떠한 상태에 있는 것인가?

▶해답 공기 중 산소농도가 18% 미만인 상태

07.

교육 시간을 (   )안에 쓰시오.

신규교육 / 보수교육
• 안전보건관리책임자 : 6시간 이상 / (①)시간 이상
• 안전관리자, 안전관리전문기관의 종사자 : 34시간 이상 / (②)시간 이상
• 보건관리자, 보건관리전문기관의 종사자 : (③)시간 이상 / 24시간 이상

▶해답 ① 6   ② 24   ③ 34

08.

계단 설치 기준이다. 다음 ( )을 채우시오.

- 사업주는 계단을 설치하는 경우 바닥면으로부터 높이 (①)m 이내의 공간에 장애물이 없도록 하여야 한다.
- 사업주는 계단 및 계단참을 설치하는 경우 매제곱미터당 (②)kg 이상의 하중에 견딜 수 있는 강도를 가진 구조로 설치하여야 하며, 안전율은 (③) 이상으로 하여야 한다.
- 사업주는 계단을 설치하는 경우 그 폭을 (④)m 이상으로 하여야 한다.
- 사업주는 높이 (⑤)m 이상인 계단의 개방된 측면에 안전난간을 설치하여야 한다.

➡해답 ① 2 ② 500 ③ 4 ④ 1 ⑤ 1

09.

업주는 중대재해가 발생한 사실을 알게 된 경우에는 관할 지방고용노동관서의 장에게 전화·팩스, 또는 그 밖에 적절한 방법으로 보고하여야 한다. 다만, 천재지변 등 부득이한 사유가 발생한 경우에는 그 사유가 소멸된 때부터 지체 없이 보고하여야 한다. 이때 보고내용 2가지는? (단, 그밖의 중요한 사항은 제외)

➡해답 ① 발생개요 및 피해 상황
      ② 조치 및 전망
      ③ 그 밖의 중요한 사항

10.

다음은 강관비계에 관한 내용이다. 다음 빈칸을 채우시오.

- 비계기둥의 간격은 띠장 방향에서는 (①)m 이하, 장선 방향에서는 (②)m 이하로 할 것
- 띠장간격은 (③)m 이하의 위치에 설치할 것

➡해답 ① 1.85 ② 1.5 ③ 2

11.

작업발판의 끝이나 개구부로서 근로자가 추락할 위험이 있는 장소에서 작업 시 추락 방지 대책 3가지를 쓰시오.

➡해답 ① 안전난간 설치
      ② 추락방호망의 설치
      ③ 안전대 착용

12.

흙막이 지보공을 조립하는 경우 흙막이판 말뚝 버팀대 띠장 등 조립도에 기록 내용 중 부재 관련 사항을 3가지 쓰시오.

➡해답 ① 설치위치
② 설치간격
③ 부재의 규격
④ 이음방법

13.

400kg의 하물을 두 줄 걸이 로프로 상부각도 60°의 각으로 들어 올릴 때 와이어로프 한 선에 걸리는 하중을 구하시오.

➡해답 $2 \times T' \times \cos 30° = 400$
$\therefore T' = 230.94 \text{kg}$

건설안전산업기사(2021년 1회)

01.
산업안전보건법상 중대재해의 종류 3가지를 쓰시오.

→해답 ① 사망자가 1명 이상 발생한 재해
② 3개월 이상의 요양이 필요한 부상자가 동시에 2명 이상 발생한 재해
③ 부상자 또는 직업성 질병자가 동시에 10명 이상 발생한 재해

02.
산업안전보건법상 작업발판 일체형 거푸집 종류 4가지를 쓰시오.

→해답 ① 갱폼(gang form)
② 슬립 폼(slip form)
③ 클라이밍 폼(climbing form)
④ 터널 라이닝 폼(tunnel lining form)

03.
다음은 강관비계에 관한 내용이다. 다음 빈칸을 채우시오.

비계 기둥의 간격은 띠장 방향에서는 (①)m 이하, 장선 방향에서는 (②)m 이하로 할 것

→해답 ① 1.85   ② 1.5

04.
콘크리트 타설작업을 하기 위하여 콘크리트타설장비 이용 작업 시 준수사항 3가지를 쓰시오.

> **해답** 1. 작업을 시작하기 전에 콘크리트타설장비를 점검하고 이상을 발견하였으면 즉시 보수할 것
> 2. 건축물의 난간 등에서 작업하는 근로자가 호스의 요동·선회로 인하여 추락하는 위험을 방지하기 위하여 안전난간 설치 등 필요한 조치를 할 것
> 3. 콘크리트타설장비의 붐을 조정하는 경우에는 주변의 전선 등에 의한 위험을 예방하기 위한 적절한 조치를 할 것
> 4. 작업 중에 지반의 침하나 아웃트리거 등 콘크리트타설장비 지지구조물의 손상 등에 의하여 콘크리트타설장비가 넘어질 우려가 있는 경우에는 이를 방지하기 위한 적절한 조치를 할 것

05.
어느 사업장에서 해당 연도에 6건의 사망 사고가 발생하였다. 하인리히의 재해발생비율 법칙에 의한다면 경상해의 발생건수는 몇 건이 되는지 쓰시오.

> **해답** 하인리히의 법칙(1 : 29 : 300)
> 330회의 사고 가운데 중상 또는 사망 1회, 경상 29회, 무상해사고 300회의 비율로 사고가 발생
> ∴ 6×29＝174건

06.
근로자 500명, 하루평균작업시간 8시간, 연간근무일수 280일, 재해건수 10건, 휴업일수 159일 때 도수율을 구하시오.

> **해답** 도수율＝$\dfrac{\text{재해발생건수}}{\text{연근로시간수}} \times 1{,}000{,}000 = \dfrac{10}{500 \times 8 \times 280} \times 1{,}000{,}000 = 8.93$

07.
다음에서 주어지는 보기의 작업조건에 따른 적합한 보호구를 쓰시오.

> ① 물체가 떨어지거나 날아올 위험 또는 근로자가 추락할 위험이 있는 작업
> ② 물체의 낙하·충격, 물체에의 끼임, 감전 또는 정전기의 대전에 의한 위험이 있는 작업
> ③ 용접 시 불꽃이나 물체가 흩날릴 위험이 있는 작업

> **해답** ① 안전모　　　② 안전화　　　③ 보안면

08.
산업안전보건법상 차량용 건설기계 중 ① 도로포장용 건설기계와 ② 천공형 건설기계를 각각 2가지씩 쓰시오.

➡️**해답** ① 도로포장용 건설기계
- 아스팔트 살포기
- 콘크리트 살포기
- 콘크리트 피니셔

② 천공형 건설기계
- 어스오거
- 크롤러

09.
사업주가 근로자의 위험을 방지하기 위하여, 채석작업을 하는 때에는 채석작업 계획을 작성하고 그에 따라 작업을 하도록 하여야 한다. 이때 작성할 작업계획서 내용을 4가지만 쓰시오.

➡️**해답** ① 노천굴착과 갱내굴착의 구별 및 채석방법
② 굴착면의 높이와 기울기
③ 굴착면 소단(小段)의 위치와 넓이
④ 갱내에서의 낙반 및 붕괴방지 방법
⑤ 발파방법
⑥ 암석의 분할방법
⑦ 암석의 가공장소
⑧ 사용하는 굴착기계·분할기계·적재기계 또는 운반기계의 종류 및 성능
⑨ 토석 또는 암석의 적재 및 운반방법과 운반경로
⑩ 표토 또는 용수(湧水)의 처리방법

10.
발파작업에 종사하는 근로자의 준수사항 중 보기의 (   )에 알맞은 내용을 쓰시오.

1. 얼어붙은 다이너마이트는 화기에 접근시키거나 기타의 고열 물에 직접접촉 시키는 등 위험한 방법으로 융해하지 아니하도록 할 것
2. 화약 또는 폭약을 장전하는 때에는 그 부근에서 화기의 사용 또는 흡연을 하지 아니하도록 할 것
3. 장전구는 마찰·충격·정전기 등에 의한 폭발이 발생할 위험이 없는 안전한 것을 사용할 것
4. 발파공의 충전 재료는 (①) 등 발화성 또는 (②) 위험이 없는 재료를 사용할 것
5. 점화 후 장전된 화약류가 폭발하지 아니한 경우 또는 장전된 화약류의 폭발 여부를 확인하기 곤란한 경우에는 다음 각 목의 정하는 바에 따를 것

(가) 전기뇌관에 의한 때에는 발파모선을 점화기에서 떼어 그 끝을 단락시켜 놓는 등 재점화되지 아니하도록 조치하고 그때부터 (③)분 이상 경과한 후가 아니면 화약류의 장전장소에 접근시키지 아니하도록 할 것
(나) 전기뇌관 외의 것에 의한 때에는 점화한 때부터 (④)분 이상 경과한 후가 아니면 화약류의 장전장소에 접근시키지 아니하도록 할 것
6. 전기뇌관에 의한 발파의 경우 점화하기 전에 화약류를 장전한 장소부터 (⑤)m 이상 떨어진 안전한 장소에서 전선에 대하여 저항측정 및 도통시험을 하고 그 결과를 기록·관리하도록 할 것

➡해답 ① 점토·모래　　② 인화성　　③ 5
④ 15　　　　　⑤ 30

11.
산업안전보건법상 사업주가 타워크레인을 와이어로프로 지지하는 경우 준수해야 할 사항을 3가지 쓰시오. (단, 설치작업설명서에 관한 사항, 전문가의 확인에 관한 사항, 기종별·모델별 공인된 표준방법에 관한 사항 제외)

➡해답 ① 와이어로프를 고정하기 위한 전용 지지프레임을 사용할 것
② 와이어로프 설치 각도는 수평면에서 60도 이내로 하되, 지지점은 4개소 이상으로 하고, 같은 각도로 설치할 것
③ 와이어로프와 그 고정부위는 충분한 강도와 장력을 갖도록 설치하고, 와이어로프를 클립·샤클(shackle, 연결고리) 등의 고정기구를 사용하여 견고하게 고정시켜 풀리지 아니하도록 할 것
④ 사용 중에는 충분한 강도와 장력을 유지하도록 할 것
⑤ 와이어로프가 가공전선(架空電線)에 근접하지 않도록 할 것

12.
동기부여의 이론 중 알더퍼(Alderfer)의 ERG 이론에서 ERG의 각각의 의미를 쓰시오.

① E	② R	③ G

➡해답 ① E : Existence needs 생존 욕구=존재 욕구
② R : Relatedness needs 관계 욕구
③ G : Growth needs 성장 욕구=발전 욕구

13.

인력 굴착공사 방법을 따라 기초지반을 굴착 하고자 한다. 아래 도표에 따라 굴착면의 기울기 기준을 쓰시오.

지반의 종류	안전 기울기
모래	(①)
연암 및 풍화암	(②)
경암	(③)
그 밖의 흙	(④)

→ 해답) ① 1 : 1.8, ② 1 : 1.0, ③ 1 : 0.5, ④ 1 : 1.2

건설안전산업기사(2021년 2회)

01.
거푸집 동바리 조립 작업 시 침하방지를 위한 조치사항 3가지를 쓰시오.

➡️**해답** ① 받침목이나 깔판 사용
② 콘크리트 타설
③ 말뚝박기

02.
산업안전보건법상 다음 설비에 해당하는 장치를 쓰시오.

• 동력을 사용하여 중량물을 매달아 상하 및 좌우로 운반하는 것을 목적으로 하는 기계 : (①)
• 동력을 사용하여 사람이나 화물을 운반하는 것을 목적으로 하는 기계 : (②)
• 건축물이나 고정된 시설물에 설치되어 일정한 경로에 따라 사람이나 화물을 승강장으로 옮기는 데에 사용되는 설비 : (③)

➡️**해답** ① 크레인   ② 리프트   ③ 승강기

03.
보일링(boiling) 방지대책 3가지를 쓰시오.

➡️**해답** ① 흙막이 벽체의 근입깊이를 깊게 설치
② 차수성이 높은 흙막이(Sheet Pile) 설치
③ 굴착저면 하부 지하수위 저하

04.
곤돌라 사용 시 와이어가 일정한 한도 이상 감기는 것을 방지하는 장치는?

➡️**해답** 권과 방지장치

05.

차량계 건설기계를 사용하여 작업할 때에는 작업계획을 작성하고 그 작업계획에 따라 작업을 실시하도록 하여야 한다. 이 작업계획에 포함되어야 할 사항을 3가지 쓰시오.

→**해답** ① 사용하는 차량계 건설기계의 종류 및 능력
② 차량계 건설기계의 운행경로
③ 차량계 건설기계에 의한 작업방법

06.

비계 작업 시 비, 눈 그 밖의 기상상태의 불안정으로 날씨가 몹시 나빠서 작업을 중지시킨 후 그 비계에서 작업할 때 점검사항 3가지만 쓰시오.

→**해답** ① 발판재료의 손상 여부 및 부착 또는 걸림 상태
② 해당 비계의 연결부 또는 접속부의 풀림 상태
③ 연결재료 및 연결철물의 손상 또는 부식 상태
④ 손잡이의 탈락 여부
⑤ 기둥의 침하 변형 변위 또는 흔들림 상태
⑥ 로프의 부착상태 및 매단 장치의 흔들림 상태

07.

틀비계(높이가 5m 미만의 것을 제외) 조립 시 벽이음 또는 버팀을 설치하는 조립 간격을 쓰시오.

① 수평	② 수직

→**해답** ① 수평 : 8m
② 수직 : 6m

08.

보기를 참고하여 ① Safe T score를 구하고 안전도에 대한 ② 심각성 여부를 판정하시오.

- 전년도 도수율 : 120
- 올해 연도 도수율 : 100
- 근로자 수 : 400명
- 올해 근로 시간 수 : 1일 8시간 300일 근무

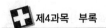

해답 ① Safe T score
= (현재의 빈도율 - 과거의 빈도율)/SQRT(과거의 빈도율/근로 총 시간×1,000,000)
= (100 - 120)/SQRT(120/(400×8×300)×1,000,000) = -1.79
② 심각성 여부 : 과거와 차이가 없다.

09.
산업안전보건법 시행규칙에 따라서, 상시근로자를 계산하는 공식에 맞게 (   )를 채우시오.

$$상시근로자\ 수 = \frac{(\quad) \times 노무비율}{건설업\ 월평균임금 \times 12}$$

해답 연간 국내공사 실적액

10.
산업안전보건기준에 관한 규칙에 따라서, 안전보건표지 관련 (   )에 알맞은 것을 채우시오.

1. 안전보건표지의 표시를 명확히 하는 데 필요한 경우에는 그 안전보건표지의 주위에 표시사항을 글자로 덧붙여 적을 수 있다. 이 경우 글자는 (①) 바탕에 (②) 한글 (③)로 표기해야 한다.
2. 안전보건표지 속의 그림 또는 부호의 크기는 안전보건표지의 크기와 비례해야 하며, 안전보건표지 전체 규격의 (④)% 이상이 되어야 한다.

해답 ① 흰색   ② 검은색   ③ 고딕체   ④ 30

11.
와이어로프의 사용제한 조건 5가지를 쓰시오.

해답 ① 이음매가 있는 것
② 와이어로프의 한 꼬임에서 끊어진 소선의 수가 10% 이상인 것
③ 지름의 감소가 공칭지름의 7%를 초과하는 것
④ 꼬인 것
⑤ 심하게 변형 또는 부식된 것
⑥ 열과 전기충격에 의해 손상된 것

12.

사업주는 잠함 또는 우물통의 내부에서 근로자가 굴착작업하는 경우에 잠함 또는 우물통의 급격한 침하에 의한 위험을 방지하기 위하여 준수하여야 할 사항 관련 (   )에 알맞은 숫자를 쓰시오.

> 1. 침하관계도에 따라 굴착방법 및 재하량 등을 정할 것
> 2. 바닥으로부터 천장 또는 보까지의 높이는 (①) m 이상으로 할 것

➡해답 ① 1.8

13.

다음 괄호 안에 알맞은 답안을 쓰시오.

교육과정	교육대상		교육시간
가. 정기교육	1) 사무직 종사 근로자		매반기 6시간 이상
	2) 그 밖의 근로자	가) 판매업무에 직접 종사하는 근로자	(①)
		나) 판매업무에 직접 종사하는 근로자 외의 근로자	매반기 12시간 이상
나. 채용 시 교육	1) 일용근로자 및 근로계약기간이 1주일 이하인 기간제근로자		(②)
	2) 근로계약기간이 1주일 초과 1개월 이하인 기간제근로자		4시간 이상
	3) 그 밖의 근로자		(③)
다. 작업내용 변경 시 교육	1) 일용근로자 및 근로계약기간이 1주일 이하인 기간제근로자		1시간 이상
	2) 그 밖의 근로자		(④)

➡해답 ① 매반기 6시간 이상, ② 1시간 이상, ③ 8시간 이상, ④ 2시간 이상

건설안전산업기사(2021년 4회)

01.
산업안전보건법령상 근로자가 소음작업, 강렬한 소음작업 또는 충격소음작업에 종사하는 경우에 사업주가 근로자에게 알려야 할 사항 3가지를 쓰시오

해답 ① 해당 작업장소의 소음 수준
② 인체에 미치는 영향과 증상
③ 보호구의 선정과 착용방법
④ 그 밖에 소음으로 인한 건강장해 방지에 필요한 사항

02.
산업안전보건법상 사업주가 터널 지보공을 설치한 때에 붕괴 등의 위험을 방지하기 위하여 수시로 점검하여야 하며 이상을 발견한 때에는 즉시 보강하거나 보수하여야 할 기준 4가지를 쓰시오.

해답 ① 부재의 손상·변형·부식·변위 탈락의 유무 및 상태
② 부재의 긴압의 정도
③ 부재의 접속부 및 교차부의 상태
④ 기둥침하의 유무 및 상태

03.
50명이 일하는 사업장에 5건의 재해, 1명 사망, 40일 근로손실, 1일 9시간, 연간 250일 근무일 때 강도율을 구하시오.

해답 강도율 $= \dfrac{근로손실일수}{연근로시간수} \times 1,000 = \dfrac{7,500+40}{50 \times 9 \times 250} \times 1,000 = 67.02$

04.
차량계 하역운반기계(지게차 등)의 운전자가 운전 위치를 이탈하고자 할 때 운전자가 준수하여야 할 사항을 2가지만 쓰시오.

해답 ① 포크, 버킷, 디퍼 등의 장치를 가장 낮은 위치 또는 지면에 내려 둘 것
② 원동기를 정지시키고 브레이크를 확실히 거는 등 갑작스러운 주행이나 이탈을 방지하기 위한 조치를 할 것
③ 운전석을 이탈하는 경우에는 시동키를 운전대에서 분리시킬 것

05.
다음 현상에 대한 내용을 설명하시오.

① 보일링 현상	② 히빙 현상

해답 ① 보일링(Boiling) 현상
　투수성이 좋은 사질토 지반을 굴착할 때 흙막이 벽체 배면의 지하수위가 굴착 바닥면의 지하수위보다 높을 때 지하수위의 차이로 인해 굴착 바닥면의 모래와 지하수가 솟아올라 모래지반의 지지력이 약해지는 현상
　② 히빙(Heaving) 현상
　연약한 점토지반을 굴착할 때 흙막이 벽체 배면에 있는 흙의 중량이 굴착 바닥면의 흙의 중량보다 클 때 그 중량 차이로 인해 흙막이 벽체 배면의 흙이 안으로 밀려 들어와 굴착 바닥면이 부풀어 오르는 현상

06.
안전모의 종류 3가지와 용도를 쓰시오.

해답 ① AB형 : 물체의 낙하 또는 비래 및 추락에 의한 위험을 방지 또는 경감시키기 위한 것
　② AE형 : 물체의 낙하 또는 비래에 의한 위험을 방지 또는 경감하고, 머리 부위 감전에 의한 위험을 방지하기 위한 것
　③ ABE형 : 물체의 낙하 또는 비래 및 추락에 의한 위험을 방지 또는 경감하고, 머리부위 감전에 의한 위험을 방지하기 위한 것

07.
산업안전보건법령상 거푸집 동바리의 이음 방법을 2가지 쓰시오.

해답 ① 맞댄이음
　② 장부이음

08.
흙막이 벽에 작용하는 토압에 의한 휨모멘트와 전단력에 저항하도록 설치하는 부재로써 흙막이 벽에 가해지는 토압을 버팀대 등에 전달하기 위하여 흙막이 벽에 수평으로 설치하는 부재의 이름을 쓰시오.

해답 띠장(Wale)

09.
와이어로프의 사용제한 조건을 2가지 쓰시오.

해답 ① 이음매가 있는 것
② 와이어로프의 한 꼬임에서 끊어진 소선의 수가 10% 이상(비자전로프의 경우에는 끊어진 소선의 수가 와이어로프 호칭지름의 6배 길이 이내에서 4개 이상이거나 호칭지름 30배 길이 이내에서 8개 이상인 것)인 것
③ 지름의 감소가 공칭지름의 7%를 초과하는 것
④ 꼬인 것
⑤ 심하게 변형 또는 부식된 것
⑥ 열과 전기충격에 의해 손상된 것

10.
위험예지훈련의 기초 4단계를 순서대로 기술하시오.

해답 ① 제1단계 : 현상파악
② 제2단계 : 본질추구
③ 제3단계 : 대책수립
④ 제4단계 : 목표설정

11.
철골공사 표준안전작업지침상, 구조안전의 위험이 큰 철골구조물 건립 중 강풍에 의한 풍압 등 외압에 대한 내력이 설계에 고려되어 있는지 확인하여야 할 구조물 4가지를 쓰시오.

해답 ① 높이 20m 이상의 구조물
② 구조물의 폭과 높이의 비가 1 : 4 이상인 구조물
③ 단면구조에 현저한 차이가 있는 구조물
④ 연면적당 철골량이 50kg/m^2 이하인 구조물
⑤ 기둥이 타이플레이트(Tie Plate)형인 구조물
⑥ 이음부가 현장용접인 구조물

12.
산업안전보건법상 차량계 하역운반기계에 화물 적재 시 준수사항을 쓰시오.

해답 ① 하중이 한쪽으로 치우치지 않도록 적재할 것
② 구내운반차 또는 화물자동차의 경우 화물의 붕괴 또는 낙하에 의한 위험을 방지하기 위하여 화물에
로프를 거는 등 필요한 조치를 할 것
③ 운전자의 시야를 가리지 않도록 화물을 적재할 것
④ 화물을 적재하는 경우 최대적재량을 초과해서는 안 됨

13.
작업 시작 전·후에 5~6인의 근로자가 모여 행하는 위험예지훈련은 무엇인지 쓰시오.

해답 T.B.M(Tool Box Meeting)

건설안전산업기사(2022년 1회)

01.
목재가공용 둥근톱 방호장치 2가지를 쓰시오.

해답 ① 반발 예방장치
② 톱날접촉 예방장치

02.
다음 빈칸을 채우시오.

> 사업주는 갱내에서 채석작업을 하는 경우로서 암석·토사의 낙하 또는 측벽의 붕괴로 인하여 근로자에게 위험이 발생할 우려가 있는 경우에 (①) 또는 (②)를 설치한 후 천장을 아치형으로 하는 등 그 위험을 방지하기 위한 조치를 하여야 한다.

해답 ① 동바리
② 버팀대

03.
산업안전보건법령상 크레인을 사용하는 작업 시에 유해·위험을 방지하기 위한 관리감독자의 업무 3가지를 쓰시오.

해답 ① 작업방법과 근로자 배치를 결정하고 그 작업을 지휘하는 일
② 재료의 결함 유무 또는 기구 및 공구의 기능을 점검하고 불량품을 제거하는 일
③ 작업 중 안전대 또는 안전모의 착용 상황을 감시하는 일

04.

공사용 가설도로 설치 시 준수사항 4가지를 쓰시오.

➡해답 ① 도로는 장비와 차량이 안전하게 운행할 수 있도록 견고하게 설치할 것
② 도로와 작업장이 접하여 있을 경우에는 울타리 등을 설치할 것
③ 도로는 배수를 위하여 경사지게 설치하거나 배수시설을 설치할 것
④ 차량의 속도제한 표지를 부착할 것

05.

산업안전보건법상 특별교육 중 거푸집 동바리의 조립 또는 해체작업 대상 작업에 대한 교육내용에서
개별내용에 해당되는 사항을 3가지만 쓰시오. (단, 그 밖의 안전보건관리에 필요한 사항은 제외한다.)

➡해답 ① 동바리의 조립방법 및 작업절차에 관한 사항
② 조립재료의 취급방법 및 설치기준에 관한 사항
③ 조립 해체 시의 사고예방에 관한 사항
④ 보호구 착용 및 점검에 관한 사항

06.

강관비계 조립 시 벽이음 또는 버팀을 설치하는 간격을 답란의 빈칸에 쓰시오.

강관비계의 종류	조립간격(단위 : m)	
	수직방향	수평방향
단관비계	(①)	(②)
틀비계(높이가 5m 미만의 것을 제외한다)	(③)	(④)

➡해답 ① 5 　　　 ② 5
③ 6 　　　 ④ 8

07.

하인리히 방식의 재해코스트 계산에 대한 질문에 답하시오.

(1) 직접비 : 간접비의 비율은?
(2) 직접비에 해당하는 항목 4가지를 쓰시오.

➡해답 (1) 1 : 4
(2) ① 휴업보상비, ② 장해보상비, ③ 요양보상비, ④ 유족보상비, ⑤ 장의비

08.

작업발판의 끝이나 개구부로서 근로자가 추락할 위험이 있는 장소에서 작업시 추락 방지 대책 3가지를 쓰시오.

➡️해답 ① 안전난간 설치
② 울타리 설치
③ 수직형 추락방망 설치
④ 덮개 설치
⑤ 추락방호망 설치
⑥ 근로자에게 안전대를 착용

09.

철골작업을 중지해야 하는 상황 3가지를 쓰시오.

➡️해답

구분	내용
강풍	풍속 10m/sec 이상
강우	1시간당 강우량이 1mm 이상
강설	1시간당 강설량이 1cm 이상

10.

흙막이 지보공을 설치할 때 정기점검사항 4가지를 쓰시오.

➡️해답 ① 부재의 손상·변형·부식·변위 및 탈락의 유무와 상태
② 버팀대의 긴압의 정도
③ 부재의 접속부·부착부 및 교차부의 상태
④ 침하의 정도

11.

산업안전보건법령상 건축공사에서 재료비와 직접노무비의 합이 4,500,000,000원일 때 산업안전보건관리비를 계산하시오. (단, 건축공사의 계상율은 1.86%이고, 기초액은 5,349,000원이다.)

➡️해답 안전관리비 산출
= 대상액(재료비+직접노무비)×요율+기초액(C)
= 4,500,000,000×0.0186 + 5,349,000 = 89,049,000원

12.
차량계 하역운반기계 등을 사용하는 작업을 할 때에 그 기계가 넘어지거나 굴러떨어짐으로써 근로자에게 위험을 미칠 우려가 있는 경우 필요한 조치사항을 쓰시오.

➡해답 ① 유도자 배치
② 지반의 부동침하 방지
③ 갓길의 붕괴 방지

13.
다음 빈칸을 채우시오.

- 사업주는 산업재해로 사망자가 발생하거나 (①)일 이상의 휴업이 필요한 부상을 입거나 질병에 걸린 사람이 발생한 경우에는 해당 산업재해가 발생한 날부터 (②) 이내에 별지 제30호서식의 산업재해조사표를 작성하여 관할 지방고용노동관서의 장에게 제출해야 한다.
- 사업주는 제1항에 따른 산업재해조사표에 (③)의 확인을 받아야 하며, 그 기재 내용에 대하여 (③)의 이견이 있는 경우에는 그 내용을 첨부해야 한다. 다만, (③)가 없는 경우에는 재해자 본인의 확인을 받아 산업재해조사표를 제출할 수 있다.

➡해답 ① 3
② 1개월
③ 근로자대표

건설안전산업기사(2022년 2회)

01.
기계가 서 있는 지반보다 높은 곳을 굴착할 때 쓰는 기계의 명칭을 쓰시오.

➡해답 파워 셔블

02.
산업안전보건법상 지반 굴착 시 굴착면의 기울기 기준 관련하여 빈칸에 알맞은 것을 쓰시오.

지반의 종류	굴착면의 기울기
모래	(①)
연암 및 풍화암	(②)
경암	(③)
그 밖의 흙	(④)

➡해답 ① 1 : 1.8, ② 1 : 1.0, ③ 1 : 0.5, ④ 1 : 1.2

03.
터널 굴착작업 시 시공계획에 포함되어야 할 사항을 2가지 쓰시오.

➡해답 ① 굴착의 방법
② 터널지보공 및 복공의 시공방법과 용수의 처리방법
③ 환기 또는 조명시설을 설치할 때에는 그 방법

04.
청각적 표시장치와 비교하여 시각적 표시장치가 갖는 이점을 4가지 쓰시오.

➡해답 ① 정보가 복잡하다
② 정보가 길다.
③ 정보가 후에 재참조된다.
④ 정보가 공간적인 위치를 다룬다
⑤ 정보가 즉각적인 행동을 요구하지 않는다
⑥ 수신장소가 너무 시끄러울 때 이점이 있다.

⑦ 직무상 수신자가 한곳에 머물 때 이점이 있다.
⑧ 수신자의 청각 계통이 과부하 상태일 때 이점이 있다.

05.
하인리히 재해예방 5단계를 쓰시오.

해답 ① 1단계 : 안전조직
② 2단계 : 사실의 발견
③ 3단계 : 분석·평가
④ 4단계 : 시정책의 선정
⑤ 5단계 : 시정책의 적용

06.
Off-the J.T의 정의를 쓰시오.

해답 'Off-the-Job Training'의 약어로 계층별 직능별로 공통된 교육대상자를 현장 이외의 한 장소에 모아 집합교육을 실시하는 교육형태(집단교육에 적합)

07.
어느 공장의 도수율이 4.0이고 강도율이 1.5일 때 이 공장에 근무하는 근로자는 입사부터 정년퇴직까지 몇 회의 부상 및 얼마의 근로손실 일수를 갖는 상태가 되겠는가?

해답 ① 평균강도율 $= \dfrac{강도율}{도수율} \times 1,000 = \dfrac{1.5}{4} \times 1,000 = 375$회

② 환산강도율 $=$ 강도율 $\times 100 = 1.5 \times 100 = 150$일

O8.
다음 작업장소의 작업면의 조도는 얼마인지 쓰시오.

① 초정밀 작업 : (   ) 이상
② 정밀 작업 : (   ) 이상
③ 보통 작업 : (   ) 이상
④ 그 밖의 작업 : (   ) 이상

➡해답 ① 750lux
② 300lux
③ 150lux
④ 75lux

O9.
산업안전보건법령상 건설업 중 유해위험방지 계획서 제출 대상사업 중 대통령령으로 정하는 크기 높이 등에 해당하는 건설공사 3가지를 쓰시오.

➡해답 ① 지상높이가 31m 이상인 건축물 또는 인공구조물, 연면적 3만m² 이상인 건축물 또는 연면적 5천m² 이상의 문화 및 집회시설(전시장 및 동물원·식물원은 제외한다), 판매시설, 운수시설(고속철도의 역사 및 집배송시설은 제외한다), 종교시설, 의료시설 중 종합병원, 숙박시설 중 관광숙박시설, 지하도상가 또는 냉동·냉장창고시설의 건설·개조 또는 해체(이하 "건설 등"이라 한다)
② 연면적 5천m² 이상의 냉동·냉장창고시설의 설비공사 및 단열공사
③ 최대 지간길이가 50m 이상인 교량 건설 등 공사
④ 터널 건설 등의 공사
⑤ 다목적댐, 발전용댐 및 저수용량 2천만 톤 이상의 용수 전용 댐, 지방상수도 전용 댐 건설 등의 공사
⑥ 깊이 10m 이상인 굴착공사

10.
히빙의 발생 현상 2가지를 쓰시오.

➡해답 ① 지보공 파괴
② 배면 토사 붕괴
③ 굴착 저면의 솟아오름

11.
건설공사에 사용되는 양중기의 종류 4가지를 쓰시오.

→해답 ① 크레인(호이스트(hoist)를 포함)
② 이동식 크레인
③ 리프트(이삿짐 운반용 리프트의 경우에는 적재하중이 0.1톤 이상인 것으로 한정)
④ 곤돌라
⑤ 승강기

12.
거푸집의 설치·해체, 철근 조립, 콘크리트 타설, 콘크리트 면처리 작업 등을 위하여 거푸집을 작업발판과 일체로 제작하여 사용하는 작업발판 일체형 거푸집의 종류를 4가지 쓰시오.

→해답 ① 갱폼　　　　　② 슬립폼
③ 클라이밍폼　　④ 터널 라이닝폼

13.
다음 경우에 해당하는 양중기의 와이어로프의 안전계수를 빈칸에 써넣으시오.

- 근로자가 탑승하는 운반구를 지지하는 달기와이어로프 또는 달기체인의 경우 : (①) 이상
- 화물의 하중을 직접 지지하는 달기와이어로프 또는 달기체인의 경우 : (②) 이상
- 훅, 샤클, 클램프, 리프팅 빔의 경우 : (③) 이상
- 그 밖의 경우 : (④) 이상

→해답 ① 10　　　　　② 5
③ 3　　　　　④ 4

건설안전산업기사(2022년 4회)

01.
와이어로프의 사용금지 기준을 4가지 쓰시오.

➡**해답** ① 이음매가 있는 것
② 와이어로프의 한 꼬임(스트랜드)에서 끊어진 소선[素線, 필러(pillar)선은 제외]의 수가 10% 이상(비자전로프의 경우에는 끊어진 소선의 수가 와이어로프 호칭지름의 6배 길이 이내에서 4개 이상이거나 호칭지름 30배 길이 이내에서 8개 이상)인 것
③ 지름의 감소가 공칭지름의 7%를 초과하는 것
④ 꼬인 것
⑤ 심하게 변형 또는 부식된 것
⑥ 열과 전기충격에 의해 손상된 것

02.
산업안전보건법령상 안전보건표지판의 명칭을 쓰시오.

①	②	③	④	⑤

➡**해답** ① 안내
② 금지
③ 지시
④ 관계자 외 출입금지
⑤ 경고

03.
산업안전보건법령상 도급에 따른 산업재해 예방조치를 실시하지 않는 경우 도급인의 조치사항을 3가지 쓰시오.

➡해답 ① 도급인과 수급인을 구성원으로 하는 안전 및 보건에 관한 협의체의 구성 및 운영
② 순회점검
③ 근로자에게 하는 안전보건교육을 위한 장소 및 자료의 제공 등 지원
④ 근로자에게 하는 안전보건교육의 실시 확인
⑤ 다음 각 목의 어느 하나의 경우에 대비한 경보체계 운영과 대피방법 등 훈련
  ㉠ 작업 장소에서 발파작업을 하는 경우
  ㉡ 작업 장소에서 화재・폭발, 토사・구축물 등의 붕괴 또는 지진 등이 발생한 경우
  ㉢ 위생시설 등 고용노동부령으로 정하는 시설의 설치 등을 위하여 필요한 장소의 제공 또는 도급인이 설치한 위생시설 이용의 협조

04.
고소작업 중인 작업자가 작업대에서 떨어져 지면에 닿아 상해를 입었을 때, ① 재해의 발생형태, ② 기인물 및 ③ 가해물을 각각 쓰시오.

➡해답 ① 재해의 발생형태 : 추락(떨어짐)
② 기인물 : 작업대
③ 가해물 : 지면

05.
거푸집 및 동바리에 사용할 재료 선정 시 고려사항 5가지를 쓰시오.

➡해답 ① 강도   ② 강성   ③ 내구성
④ 작업성   ⑤ 타설 콘크리트의 영향

06.
산업안전보건법상 중대재해의 종류 3가지를 쓰시오.

➡해답 ① 사망자가 1명 이상 발생한 재해
② 3개월 이상의 요양이 필요한 부상자가 동시에 2명 이상 발생한 재해
③ 부상자 또는 직업성 질병자가 동시에 10명 이상 발생한 재해

07.
소음 감소를 위한 일반적인 예방조치 원칙을 4가지만 쓰시오. (단, 방음보호구의 사용은 제외한다)

→해답 ① 기계 · 기구 등의 대체
② 시설의 밀폐
③ 흡음(吸音)
④ 격리

08.
양중기의 설치, 조립, 수리, 점검 또는 해체 시 작업지휘자가 이행하여야 하는 사항을 2가지 쓰시오.

→해답 ① 작업방법과 근로자의 배치를 결정하고 해당 작업을 지휘하는 일
② 재료의 결함 유무 또는 기구 및 공구의 기능을 점검하고 불량품을 제거하는 일
③ 작업 중 안전대 등 보호구의 착용상황을 감시하는 일

09.
다음은 터널 내 환기에 관한 내용이다. 빈칸을 채우시오.

• 발파 후 유해가스, 분진 및 내연기관의 배기가스 등을 신속히 환기시켜야 하며 발파 후 (①)분 이내에 배기, 송기가 완료되도록 하여야 한다.
• 환기가스 처리장치가 없는 (②)기관은 터널 내의 투입을 금하여야 한다.
• 터널 내의 기온은 (③)℃ 이하가 되도록 신선한 공기로 환기시켜야 하며, 근로자의 작업조건에 유해하지 아니한 상태를 유지하여야 한다.

→해답 ① 30   ② 디젤   ③ 37

10.
잠함 또는 우물통의 급격한 침하에 의한 위험을 방지하기 위하여 사업주가 준수하여야 할 사항을 2가지 쓰시오.

→해답 ① 침하관계도에 따라 굴착방법 및 재하량 등을 정할 것
② 바닥으로부터 천장 또는 보까지의 높이는 1.8 m 이상으로 할 것

11.
산업안전보건법령상 양중기의 종류를 4가지 쓰시오.

➡**해답** ① 크레인[호이스트(hoist)를 포함]
② 이동식 크레인
③ 리프트(이삿짐운반용 리프트의 경우에는 적재하중이 0.1톤 이상인 것으로 한정)
④ 곤돌라
⑤ 승강기

12.
[보기]의 사다리식 통로의 안전기준에 대하여 쓰시오.

[보기]
(1) 사다리의 상단은 걸쳐놓은 지점으로부터 (①)cm 이상 올라가도록 할 것
(2) 사다리식 통로의 길이가 10m 이상인 경우에는 (②)m 이내마다 계단참을 설치할 것
(3) 사다리식 통로의 기울기는 (③)° 이하로 할 것. 다만, 고정식 사다리식 통로의 기울기는 90° 이하로 하고 높이 7m 이상인 경우 바닥으로부터 높이가 2.5m 되는 지점부터 등받이울을 설치할 것

➡**해답** ① 60   ② 5   ③ 75

13.
근로자수 500명, 1일 9시간 작업, 연간 300일 근로하는 동안 8건의 재해가 발생하였으며, 총 휴업일수가 300일이었다. 도수율은 5.93이고 강도율은 0.18일 경우 종합재해지수(FSI)를 구하시오.

➡**해답** 종합재해지수$(FSI) = \sqrt{도수율(FR) \times 강도율(SR)} = \sqrt{5.93 \times 0.18} = 1.03$

건설안전산업기사(2023년 1회)

O1.
다음 보기는 건설업 안전관리자 수 및 선임방법이다. ( ) 안에 알맞은 숫자를 쓰시오.

> (1) 건설업에서 공사금액 800억 원 이상 1,500억 원 미만인 경우 안전관리자 수 : (①)명 이상
> (2) 건설업에서 공사금액 2,200억 원 이상 3,000억 원 미만인 경우 안전관리자 수 : (②)명 이상
> (3) 건설업에서 공사금액 3,000억 원 이상 3,900억 원 미만인 경우 안전관리자 수 : (③)명 이상
> (4) 건설업에서 공사금액 8,500억 원 이상 1조 원 미만인 경우 안전관리자 수 : (④)명 이상

➡해답 ① 2, ② 4, ③ 5, ④ 10

O2.
위험물질을 제조·취급하는 작업장과 그 작업장이 있는 건축물에 출입구 외에 안전한 장소로 대피할 수 있는 비상구 1개 이상을 설치해야 하는 구조 조건 2가지를 쓰시오.

➡해답 1. 출입구와 같은 방향에 있지 아니하고, 출입구로부터 3m 이상 떨어져 있을 것
   2. 작업장의 각 부분으로부터 하나의 비상구 또는 출입구까지의 수평거리가 50m 이하가 되도록 할 것
   3. 비상구의 너비는 0.75m 이상으로 하고, 높이는 1.5m 이상으로 할 것
   4. 비상구의 문은 피난방향으로 열리도록 하고, 실내에서 항상 열 수 있는 구조로 할 것

O3.
다음 설명에 해당하는 터널굴착공법은 무엇인가?

> (1) 록볼트와 숏크리트 같은 보강재를 사용하여 암반과 일체화된 구조체를 형성함으로써 터널에 작용하는 하중에 대하여 저항하는 안정성이 크고, 경제성이 우수한 터널 공법
> (2) 철제로 된 원통형의 쉴드를 수직구 안에 투입시켜 커터헤드를 회전시키면서 터널을 굴착하고, 쉴드 뒤쪽에서 세그먼트를 반복해 설치하면서 터널을 형성하는 공법

해답 (1) NATM(New Austrian Tunneling Method) 공법

(2) 쉴드(Shield) 공법

04.

산업안전보건법령상 안전보건관리담당자의 업무 4가지를 쓰시오.

해답 1. 안전보건교육 실시에 관한 보좌 및 지도 · 조언

2. 위험성평가에 관한 보좌 및 지도 · 조언

3. 작업환경측정 및 개선에 관한 보좌 및 지도 · 조언

4. 각종 건강진단에 관한 보좌 및 지도 · 조언

5. 산업재해 발생의 원인 조사, 산업재해 통계의 기록 및 유지를 위한 보좌 및 지도 · 조언

6. 산업 안전 · 보건과 관련된 안전장치 및 보호구 구입 시 적격품 선정에 관한 보좌 및 지도 · 조언

05.

균열이 있는 암석의 경사면 붕괴방지를 위해 설치하거나 조치를 하여야 할 사항 3가지를 쓰시오.

해답 1. 적절한 경사면의 기울기 계획(굴착면 기울기 기준 준수)

2. 사면의 기울기가 당초 계획과 차이 발생 시 즉시 재검토하여 계획 변경

3. 활동할 가능성이 있는 토석은 제거

4. 경사면의 하단부에 압성토 등 보강공법으로 활동에 대한 저항대책 강구

5. 말뚝(강관, H형강, 철근콘크리트)을 타입하여 지반 강화

6. 지표수와 지하수의 침투 방지

06.

다음의 재해발생형태를 설명하시오.

(1) 떨어짐	(2) 물체에 맞음	(3) 끼임	(4) 넘어짐

해답 (1) 떨어짐 : 사람이 인력(중력)에 의하여 건축물, 구조물, 가설물, 수목, 사다리 등의 높은 장소에서 떨어지는 것

(2) 물체에 맞음 : 구조물, 기계 등에 고정되어 있던 물체가 중력, 원심력, 관성력 등에 의하여 고정부에서 이탈하거나 또는 설비 등으로부터 물질이 분출되어 사람을 가해하는 경우

(3) 끼임 : 두 물체 사이의 움직임에 의하여 일어난 것으로 직선 운동하는 물체 사이의 협착, 회전부와 고정체 사이의 끼임, 롤러 등 회전체 사이에 물리거나 또는 회전체 · 돌기부 등에 감긴 경우

(4) 넘어짐 : 사람이 거의 평면 또는 경사면, 층계 등에서 구르거나 넘어짐 또는 미끄러진 경우와 물체가 넘어진 경우

07.

산업안전보건법령상 밀폐공간에서 산소 및 유해가스 농도를 측정한 결과 적정공기가 유지되지 아니하다고 평가된 경우, 사업주가 근로자에게 지급하여 착용하도록 하여야 하는 보호구 2가지를 쓰시오.

➡해답 1. 공기호흡기, 2. 송기마스크

08.

안전보건개선계획 수립대상 사업장 등에 관한 내용이다. 다음 빈칸을 채우시오.

> (1) 안전보건개선계획의 수립·시행명령을 받은 사업주는 고용노동부 장관이 정하는 바에 따라 안전보건개선계획서를 그 명령을 받은 날부터 (①)일 이내에 관할 지방고용노동관서의 장에게 제출하여야 한다.
> (2) 안전보건개선계획서는 시설, (②), (③), 산업재해예방 및 작업환경의 개선을 위하여 필요한 사항이 포함되어야 한다.

➡해답 ① 60, ② 안전보건관리체제, ③ 안전보건교육

09.

가로 폭이 긴 셔블(Shovel)계 기계로 자갈, 모래, 흙 등을 트럭에 적재할 때 주로 사용하는 장비로서 굴착, 성토, 지면 고르기 작업에 이용되는 기계 종류는?

➡해답 로더(Loader)

10.

터널 등의 건설작업을 하는 경우에 낙반 등에 의하여 근로자가 위험해질 우려가 있는 경우에 조치사항 3가지를 쓰시오.

➡해답 1. 터널 지보공 설치
2. 록볼트(Rock Bolt) 설치
3. 부석(浮石) 제거

11.
다음 ( ) 안에 알맞은 내용을 쓰시오.

(1) 낙하물 방지망 설치높이는 (①)미터 이내마다 설치하고 내민길이는 벽면으로부터 (②)미터 이상으로 할 것
(2) 수평면과의 각도는 (③)도 내지 (④)도를 유지할 것

➡해답 ① 10, ② 2, ③ 20, ④ 30

12.
철골작업을 중지해야 하는 기상상황 3가지를 쓰시오.

➡해답

구분	내용
강풍	풍속 10m/sec 이상
강우	1시간당 강우량이 1mm 이상
강설	1시간당 강설량이 1cm 이상

13.
크레인의 작업시작 전 점검사항 2가지를 쓰시오.

➡해답 1. 권과방지장치·브레이크·클러치 및 운전장치의 기능
2. 주행로의 상측 및 트롤리(trolley)가 횡행하는 레일의 상태
3. 와이어로프가 통하고 있는 곳의 상태

건설안전산업기사(2023년 2회)

01.
경고표지를 4가지 쓰시오. (단, 위험장소 경고는 제외한다.)

➡️**해답** 1. 인화성 물질경고
2. 산화성 물질경고
3. 폭발성 물질경고
4. 부식성 물질경고
5. 방사성 물질

02.
매슬로우 욕구이론을 쓰시오.

➡️**해답** 1. 생리적 욕구(제1단계)
2. 안전의 욕구(제2단계)
3. 사회적 욕구(제3단계)
4. 존경의 욕구(제4단계)
5. 자아실현의 욕구(제5단계)

03.
달비계 작업 시 최대하중을 정함에 있어 다음 보기의 안전계수를 쓰시오. (단, 곤돌라의 달비계는 제외한다.)

(1) 달기 와이어로프 및 달기 강선의 안전계수 : (①) 이상
(2) 달기 체인 및 달기 훅의 안전계수 : (②) 이상
(3) 달기 강대와 달비계의 하부 및 상부지점의 안전계수 : 강재의 경우 (③) 이상, 목재의 경우 (④) 이상

➡️**해답** ① 10, ② 5, ③ 2.5, ④ 5

04.
굴착면의 높이가 2m 이상 되는 지반굴착 작업 시 특별안전보건교육 3가지를 쓰시오.

해답 1. 지반의 형태구조 및 굴착 요령에 관한 사항
2. 지반의 붕괴재해 예방에 관한 사항
3. 붕괴방지용 구조물 설치 및 작업방법에 관한 사항
4. 보호구 종류 및 사용에 관한 사항

05.
다음은 강관비계에 관한 내용이다. 다음 빈칸을 채우시오.

- 비계기둥에는 미끄러지거나 침하하는 것을 방지하기 위하여 밑받침철물을 사용하거나 (①) 등을 사용하여 밑둥잡이를 설치하는 등의 조치를 할 것
- 비계기둥의 간격은 띠장방향에서는 (②)m, 장선 방향에서는 1.5m 이하로 할 것
- 띠장간격은 (③)m 이하로 설치할 것
- 비계기둥의 최고부로부터 (④)m 되는 지점 밑부분의 비계기둥은 (⑤)본의 강관으로 묶어세울 것
- 비계기둥 간의 적재하중은 (⑥)kg을 초과하지 아니하도록 할 것

해답 ① 버팀목이나 깔판, ② 1.85, ③ 2, ④ 31, ⑤ 2, ⑥ 400

06.
도수율·강도율에 대한 계산식을 쓰시오.

해답 (1) 도수율 $= \dfrac{\text{재해발생 건수}}{\text{연근로시간}} \times 1,000,000$

(2) 강도율 $= \dfrac{\text{근로손실일수}}{\text{연근로시간}} \times 1,000$

07.
차량계 건설기계를 사용하여 작업을 할 때에는 작업계획을 작성하고 그 작업계획에 따라 작업을 실시하도록 하여야 한다. 이때 작업계획에 포함되어야 할 사항 3가지를 쓰시오.

해답 1. 사용하는 차량계 건설기계의 종류 및 능력
2. 차량계 건설기계의 운행 경로
3. 차량계 건설기계에 의한 작업 방법

O8.
산업안전보건법령상 건설현장에서 화물을 적재하는 경우, 사업주의 준수사항 3가지를 쓰시오.

→해답 1. 침하 우려가 없는 튼튼한 기반 위에 적재할 것
2. 건물의 칸막이나 벽 등이 화물의 압력에 견딜 만큼의 강도를 지니지 아니한 경우에는 칸막이나 벽에 기대어 적재하지 않도록 할 것
3. 불안정할 정도로 높이 쌓아 올리지 말 것
4. 하중이 한쪽으로 치우치지 않도록 쌓을 것

O9.
항타기·항발기 사용 시 안전조치사항이다. (　　) 안에 필요한 내용을 쓰시오.

(1) 연약한 지반에 설치하는 때에는 아웃트리거·받침 등 지지구조물의 침하를 방지하기 위하여 (①) 등을 사용할 것
(2) 시설 또는 가설물 등에 설치하는 때에는 그 내력을 확인하고 내력이 부족한 때에는 그 내력을 보강할 것
(3) 아웃트리거·받침 등 지지구조물이 미끄러질 우려가 있는 때에는 말뚝 또는 (②) 등을 사용하여 해당 지지구조물을 고정시킬 것
(4) 궤도 또는 차로 이동하는 항타기 또는 항발기에 대하여는 불시에 이동하는 것을 방지하기 위하여 (③) 및 쐐기 등으로 고정시킬 것
(5) 버팀대만으로 상단부분을 안정시키는 때에는 버팀대는 (④)개 이상으로 하고 그 하단 부분은 견고한 버팀말뚝 또는 철골 등으로 고정시킬 것
(6) 버팀줄만으로 상단부분을 안정시키는 때에는 버팀줄을 3개 이상으로 하고 같은 간격으로 배치할 것
(7) 평형추를 사용하고 안정시키는 때에는 평형추의 이동을 방지하기 위하여 가대에 견고하게 부착시킬 것

→해답 ① 버팀목이나 깔판, ② 쐐기, ③ 레일 클램프, ④ 3

10.
안전모와 관련하여 다음 설명에 해당하는 용어를 쓰시오.

(1) 착용자의 머리부위를 덮는 주된 물체로써 단단하고 매끄럽게 마감된 재료
(2) 머리받침끈, 머리고정대 및 머리받침고리로 구성되어 추락 및 감전 방지용 안전모 머리에 고정시켜주며, 안전모에 충격이 가해졌을 때 착용자의 머리부위에 전해지는 충격을 완화시켜주는 기능을 갖는 부품

→해답 (1) 모체, (2) 착장체

11.

산업안전보건법령상 크레인을 사용하여 작업을 하는 경우 작업에 종사하는 관계 근로자가 그 조치를 준수하도록 사업주가 조치하여야 할 사항 3가지를 쓰시오.

해답 1. 인양할 하물(荷物)을 바닥에서 끌어당기거나 밀어내는 작업을 하지 아니할 것
　　2. 유류드럼이나 가스통 등 운반 도중에 떨어져 폭발하거나 누출될 가능성이 있는 위험물 용기는 보관함 (또는 보관고)에 담아 안전하게 매달아 운반할 것
　　3. 고정된 물체를 직접 분리·제거하는 작업을 하지 아니할 것
　　4. 미리 근로자의 출입을 통제하여 인양 중인 하물이 작업자의 머리 위로 통과하지 않도록 할 것
　　5. 인양할 하물이 보이지 아니하는 경우에는 어떠한 동작도 하지 아니할 것(신호하는 사람에 의하여 작업을 하는 경우는 제외)

12.

말비계의 조립·사용 시 준수사항 3가지를 쓰시오.

해답 1. 지주부재의 하단에는 미끄럼 방지장치를 하고, 양측 끝부분에 올라서서 작업하지 아니하도록 할 것
　　2. 지주부재와 수평면과의 기울기를 75° 이하로 하고, 지주부재와 지주부재 사이를 고정시키는 보조부재를 설치할 것
　　3. 말비계의 높이가 2m를 초과할 경우에는 작업발판의 폭을 40cm 이상으로 할 것

13.

근로자의 추락 등에 의한 위험방지를 위해 안전난간을 설치할 경우 다음 기준을 준수해야 한다. 아래 빈칸을 채우시오.

(1) 상부 난간대는 바닥면·발판 또는 경사로의 표면으로부터 (①)cm 이상 지점에 설치하고, 상부 난간대를 120cm 이하에 설치하는 경우에는 중간 난간대는 상부 난간대와 바닥면 등의 중간에 설치하여야 하며, 120cm 이상 지점에 설치하는 경우에는 중간 난간대를 2단 이상으로 균등하게 설치하고 난간의 상하 간격은 (②)cm 이하가 되도록 할 것
(2) 발끝막이판은 바닥면 등으로부터 (③)cm 이상의 높이를 유지할 것
(3) 난간대는 지름 (④)cm 이상의 금속제 파이프나 그 이상의 강도가 있는 재료일 것
(4) 안전난간은 구조적으로 가장 취약한 지점에서 가장 취약한 방향으로 작용하는 (⑤)kg 이상의 하중에 견딜 수 있는 튼튼한 구조일 것

해답 ① 90, ② 60, ③ 10, ④ 2.7, ⑤ 100

건설안전산업기사(2023년 4회)

O1.
산업안전보건법령상 다음 기계·기구에 설치하여야 할 방호장치를 쓰시오.

| (1) 예초기 | (2) 원심기 | (3) 공기압축기 |

해답 (1) 예초기 : 날접촉 예방장치
(2) 원심기 : 회전체 접촉 예방장치
(3) 공기압축기 : 압력방출장치

O2.
산업안전보건법령상 화물의 낙하에 의하여 지게차의 운전자에 위험을 미칠 우려가 있는 작업장에서 사용되는 지게차의 헤드가드가 갖추어야 할 사항 2가지를 쓰시오.

해답 1. 강도는 지게차의 최대하중의 2배 값(4Ton을 넘는 값에 대해서는 4Ton으로 함)의 등분포정하중에 견딜 수 있을 것
2. 상부틀의 각 개구의 폭 또는 길이가 16cm 미만일 것
3. 운전자가 앉아서 조작하거나 서서 조작하는 지게차의 헤드가드는 한국산업표준에서 정하는 높이 기준 이상일 것(좌승식 : 좌석기준점(SIP)으로부터 903mm 이상, 입승식 : 조종사가 서 있는 플랫폼으로부터 1,880mm 이상)

O3.
시각장치와 청각장치 사용 중 청각장치를 사용하는 경우 특징 3가지를 쓰시오.

해답 1. 경고나 메시지가 간단하다.
2. 경고나 메시지가 짧다.
3. 경고나 메시지가 후에 재참조되지 않는다.
4. 정보가 즉각적인 행동을 요구한다.

04.

비, 눈 그 밖의 기상상태 불안정으로 날씨가 몹시 나빠서 작업중지 후 비계의 재작업 시작 전 점검해야할 사항 3가지를 쓰시오.

➡해답 1. 발판재료의 손상 여부 및 부착 또는 걸림 상태
2. 해당 비계의 연결부 또는 접속부의 풀림 상태
3. 연결재료 및 연결철물의 손상 또는 부식 상태
4. 손잡이의 탈락 여부
5. 기둥의 침하·변형·변위 또는 흔들림 상태
6. 로프의 부착상태 및 매단 장치의 흔들림 상태

05.

다음 [보기]는 사다리식 통로의 설치 시 준수사항을 열거하였다. (　)안에 알맞은 숫자를 쓰시오.

[보기]
(1) 발판과 벽과의 사이는 (①)cm 이상의 간격을 유지할 것
(2) 폭은 (②)cm 이상으로 할 것
(3) 사다리의 상단은 걸쳐놓은 지점으로부터 (③)cm 이상 올라가도록 할 것
(4) 사다리식 통로의 기울기는 (④)도 이내로 할 것

➡해답 ① 15, ② 30, ③ 60, ④ 75

06.

강관비계 조립 시 벽이음 또는 버팀을 설치하는 간격을 답란의 빈칸에 쓰시오.

강관비계의 종류	조립간격(단위 : m)	
	수직방향	수평방향
단관비계	(①)	(②)
틀비계(높이가 5m 미만의 것을 제외함)	(③)	(④)

➡해답 ① 5, ② 5, ③ 6, ④ 8

07.

산업안전보건법령상 건설공사도급인은 자신의 사업장에서 대통령령으로 정하는 기계·기구 또는 설비 등이 설치되어 있거나 작동하고 있는 경우 또는 이를 설치·해체·조립하는 등의 작업이 이루어지고 있는 경우에는 필요한 안전조치 및 보건조치를 하여야 한다. 이때 대통령령으로 정하는 기계·기구 또는 설비 3가지를 쓰시오.

➡해답 1. 타워크레인
2. 건설용 리프트
3. 항타기 및 항발기

08.

산업안전보건법령상 차량계 하역운반기계등에 단위화물의 무게가 100킬로그램 이상인 화물을 싣는 작업 또는 내리는 작업을 하는 경우에 작업지휘자의 준수사항 3가지를 쓰시오.

➡해답 1. 작업순서 및 그 순서마다의 작업방법을 정하고 작업을 지휘할 것
2. 기구와 공구를 점검하고 불량품을 제거할 것
3. 해당 작업을 하는 장소에 관계 근로자가 아닌 사람이 출입하는 것을 금지할 것
4. 로프 풀기 작업 또는 덮개 벗기기 작업은 적재함의 화물이 떨어질 위험이 없음을 확인한 후에 하도록 할 것

09.

산업안전보건법령상 작업의자형 달비계를 설치하는 경우 사용할 수 없는 작업용 섬유로프 또는 안전대의 섬유벨트의 조건을 2가지만 쓰시오.

➡해답 1. 꼬임이 끊어진 것
2. 심하게 손상되거나 심하게 부식된 것
3. 2개 이상의 작업용 섬유로프 또는 섬유벨트를 연결한 것
4. 작업높이보다 길이가 짧은 것

10.
산업안전보건법령상 다음 설명에 알맞은 양중기를 쓰시오.

> (1) 동력을 사용하여 중량물을 매달아 상하 및 좌우로 운반하는 것을 목적으로 하는 기계 또는 기계장치
> (2) 동력을 사용하여 사람이나 화물을 운반하는 것을 목적으로 하는 기계설비
> (3) 건축물이나 고정된 시설물에 설치되어 일정한 경로에 따라 사람이나 화물을 승강장으로 옮기는 데 사용되는 설비

➡해답 (1) 크레인, (2) 리프트, (3) 승강기

11.
안전보건교육의 3단계 교육과정을 쓰시오.

➡해답 1. 지식교육(1단계)
2. 기능교육(2단계)
3. 태도교육(3단계)

12.
산업안전보건법령상 안전보건표지와 관련하여 괄호 안에 알맞은 단어를 적으시오.

> 안전보건표지의 표시를 명확히 하기 위하여 필요한 경우에는 그 안전보건표지의 주위에 표시사항을 글자로 덧붙여 적을 수 있다. 이 경우 글자는 (①) 바탕에 (②) 한글 (③)로 표기해야 한다

➡해답 ① 흰색, ② 검은색, ③ 고딕체

13.
도수율 · 강도율에 대한 계산식을 쓰시오.

➡해답 (1) 도수율 $= \dfrac{\text{재해발생 건수}}{\text{연근로시간}} \times 1,000,000$

(2) 강도율 $= \dfrac{\text{근로 손실일수}}{\text{연근로시간}} \times 1,000$

메모MEMO
Industrial Engineer Construction Safety

메모 MEMO
Industrial Engineer Construction Safety

메모 MEMO
Industrial Engineer Construction Safety

메모 MEMO
Industrial Engineer Construction Safety

메모 MEMO

Industrial Engineer Construction Safety